国家卫生和计划生育委员会“十三五”规划教材
全 国 高 等 学 校 教

供生物医学工程专业（临床工程方向）用

医疗设备质量检测与校准

主　编　杨昭鹏

副主编　何文胜　刘文丽　刘　刚　郭永新

编　者（以姓氏笔画为序）

丁　军　天津市医疗器械技术审评中心
卢瑞祥　深圳市药品检验研究院
冯庆宇　中国医疗设备杂志社
曲宝林　中国人民解放军总医院
朱　睿　吉林省医疗器械检验所
刘　刚　哈尔滨医科大学
刘文丽　中国计量科学研究院
刘兆玉　中国医科大学附属盛京医院
刘洪英　重庆大学
许照乾　广州广电计量检测股份有限公司
孙智勇　辽宁省医疗器械检验检测院
李　军　国家食品药品监督管理总局
李名兆　深圳市计量质量检测研究院
李晓亮　中国人民解放军总后勤部卫生部药品仪器检验所
李静莉　国家食品药品监督管理总局医疗器械标准管理中心
杨昭鹏　中国食品药品检定研究院
吴　琨　国家食品药品监督管理总局医疗器械技术审评中心
何文胜　安徽医科大学
张　辉　清华大学
张澍田　首都医科大学附属北京友谊医院
苑富强　中国食品药品检定研究院
卓　越　上海市医疗器械检测所
夏勋荣　江苏省计量科学研究院
顾雅佳　复旦大学附属肿瘤医院
徐　桓　全军大型医疗设备应用质量检测研究中心
郭永新　泰山医学院
黄鸿新　广东省医疗器械质量监督检验所
崔　涛　山东省计量科学研究院
梁　振　安徽医科大学
蒋时霖　国家食品药品监督管理局湖北医疗器械质量监督检验中心

学术秘书　苑富强（兼）　冯庆宇（兼）

人民卫生出版社

图书在版编目（CIP）数据

医疗设备质量检测与校准 / 杨昭鹏主编 . —北京：人民卫生出版社，2017

全国高等学校生物医学工程专业（临床工程方向）第一轮规划教材

ISBN 978-7-117-24574-6

Ⅰ. ①医… Ⅱ. ①杨… Ⅲ. ①医疗器械 – 质量检验 – 高等学校 – 教材②医疗器械 – 校正 – 高等学校 – 教材 Ⅳ. ①TH77

中国版本图书馆 CIP 数据核字（2017）第 126846 号

医疗设备质量检测与校准

主　　编：杨昭鹏
出版发行：人民卫生出版社（中继线 010-59780011）
地　　址：北京市朝阳区潘家园南里 19 号
邮　　编：100021
E - mail：pmph @ pmph.com
购书热线：010-59787592　010-59787584　010-65264830
印　　刷：人卫印务（北京）有限公司
经　　销：新华书店
开　　本：850 × 1168　1/16　　**印张：**25
字　　数：547 千字
版　　次：2017 年 8 月第 1 版　2024 年 8 月第 1 版第 2 次印刷
标准书号：ISBN 978-7-117-24574-6/R · 24575
定　　价：59.00 元

第一轮规划教材编写说明

生物医学工程专业自20世纪七八十年代开始创办，经过四十多年的不断发展与努力，逐渐形成了自己的专业特色与人才培养目标。生物医学工程是工程技术向生命科学渗透形成的交叉学科，尤其是临床工程方向亚学科的逐渐形成，使其与医疗卫生事业现代化水平和全民健康与生活质量的提高密切相关。它的理论和技术可直接用于医学各个学科，为医学诊断、治疗和科研提供先进的技术和检测手段，是加速医学现代化的前沿科学。生物医学工程已成为现代医学发展的重要支柱。我国现阶段的临床工程教育是生物医学工程教育的重要组成部分，并在教学与工作实践中逐步形成了中国临床工程教育的特点。现代临床工程教育强调“紧密结合临床”的教育理念，临床工程教材的建设与发展始终坚持和围绕这一理念。

2016年5月30日，在全国科技创新大会上习近平总书记指出，我国很多重要专利药物市场绝大多数为国外公司占据，高端医疗装备主要依赖进口，成为看病贵的主要原因之一。先进医疗设备研发体现了多学科交叉融合与系统集成。

2014年8月16日，国家卫生计生委、工业和信息化部联合召开推进国产医疗设备发展应用会议。会上国家卫生计生委李斌主任指出，推动国产医疗设备发展应用，是深化医药卫生体制改革，降低医疗成本的迫切要求，是促进健康服务业发展，支持医药实体经济的有力举措，也是实施创新驱动战略，实现产业跨越式发展的内在需求。并强调，国家卫生计生委要始终把推广应用国产设备、降低医疗成本作为重点工作来抓紧抓实。要加强研发与使用需求的对接，搭建产学研医深度协作的高起点平台，探索建立高水平医疗机构参与国产医疗设备研发、创新和应用机制。工业和信息化部苗圩部长指出，进一步推进国产医疗设备产业转型升级；发展医疗服务新模式；引导激励医疗卫生机构使用国产创新产品，解决不好用和不愿用的问题，提升国产医疗设备的市场比重和配套水平。努力改变产学研医脱节的情况。

综上所述，我国生物医学工程专业尤其是临床工程教育亟待规范与发展，为此2016年初，人民卫生出版社和中华医学会医学工程学分会共同组织召开了教材编写论证会议，将首次以专业规划教材建设为抓手和契机，推动本学科子专业的建设。会上，在充分调研论证的基础上，成立了第一届教材评审委员会，并决定启动首轮全国高等学校生物医学工程专业（临床工程方向）国家卫生和计划生育委员会“十三五”规划教材，同时确定了第一轮规划教材及配套教材的编写品种。

本套教材在坚持教材编写“三基、五性、三特定”的原则下紧密结合专业培养目标、高等医学教育教学改革的需要，借鉴国内外医学教育的经验和成果，努力实现将每一部教材打造成精品的追求，以达到为专业人才的培养贡献力量的目的。

本套教材的编写特点如下：

1. 明确培养目标 生物医学工程专业（临床工程方向）以临床工程为专业特色，培养具备生命科学、电子技术、计算机技术及信息科学有关的基础理论知识以及医学与工程技术相结合的科学研究能力，能在医疗器械、医疗卫生等相关企事业单位从事研究、开发、教学、管理工作，培养具备较强的知识更新能力和创新能力的复合型高级专业人才。本套教材的编撰紧紧围绕培养目标，力图在各部教材中得以体现。

2. 促进医工协同 医工协同是医学发展的动力，工程科学永恒的主题。本套教材创新性地引入临床视角，将医疗器械不单单看作一个产品，而是延伸到其临床有效性、安全性及合理使用，将临床视角作为临床工程的一个重要路径来审视医疗器械，从而希望进一步促进医工协同的发展。

3. 多学科的团队 生物医学工程是多学科融合渗透形成的交叉学科，临床工程继承了这一特点。本套教材的编者来自医疗机构、研究机构、教学单位和企业技术专家，集聚了多个领域的知识和人才。本套教材试图运用多学科的理论和方法，从多学科角度阐述临床工程的理论、方法和实践工作。

4. 多元配套形式 为了适应数字化和立体化教学的实际需求，本套规划教材全部配备大量的融合教材数字资源，还同步启动编写了与理论教材配套的《学习指导与习题集》，形成共 10 部 20 种教材及配套教材的完整体系，以更多样化的表现形式，帮助教师和学生更好地学习本专业知识。

本套规划教材将于 2017 年 7 月陆续出版发行。希望全国广大院校在使用过程中，能够多提供宝贵意见，反馈使用信息，为下一轮教材的修订工作建言献策。

全国高等学校生物医学工程专业（临床工程方向）

第一轮教材评审委员会

全国高等学校生物医学工程专业（临床工程方向）

第一轮教材目录

理论教材目录

序号	书名	主编	副主编
1	临床工程管理概论	高关心	许　锋　蒋红兵　陈宏文
2	医疗设备原理与临床应用	王　成　钱　英	刘景鑫　冯靖祎　胡兆燕
3	医用材料概论	胡盛寿	奚廷斐　孔德领　王　琳　欧阳晨曦
4	医疗器械技术评价	曹德森	陈真诚　徐金升　孙　欣
5	数字医学概论	张绍祥　刘　军	王黎明　钱　庆　方驰华
6	医疗设备维护概论	王　新	郑　焜　王　溪　钱国华　袁丹江
7	医疗设备质量检测与校准	杨昭鹏	何文胜　刘文丽　刘　刚　郭永新
8	临床工程技术评估与评价	夏慧琳　赵国光	刘胜林　黄　进　李春霞　杨　海
9	医疗器械技术前沿	李　斌　张　锦	金　东　蔡　葵　付海鸿　肖　灵
10	临床工程科研导论	张　强	李迎新　张　旭　魏建新

学习指导与习题集目录

序号	书名	主编
1	临床工程管理概论学习指导与习题集	乔灵爱
2	医疗设备原理与临床应用学习指导与习题集	刘景鑫
3	医用材料概论学习指导与习题集	欧阳晨曦
4	医疗器械技术评价学习指导与习题集	陈真诚
5	数字医学概论学习指导与习题集	钱　庆
6	医疗设备维护概论学习指导与习题集	王　新
7	医疗设备质量检测与校准学习指导与习题集	何文胜
8	临床工程技术评估与评价学习指导与习题集	刘胜林
9	医疗器械技术前沿学习指导与习题集	张　锦　李　斌
10	临床工程科研导论学习指导与习题集	郑　敏

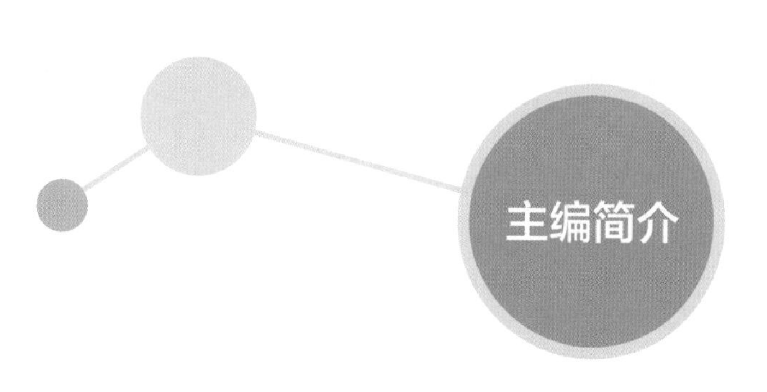

杨昭鹏

主任药师，中国食品药品检定研究院医疗器械检定所所长、全国外科植入物和矫形器械标准化技术委员会组织工程医疗器械产品分技术委员会副主任委员、中国生物材料学会生物医用材料 3D 打印分会副主任委员、中国医药生物技术协会骨组织库分会顾问、北京生物医学工程学会理事、中国国家认证认可监督管理委员会实验室资质认定评审员、中国合格评定国家认可委员会主任评审员、国家科技专家库在库专家、北京市医疗器械审评中心评审专家。

主要从事医疗器械监督检验管理方面的研究。在各类刊物发表论文 60 余篇。获国家专利一项，中医药科技进步二等奖一项；主持完成了中国科学院战略性先导科技专项（A 类）“神经再生生物材料产品标准研究”，科技改革与发展专项“埃博拉出血热防控应急研究”等课题研究，主持开展 2016 年国家重点研发计划“生物医用材料研发与组织器官修复替代”项目的研究。

副主编简介

何文胜

正高级工程师，硕士生导师，中华医学会医学工程分会常委，中国医师协会临床工程师分会常委，中国研究型医院学会临床工程师分会副主委，《中国医疗设备》杂志常务编委，安徽医科大学生命科学学院副院长，安徽医科大学第一附属医院设备处处长。长期从事医学工程的工作和研究，主持省部级课题 1 项，发表论文 10 余篇，获得专利 7 项。

刘文丽

研究员，中国计量科学研究院医学与生物计量所所长，全国医学计量技术委员会秘书长。主要从事医学计量技术研究，负责研制了焦度计用柱镜标准镜片、验光仪用柱镜标准器，以及智能化综合验光仪检测装置、角膜地图仪计量标准等多项计量标准装置。获国家优秀专利奖一项，获国家质检总局科技进步二等奖、三等奖各一项。国家“十二五”科技支撑计划项目“医学诊疗设备计量标准及溯源体系研究”项目负责人；国家“十二五”科技支撑计划课题“医用光学与放射影像设备计量标准及溯源体系研究”课题负责人；“十三五”国家重点研发计划“国家质量基础的共性技术研究与应用”重点专项项目“医学与健康计量关键技术研究”项目负责人。

刘刚

博士学历，研究员级高级工程师，哈尔滨医科大学国有资产管理处副处长，中华医学会医学工程学分会常务委员，中国医师协会临床工程师分会常务委员，黑龙江省医学会医学工程学分会主任委员，黑龙江生物医学工程学会常务理事，《中国医疗设备》杂志常务编委。从事临床医学工程的研究工作，先后主持省、市、厅级科研课题四项，共获得经费资助 30 余万元；作为项目核心成员参与国家自然科学基金重大科研仪器项目一项（项目国拨经费总额 8500 万元）。第一作者发表 EI 及国家核心期刊论文 10 余篇。

郭永新

教授，泰山医学院放射学院电子教研室主任。山东省生物医学工程学会理事，山东省电工学教学研究会常务理事。主要从事生物医学工程专业的教学与科研工作。主持或承担校级以上科研课题 15 项，其中国家自然基金课题 2 项，省部级课题 2 项，厅局级课题 5 项。获得校级以上科研奖励 11 项，其中厅级以上科研奖励 5 项。主编、副主编国家级高等院校教材 5 部，参编 3 部。发表科研论文 30 余篇，其中被 SCI 收录 6 篇，EI 收录 2 篇，MEDLINE 收录 6 篇。两门省级精品课程的课程负责人，两届泰山医学院“校级优秀教师”获得者。

医疗器械是提高医疗水平，改善人民群众生命健康的特殊产品。随着现代科技水平的飞速发展，医疗器械行业得到了长足的进步，已经成为我国的朝阳企业。那么，如何保证产品的安全性和有效性，确保其在疾病的预防、诊断、治疗等方面起到积极的作用就成了关键。国家监管部门对医疗器械产品实施生命周期的全过程监管。尤其近两年，逐渐强化了对在用医疗器械的管理。为方便全国高等院校培养临床工程科专业人才同时也为保证医疗机构在医疗设备使用过程中的安全性和有效性，方便医疗机构医工科人士更好地开展工作，人民卫生出版社组织编写了本教材。

本教材是国家卫计委“十三五”规划教材，也是人民卫生出版社组织的生物医学工程专业（临床工程方向）第一轮规划教材。对于医疗机构医工科人士了解、维护和维修医疗设备有着很强的指导作用。

教材选取的内容是目前使用广泛、科技含量较高的医疗设备，共设置了十二章的内容，涉及X线诊断设备、磁共振成像设备、核医学影像设备、放疗设备、超声设备、光学器具和内镜设备、外科手术器械设备、生命支持与监护设备、临床检验分析设备以及消毒灭菌设备等。分别从产品的基本原理、产品现状、产品检测与校准等方面进行了介绍。同时，为使读者更加系统地了解检测与校准的相关知识，我们还对产品的检验标准和校准规程等国内外医疗器械标准体系进行了介绍。

编者方面，我们筛选了各行业经验丰富的专家参与编写工作，涵盖了监管部门、检测部门、计量部门、医疗机构和高等院校，从多方位、多角度对医疗设备的检测与校准进行论述。编者尽可能介绍已经得到证实、比较公认的，并且已广泛在医疗器械质量检测和校准中使用的参数和检验方法，同时，为方便初涉入者更好地理解，对产品的基本原理和基本组成进行了简单介绍。深入浅出地将理论知识与实践技术相结合，突出“全面”和“实用”的特点，着重加强对学生思考和解决问题能力的培养。

本教材是第一套面向生物医学工程专业（临床工程方向）学生的教材，目的是使学生掌握医疗设备的检测、校准、维护、维修等知识，培养学生进入工作岗位后，能够更加快速、更好地适应新的工作环境、新的工作内容。从立项之初，我们历经完成初稿、编者互审、副主编审核，最后主编审核到最终定稿的一个复杂的过程，参与编写的人员尽心尽责，充分发挥了自身工作的优势，力求保证教材的准确性、完整性、可读性。但由于是首次，就意味着没有借鉴性，对于编者也是一个尝试，在编写过程中，难免会挂一漏万，有所疏漏，欢迎读者和培训教师在使用过程中发现问题，提出宝贵意见。

在此，也诚挚地感谢所有编者所在单位给予的大力支持。

杨昭鹏

2017年1月

目录

第十章 生命支持与监护设备

第十一章 临床检验分析设备

第十二章 消毒和灭菌设备

第一章
概　述

医疗设备质量检测与校准，是为设备在不同环节过程中能够安全有效，能够使设备达到预期用途的一个有利保证。医疗器械作为保证人们生命健康的特殊产品，国家相关部门对其上市前审批以及上市后监管日益严格，这就要求医疗设备使用者以及日常维护的工作人员要熟知产品的特性，了解国家的相关监管法规，掌握行业发展动态。本章介绍了医疗器械的特点以及不同环节过程中所需要进行检测、校准以及维护的有关内容，以期对相关专业的学生及从业者给予帮助。

医疗器械作为近代科学技术的产物，已广泛应用于疾病的预防、诊断、治疗、保健和康复过程中，成为现代医学领域中的重要手段，它为人类社会预防、诊断、治疗疾病提供了除药品外的另一有效途径。医疗器械行业是一个多学科交叉、知识与资金密集的高技术产业，是一个国家制造业和高科技水平的重要标志之一。医疗器械是关系公众生命健康的特殊产品，它的基本质量特性就是安全性与有效性。其有效性的核心是：它是否真正能达到使用说明书所示的有效的预防、诊断和治疗目的。医疗器械的发展推动了当今医学的进步，对公众的健康有很大的益处，医疗器械产业是关系到人类生命健康的产业，其产品聚集和融入了大量现代科学技术的最新成就。随着科学技术的不断发展与创新，医疗器械产业已成为目前世界上增长最快的行业之一。

医疗器械的质量直接关乎患者的生命安全，需要确保所使用产品的安全性与有效性，同时需要专门的管理部门制定完善的医疗器械监督管理制度来加以管理运作。医疗器械管理，实际上是在使用产品所获得的收益和可能产生的风险中寻找某种平衡，对于不同的临床应用场景，也要有不同的监管策略，使安全和有效的器械尽可能快地进入市场，同时保证在用产品的安全和有效。

医疗器械涉及医学、生物学、化学、物理学、电子学、光学、声学等多种学科，多学科的交叉决定了医疗器械的多样性和复杂性。其次，医疗器械产品对于安全性、有效性的要求是极其严格的。医疗器械在安全性、有效性、可靠性、稳定性、精确性及人因工程设计等要求都比一般器械来得高，因此，必须严格执行有关产品设计制造规范、性能检测标准、产品上市管理法规、质量保证及危机管理制度的建立、执行、验证与监督工作，保证所有这些环节，尽可能降低对产品质量的影响。

医疗器械管理包括产品上市前审批和上市后监管两个阶段，涉及的管理内容有质量体系、风险分析、临床试验、标识、产品性能等，目前针对这些项内容，国际标准化组织先后制定了相应的国际标准，各个国家的医疗器械监督管理机构或者直接采纳国际标准，或者制定相应协调的法规、规章，并以此为依据对医疗器械进行管理，医疗器械上市前和上市后的检测与校准是其中最重要的监管环节之一。

为了保证设备的临床应用，医疗器械必须根据产品在各个阶段的不同特性进行相应的检测工作。同时，根据产品上市前和上市后的不同阶段，医疗器械检测也需要与之相适应地进行更有针对性的检测。

产品上市前，必须进行安全检测、性能检测，并且根据国家食品药品监督管理总局（以下简称药监总局）2012 年 12 月 17 日颁布的医疗器械强制性行业标准 YY 0505-2012《医用电气设备第 1~2 部分：安全通用要求并列标准电磁兼容要求和试验》的要求，所有电气设备类产品上市前必须通过电磁兼容的检测。

产品上市后即可进入医疗机构，检测的目的也发生了变化，更重要的是保证医院日常的临床应用，检测主要包括：性能检测、计量检测、安全性检测。性能检测是检测设备的各项功能是否符合要求，有助于保证设备功能的有效发挥，是最基本的检测。计量检测是专门针对计量标准器具是否符合国家计量器具检定规程的检定、校准工作。安全性检测是对医生和患者人身安全保护的一项检测。例如外科手术使用的高频电刀，需要定期检测，以避免发生漏电，以至于电击伤人，起火事故。

医疗器械不同于一般工业产品，必须由专业人员以正确的方式进行定期维护和校正。如果缺少科学的技术支持和规范的质量要求，仅靠临床医生很难有效维护这些技术含量较高的医疗器械。目前大部分医疗机构普遍存在“重采购轻管理，重使用轻维护”的现象，对医疗器械定期进行质量检测和维护维修的重视程度不够，对临床医生的正确使用缺乏相应的培训。医疗器械使用和维护的不规范必然导致其安全性和性能的下降，也将直接影响对临床风险和设备质量的科学判断。

医疗器械检测，要根据产品的应用特性和临床特点，在恰当的时候完成。一般在设备验收、维修维护前后以及使用前都需要进行检测。使用前对设备进行检测，有利于及时提前发现问题，预防由于设备问题所造成的临床风险。产品计量检测和性能检测可为判断设备运行状态提供客观依据，医疗器械安装、调试以及维修、维护后都需要进行计量检测，对使用中的医疗器械进行计量检测是检验或检查其技术参数是否满足相应标准、规程或技术规范的要求，以达到确保仪器设备安全、有效的目的。

对医疗器械的检测评估和质量控制的方法应遵守测定和评价独立于使用系统的类型和品牌的原则，测量方法一般基于从已知的物理测试体在确定使用条件下产生的临床效果中提取的参数进行测定。随着科技的发展，医疗器械也在获得更多的经验并逐步开发出更新类型的各种医疗器械，因此，医疗器械的质量控制也在逐步扩展。

在新的产品安装完毕或较大规模的维修移机后，必须立即做验收检测或状态检测，只有上述两种检测合格后，再进行初始稳定性检测，建立所测参数的基线值，如果不做验收检测或状态检测，所建立的基线值有可能是偏离正常值的值。

为保证产品的临床效果，临床应用的每一阶段都必须对确切操作的各种参数进行检测。根据目前的科学研究水平和临床流程，医疗器械的检测主要对医疗器械的临床效果和对医生或患者的安全性风险进行各种参数的检测。

医疗器械投入临床使用前，必须进行验收检测，确保运行状况达标。验收检测是产品安装完毕或重大维修后，为检定其性能指标是否符合约定值而进行的质量控制检测。

医疗器械产品验收检测前，应有完整的技术资料，包括订货合同或双方协议、供货方提供的设备手册或组成清单、设备性能指标、使用说明书或操作维修规范。

产品安装后，应按照行业内公认的标准或按照购买合同所约定的技术要求进行验收检测，保证设备保持在高于最低标准且尽可能最高的水平状态。设备大修后，也应进行验收检测。产品临床实际使用的过程中，也必须根据临床需要和实际情况进行设备的状态检测与稳定性检测。

状态检测是对运行中的设备，为评价其性能指标是否符合要求而定期进行的质量控制检测。验收检测合格的医疗器械在一段运行期后进行状态检测，并建立相关参数的基线值。

医疗器械应根据设备情况和临床实际工作情况定期（建议每年）进行状态检测。另外，当稳定性检测结果与基线值的偏差大于控制标准,又无法判断原因时也应进行状态检测。

稳定性检测为确定医疗器械在给定条件下获得的数值相对于一个初始状态的变化是否仍符合控制标准而进行的质量控制检测。

状态检测合格的医疗器械，在使用中应按照规定进行定期的稳定性检测。

每次稳定性检测应尽可能使用相同的设备并做记录，各次稳定性检测中，所选择的检测方法应尽可能保持一致。应遵循医疗器械制造商在随机的各种说明书中提供的稳定性检测方法与周期的建议。

为了保证医疗器械检测与校准的顺利实施，卫计委、药监总局和质检部门已出台对医疗器械监管的有关规定。2010 年 1 月 18 日，原卫生部医疗服务监管司发布了《医疗器械临床使用安全管理规范（试行）》（卫医管发〔2010〕4 号），明确提出了“医疗机构对医疗器械的采购、使用、维护、评价、监督职能的要求”。这说明临床医疗机构对在用医疗器械的管理已不仅仅是简单的物资管理，而是需要安全有效的质量保障。质检部门根据《中华人民共和国依法管理的计量器具目录》《中华人民共和国强制检定的工作计量器具明细目录》的规定，对目录内在用医疗器械的计量指标进行定期强制检测，但重点是在计量准确性，并不涉及医疗器械的安全有效性，所以即使经过计量检测，其安全有效性并不能完全得到保证。

药监总局一直负责上市前的医疗器械质量的检测工作，为更好地保证人民群众的用械安全，药监总局在强化上市前审批的同时，也对在用医疗器械开始进行监管。2014 年实施的《医疗器械监督管理条例》（简称《条例》）中明确提出，食品药品监督管理部门和卫生计生主管部门依据各自职责，分别对使用环节的医疗器械质量和医疗器械使用行为进行监督管理。作为《条例》的配套文件，国家总局发布了《医疗器械使用质量监督管理办法》，对在用医疗器械进行质量管理和监督管理。

随着药监总局《条例》的出台，对在用医疗器械较为完善的宏观监管体系已初步形成。卫计委负责监管医疗机构对在用医疗器械的使用、维护和管理；质检部门对带有量程的仪器进行计量，确保数据的准确性；食品药品监督管理部门对在用医疗器械的安全性和有效性进行监督检查，这也充分体现了“科学监管”的理念，是全球医疗器械监管的共同趋势。

（杨昭鹏）

第二章

医疗器械标准体系

目前医疗器械国际标准主要由国际标准化组织（International Organization for Standardization，ISO）、国际电工委员会（International Electrotechnical Commission，IEC）制定并发布，ISO和IEC作为一个整体担负着制定全球协商一致的国际标准的任务。美国和欧盟的医疗器械标准体系也各有其特点。我国也建立了自己的医疗器械标准体系，有源医疗器械电气安全方面的标准不断转化和采纳国际标准，为我国的医疗器械监管和产业发展起到了推动作用。

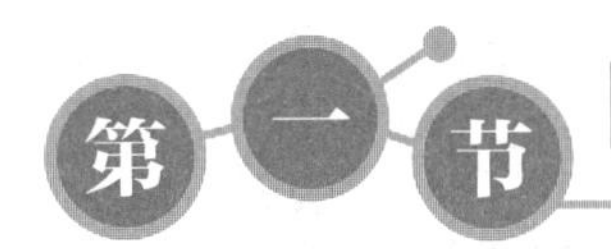

国际医疗器械标准体系

一、国际标准化组织

（一）标准制定及管理现状

ISO是世界上最大的非政府性标准化专门机构，是国际标准化领域中十分重要的组织，其制定标准的主要目的是服务全球贸易。ISO负责制修订的医疗器械标准主要涉及无源医疗器械和体外诊断系统等技术领域。

ISO、IEC虽然是两大标准化组织，分管不同的技术领域，但标准制定遵循相同程序。从标准的制定情况来看，ISO单独、或与IEC、IEEE（Institute of Electrical and Electronics Engineers，IEEE）、HL7（Health Level 7，HL7）联合制定与医疗器械相关的标准，而IEC只有单独或与ISO联合制定标准，具体情况见表2-1。

表2-1　医疗器械国际标准数量

国际标准制定情况	标准数量
ISO单独制定标准	976项
IEC单独制定标准	259项（包括CD、CDV、DIS、FDIS）
ISO与IEC联合制定	10项
ISO与IEEE等联合制定	16项
ISO与HL7联合制定	9项（包括DIS、FDIS）

注：根据IMDRF（国际医疗器械监管者论坛）2012年4月数据统计

ISO制定的标准是在确保产品安全有效的同时兼顾技术创新，为此ISO明确提供了保障医疗器械安全和性能公认基本原则所涉及的标准清单，并对这些重要标准和指南进行了分类，包括：基础标准、类标准和产品标准。三种标准的具体情况如下：

基础标准：包括基本概念、原则和通用要求，适用于广泛领域中的产品、过程或服务的标准。基础标准有时称作横向标准。

类标准：适用于几个或一族类似产品、过程或服务的安全和基本性能要求的标准（涉及两个或多个技术委员会或分技术委员会，尽可能引用基础标准）。类标准有时称作半横向标准。

产品标准：一个技术委员会或分技术委员会范围内的包括一种特定的或一族产品、过程或服务的所有必要的安全和基本性能要求的标准（尽可能引用基础标准和类标准）。

产品标准有时称作纵向标准。

ISO 目前主要有 3 个技术委员会负责制定医疗器械领域涉及安全和基本性能的标准，这 3 个技术委员会分别是：ISO：TC 194 医疗器械生物学和临床评价、ISO：TC 198 保健产品的消毒、ISO：TC 210 医疗器械质量管理和通用要求。它们制定的这些标准内容基本覆盖医疗器械全领域，并体现医疗器械安全和性能的基本原则——规定出医疗器械设计和生产的通用要求，以保证医疗器械产品符合法规的要求。其他 9 个技术委员会及 24 个分技术委员会分别制定各技术领域内的产品标准，见表 2-2。

表 2-2　ISO 医疗器械各技术委员会标准制定情况

	ISO TC 编号	ISO 名称（工作领域）	发布的标准数
基础通用领域	ISO：TC 194	医疗器械生物学和临床评价	32
	ISO：TC 198	保健产品的消毒	52
	ISO：TC 210	医疗器械质量管理和通用要求	22
专用领域	ISO：TC 76	医用和药用输液、输血和注射及血液加工器具	65
	ISO：TC 84	医用产品注射器械和医用导管	29
	ISO：TC 106	牙科	170
	ISO：TC 121	麻醉和呼吸设备	89
	ISO：TC150	外科植入物	142
	ISO：TC 157	局部避孕和性传染预防屏障器械	10
	ISO：TC 170	外科器械	6
	ISO：TC 172	光学和光子学	130
	ISO：TC 212	临床实验室检测和体外诊断系统	26

（二）组织结构

ISO 的组织结构分为四层：

TMB——技术管理委员会：负责组织建立 TC 以便为特定的行业和产业、或公众议题提供服务。

TC——技术委员会：经 TMB 批准、对某领域的技术活动负责。

SC——分技术委员会：由母体 TC 负责组建，对它的具体部分或潜在的工作项目进行管理。

WG——工作组：WG 通常由 TC 或者 SC 来组建，完成特定的工作任务。

在 ISO 的技术委员会中，共有 12 个技术委员会、24 个分技术委员会，工作内容涉及医疗器械，包括医疗器械基础通用标准和专业标准。

（三）ISO 标准体系构架

根据 ISO 对医疗器械标准分类的定义，按照标准的地位、作用范围，形成现有标准体系构架，各类标准关系如图 2-1 所示。作为国际上有较大影响力的标准化组织，ISO 标准体系有其特点。

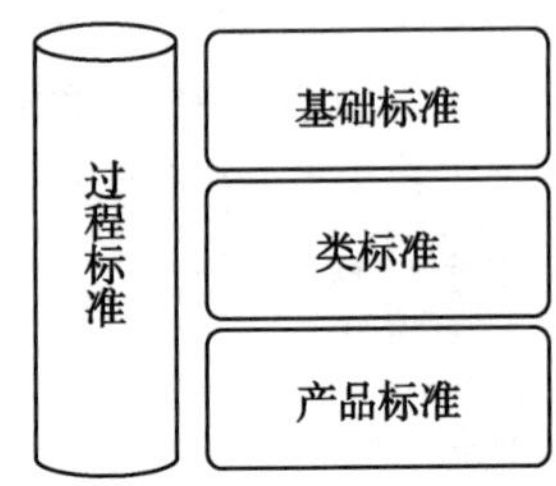

图 2-1 ISO 医疗器械各类标准关系

1. 体系构架全面严谨 现有标准均可纳入体系，新制定的标准也可按照标准地位和作用范围归入其中某一类；体系本身也覆盖了医疗器械全领域，并体现了较为清晰的、逻辑上严谨的结构特点，标准间关系明确，同时将对医疗器械产品生命周期的过程控制融入体系建设。各 TC 内部也自成体系，虽然工作领域差距较大，领域设置不尽相同，但在体系架构上一般都会设置“术语”“检测方法”等领域；在标准的编制上也有所体现。

2. 标准制定程序严谨而形式灵活 ISO 标准制定程序的严谨体现在每份标准的发布都是严格按照规定程序逐步进行，重大标准更是严格执行程序和规定（如 ISO 13485 标准在讨论过程中，仅因为标准格式与对应的 ISO 9000 格式不同而未获投票通过）。形式灵活体现在对涉及两个以上技术领域的标准，采用联合等多种方式制定，满足市场的需要。

二、国际电工委员会（IEC）

（一）标准制定及管理现状

IEC 是世界上最早的国际性标准化机构，其宗旨是促进电器、电子工程领域中标准化及有关方面问题的国际合作。IEC 主要负责医疗器械领域中有关医用电气设备等有源医疗器械技术领域的标准制修订工作。

IEC 制定的标准范围相对清晰，只涉及电气安全及基本性能标准，主要有 4 个标准族，涉及医用电气设备安全的标准为 IEC 60601 族和 ISO 80601 族；涉及体外诊断设备安全的 IEC 61010 族；涉及连入网络的医疗器械风险管理的标准为 IEC 80001 族。

根据国际监管机构论坛（IMDRF）认可标准工作组的数据，截至 2013 年 5 月由 IEC 发布的医疗器械国际标准及修改单共 268 项。

（二）组织结构

IEC 的组织结构与 ISO 类似，同样分为四层：

SMB——标准化管理局：负责管理 IEC 的标准工作，包括建立和解散 IEC 技术委员会（TC），确定其工作范围，标准制修订时间及与其他国际组织的联系。SMB 是个决策机构，它向理事局和国家委员会汇报其做出的所有决定。

TC——技术委员会：与 ISO/TC 类似。

SC——分技术委员会：与 ISO/TC/SC 类似。

WG——工作组：与 ISO/TC/WG 类似。

我国目前转化和采纳的医用电气类标准主要由 IEC 的 4 个技术委员会制定，其中以 IEC：TC 62 为主要制定标准的技术委员会。IEC 涉及医疗器械的技术委员会的信息见表 2-3。

表 2-3 IEC 涉及医疗器械的技术委员会的信息

序号	IEC TC 编号	IEC 名称（工作领域）	分技委的数量 / 发布的标准数
1	IEC：TC 62	医用电气设备	4/203
2	IEC：TC 87	超声波	0/17
3	IEC：TC 76	光辐射安全和激光设备	0/4
4	IEC：TC 66	测量、控制和实验室用电气设备的安全	0/1
5	ISO：TC 157	局部避孕和性传染预防屏障器械	10
6	ISO：TC 170	外科器械	6
7	ISO：TC 172	光学和光子学	130
8	ISO：TC 212	临床实验室检测和体外诊断系统	26

（三）IEC 标准体系构架

IEC 的标准体系是围绕医用电气设备的安全性构建的，以 TC 62 制定的医用电气安全标准族的标准体系构建最为典型，体系结构如图 2-2 所示。

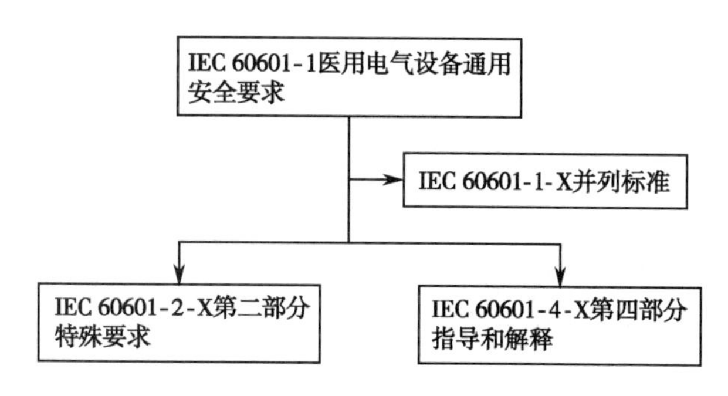

图 2-2 IEC 60601 标准族的体系结构

IEC 60601 标准的第一部分为通用安全要求以及与基本安全性能并列的标准，第二部分为医用电气设备的专用安全标准，第四部分是指导和解释，第三部分目前尚未制定标准。

IEC 部分的标准是涉及医用电气设备安全及产品性能标准，体系特点与 ISO 的体系特点基本一致。

值得注意的是，ISO 和 IEC 二者均为非政府机构，单独或联合制定有关医疗器械的标准，其制定的标准是自愿执行的，这与我国是不同的。

三、美国医疗器械标准管理现况

（一）医疗器械标准制定及使用情况

美国的医疗器械标准采用自愿参加编写、自愿采用的共识标准。1997 年的《食品和药品管理现代化法令》，明确授权美国食品药品管理局（Food and Drug Administration，FDA）在医疗器械批准程序中使用共识标准。

共识标准来自不同的标准制定组织，FDA 鼓励各公司部分符合或完全符合上述标准，以证实医疗器械产品的安全性和有效性。标准使用均是自愿的，提交符合共识标准的声明，在大多数情况下，可以减少已在标准覆盖范围内的试验数据需求。

FDA 采用“以官方发布的形式，认可由国家或国际公认的标准机构所制定的适宜标准的全部或部分内容”以确保标准的有效使用。

（二）医疗器械标准制定机构

已公布的美国医疗器械共识标准涉及诸多标准制定组织，包括国际标准化组织（ISO）、国际电工委员会（IEC）、美国材料试验协会（ASTM）、美国国家标准学会（ANSI）、美国临床实验室标准化委员会（NCCLS）、医疗器械促进协会（AAMI）与 ANSI 的合作、美国电气工业制造商协会（NEMA）、美国牙医学会（ADA）等 25 个标准制定组织。

截至 2014 年 4 月 20 日，美国共有 1050 项医疗器械共识标准。其中 502 项采用国际标准，国内自主制定标准 508 项，采用国际标准和国内制定标准数量基本持平，具体标准数量信息见表 2-4。

表 2-4　美国医疗器械共识标准数量信息

序号	标准类别	数量	序号	标准类别	数量
1	材料	110（10.5%）	10	生物相容性	52（5.0%）
2	放射	118（11.2%）	11	体外诊断	98（9.3%）
3	妇产科 / 消化科	39（3.7%）	12	一般	32（3.0%）
4	骨科	68（6.5%）	13	物理治疗	34（3.2%）
5	麻醉科	29（2.8%）	14	消毒	136（13.0%）
6	纳米技术	2（0.2%）	15	心血管	49（4.7%）
7	普外 / 整形外科	92（8.8%）	16	牙科 / 耳鼻喉科	66（6.3%）
8	软件 / 信息	56（5.3%）	17	眼科	39（3.7%）
9	神经学	7（0.7%）	18	组织工程	23（2.2%）
合计：1050（100%）					

除共识标准以外，美国还有强制性能标准。《联邦食品、药品与化妆品法案》第514部分授权FDA制定Ⅱ类医疗器械强制性能标准。这些标准可由FDA制定，也可以委托其他组织制定，或是对现有标准进行认可确认为强制性标准。如果某一器械存在FDA强制性能标准，该器械在产品上市前，必须符合其规定。

（三）美国医疗器械标准体系基本构架

在FDA的认可标准中，按照标准适用范围，将标准分为水平标准、垂直标准和其他标准。水平标准是指适用于多种类别产品的通用标准；垂直标准是指适用于某类或某个具体产品的专有标准；其他是指没有按此分类的标准。其中470项为水平标准（44.8%）、549项为纵向标准（52.3%）和31项为其他标准（2.9%）。

四、欧盟医疗器械标准管理现况

（一）医疗器械标准制定及使用情况

欧洲医疗器械标准的实施是由医疗器械新方法指令、协调标准和合格评定构成。其中医疗器械新方法指令相当于技术法规，是产品的上市应达到的强制性要求；协调标准则是规定符合新方法指令基本要求的技术规范和量化指标，如果产品满足协调标准，即可推断该产品符合相应指令规定的基本要求；合格评定是直接或间接用来确定产品是否达到技术法规或标准相关要求的程序。三者共同控制医疗器械的安全有效性。产品评定合格后加贴CE标志，可在欧盟市场内自由流通。

（二）标准制定机构

负责制定医疗器械相关标准的欧洲标准化管理机构主要是CEN和CENELEC。CEN负责制定欧洲标准，实行合格评定制度，消除技术贸易壁垒。在业务范围上，CEN管理除医用电气设备外的其他医疗器械领域的标准化工作。

CENELEC负责协调各成员国的电工电子标准，消除贸易中的技术障碍。在业务范围上，CENELEC主管医用电气设备领域的标准化工作。

CEN与CENELEC大量采用国际标准，欧洲标准与ISO、IEC标准的文本内容基本一致，此外CEN与CENELEC还制定不少欧洲医疗器械标准。欧洲医疗器械标准也得到了很多国家的认可，并转化为本国标准使用。

（三）医疗器械标准目录

欧盟医疗器械协调标准可分为EN ISO 14971风险分析、EN ISO 14155临床调查、EN 550和556灭菌、EN ISO 10993生物学评价、EN 868包装、EN ISO 13485质量体系、EN 1041和EN 980标签 & 符号、EN 60601医用电气安全等八大类。

根据最新的数据统计，3 个指令中的协调标准共计 399 项，其中 MDD 涉及 303 项、AIMD 涉及 53 项、IVD 涉及 43 项，具体信息见表 2-5。

表 2-5　欧洲新方法指令中涉及的协调标准数量信息

指令	标准机构	协调标准数量
普通医疗器械（MDD）	CEN	202
	CENELEC	101
	合计	303
有源植入式医疗设备（AIMD）	CEN	43
	CENELEC	10
	合计	53
离体诊断医疗设备（IVD）	CEN	38
	CENELEC	5
	合计	43
合计	CEN	283
	CENELEC	116
	合计	399

（四）欧盟医疗器械标准体系构架特点

在欧盟，医疗器械新方法指令作为技术法规，涉及产品的卫生、安全性、有效性、消费者保护和环境保护等方面的强制性要求，但不涉及具体的技术指标，因此可以相对维持稳定性。法规的稳定性有利于保证市场的秩序，达到促进发展的目的；欧盟的协调标准覆盖了医疗器械生命周期，同时协调标准的内容与制定方式的灵活性，使其可以迅速跟踪技术发展，技术要求与方法可以及时进行更新，保证了对市场的及时反映。

五、日本医疗器械标准现况

（一）医疗器械标准制定及使用情况

日本采用的是政府主导型标准创立模式，标准制定是日本政府的职能，日本政府设有专门的技术标准主管部门，在标准体系制定和管理中发挥重要作用。

日本医疗器械 JIS 标准属于自愿性国家标准，在生产方、消费者和有关各方协调一致的基础上制定和修订，从而确保各利益相关方的利益都得到了考虑和体现，同时也确保 JIS 标准能够得到认可。

日本标准制定既可以是政府自行制定也可是政府委托专业团体制定，但两种制定方法都要在产品上市前的注册审批阶段通过第三方认证，并通过医药品医疗器械综合机构这一行政独立法人对标准进行审查。

（二）医疗器械标准制定机构

医疗器械产业层面的标准化制定由日本经济产业省负责，包括标准起草、法规颁布、后续修改等行政管理工作，在日本特有的行政管理体系下，各个行政管理省厅负责所在行业标准的制定，而由 JISC 参与具体执行。日本医疗器械相关的标准化机构依据成员组成和具体职能总体上可分为 3 类：

1. 政府机构 负责医疗器械工业标准化制定、标准化管理的政府机构，主要指日本工业标准调查会（JISC），其职责是审验并监管已生产的具有 JIS 标示的医疗器械项目或产品；制定、审查和认证医疗器械相关标准。

2. 民间团体 数量众多的日本民间团体在标准制定中扮演着辅助和纠正作用，其中最主要的是日本规格协会，也包含各类医疗器械相关的行业协会。

3. 企业标准化机构 指企业内部参与制定标准的机构，其通过参与各类标准化活动反映企业诉求，影响乃至主导国家标准和行业标准制定中的规则制定，维护企业利益最大化。

（三）医疗器械标准目录

日本医疗器械标准是在 JIS 标准下的 T 类，即医疗器械及安全设备（medical equipment and safety appliances），共计 734 项标准，具体标准数量信息见表 2-6。

表 2-6 日本医疗器械标准数量信息

标准类型	数量
一般医疗器械	90 项
医用电子器械和设备	66 项
一般手术器械和设备	149 项
牙科器械和设备	90 项
牙科材料	84 项
医疗器械和设备	81 项
安全工作	81 项
康复器械和设备、其他医疗器械及环卫产品	93 项
合计	734 项

（李 军）

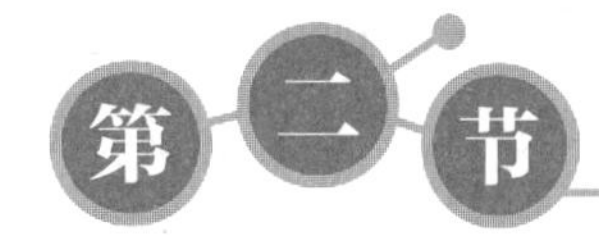

国内医疗器械标准体系

一、基本概念

我国国家标准 GB/T 20000.1—2014《标准化工作指南　第 1 部分：标准化和相关活动的通用词汇》对“标准”所下的定义是：“通过标准化活动，按照规定的程序经协商一致制定，为各种活动或其结果提供规则、指南或特性，供共同使用和重复使用的文件””。标准宜以科学、技术和经验的综合成果为基础。

我国国家标准 GB/T 20000.1—2014《标准化工作指南　第 1 部分：标准化和相关活动的通用词汇》对“标准化”所下的定义是：“为在即定范围内获得最佳秩序，促进共同效益，对现实问题或潜在问题确立共同使用和重复使用的条款以及编制、发布和应用文件的活动”。标准化活动确立的条款，可形成标准化文件，包括标准和其他标准化文件。标准化的主要效益在于为了产品、过程或服务的预期目的改进它们的适用性，促进贸易、交流以及技术合作。

医疗器械标准是产品研制、生产、经营、使用和监管共同遵守的技术规范，对保障医疗器械产品安全有效至关重要，对促进医疗器械产业的发展意义重大。

根据不同目的，可从不同的角度对医疗器械标准进行分类：

（1）按标准级别分类，医疗器械标准分为国家标准（GB）、行业标准（YY）。

（2）按标准对象分类，医疗器械标准可以分为基础标准、产品标准、方法标准和管理标准。

（3）按标准性质分类，医疗器械标准分为强制性标准和推荐性标准。

截至 2016 年 9 月 5 日，我国医疗器械现行有效的国家标准和行业标准共有 1515 项，其中国家标准 222 项（强制国家标准 93 项，推荐性国家标准 127 项，指导性文件 2 项），行业标准 1293 项（强制性行业标准 390 项，推荐性行业标准 903 项）。建立了涉及医用电气设备、手术器械、外科植入物等多个技术领域的医疗器械标准体系，基本覆盖了医疗器械产品各技术领域。医疗器械标准中基础通用标准、管理标准、方法标准和产品标准占比进一步优化。其中，医疗器械国家标准中基础通用标准 75 项，管理标准 6 项，方法标准 65 项，产品标准 76 项。医疗器械行业标准中基础通用标准 211 项，管理标准 28 项，方法标准 287 项，产品标准 767 项。

我国医疗器械标准编号是：

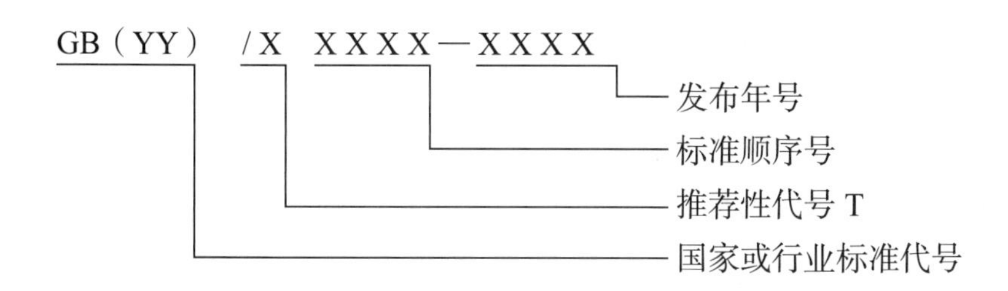

二、标准制修订程序

1. 医疗器械国家标准的制定 对需要在全国范围内统一的技术要求，应当制定国家标准。国家标准由国务院标准化行政主管部门编制计划、组织草拟、统一审批、编号、发布。

2. 医疗器械行业标准的制定 对没有国家标准而又需要在全国某个行业范围内统一的技术要求，可以制定行业标准。医疗器械行业标准由国家食品药品监督管理局负责编制计划、组织草拟、统一审批、编号、发布，并报国务院标准化行政主管部门备案。

三、标准管理体制和职责

我国标准化管理体制是统一管理与分工管理相结合的体制。

1. 国家标准化管理委员会 是国务院标准化行政主管部门，统一管理全国标准化工作，主要履行下列职责：

（1）组织贯彻国家有关标准化工作的法律、法规、方针、政策。

（2）组织制定全国标准化工作规划、计划。

（3）组织制定国家标准。

（4）指导国务院有关行政主管部门和省、自治区、直辖市人民政府标准化行政主管部门的标准化工作，协调和处理有关标准化工作问题。

（5）组织实施标准。

（6）对标准的实施情况进行监督检查。

（7）统一管理全国的产品质量认证工作。

（8）负责参与和管理相关国际标准化活动。

2. 国家食品药品监督管理总局 是医药行业标准化工作的行政主管部门，主要履行下列职责：

（1）贯彻国家标准化工作的法律、法规、方针、政策，并制定在本部门、本行业实施的具体办法。

（2）制定本部门、本行业的标准化工作规划、计划。

（3）承担国家下达的草拟国家标准的任务，组织制定行业标准。

（4）指导省、自治区、直辖市有关行政主管部门的标准化工作。

（5）组织本部门、本行业实施标准。

（6）对标准实施情况进行监督检查。

（7）经国务院标准化行政主管部门授权，分管本行业的产品质量认证工作。

3. 国家食品药品监督管理总局医疗器械标准管理中心 隶属于国家食品药品监督管理总局，承担医疗器械标准拟定的相关事务性工作，受国家食品药品监督管理总局委托，组织相关医疗器械专业标准化技术委员会开展医疗器械标准制、修订工作。

（1）开展医疗器械标准体系研究，提出医疗器械标准工作政策及标准项目规划建议。

（2）承担医疗器械命名、分类和编码的技术研究工作。

（3）承担全国医疗器械标准的业务指导工作。

（4）承办国家食品药品监督管理总局交办的其他事项。

4. 医疗器械专业标准化技术委员会 是在一定专业领域内，从事全国性标准化工作的技术工作组织，负责本专业技术领域的标准化技术归口工作。所负责的专业技术领域，由国务院标准化行政主管部门会同有关行政主管部门确定，根据《全国专业标准化技术委员会章程》规定，开展相关工作。目前我国医疗器械领域的专业标准化技术委员会共24个。

（李静莉）

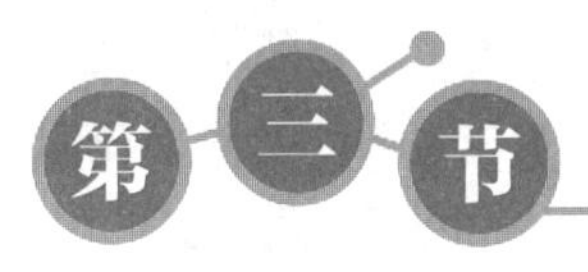

第三节 医用电气设备安全通用标准

对于有源医疗器械来说电气安全是最主要的安全指标。与电气安全相关的系列安全标准的制修订，是由国际电工委员会（IEC）下属的技术委员会（TC）负责归口起草的。

IEC：TC62 成立于 1968 年，主要负责医疗领域内的医用电气设备和医用电气系统及医用软件等的标准制修订工作。IEC：TC62 下属有 4 个分技术委员会，截至 2012 年 6 月，已发布的有效标准共有 145 份，其中涉及通用安全，并列安全和专用安全的标准共 61 份。目前，该安全系类标准中最为基础的通用安全标准（即 IEC 60601-1：2005 标准的版本为第 3 版），此版本与之前的第 2 版相比较在结构和内容上有着重大的调整。因而相关的并列标准和专用安全标准也正在逐步转换成能与之相配套使用的标准。

在国内对应 IEC：TC62 是全国医用电器标准化技术委员会（SAC/TC10），SAC/TC10 成立于 1982 年，主要承担了国内医用电气设备标准的制修订工作及国际标准的投票工作。SAC/TC10 下属 5 个分技术委员会，目前，也已经制定出一系列医用电气设备安全标准，其中涉及通用标准（即：GB 9706.1-2007 标准）对应 IEC 60601-1 第 2 版标准，与其相关的并列标准和专用标准也均基于第 2 版的格式要求。

有源医疗器械安全系列标准包括：

（1）通用标准（IEC 60601-1 标准）：是医用电气设备应普遍适用的安全标准，即符合医用电气设备定义的设备均应满足此基础标准要求。

（2）并列标准（IEC 60601-1-X 系类标准）：也是医用电气设备应普遍适用的安全标准，但多数情况下仅限于具有某些特定功能或特性的设备才需要满足此类标准要求。

（3）专用标准（IEC 60601-2-X 系类标准）：则是某一类医用电气设备应适用的安全标准，且并非所有的医用电气设备都有专用标准。

一、GB 9706.1-2007《医用电气设备　第 1 部分：安全通用要求》

（一）我国实施 GB 9706.1-2007 标准的重要意义

GB 9706.1-2007《医用电气设备　第 1 部分：通用安全要求》是我国医用电气设备需遵循的强制性通用安全标准之一，对规范医用电气设备的设计、生产、检验和保证产品质量起到了重要的作用。医疗器械产品的生产和使用，对人类或人体的主要潜在危害有三种：第一种是能量性危害，包括电能、热能、辐射能、机械力、超声、微波、磁场等物理量所可能造成的人体危害；第二种是生物学危害，包括生物污染、生物不相容性、毒性、过敏、致畸致癌、交叉感染、致热等对人体造成的生物或化学性危害；第三种是环境危害，包括生产过程中使用过程中的废气或废液的排放、固体废物对土地的污染、放射性污染、资源的不合理使用和浪费等危及人身安全和人类可持续发展的危害。人们在总结医疗器械生产活动和管理实践过程中，就医疗器械危害问题，先后协调统一并制定了一系列安全标准和若干管理标准，以规范某些特定的医疗器械生产活动，确定活动准则，以预防或减少能量危害、生物学危害及环境危害。这些标准包括：医用电气设备安全要求系列标准、医疗器械生物学评价系列标准、外科植入材料系列标准、齿科系列标准、医疗器械无菌标准等。GB 9706.1-2007 是以预防或减少医疗器械的能量危害为主要目标的通用安全要求标准，主要章节包含有对电击危险、机械危险、辐射危险、超温危险等的防护，在新一版本国际标准中又增加了大量风险管理的内容。

（二）IEC 60601-1 和 GB 9706.1 的发展史

医用电气设备对口的标准化组织是 IEC 第 62 医用电气设备技术委员会，即 IEC：TC62。IEC：TC62 是 1968 年成立的，它下设四个分技术委员会（SC）：IEC/TC62A 医用电气设备通用方面内容；IEC/TC62B 医用诊断成像设备；IEC/TC62C 医用放射治疗、核医学设备和辐射剂量仪；IEC/TC62D 医用电气设备。IEC/TC62A 于 1976 年 10 月提交各国家委员会按六月法通过，即 IEC 60601-1（1977）《医用电气设备的安全　第一部分：通用要求》，亦即第 1 版 IEC 60601-1。1984 年 12 月出版了 IEC 60601-1（1977）第一号修订文件。安全标准主要来自实践，随着技术的发展，不断有新的要求出现，测量方法也在不断完善。经过十余年的实践，IEC/TC 62A 又在第 1 版 IEC 60601-1 及其第一号修订文件的基础上编写了第 2 版 IEC 60601-1（1988）《医用电气设备　第一部分：安全通用要求》。1991 年 11 月又对第 2 版 IEC 60601-1 发布了第一号修订文件。1995 年又发布了第二号修订文件。TC62 技委会于 1995 年底决定开始筹备开展 IEC 60601-1 第 3 版的起草工作。经过十年的努力，最终于 2005 年发布了 IEC 60601-1 的第 3 版标准，并在 2012 年发布了第一号修订文件，并发布第 3.1 版。继 IEC 60601-1 第 1 版出版以后，又陆续出版了一系列医用电气设备的专用安全要求，IEC：TC 62 还制定了一些与医用电气设备安全相关的并列标准。

1983 年，全国医用电器标准化技术委员会根据原国家医药管理局计划制定了 WS2-295 部标，它是参照采用了 IEC60601-1（1977）而制定的标准。WS2-295 的颁布、实施使我国对医电设备的安全要求初步向国际标准靠拢。WS2-295 发布、实施后，医电行业在原国家医药管理局的指导下，进一步组织对 IEC 60601-l 标准的试验验证，为等同采用 IEC 60601-1 做技术准备。验证结果表明 IEC 60601-1 提出的安全要求原则上都是必要和可行的。为进一步提高我国医电产品的安全质量水平，1986 年由上海医疗器械研究所起草，制定了 GB 9706.1-88 国家标准。GB 9706.1-88 国家标准等效采用了 IEC 60601-1（1977）及第一号修订（1984-12）中所规定的内容。GB 9706.1-88 的发布、实施标志着我国对医用电气产品的安全要求管理上了一个新台阶。然而 IEC：TC 62 对医用电器安全的研究也在不断深入，而且速度越来越快。1988 年出版了 IEC 60601-1（1988）第 2 版，之后又对第 2 版作了修订。为了使我国的医电设备符合国际安全标准的要求，国家医药局管理于 1992 年下达了国药质字（94）第 72 号文件《关于下达 1994 年制、修订医药标准项目计划的通知》，由国家（上海）医疗器械质量监督检验中心负责修订 GB 9706.1-88，即 GB 9706.1-1995。该标准于 1995 年 12 月 21 日正式发布，1996 年 12 月 1 日强制实施。它等同采用了 IEC60601-1（1988）《医用电气设备　第一部分：安全通用要求》（第 2 版）及其第一号修订。同样由国家（上海）医疗器械质量监督检验中心负责修订 GB 9706.1-1995，即 GB 9706.1-2007，该标准于 2007 年 7 月 2 日正式发布，2008 年 7 月 1 日强制实施，它在 GB 9706.1-1995 基础上增加了 IEC 60601-1（1988）《医用电气设备　第一部分：安全通用要求》（第 2 版）的第二号修订。

（三）适用范围

标准适用于医用电气设备的安全，不适用于体外诊断设备、有源植入医用装置的植入部分、医用气体管道系统。

医用电气设备是指与某一专门供电网有不多于一个连接，对在医疗监督下的患者进行诊断、治疗或监护，与患者有身体的或电气的接触，和（或）向患者传送或从患者获得能量，和（或）检测这些所传送或取得的能量的电气设备。

注 1：患者是指接受医学或牙科检查或治疗的生物（人或动物）。

注 2：供电网是指永久性安装的电源，它也可以用来对本标准范围外的设备供电。也包括在救护车上永久性安装的电池系统和类似的电池系统。

（四）核心内容

GB 9706.1-2007标准全面覆盖了有源医疗器械电气安全方面的技术要求及检测方法。医用电气设备的安全标准最主要的是电气安全部分，但电气设备的安全不仅限于电气安全，还包括机械安全、结构安全等。

该标准由10篇、59个章组成。每一篇章都涵盖了一类的安全要求及相应的检测设备和检测方法：

第一篇“概述”中最主要的是规定了通用试验要求及设备的标识、标记和文件的要求。通过规范设备的标志、标签、标识及随机文件的内容来控制风险，达到可接受的水平。

第二篇“环境条件”中最主要的是规定了设备使用的气候环境及电源环境的要求。确保设备在规定的使用条件下能满足安全的要求。

第三篇“对电击危险的防护”中最主要的是规定了设备的隔离、防护、保护接地、漏电流和电介质强度的安全要求。确保患者和操作者及其他人员不会在无意的情况下触及设备的危险带电部分，也保证了设备在正常或单一故障状态下不会造成漏电及绝缘击穿的电击危险。医疗器械依据对电击的防护方式分为Ⅰ类设备和Ⅱ类设备；应用部分根据对电击的防护程度分为B型、BF型和CF型应用部分。

第四篇“对机械危险的防护”中最主要的是规定了机械强度、运动和传动部件及悬挂物的安全要求。确保患者和操作者及其他人员不会在无意的情况下触及危险的运动或传动部件，也保证了设备在正常或单一故障状态下其机械结构不会对患者或操作者造成人身损害。

第五篇“对不需要的或过量的辐射的防护”中最主要的是规定了对X线辐射的安全要求。确保患者、操作者、其他人员以及设备附近的灵敏装置采用了足够的防护措施，以使他们不会受到来自设备的不需要的或过量的辐射。

第六篇“对易燃麻醉混合气点燃危险的防护”中最主要的是规定了AP型和APG型设备及其部件和元器件的安全要求，确保在正常使用、正常状态和单一故障状态下此类设备在特殊环境下工作时，不会点燃易燃混合气而产生燃烧或爆炸情况。

第七篇“超温和其他安全方面危险的防护”中最主要的是规定了超温、防火、溢流、液体泼洒、泄漏、受潮、进液、清洗、消毒、灭菌、压力容器和受压部件等安全要求。确保在正常使用和正常状态下设备不发生着火的危险，也要求了设备在结构上对液体造成的安全方面的危险有足够的防护能力，同时防止了压力容器和受压部件的破裂而造成的安全方面的危险。

第八篇“工作数据的准确性和危险输出的防止”中未规定具体的对工作数据的准确性和危险输出防止的安全要求，相应的要求会在专用安全标准中给出。主要是为了规范与安全直接相关的性能要求及通过设备设计来降低人为差错的可能性。

第九篇“不正常的运行和故障状态；环境试验”中最主要的是规定了一系列的单一故障试验的要求。通过模拟元器件故障、运动部件（电动机）的故障、发热部件的故障等，来确定设备不产生起火、燃烧或以确保设备在单一故障时也不存在安全方面的危险。

第十篇“结构要求”中最主要的是规定了元器件、布线、端子连接等电气和机械结构的安全要求。确保设备使用符合要求的元器件，也确保设备内部的布线，连接等的规范，以使得满足电气和机械结构的要求。

（五）新版 IEC 60601-1 标准和 GB 9706.1-2007 标准的主要变化

IEC 60601-1 第 3 版和第 2 版无论从名称上还是结构上都发生了重大的变化。从直观上看，第 3 版的名称，从第 2 版的“医用电气设备　第 1 部分：通用安全要求”，修改为“医用电气设备　第 1 部分：基本安全和必要性能的通用要求”，其篇幅增加了 100 余页。从结构上看，第 2 版内容分为 10 篇，内含 59 个章；而第 3.1 版不分“篇”，只分为 17 个章，并将 GB 9706.15《医用电气设备　第 1-1 部分：安全通用要求　并列标准：医用电气系统安全要求》（对应 IEC 60601-1-1）和 YY 0708《医用电气设备　第 1-4 部分：安全通用要求　并列标准：可编程医用电气系统》（对应 IEC 60601-1-4）的内容合并为第 14 章和第 16 章。第 3 版 IEC 60601-1 标准和 GB 9706.1-2007 的章节对应关系见表 2-7。

表 2-7　第 3 版 IEC 60601-1 标准和 GB 9706.1-2007 的章节对应关系

第 3 版 IEC 60601-1 标准	GB 9706.1-2007
第 1 章	第 1 章
第 2 章	附录 L
第 3 章	第 2 章
第 4 章	第 3 章
第 5 章	第 4 章
第 6 章	第 5 章
第 7 章	第 6 章
第 8 章	第三篇
第 9 章	第四篇
第 10 章	第五篇
第 11 章	第七篇
第 12 章	第八篇
第 13 章	第九篇，第 52 章
第 14 章	无（对应 IEC60601-1-4）
第 15 章	第十篇
第 16 章	无（对应 IEC60601-1-1）
第 17 章	第 36 章

从安全理念上，第3版扩大了安全的范围和概念，引入了"测试证实"的要求和风险管理的流程，并要求企业在产品的整个生命周期内进行风险控制，风险控制的范围扩大到基本安全和必要性能。从技术要求上，主要是增加了术语（第3章）、对电击（第8章）及机械（第9、15章）、超温的防护要求等。

二、医用电气设备安全并列及专用标准

医用电气设备除必须遵循前面章节所述的安全通用标准外，根据其工作原理、应用场所等，还需符合特定的医用电气设备安全并列及专用标准。如对于医用X线设备，有专门的GB 9706.12-1997《医用电气设备　第一部分：安全通用要求　三、并列标准：诊断X线设备辐射防护通用要求》、对于超声设备有GB 9706.7-2008《医用电气设备　第2-5部分：超声理疗设备安全专用要求》，对于这些标准，在相应章节会有详细介绍。本部分则简要重点介绍其中的与有源医疗器械相关的其他几个典型标准。

（一）《医用电气设备　第1-1部分：安全通用要求　并列标准：医用电气系统安全要求》（GB 9706.15标准）

1. 适用范围　本标准适用于医用电气系统的安全。规定了为保护患者、操作者及环境所必须提供的安全要求。不适用于同时工作的医用电气设备，即不同的医用电气设备同时连接在一个患者身上，但设备之间并不互连。

医用电气系统是指多台设备的组合，其中至少有一台为医用电气设备，并通过功能连接或使用可移式多孔插座互连。

注1：当设备与系统连接时，医用电气设备应被认为包括在系统内。

注2：可移式多孔插座是指有两个或两个以上插孔的插座，打算与软电线或电线相连或组成一体，与网电源连接时，可以方便地从一处移到另一处。其可作为独立部分或医用、非医用设备的组成部分。

2. 核心内容　由于现代电子技术和生物医学技术在医学实践中的应用和快速发展，使得越来越复杂多样的医用电气系统取代单台医用电气设备对患者进行诊断、治疗和监护。

越来越多的这种系统由应用于不同领域（不仅限于医学领域）的设备直接或间接相连组成。这些设备既可安置在用于诊断、治疗或监护患者的医用房间内，也可安置在不进行医疗实践的非医用房间。医用房间内，设备可放在定义为患者环境的区域的内部或外部。符合GB 9706.1标准的医用电气设备可以和其他非医用电气设备连接。每台非医用电气设备可能都符合了其专业领域的安全标准中规定的要求，通常它们并不能符合医用电气设备安全标准要求，可能影响整个系统的安全。因而，需要制定医用电气系统的安全要求。

本标准共十篇，完全对应于安全通用要求标准的格式。本标准相对于安全通用要求

标准主要增加了对系统的随机文件、隔离装置、漏电流、可移式多孔插座、连接、布线、结构等特殊要求。本标准供装配和销售包含一台或多台医用电气设备的组合电气设备的制造商使用，也供医疗行业科研人员装配医用电气系统时使用，以确保医用电气系统的安全。

（二）《医用电气设备 第1-4部分：安全通用要求 并列标准：可编程医用电气系统》（YY/T 0708标准）

1. 适用范围 适用于带有可编程电子子系统（PESS）的医用电气设备和医用电气系统［可编程医用电气系统（PEMS）］的安全性。某些带有软件并用于医用目的的系统超出了本并列标准的范围，例如：许多医用信息系统。识别准则为：该系统是否满足GB 9706.1中关于医用电气设备的定义或GB 9706.15中关于医用电气系统的定义。

注1：可编程电子子系统（PESS）是指基于一个或多个中央处理单元的系统，包括它们的软件和接口。

注2：可编程医用电气系统（PEMS）是指包含有一个或多个可编程电子子系统的医用电气设备或医用电气系统。

2. 核心内容 计算机在医用电气设备中的使用日益增多，常常起着与安全密切相关的角色。计算机应用技术在医用电气设备的运用使系统的复杂程度仅次于医疗设备的诊断和（或）治疗的对象——患者的生理系统。这种复杂性意味着系统性失效可能超出通过实际可以接受的测试限来判定的能力。本标准超出了对已有医用电气设备的传统测试和评定；成品测试本身不能充分说明复杂医用电气设备的安全性。本标准规定了可编程医用电气系统设计过程中的要求，作为降低和管理风险目的的安全要求指南。它要求遵循某一过程，并产生该过程的记录来支持带有可编程电子子系统的医用电气设备的安全。风险管理和开发生存周期的概念是标准的基础。

本标准也完全对应安全通用要求标准的格式，但实际有内容的只有两篇，分别是第一篇“概述”和第九篇“不正常的运行和故障状态；环境试验”，主要涉及的内容是随机文件和不正常的运行和故障状态。涵盖：需求规格说明；体系结构；详细设计与实现，包括软件开发；修改；验证和确认；标记和随机文件。不涵盖：硬件制造；软件复制；安装与交付使用；操作和维护；退出使用。

有效地应用本标准要求有如下的能力：特定的医用电气设备应用中应着重考虑的安全因素；医用电气设备的开发过程；安全性保证方法；风险分析和风险控制的技能。

（三）《医用电气设备 第1-8部分：安全通用要求 并列标准：通用要求，医用电气设备和医用电气系统中报警系统的测试和指南》（YY 0709标准）

1. 适用范围 本标准规定了医用电气设备和医用电气系统中报警系统和报警信号的要求。它为报警系统的应用也提供了指导。

注 1：报警系统是指以侦测报警状态，并适当产生报警信号的医用电气设备或医用电气系统的部分。

注 2：报警状态是指已确定潜在的或实际危险存在时的报警系统的状态。

注 3：报警信号是指以侦测报警状态，并适当产生报警信号的医用电气设备或医用电气系统的部分。

2. 核心内容 出于患者安全的立场，若没能对潜在的或已存在的危险发出有效的警告，报警系统能给患者或操作者带来危险，会导致操作者、使用者或其他人不能做出正确反应，降低他们的警惕性或妨碍他们的行为。

本标准规定了医用电气设备和医用电气系统中报警系统的基本安全和基本性能要求和测试要求，并提供他们的应用指南。通过由紧急程度、一致的报警信号和一致的控制状态和其为所有报警系统的标记来定义报警类型（优先级）。本标准没有规定：是否对特定的医用电气设备或医用电气系统要求提供报警系统；触发报警状态的特定环境；对特定的报警状态的优先级分配；产生报警信号的方式。

本标准也完全对应安全通用要求标准的格式,但实际有内容的只有一篇,即第一篇“概述”，其余内容是增加了的“报警系统”的要求。主要涉及内容是随机文件、报警状态、智能报警系统、报警信号、延迟说明、报警预置、报警限值、报警系统的安全、报警信号非激活状况、报警复位、非栓锁和栓锁报警信号、分布式报警系统及报警状态日志。这些内容均是为了规范报警的设计。本标准既用于简单的内部电源设备或家庭护理设备，也用于复杂的生命维持设备，所以不可能对许多重要的问题都提供详细的要求。对于特殊的设备种类，其安全专用标准宜提供更详细的要求。本标准中的术语和基本要求是确保各种类型医用设备的报警系统采用一致性的方法。

（四）YY 0505《医用电气设备　第 1-2 部分：安全通用要求　并列标准　电磁兼容　要求和试验》

1. 我国实施 YY 0505 标准的重要意义 现代医疗器械中，医用电气设备和系统不仅使用了各种高敏感性电子元器件，并且与电脑、移动通信系统等结合形成远程医疗诊断网络；它们在工作时向周围发射不同频率、不同电磁场强度的有用或无用的电磁波，影响无线电广播通信业务和周围其他设备的正常工作；而且它们在工作的电磁环境中还可能受到周围电力、电子设备以及其他医疗设备的电磁干扰。电磁干扰对医疗器械造成的后果往往是非常严重的。根据国外权威机构发布的另外一份研究报告显示，从 1994 年 1 月至 2005 年 3 月，550 份不良反应事件中，有 73.6% 是由可疑的电磁干扰造成的。而在这些可疑的电磁干扰造成的不良事件中，死亡和致伤的比例达到了 43.5%。从 1994 年到 2005 年间电磁干扰的不良事件报告数量呈现逐年递增的趋势。我国也有类似的报道，比如 1996 年就曾发现因患者家属打手机导致输液泵停止工作，2008 年还曾发生过高频电刀引发医用控温毯失灵而造成人体严重伤害的事件。在日益恶劣的电磁环境中，医用电气设备的电磁兼容性对保障设备安全有效越来越重要，医疗器械满足电磁兼容性要求迫在眉睫，尽早实施医用设备电磁兼容标准是医疗器械行业的共同认识。

2. 国内外电磁兼容标准的发展情况 早在1993年，国际电工委员会（IEC）就发布了有关医用电气设备电磁兼容的第1版标准IEC 60601-1-2：1993。之后配合医用电气设备通用安全标准的修订，IEC先后于2001年、2004年和2007年发布了该标准的第2版、第2.1版和第3版。目前，IEC已于2014年发布IEC 60601-1-2的第4版标准。世界上发达国家纷纷通过法令法规的形式，强制实施了医疗器械产品的电磁兼容标准。欧盟1993年发布了带有电磁兼容要求的医疗器械指令，即MDD指令（93/42/EEC），可以通过引用医用电气设备电磁兼容性标准EN 60601-1-2（等同于IEC 60601-1-2）来证明产品符合性。1998年6月14日是MDD指令5年过渡期的最后一天，从而开始对所有进入欧盟的医疗器械产品强制执行欧盟相关的EMC标准。我国于2005年批准发布了YY 0505-2005《医用电气设备　第1-2部分：安全通用要求　并列标准　电磁兼容　要求和试验》强制性医疗器械行业标准，该标准是我国第一部有关医用电气设备电磁兼容的标准，它等同采用国际标准IEC 60601-1-2：2001。为了适应国内外电磁兼容技术的飞速发展，进一步吸收采纳国际先进标准，提高国内有关标准要求，原国家食品药品监督管理局于2011年再次组织了对YY 0505-2005的修订工作，为了与现行GB 9706.1安全标准协调一致，根据原国家食品药品监督管理局2010年下达的行业标准项目计划任务，我国等同采用IEC 60601-1-2：2004（第2版附加修正案）对YY 0505-2005进行了修订。2012年12月17日国家食品药品监督管理局正式批准发布了新版标准YY 0505-2012并印发了《YY 0505-2012医疗器械行业标准实施工作方案》（食药监办械〔2012〕149号），以保证YY 0505-2012的平稳实施。YY 0505-2012作为医用电气产品的基础安全标准，对进一步保障医疗器械产品安全有效、加强医疗器械监管、推动我国医疗器械标准体系与国际接轨及促进医疗器械产业健康快速发展具有重要影响。

3. YY 0505-2012标准的通用要求 YY 0505-2012适用于医用电气设备和医用电气系统的电磁兼容性。对于根据医用电气系统定义的医用电气系统中使用的信息技术设备（如中央监护系统中的计算机部分），YY 0505同样适用。医用电气系统制造商提供并预期通过现有的连接到系统设备的电气电子设施，作为医用电气系统的一部分按照YY 0505要求进行电磁兼容试验。但是，YY 0505不适用植入式的医用电气设备（如植入式心脏起搏器）、对于测量、控制和实验室用的医疗器械以及现行的局域网络、通信网络。YY 0505标准对医用电气设备和系统的电磁兼容性规定了要求及试验，并作为其他专用安全标准中电磁兼容性要求和试验的基础。

在通用要求方面，医疗器械电磁兼容性包含两个主要方面：

一方面是医用电气设备和系统在正常状态下不应发射可能影响无线电业务、其他设备或其他设备和系统基本性能的电磁骚扰的要求，通过符合YY 0505第6章和36.201条的要求来验证，其中包括设备或设备部件的外部标记、随机文件、无线电业务的保护、公共电网的保护方面的要求。医用电气设备采用了大量的高新技术，其产生的电磁发射对人类和环境造成了不利的影响，有害的电磁发射不仅影响了医用电气设备正常工作，也污染了人类的生存环境，直接威胁到医生和患者的健康，例如同一个病房中，使用了各种高频、射频治疗设备，心电、血压、血氧等监护设备，高频、射频治疗设备，其工作时可能作为一 EMI 干扰源通过不同的耦合途径向周围传播出不同频率范围和电磁场强度的有用或无用的电磁波，会使心电、血压、血氧等监护设备受到电磁干扰而不能准确地监护病人的情况，医护人员不能准确及时地判断出病人心律不齐、血压及血氧下降等情况，造成病人死亡。高频、射频治疗设备工作时产生的电磁骚扰不会超过 YY 0505 规定的限值，就被认为符合要求。

另一方面是医用电气设备和系统在正常状态下的基本性能对电磁骚扰应有符合要求的抗扰度，通过 YY 0505 第 6 章和 36.202 条要求的符合性来验证，其中包括设备或设备部件的外部标记、随机文件、静电放电（ESD）、射频电磁场辐射、电快速瞬变脉冲群、浪涌、射频场感应的传导骚扰、在电源供电输入线上的电压暂降、短时中断和电压变化、磁场方面的要求。例如心电监护设备如果没有足够的抗干扰能力，在 CAT 显示器上显示的心率、血压、脉搏等指标无法正常显示，医务人员难以作出准确诊断，致使病人无法复苏；移动电话对输液泵、心脏除颤装置产生的干扰，使其不能正常工作；受调频电台 FM 发射干扰调制波的影响，扰乱了呼吸节律导致报警失灵；供电电源产生电压暂降、短时中断和电压变化时使正在工作的血液透析设备不能工作、或设置的参数发生变化导致医疗事故；工频磁场的影响使婴儿培养箱中温度不准确，导致新生儿死亡等。如果以上列举的医用电气设备能符合 YY 0505 的抗扰度的要求，就被认为符合要求。

除了通用要求，YY 0505-2012 引入基本性能的概念。除非识别出设备或系统的基本性能，否则设备或系统的所有功能都应考虑作为基本性能进行抗扰度试验（见 YY 0505 36.202.1j），所谓的基本性能是指与基本安全不相关的临床功能的性能，其丧失或降低到超过制造商规定的限值会导致不可接受的风险。例如用于诊断的医用电气设备诊断信息的结果正确性，如果给出不正确的信息会导致不适宜的治疗方法，给患者带来不可接受的风险。重症监护或手术室监护系统中报警系统的正确运作，若不正确 / 缺失报警信号，则会导致医护人员不正确的响应，给患者带来不可接受的风险。基本性能应在随机文件中说明，通过检查随机文件来检验是否符合要求，如果没有进行识别，那么设备或系统的所有功能的性能就应该通过 36.202 规定的试验来检验是否符合要求。

YY 0505-2012 标准中提到的医用电气设备是指与某一专门供电网有不多于一个的连接，对在医疗监督下的患者进行诊断、治疗或监护，与患者有身体的或电气的接触，和（或）向患者传送或从患者取得能量、和（或）检测这些所传送或取得的能量的电气设备。如果满足 YY 0505 要求，即认为符合要求。而作为系统的一部分提供的非医用电气设备，如果能证明满足以下条件，可免于 YY 0505 要求的电磁兼容性试验：①非医用电气设备符合适用的国家或国际电磁兼容性标准；②证实非医用电气设备的发射和抗扰度不会对系统的基本性能和安全产生不利的影响；③证实非医用电气设备不会导致系统的发射超过适用的限值。

例如一个心电监护系统，其中包括医用电气设备为心电采集放大器，非医用电气设备为电脑；若非医用电气设备电脑不符合适用的国家或国际电磁兼容性标准（GB 9254等国家标准或国际标准则），不能免于 YY 0505 电磁兼容性试验；若非医用电气设备电脑符合适用的国家或国际电磁兼容性标准，但是它的发射或抗扰度对系统的基本性能或安全产生不利的影响，电脑的抗扰度或产生的电磁骚扰使所采集患者的心电波形失真、基线不稳定等因素而给出了不正确的诊断信息，导致医护人员采取不正确的治疗方法，给患者带来风险，或对系统的安全产生不利的影响，则不能免于 YY 0505 电磁兼容性试验要求；若非医用电气设备电脑符合适用的国家或国际电磁兼容性标准，并且电脑的发射和抗扰度都不会影响心电监护系统的基本性能，而且非医用电气设备电脑的发射不会使整个系统超出 YY 0505 36.201 所规定发射适用的限值，那么就可免于 YY 0505 电磁兼容性的要求。

电磁兼容性测试规定在正常状态下进行，而不是在单一故障状态下进行。例如一些设备的电磁兼容技术采用金属屏蔽并连接大地，这种屏蔽可以是电场屏蔽、静磁屏蔽和电磁场屏蔽等，屏蔽必须有良好的接地，否则就起不到屏蔽的作用；如果模拟电磁干扰滤波器中元件的故障，那么抗扰的一些试验就很难达到 YY 0505 的要求。对于电磁兼容性试验，通用标准中关于单一故障状态的要求不适用。

在通用要求基础上，YY 0505-2012 还对设备或设备部件的外部标记、使用说明书、技术说明书做出了规定。

4. 适用范围 本标准适用于医用电气设备和医用电气系统的电磁兼容性，包括根据医用电气系统定义的医用电气系统中使用的信息技术设备的电磁兼容性。本标准不适用于植入式医用电气设备的电磁兼容性。

电气 / 电子基础设施（例如现行的局域网络、通信网络、供电网络）不需按本标准作为医用电气系统的一部分进行电磁兼容性试验。如果局域网络或通信网络作为医用电气系统的一部分由系统制造商提供，则它们应作为该系统的一部分按照本标准规定进行电磁兼容性试验。

5. YY 0505-2012 标准的具体内容 YY 0505-2012 关于电磁兼容性的具体要求和试验方法集中在第五篇“对不需要的或过量的辐射危险的防护”中的第 36.201 条“发射”和第 36.202 条“抗扰度”。医用电气设备的电磁兼容测试内容包括发射和抗扰度两部分，如图 2-3 所示。

（1）发射：是指医用电气设备对周围环境的电磁骚扰，测试项目包括辐射发射、传导发射、谐波失真、电压的波动和闪烁等。根据 YY 0505 的要求，发射试验涉及无线电业务的保护试验和公共电网的保护试验，包括辐射发射、传导发射、骚扰功率、谐波失真、电压的波动和闪烁等电磁发射试验项目，该项目的试验要求及方法根据产品不同，依据不同的试验标准。

（2）抗扰度：过去，机电装置和系统对电磁骚扰（即传导、辐射电磁骚扰和静电放电）并不敏感。目前所使用的电子元件和设备对这些骚扰则要敏感得多，尤其是对“高频”和“瞬态”现象。由于电子元件和设备以惊人的速度投入运行，电的和磁的骚扰引起的

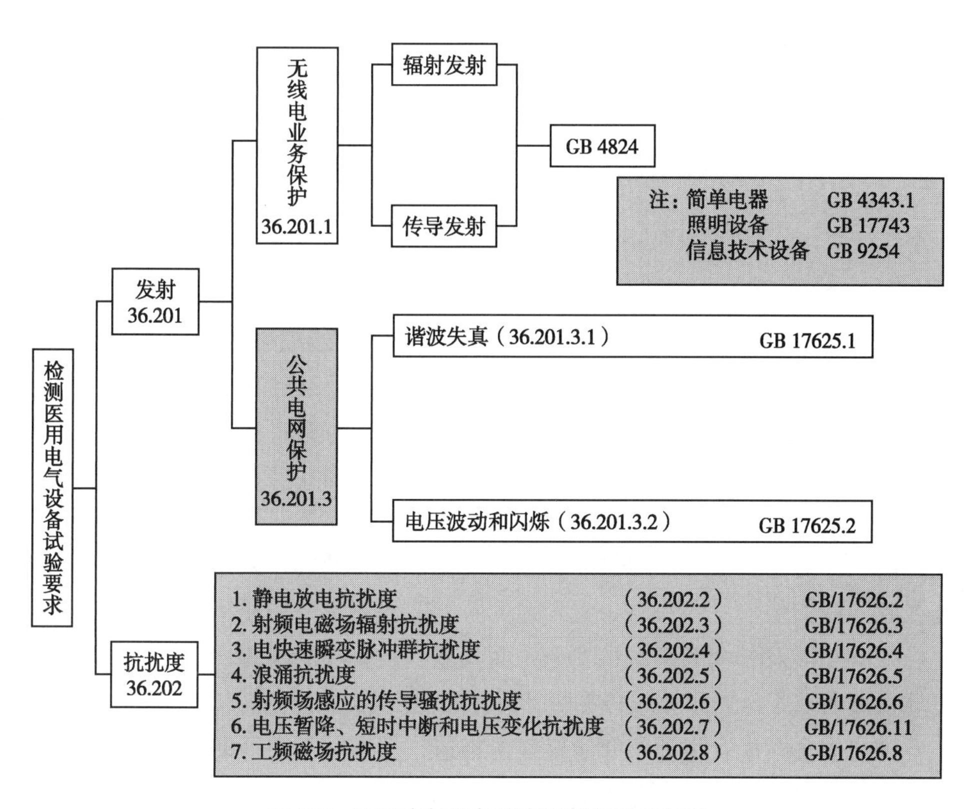

图 2-3　医用电气设备的电磁兼容测试内容

严重误动作、损坏等危险也随之增加。抗扰度的测试项目包括静电放电抗扰度、辐射电磁场抗扰度、电快速瞬变/脉冲群抗扰度、浪涌抗扰度、传导骚扰抗扰度、工频磁场抗扰度以及电压暂降、短时中断和电压变化抗扰度等。

在抗扰度试验中对受试设备符合性分类记录，是按基础标准客观的评价，YY 0505 的符合性判定依据才是最终的结果，见表 2-8。

表 2-8　YY 0505 符合性准则

在 36.202 规定的试验条件下，设备或系统应能够提供基本性能并保持安全性，不允许下列与基本性能和安全性有关的性能降低：

项目编号	试验状况
1	器件故障
2	可编程参数的改变
3	工厂默认值的复位（制造商的预置值）
4	运行模式的改变
5	虚假报警
6	任何预期运行的终止或中断，即使伴有报警

续表

项目编号	试验状况
7	任何非预期运行的产生，包括非预期或非受控的动作，即使伴有报警
8	显示数值的误差大到足以影响诊断和治疗
9	会干扰诊断、治疗或监护的波形噪声
10	会干扰诊断、治疗或监护的图像伪影或失真
11	自动诊断或治疗设备和系统在进行诊断或治疗时失败，即使伴随报警

* 对于多功能的设备和系统，该准则适用于每种功能、参数和通道

6. 核心内容 随着高敏感性电子技术在医用电气设备中广泛应用和新通信技术，如个人通信系统、蜂窝电话等，在社会生活各领域的迅速发展；医用电气设备不仅自身会发射电磁能，影响无线电广播通信业务和周围其他设备的工作，而且在它的使用环境内还可能受到周围如通信设备等电磁能发射的干扰造成对患者的伤害。因为，医用电气设备的电磁兼容性涉及公众的健康和安全，而日益受到关注。因此，制定医用电气设备和医用电气系统电磁兼容性标准的必要性已不言而喻。

本标准也完全对应安全通用要求标准的格式，但实际有内容的只有两篇，分别是第一篇“概述”和第五篇“对不需要的或过量的辐射危险的防护”，主要涉及的内容是随机文件和电磁兼容性（电磁发射和电磁抗扰度）的要求。电磁发射要求主要为保护：安全业务、其他设备和系统、非医用电气设备（如计算机）、无线电通信（如无线电广播/电视、电话、无线电导航）。电磁抗扰度要求主要为确保设备和系统的安全。

设备或系统制造商应按本标准的要求进行设计和制造，并对客户或使用者公开信息，以便维护在兼容的电磁环境中达到设备或系统能按预期运行的目的。本标准认为制造商、客户和使用者之间为确保设备和系统按预期设计和运行有共同的责任。

（五）其他相关标准

1.《测量、控制和实验室用电气设备的安全要求　第1部分：通用要求》（GB 4793.1-2007标准） 本标准规定了预定作专业用、工业过程用以及教育用的电气设备的通用安全要求，包括电气试验和测量设备、电气控制设备和电气实验室设备。主要的试验内容包括：防电击试验，防机械危险，耐机械冲击和撞击，防止火焰蔓延，设备的温度限值和耐热，防液体危险试验，防辐射，声压力和超声压力，对释放的气体、爆炸和内爆的防护，元器件试验，利用联锁装置的保护试验等。

在使用中要注意该标准与GB 9706.1系列标准在适用范围、实验形式及条款要求目的等方面的区别。

2.《医用电器环境要求及试验方法》（GB/T 14710-2009标准） 该标准是评定医用电气设备和医用电气系统在各种工作环境和模拟储存、运输环境下的适应性的国家

推荐性标准。其主要内容是测试医疗器械在规定的气候环境条件（主要包括高低温存储及湿热存储等）和机械环境条件（振动和碰撞）下主要性能及安全指标的符合性。

3. 医疗器械生物学评价系列标准（GB/T 16886 系列标准） 部分医疗器械在使用过程中会和患者的皮肤、黏膜或血液等发生接触，为了确保患者在生物学方面的安全，必须对医疗器械与患者接触的部分进行生物学安全评价。医疗器械使用过程中会与患者接触的部分，如植入器械、电极、探头及内镜等，可以参照这个标准进行评价和试验。本系列标准目前共有 GB/T 16886.1-2011~GB/T 16886.19-2011 共 19 个，分别从风险管理过程中的评价与试验、动物福利要求等 19 个方面对于医疗器械的生物学评价做出了相应的要求。当然，在使用过程中与患者无直接接触的医疗器械则不必遵守本系列标准的规定。

（李静莉）

第四节 国家计量标准体系

一、计量的概念与发展

（一）计量的概念

计量一词虽然没有在我国古代典籍中出现，但可以推断它是由“度量衡”的概念逐步衍生而来。度是长度，量是容量，衡是重量。在古代，所谓“权衡”其实是指用权（砝码、秤砣）来称量，而“衡器”其本意是天平，后引申为所有确定重量的量器。计量一词对应英语 metrology，根据维基百科，metrology 由希腊语 measure 加上后缀 logos 构成。希腊文中的 logos 有“宇宙万物之规律，绝对之准绳，以及人类一切的依归”的意思。

作为一门现代科学，计量（metrology）在国际计量术语中已经有了明晰的概念——计量是关于测量的科学，包括涉及测量理论和实用的各个方面，不论其不确定度如何，也不论其用于什么测量技术领域。这个关于计量的定义是由有关测量的数个国际组织（包括 BIPM、IEC、IFCC、ISO、IUPAC、IUPAP、OIML 和 ILAC）联合组成的计量学联合导则委员会（JCGM，Joint Committee for Guides in Metrology）给出的。该定义的核心指向是：计量是关于测量的科学。

虽然计量是关于测量的科学，但它不同于测量。测量是为确定量而进行的全部操作，是对非量化实物的量化过程，其目的是用数据描述事物。而计量是实现单位统一、保障量值准确可靠的活动，计量的目的是确保测量结果准确。准确性、一致性、溯源性和法制性是计量最重要的 4 个特征，而测量并不必须具备以上这些特征。因此计量属于测量的一种，它源于测量而又严于测量。狭义地讲，计量是与测量结果的置信度相关、与不确定度相联系的一种规范化测量，具备计量特性的测量活动才能获得有效的测量结果。

（二）计量的分类

当前，国际上趋向于把计量分为科学计量、工程计量和法制计量3类，分别代表计量的基础、应用和政府起主导作用的社会事业3个方面。

1. 科学计量 指基础性、探索性、先行性的计量科学研究，通常用最新的科技成果来精确地定义与实现计量单位，并为最新的科技发展提供可靠的测量基础。

2. 工程计量 指各种工程、工业、企业中的实用计量，又称工业计量。

3. 法制计量 其特征除了政府起主导作用，即由政府或代表政府的机构管理外，还有一个明显的特征：直接传递到公众一端，即直接与公众的利益相关。

法制计量涉及的不仅是有利益冲突而需要保护以及测量结果需要公共机构予以特别关注或特殊信任的领域，还包括测量结果违背公众利益的领域，即保护与违背两者常常是并存的。例如，忽视医疗设备的计量会造成可怕的医疗事故：呼吸机的潮气量设置不准确，会影响治疗效果或者造成肺组织的损伤；婴儿暖箱的温度高于设置值，会引起婴儿的皮肤烧伤；伽马刀放射治疗肿瘤时聚焦偏差如果过大，会使正常组织坏死等。

随着社会经济迅速发展，计量在以往度量衡的基础上，逐步发展为长度、温度、力学、电磁学、光学、声学、化学、无线电、时间频率、电离辐射等各种专业，形成了有关测量知识领域的一门独立的学科——计量学。可以说凡是为实现单位统一，保障量值准确可靠的一切活动，均属于计量的范围。

（三）计量的发展简史

计量的发展具有悠久的历史，大体上可以分为原始阶段、经典阶段和现代阶段。

1. 原始阶段 以经验和权力为主，大多利用人、动物或自然物作为计量基准。例如，中国古代的布手知尺、掬手为升、十发为程等计量器具；公元前221年，秦始皇统一中国后即颁布诏书，建立了全国统一的度量衡制度，其中度制和量制的大部分采用了十进制，并实行定期检定计量器具的法制管理。古埃及的尺度是以人的胳膊到指尖的距离为依据的，称之为“腕尺”（约46cm）。英国的码是亨利一世将其手臂向前平伸，从其鼻尖到指尖的距离（1yd=0.9144m）；英尺是查理曼大帝的脚长（1ft=0.3038m）；英寸是英王埃德加的手拇指关节的长度（1in=25.4mm）。

2. 经典阶段 一个以宏观现象与人工实物为科学基础的阶段，标志是1875年签订的《米制公约》。包括根据地球子午线1/4长度的千万分之一建立了铂铱合金制的米原器；根据1m^3水在规定温度下的质量建立了铂铱合金制的千克原器；根据地球绕太阳公转周期确定了时间（历书时）单位秒等。它们形成一种基于所谓自然不变的米制，并成为国际单位制的基础。但是这类宏观实物基准随着时间的推移或地点的变动，其量值不可避免地受物理或化学性能缓慢变化的影响而发生漂移，从而影响了复现、保存，并限制了准确度的提高。

3. 现代阶段 以量子理论为基础，由宏观实物基准过渡到微观量子基准。从经典理论来看，物质世界在做连续、渐进的宏观运动；而在微观量子体系中，事物的发展是不连续的、跳跃的，也是量子化的。由于原子的能级非常稳定，跃迁时辐射信号的周期自然也非常稳定，因此跃迁所对应的量值是固定不变的。这类微观量子基准，包括1960年用氪86原子的特定能级跃迁所定义的米、1967年用铯133原子特定能级跃迁所定义的秒等，提高了国际单位制基本单位实现的准确性、稳定性和可靠性。但是，它们仍与某种原子的特定量子跃迁过程有关，因而尚不具备普适性。显然，最好的方案莫过于用基本物理常量（普适常量）来定义计量单位。例如，1983年将米定义为光在真空中在1/299 792 458秒的时间间隔内所行进的长度，即认为真空中光速作为一个定义值恒为299 792 458m/s（约300 000km/s）。这种定义通过不变的光速给出了空间和时间的联系，具有准确性、稳定性、可靠性和普适性。

从计量发展的另一角度看，由于计量是在古代各国独立地产生，并作为民族文化和社会制度的一部分而继承和发展的，因而直到19世纪，各国使用的计量单位及其进位制度、计量器具和管理措施等彼此差异甚大。相应地，计量学长期停留在记述各种计量单位及其换算关系的阶段上；计量管理工作则停留在各国、各地区各自为政的状态。随着工业和国际贸易、特别是物理学等实验科学的迅速发展，需要测量的量已从传统的度量衡剧增至上百个。18、19世纪，欧美的科学家们开始创建一种以科学实验为基础、可在国际上通用的计量单位制。1955年签订《国际法制计量组织公约》和1960年第11届国际计量大会（CGPM）通过国际单位制，则标志着各国计量制度基本统一和计量学的基本成熟。

1999年10月14日，38个米制公约成员国的国家计量院和2个国际组织的代表在位于法国巴黎的国际计量局共同签署了《国家计量基标准和国家计量院颁发的校准和测量证书互认协议》。互认协议的签署是自1875年米制公约诞生及1960年建立国际单位制后，贸易全球化推动全球计量体系发展的又一重大事件。

计量的发展趋势，主要沿着两个方向：首先，利用最新科技成果不断完善国际单位制及其实验基础，使单位的定义及其基准、标准建立在基本物理常量稳固基础上；其次，推动全球计量体系的形成，逐步实现国际间测量与校准结果的相互承认，以适应贸易和经济全球化进展的需要。

二、计量法律法规体系

计量是经济建设、科技进步和社会发展中的一项重要的技术基础。经济越发展，越需要加强计量工作；科技越先进，越需要准确的计量；社会越进步，越需要在全国范围实现计量单位制的统一和量值的准确可靠，因而越需要加强计量法制监督。计量立法的最终目的是为了促进国民经济和科学技术的发展，为社会主义现代化建设提供计量保证；为保护广大消费者免受不准确或不诚实测量所造成的危害；为保护人民群众的健康和生命、财产的安全，保护国家的权益不受侵犯。

目前我国已形成了以《中华人民共和国计量法》为基本法，若干计量行政法规、规章以及地方性计量法规、规章为配套的计量法律法规体系。1985 年 9 月 6 日，《中华人民共和国计量法》由第六届全国人民代表大会常务委员会审议通过，自 1986 年 7 月 1 日起实行。《中华人民共和国计量法》是一部重要的经济技术法规，它的颁布对维护社会经济秩序，促进生产、贸易和科学技术的发展，保护国家、消费者利益，以及人民健康和生命财产的安全均起着重要的作用。

我国的计量监督管理实行按行政区划统一领导、分级负责的体制。国家质量监督检验检疫总局（简称国家质检总局）是国务院主管全国质量、计量、标准化等工作，并行使行政执法职能的直属机构。县级以上地方人民政府计量行政部门依法设置计量检定机构对本行政区域内的计量工作实施监督管理。法定计量检定机构的职责：负责研究建立计量基准、社会公用计量标准，进行量值传递、执行强制检定和法律规定的其他检定、测试任务，为实施计量监督提供技术保证，并承办有关计量监督工作。

我国计量技术法规的起草工作由各计量专业技术委员会负责，目前全国共有 28 个专业计量技术委员会，其中与医疗直接相关的委员会有全国电离辐射计量技术委员会（MTC15）、全国生物计量技术委员会（MTC20）、全国临床医学计量技术委员会（MTC21）、全国医学计量技术委员会（MTC23）。起草的计量技术法规包括国家计量检定系统表、计量检定规程和计量技术规范。截至 2015 年 12 月 31 日，经国家质检总局批准发布的国家计量检定系统表 95 个，国家计量检定规程 906 个，国家计量技术规范 577 个。它们是正确进行量值传递、量值溯源，确保计量基准、计量标准所测出的量值准确可靠，以及实施计量法制管理的重要条件和手段。

三、计量单位

量是现象、物体或物质可定性区别和定量确定的属性。量所表达的对象是现象、物体或物质，是不依赖于人的主观意识的客观存在。它是计量学研究对象，对一切自然的现象、物体或物质，只有用相应的量来表述时，才能发现其固有的运动规律。单位是为定量表示同种量的大小而约定地定义和采用的特定量。

国际单位制是由国际计量大会（General Conference of Weights & Measures）采纳和推荐的一种一贯单位制。它的国际通用符号为“SI”，是法文的国际单位制的缩写。国际单位制是当今世界上比较科学和完善的计量单位制，并将随着科技、经济和社会的发展而进一步发展和完善。国际单位制（SI）由 SI 基本单位、SI 导出单位和 SI 单位的倍数单位组成。

1. SI 基本单位 国际单位制选择了彼此独立的七个量作为基本量，即长度、质量、时间、电流、热力学温度、物质的量和发光强度。对每一个量分别定义了一个单位，称为基本单位，见表 2-9。

表 2-9 SI 基本单位

量的名称	单位名称	单位符号	定义
长度	米	m	光在真空中 1/299 792 458s 时间间隔内所经路径的长度
质量	千克	kg	等于国际千克原器的质量
时间	秒	s	铯 133 原子基态的两个超精细能级之间跃迁所对应的辐射的 9 192 631 770 个周期的持续时间
电流	安（培）	A	在真空中，截面积可忽略的两根相距 1m 的无限长平行圆直导线内通以等量恒定电流时，若导线间相互作用力在每米长度上为 2×10^{-7}N，则每根导线中的电流为 1A
热力学温度	开（尔文）	K	水三相点热力学温度的 1/273.16
物质的量	摩（尔）	mol	摩尔是一个系统的物质的量，该系统中所包含的基本单元（原子、分子、离子、电子及其他粒子，或是这些粒子的特定组合）数与 0.012kg 碳 12 的原子数目相等
发光强度	坎（德拉）	cd	一光源在给定方向上的发光强度，该光源发出频率为 540×10^{12}Hz 的单色辐射，且在此方向上的辐射强度为 1/683W/sr

在国际单位制里，除了“千克”，其余 6 个单位“米”“秒”“安培”“摩尔”等都不是以物体来定义的，质量是唯一以物体来定义的国际单位。用物体来定义重量单位的一个缺点就是物体的重量会随着时间的流逝而改变。

“千克”最初的定义和长度单位有关。1791 年规定：1 立方分米的纯水在 4℃时的质量，并用铂铱合金制成原器，保存在巴黎，后称国际千克原器。1901 年第 3 届国际计量大会规定：千克是质量（而非重量）的单位，等于国际千克原器的质量。千克用符号 kg 表示。2008 年 4 月，德国国家计量研究院的研究人员表示，他们将采用直径 10cm（4 英寸）的纯硅体去界定比现在的千克质量定义更为标准的度量方法。直到 2013 年为止，一个质量与千克最接近的铂铱圆柱体，作为国际统一重量单位一直存放在法国巴黎郊外戒备森严的金库内，但是由于消耗与磨损，它的质量正慢慢地减少，基本单位的准确性受到影响，误差越来越大。新的纯硅体千克原器汇集俄罗斯、澳大利亚和德国科学精英之力，用时 5 年制造，质量无限接近于 1kg，是完美的球体，纯度极高。科学家们正开始对纯硅体实施精确的测量，以测算制成它的硅原子数量。

同样，长度单位“米”的定义随着科技的发展也越来越完善。1789 年法国大革命胜利后，国民公会令法国科学院组织一个委员会来制定度量衡制度。委员会建议以通过巴黎的子午线上从地球赤道到北极点的距离的一千万分之一（即地球子午线的四千万分之一）作为标准单位。他们将这个单位称之“meter”，中文译成“米”。1889 年，在第一次国际计量大会（CGPM）上，规定在周围空气温度为 0℃时，铂铱合金（90% 的铂和

10% 的铱）的米原器两端中间刻线之间的距离为 1 米。20 世纪 70 年代，光速的测定已非常精确。1983 年国际计量大会（CGPM）重新制定米的定义，“光在真空中行进 1/299 792 458 秒的距离”为一标准米。

关于时间单位“秒”的定义，历史更为悠久。古希腊天文学家定义太阳日的 1/24 为时。以六十进制细分时，使得秒是一太阳日的 1/86 400。摆钟的出现，使得“秒”成为可测量的时间单位。秒摆的摆长在 1660 年被伦敦皇家学会提出作为长度的单位，在地球表面，摆长约一米的单摆，一次摆动或是半周期（没有反复的一次摆动）的时间大约是一秒。英国国家实验室的科学家使用一个原子钟来测量时间，他们确定了月球相对于地球的轨道运动，也推断出太阳表面可能有相对于地球的运动。结果，在 1967 年的第 13 届国际计量会议上决定以原子时定义的秒作为时间的国际标准单位：铯 133 原子基态的两个超精细能级间跃迁对应辐射的 9 192 631 770 个周期的持续时间。

2. SI 导出单位和倍数单位　SI 导出单位是用 SI 基本单位以代数形式表示的单位。如剂量当量的单位“希沃特”，单位符号是“Sv”，1Sv=1J/kg；压强的单位“帕斯卡”，单位符号是“Pa”，$1Pa=1N/m^2$；电阻的单位“欧姆”，单位符号是“Ω”，1Ω=1V/A。

SI 单位的倍数是由 SI 词头与 SI 单位（包括 SI 基本单位、SI 导出单位）构成。在国际单位制中，用以表示倍数单位的词头，称为 SI 词头，如兆（M）、千（k）、百（h）、十（da）、分（d）、厘（c）、毫（m）、微（μ）、纳诺（n）、皮可（p）等。

3. 我国的法定计量单位　我国实行法定计量单位制度，法定计量单位是由国家法律承认，具有法定地位的计量单位。现行的法定计量单位是 1984 年 2 月 27 日由国务院发布的《关于在我国统一实行法定计量单位的命令》中规定的。根据我国的实际情况，适当地选用了一些可与国际单位制单位并用的非国际单位制构成的，如时间单位分、小时，平面角单位秒、分、度，体积单位升。

考虑到我国国情并借鉴国际上其他主要国家血压计量单位的使用情况，为更有利于医疗诊断工作和国际间的交流合作，1998 年由国家质量技术监督局和卫生部共同发布通知：在临床病历、体检报告、诊断证明、医疗记录等非出版物及国际交流、国外学术期刊等，可任意选用 mmHg 或 kPa；在出版物及血压计（表）使用说明中可使用 kPa 或 mmHg，如果使用 mmHg 应明确 mmHg 或 kPa 的换算关系。但在血压计（表）等器具的铭牌按有关规定采用“双标尺”，即 kPa 与 mmHg 同时存在。

四、计量器具

按照《中华人民共和国计量法实施细则》给出的定义，计量器具是指能用以直接或间接测出被测对象量值的装置、仪器仪表、量具和用于统一量值的标准物质，包括计量基准、计量标准和工作计量器具。

用计量器具确定量值的方法可以是直接测量，例如人体秤测量体重；也可以是间接测量，即通过测量两个或两个以上的量值再用公式计算后得到另一个所需要的量值。在临床实践中使用的很多医疗设备都具有计量器具的特点。

为了加强对计量器具的管理，国务院计量行政部门制定了《中华人民共和国依法管理的计量器具目录》。在该目录中列举了计量基准、计量标准和工作计量器具的具体项目名称，例如浮标式氧气吸入器、心电图机、验光机、血细胞分析仪等医疗设备。由于科技的发展，将不断产生各种新的目录中还不能包含的计量器具。如何判定该产品是否属于计量器具，就必须按计量器具的定义和计量器具的基本特征来进行科学的分析。如该《目录》中虽然没有列出“全自动生化分析仪”“多参数监护仪”的名称，但这些医疗设备实质上是测量(或监测)人体某些特定生理参数的,因此它们具有计量器具的特性。

计量器具种类繁多，并有多种分类方法。例如，按结构特点分类可分为：实物量具（亦称“被动式”计量器具，如砝码）、计量仪器（亦称“主动式”计量器具，如血压计）和计量物质（例如检验科使用的标准物质）；按技术性能和用途分类可分为：计量基准器具、计量标准器具和工作计量器具（或普通计量器具）。

1. 计量基准器具 简称计量基准，是在特定领域内复现和保存计量单位量值，并具有最高计量学特性，经国家鉴定、批准作为统一全国量值最高依据的测量标准，我国的大部分计量基准保存于中国计量科学研究院。计量基准必须具备以下条件：①经国家鉴定合格，即由国务院计量行政部门主持鉴定合格或由国务院有关部门主持鉴定通过并经国务院计量行政部门审查认可，并颁发计量基准证书；②正常工作的环境条件；③考核合格的保存、维护、使用人员；④完善的管理制度。

计量基准的量值应与国际上的量值保持一致。国务院计量行政部门根据需要统一安排计量基准进行国际比对。通过国际间国家计量基准的比对，建立起各国计量基准间的等效性联系，从而实现全球国家计量基准等效和国际量值的统一。

2. 计量标准器具 简称计量标准，是指准确度低于计量基准，用于检定或校准其他计量标准或工作计量器具的计量器具。它在保证单位统一和量值准确可靠活动中，起着承上启下的作用。

计量标准按其法律地位、作用以及管辖范围的不同，分为社会公用计量标准，部门和企业、事业单位使用的计量标准。社会公用计量标准是指经政府计量行政主管部门建立考核、批准，作为统一本地区量值的依据，在社会上实施计量监督具有公证作用的计量标准。在处理计量纠纷时，只有以计量基准或社会公用计量标准仲裁检定的数据才具有法律效力。部门和企业、事业单位可以根据需要建立本部门、本企业、事业单位的计量标准。

3. 标准物质 是已确定其中一种或几种特性量值用于校准计量器具、评价测量方法或确定材料特性量值的物质。标准物质在量值传递和保证测量统一方面起着重要作用。标准物质按其特性量值的定值准确度的高低分为一级标准物质和二级标准物质。按其被定值的特性，标准物质分为化学成分标准物质、物理或物理化学特性标准物质和工程特性标准物质。按其生产、使用和管理标准物质的实际情况，标准物质可分为钢铁成分分析标准物质等类。标准物质的管理工作由国家质量技术监督局负责。

4. 工作计量器具 相对于计量标准器具而言，亦称普通计量器具，它是指一般日常工作中所用的计量器具。虽然通常它不是计量标准，不用于计量检定，但是也具有一定的计量性能。由于通常它位于量值溯源链的终端，因此工作计量器具的计量性能主要体现在可获得某给定量的测量结果。

五、计量检定和校准

检定是指查明和确认计量器具是否符合法定要求的程序，它包括检查、加标记和（或）出具检定证书。检定具有法制性，其对象是法制管理范围内的计量器具。由于各国的管理体制不同，法制计量管理的范围也不同。根据我国的相关法律规定，凡用于贸易结算、安全防护、医疗卫生、环境监测，并列入《中华人民共和国强制检定的工作计量器具明细目录》的计量器具，实行强制检定。计量检定必须执行计量检定规程，国家计量检定规程由国务院计量行政部门制定。检定结果必须给出合格与否的结论，并出具证书或加盖印记。从事检定的工作人员必须经考核合格，取得职业资格。2006年4月，原人事部和国家质检总局联合发布《注册计量师制度暂行规定》，国家对从事计量技术工作的专业技术人员实行职业准入制度，并纳入全国专业技术人员职业资格证书制度统一规划。

校准是指在规定条件下，为确定测量仪器或测量系统所指示的量值，或实物量具或参考物质所代表的量值，与对应的由标准所复现的量值之间关系的一组操作。校准结果既可给出被测量的示值，又可确定示值的修正值。校准也可确定其他计量特性，如影响量的作用。校准的依据是校准规范或校准方法，可作统一规定也可自行制定。校准的结果记录在校准证书或校准报告中，也可用校准因数或校准曲线等形式表示校准结果。

计量检定、校准在适用对象、目的、性质、依据、活动内容和结果等方面，都是有所区别。现将它们之间的比较用表2-10作简要表述。

表2-10 检定、校准的比较

	检定	校准
对象	依法管理计量器具	测量设备
目的	评定是否符合法定要求	确定与对应标准量值之间的关系
性质	具有法制性，属于法制计量管理的执法行为	不具有法制性，是企事业单位自愿溯源的行为
依据	计量检定规程	校准规范或校准的方法
活动	检查计量要求，技术要求和行政管理要求；加标记和（或）出证书	用计量标准对被校准的测量设备的计量特性赋值，并确定其市值误差
结果	合格的发检定证书；不合格的发检定结果通知书	校准证书或校准报告

六、量值传递与溯源

（一）量值传递

量值传递是指将国家计量基准所复现的计量单位量值，通过检定（或其他传递方式）传递给下一等级的计量标准，并依次传递给工作计量器具，以保证被计量的量值准确一致。同一量值，用不同的计量器具进行测量，若测量结果在要求的准确度范围内达到统一，称为量值准确一致。

任何计量器具，由于种种原因，都具有不同的误差。计量器具的误差只有在允许范围内才能使用，否则将带来错误的计量结果。要对各种形式的、分布于不同地区、不同环境下的某一量值进行测量，都要在允许的误差范围内，如果没有国家计量基准、计量标准并进行量值传递是不可能实现的，量值传递的必要性是显而易见的。

（二）量值溯源

量值溯源（溯源性）是指通过一条具有规定不确定度的不间断的比较链，使测量结果或测量标准的值能够与规定的参考标准，通常是与国家测量标准或国际测量标准联系起来的特性。溯源性强调的是用测量器具测得的量值或测量标准的值，在误差允许的范围内，通过不间断的比较链与参考标准、国家基准或国际基准相联系的能力。

（三）量值传递与溯源的比较

量值传递是指通过对计量器具的检定、校准或其他方式，将国家计量基准所复现的计量单位量值由各级计量标准逐级传递到工作器具的活动。其目的是保证被测对象的量值准确一致，而量值准确一致的前提条件是要求量值的“溯源性”。为使计量结果在允许误差范围内准确一致，所有同一物理量的量值都必须来源于相同的计量基准（或计量标准）。以国家计量基准（或国际计量基准）为“源点”，既可以自上而下，按国家有关规定强制逐级的进行传递，称“量值传递”；也可自下而上根据实际需要自愿地寻求溯源，称“量值溯源”（量值传递的逆过程）。因此，任何一个计量结果，无论是通过量值传递或者量值溯源，都能通过连续的比较链与国家计量基准（或国际计量基准）联系起来，从而使计量的“准确”与“一致”得到基本保证。“量值传递”及其逆过程“量值溯源”是实现量值统一、提供计量保证的主要途径与手段。

（四）量值传递与溯源的实施

量值传递和溯源方式有如下几种：采用实物标准逐级传递；发放标准物质；发布标准数据；发播标准信号、量值比对以及计量保证方案。目前我国的基本情况是：采用实物标准逐级进行量值传递是基本的、主要的；发放标准物质目前主要用于化学计量、医学检验领域，发播标准信号目前主要用于时间频率、无线电计量领域；量值比对主要是两个或多个实验室按照规定的条件对相同或相似的物品或材料在实验室之间所进行的组分、性能和评价的测试相互比较，目前已经在医学检验实验室广泛使用。计量保证方案，是一种新型的量值传递方式，目前虽然采用得不多，却是发展方向。

七、测量误差和测量不确定度

（一）测量误差

在进行测量时，常借助各式各样的仪器设备、按一定方法在一定的工作环境条件下通过检测人员的操作，得出测量的数值。由于在操作过程中不可避免存在对测量结果有影响的因素，例如，计量器具本身的准确度，测量对象不稳定，测量方法的不完善，测量环境不理想，测量人员本身素质和经验等，使得在对各类量值进行测量时，所得结果与被测对象的真实量值（即真值）不一致，存在一定的差值，这个差值就是我们所讲的测量误差。在测量领域，某给定特定量的误差，根据其表示方法不同，常分为绝对误差、相对误差和引用误差等。

（二）测量不确定度

测量的目的是为了确定被测量的量值。测量结果的品质是量度测量结果可信程度的最重要的依据。测量不确定度就是对测量结果质量的定量表征，测量结果的可用性很大程度上取决于其不确定度的大小。所以，测量结果表述必须同时包含赋予被测量的值及与该值相关的测量不确定度，才是完整并有意义的。

合理地赋予测量值的分散性、与测量结果相联系的参数，称为测量不确定度。广义上说，测量不确定度意味着对测量结果可信性、有效性的怀疑程度或不肯定程度。实际上，由于测量不完善和人们认识的不足，所得的被测量值具有分散性，即每次测得的结果不是同一值，而是以一定的概率分散在某个区域内的多个值。虽然客观存在的系统误差是一个相对确定的值，但由于我们无法完全认知或掌握它，而只能认为它是以某种概率分布于某区域内的，且这种概率分布本身也具有分散性。测量不确定度正是一个说明被测量之值分散性的参数，测量结果的不确定度反映了人们在对被测量值准确认识方面的不足。即使经过对已确定的系统误差的修正后，测量结果仍只是被测量值的一个估计值，这是因为，不仅测量中存在的随机效应将产生不确定度，而且，不完全的系统效应修正也同样存在不确定度。

测量不确定度与测量误差的关系：测量误差与测量不确定度这两个概念，既有一定的联系，又有一定的区别。测量误差是测量结果与被测量真值之差；测量不确定度为测量结果的分散性，是与测量结果相联系的参数。根据定义，测量误差是以真值为中心，它说明测量结果与真值的差异程度，而真值通常是未知的、理想的概念，因而测量误差本身就是不确定的；测量不确定度是以测量结果为中心的，它评估测量结果与被测量真值相符合的程度。测量误差与测量不确定度密切相连，它们都是由测量过程不完善性因素所引起的。

在实践中，测量不确定度可能来源于以下 10 个方面：

1. 对被测量的定义不完整或不完善。

2. 实现被测量的定义的方法不理想。

3. 取样的代表性不够，即被测量的样本不能代表所定义的被测量。

4. 对测量过程受环境影响的认识不周全，或对环境条件的测量与控制不完善。

5. 对模拟仪器的读数存在人为偏移；但模拟仪表逐渐被数字化、智能化仪表所替代，人为因素越来越少。

6. 测量仪器的计量性能的局限性。测量仪器的不准或测量仪器的分辨力、鉴别力不够。

7. 赋予计量标准的值和参考物质（标准物质）的值不准。

8. 引用于数据计算的常量和其他参量不准。

9. 测量方法和测量程序的近似性和假定性。

10. 在表面上看来完全相同的条件下，被测量重复观测值的变化。

从政治、经济、文化、社会、国防等多个领域来看，计量是国家主权的象征，是统一国家的工具。计量是社会进步的重要基石，不仅是维护公平正义的法度和准绳，更是改善生态环境、提高生活质量、促进社会和谐的基础和关键。计量是科学技术的基础，历史上 3 次技术革命都和计量测试技术突破息息相关。计量还是保证国民经济正常运行和公平贸易的基础。没有计量就没有现代制造。计量也支撑国防建设，事关国家核心利益。在航空母舰、核潜艇、隐形飞机、洲际导弹、卫星导航定位系统、核武器等武器装备与设施中，需要大量计量技术的支撑。

回顾科技发展历程，计量一直和创新密切相关。一方面计量正是建立在最新科学理论和最先进的技术基础上的，很多最新发现的物理现象和理论第一次就是被用于新的计量基准。原子喷泉理论孕育了原子喷泉钟的诞生，奠定了原子时的基础，将时间基准提升到 3000 万年不差 1 秒的水平；最近的几十年里，共有 14 位计量科学家获得诺贝尔物理学奖。计量学往往是最新科学特别是物理学理论的最先应用和最佳载体，是科学发现和科技创新走向应用最重要的桥梁。另一方面，计量技术的发展，支撑着社会发展的各个方面，计量技术的创新，引领了科技和产业的创新。没有相应的测量技术不可能有新的科学知识，“凡是可以测量的，就要实现对它的测量；凡是还不能测量的，也要实现对它的测量”。准确有效的测量是认识世界的基础，更是改造世界的前提。

（夏勋荣）

思考题

1. 国际和国内医疗器械标准体系的异同。
2. 有源医疗器械电气安全方面需要符合哪些标准?
3. 国际标准化组织及其职能。
4. 我国的医疗器械标准化管理机构、技术机构及各自的职能。
5. 欧盟、美国和日本的标准体系各有哪些特点?
6. 计量检定和校准的区别和联系。

第三章

医用 X 线诊断设备

在医院各类设备中，医用X线诊断设备是应用最早、临床普及面最广的医学影像检查手段，在其他医学影像手段出现之前的半个多世纪，一直是唯一的临床影像直观检查方法。在临床工作中，必须保证产品质量可以达到临床需求，这就要求对产品的安全性与有效性进行系统、规范的检测与校准工作。

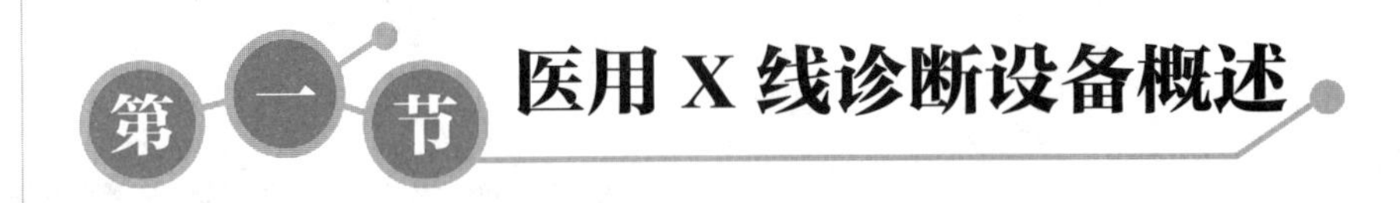

第一节 医用X线诊断设备概述

一、医用X线诊断设备基础与分类

医用X线设备的发展始于1895年，德国物理学家伦琴（Wilhelm Conrad Roentgen）在进行真空管高压放电实验时，发现了X线（X-ray），并用X线拍摄了第一张人类手骨的照片。自此以后，X线便广泛应用于多个领域，特别是在临床诊断上发挥了极其重要的作用，形成了放射诊断学（radiology）。此后100多年来，随着科学技术的发展，特别是计算机技术的发展，医学影像设备不断进步，已从单一X线常规诊断发展到包括X线计算机体层摄影（X-ray computed tomography）、磁共振成像（magnetic resonance imaging，MRI）、超声成像、核医学成像等多种成像技术组成的影像诊断学。但是截至目前，各种X线图像仍占临床影像总图数的70%~80%。可见，X线成像依旧在影像诊断中具有重要的作用。

（一）医用X线基础知识

1. X线的产生 X线是在高真空的X线管中产生的。灯丝加热产生自由电子，自由电子在高压电场的作用下，高速撞击阳极靶并与阳极物质发生相互作用产生X线。X线的产生应具备三个条件：电子源——提供足够数量的电子；高速电子流——高真空下的高压电场；阳极靶——高速电子撞击而产生X线。X线波长短、能量大，穿透作用强，能穿过X线管壁、油层、窗口、滤过板而射向人体，用作治疗或诊断。

2. X线的本质 X线是一种不可见光，具有光的通性。它的波长比可见光的波长更短，约在（0.001~100）nm，它的光子能量比可见光的光子能量大几万至几十万倍。X线是一种电磁波，且有波、粒二象性。

医学上应用的X线波长在（0.001~0.1）nm之间，而用于诊断的X线的波长在（0.01~0.1）nm之间，对应的能量范围在124keV到12.4keV之间。波长在10nm（124eV）到0.1nm（12.4keV）范围内的X线经常称为软X线，穿透厚层材料的能力不足。波长更短的X线穿透性非常高，但它们几乎不能提供低对比度信息，因此影像诊断学对它们几乎不感兴趣。

3. X线的特性 X线的波长短，能量大，具有一系列特殊的性质。医学上正是利用X线的这些特性来为人类的健康服务，用于诊断或治疗的。X线的基本特性可概括为以下几方面。

（1）物理效应：包括穿透作用、电离作用、荧光作用、热作用。

穿透作用是指X线通过物质时不被吸收的能力。X线能穿透一般可见光所不能透过的物质。X线穿透物质的能力与X线光子的能量有关，X线的波长越短，光子的能量越大，穿透力越强。X线的穿透力也与物质密度有关，密度大的物质，对X线的吸收多，透过少；密度小者，吸收少，透过多。利用差别吸收这种性质可以把密度不同的骨骼、肌肉、脂肪等软组织区分开来。这正是X线透视和摄影的物理基础。

电离作用是指物质受X线照射时，使核外电子脱离原子轨道。电离作用能够在有机体内诱发各种生物效应，是X线损伤和治疗的基础。

荧光作用是指X线照射到某些化合物如磷、铂氰化钡、硫化锌镉、钨酸钙等时，会产生荧光。荧光强弱与X线量成正比，这种作用是X线应用于透视的基础。

热作用是指物质所吸收的X线能大部分被转变成热能，使物体温度升高。

X线的特性还包括：干涉、衍射、反射、折射等一些光学特性。

（2）化学效应：感光作用是医学中应用最广泛的化学效应，指X线可以使胶片感光。X线摄影就是利用X线的化学感光作用，使影像出现在胶片上。

（3）生物效应：当X线照射到生物机体时，生物细胞受到抑制、破坏甚至坏死，致使机体发生不同程度的生理、病理和生化等方面的改变，称为X线的生物效应。利用X线的生物效应，可以治疗人体的某些疾病，如肿瘤等。另一方面，它对正常机体也有伤害，因此要注意对人体的防护。

（二）医用X线诊断设备分类

医用诊断X线设备分类方式有多种，常按照不同的临床应用、结构特点、X线发生器的最大输出功率等作为分类依据。

1. 按照临床应用的不同，医用X线诊断设备可分为以下几类：普通摄影X线设备，透视X线设备，胃肠X线设备，乳腺X线设备，牙科X线设备，数字减影血管造影X线设备（digital subtraction angiography，DSA）、手术X线设备、床边X线设备、X线骨密度仪、X线计算机体层摄影设备等。相比其他X线诊断设备，CT能获得更清晰的人体解剖图像，由于其成像原理、成像装置以及图像处理及诊断上均与传统的X线成像技术区别较大，很多情况下作为一种特殊的X线成像技术而单独列出。

2. 按结构不同，医用X线诊断设备可分为便携式、移动式和固定式。

3. 按X线发生器输出功率分类，一般可分为小型、中型和大型X线诊断设备。

4. 按照成像方式的不同，医用X线诊断设备又可分为模拟X线成像设备与数字X线成像设备。模拟X线成像又被称为常规X线成像，主要采用两种成像模式，即X线透视和X线摄影。模拟X线成像使用胶片、胶片-增感屏系统或影像增强器作为X线探测器。数字X线摄影主要包括计算机X线摄影（computed radiography，CR）与数字X线摄影（digital radiography，DR）。经过临床实践证明，由于X线影像形成的基础没有改变，模拟X线成像模式和数字化X线成像模式均能获得被临床认可的X线影像，而前者由于采用的是模拟技术，X线影像一旦形成，其图像质量不能通过计算机技术进一步改善，也不便于图像的存储及管理，故其发展受到限制，正在被数字化技术逐步取代。

医学影像成像技术已经逐步进入全面数字化、信息化的时代。

二、医用 X 线诊断设备的标准体系概述

医用诊断 X 线设备是当前应用最广泛的医学影像诊断设备之一，在临床诊断中发挥着不可替代的作用，其影像质量直接影响临床诊断效果，同时，作为机电一体化产品，且伴有 X 线的存在，该类设备的设计、研制、生产以及使用过程中可能存在电气、机械、辐射损伤等安全问题。该设备的安全、有效使用，依赖于合理的产品设计和持续稳定的质量体系保证，这两方面都离不开标准的支撑。生产企业通过产品执行相关的标准来保证产品的安全、有效，保证产品满足法规要求。同时，标准也是医疗器械监督管理部门实施监督管理的法定依据。因此，建立完善的医用诊断 X 线设备标准体系尤为重要。

医用诊断 X 线设备涉及的标准化组织为全国医用电气标准化技术委员会医用 X 线设备及用具标准化分技术委员会（SAC/TC10/SC1），以下简称“技术委员会”。目前已经颁布实施的关于医用诊断 X 线设备的国家与行业标准数十个，基本覆盖了当前主流的 X 线诊断设备及其附属设备，标准体系初步建成。标准体系主要分为两部分，安全标准与技术性能标准。

对于安全标准，国际上普遍采取的是国际电工委员会（IEC）的标准。我国医用 X 线诊断设备的安全标准也基本上以 IEC 标准为准绳，大量等同采用了 IEC 的标准。医用 X 线诊断设备相关的安全标准包括安全通用要求、并列标准、安全专用要求 3 个部分。其中，GB 9706.1《医用电气设备　第 1 部分：安全通用要求》为安全标准的基础，同时还需执行 GB 9706.12、YY 0505 等的并列标准，如作为医用电气系统，GB 9706.15 也适用。专用标准作为特殊设备的额外要求，是对通用标准相关要求的补充和修改。医用 X 线诊断设备同时执行 GB 9706.3、GB 9706.11、GB 9706.14、GB 9706.23、GB 9706.24 等安全专用要求标准。

对于技术性能标准，等同采用了部分 IEC 的标准，如 GB/T 19042.1-2003《医用成像部门的评价及例行试验　第 3-1 部分：X 射线摄影和透视系统用 X 射线设备成像性能验收试验》等。但是由于 IEC 的技术性能标准并不能完全满足我国对于医用诊断 X 线设备进行技术性能监管的要求，于是，近年来，在“技术委员会”的不断努力下，建立了一套医用诊断 X 线设备的行业标准体系。2004 年出台了医疗器械行业标准 YY/T 0106《医用诊断 X 射线机通用技术条件》，并于 2008 年进行了修订。该标准相当于整个医用 X 线机行业标准的“总纲”，为其他专用技术条件的出台奠定了基础。此后又相继出台了不同用途的医用 X 线设备的专用技术条件。

现有的医用诊断 X 线设备的行业标准体系主要用于产品注册，对于在用医疗器械的监管和日常质控，标准体系尚不完善。现行的标准主要是由前国家卫生部制定并颁布实施的一些的国家标准、卫生行业标准和职业卫生标准，例如：GB 17589-2011《X 射线计算机断层摄影装置质量保证检测规范》，WS 76-2011《医用常规 X 射线诊断设备影像

质量控制检测规范》，GBZ 186-2007《乳腺 X 射线摄影质量控制检测规范》，GBZ 187-2007《计算机 X 射线摄影（CR）质量控制检测规范》等。

此外，医用诊断 X 线设备还是医用辐射源，是国家规定的强制检定的工作计量器具，在《中华人民共和国强制检定的工作计量器具明细目录》中为第 38 项，是电离辐射计量的重要组成部分。我国制定了多个医用辐射源计量检定规程，用于医用辐射源的检定与校准。例如：JJG 744-2004《医用诊断 X 射线辐射源》等。

（一）医用 X 线设备主要安全标准

现行有效的医用 X 线设备相关标准有很多，由于篇幅限制，详细介绍以下 23 种主要标准。

1. GB 9706.3-2000《医用电气设备　第 2 部分：诊断 X 射线发生装置的高压发生器安全专用要求》 该标准适用于医用诊断 X 线发生装置的高压发生器及其附件，包括：同 X 线管组件成一体的高压发生器；放疗模拟机的高压发生器。有关 X 线发生装置的某些要求，如果适用，仅在涉及相关的高压发生器的功能时才给出。该标准不包括：电容放电式高压发生器；乳腺高压发生器；图像重建体层摄影高压发生器。

2. GB 9706.11-1997《医用电气设备　第 2 部分：医用诊断 X 射线源组件和 X 射线管组件安全专用要求》 该标准适用于医用 X 线设备（包括计算机体层摄影设备）所规定的医用诊断 X 线源组件、X 线管组件及其部件，并对其与 GB 9706.3 或 IEC 601-2-15 所规定的高压发生器组装在一起的也适用。

3. GB 9706.12-1997《医用电气设备　第 1 部分：安全通用要求 三、并列标准诊断 X 射线设备辐射防护通用要求》 该并列标准适用于医用诊断 X 线设备及该种设备的部件。

4. GB 9706.14-1997《医用电气设备　第 2 部分：X 射线设备附属设备安全专用要求》 该标准适用于 X 线设备的附属设备及装置，例如功能性部件的支持与定位，包括在放射检查中，用于患者的支持与定位装置。该标准适用于在其他专用标准中所不包括的所有的附属设备。

5. GB 9706.18-2006《医用电气设备　第 2 部分：X 射线计算机体层摄影设备安全专用要求》 该专用标准适用于 X 线计算机体层摄影设备（CT 扫描装置），它包括 X 线发生装置以及 X 线管组件和高压发生器集成在一起的 X 线发生装置安全要求。

6. GB 9706.23-2005《医用电气设备　第 2-43 部分：介入操作 X 射线设备安全专用要求》 该标准适用于制造商声明适合长时间的透视引导介入操作的 X 线设备。该范围不包括：放射治疗设备；计算机体层摄影设备；植入患者体内的附件；乳腺摄影 X 线设备。制造商声明适用于长时间的透视引导介入操作的设备不包括作为系统一部分的患者支架，该标准关于患者支架的条款不适用。

7. GB 9706.24-2005《医用电气设备　第 2-45 部分：乳腺 X 射线摄影设备及乳腺摄影立体定位装置安全专用要求》 该专用标准包含了为乳腺摄影及乳腺摄影立体定位

装置而设计的 X 线设备的安全要求。X 线发生器及其组件的安全要求也构成本专用标准的组成部分。

（二）医用 X 线设备技术性能标准

1. GB/T 19042.1-2003《医用成像部门的评价及例行试验　第 3-1 部分：X 射线摄影和透视系统用 X 射线设备成像性能验收试验》　该标准适用于使用 X 线摄影和 X 线透视系统的影响诊断 X 线系统的图像质量和患者剂量的 X 线设备的组成部分。该部分适用于下列医用诊断 X 线设备及附属设备验收试验的 X 线设备性能。X 线摄影设备，如：固定式 X 线摄影设备；移动式 X 线摄影设备；头颅 X 线摄影设备；胸部 X 线摄影设备；体层摄影设备（计算机体层摄影设备除外）；X 线透视设备中的 X 线摄影装置（点片装置）；血管造影设备（数字剪影功能除外）；电影 X 线摄影设备；X 线透视设备，包括：兼有 X 线摄影和 X 线透视的设备。该部分适用于 X 线的发生和数字系统附件，不适用于任何上述诊断 X 线设备数字图像的采集和图像处理部分。该部分不适用于乳腺 X 线设备，放疗模拟机及牙科 X 线设备。

2. GB/T 19042.2-2005《医用成像部门的评价及例行试验　第 3-2 部分：乳腺摄影 X 射线设备成像性能验收试验》　该标准适用于使用具有 X 线胶片增感屏、采用接触和放大方式操作并在摄影时影响成像质量的那些乳腺摄影 X 线设备部件。该部分不适用于乳腺摄影 X 线设备中像活组织检查板和立体定位装置这样的专用附件。

3. GB/T 19042.3-2005《医用成像部门的评价及例行试验　第 3-3 部分：数字减影血管造影（DSA）X 射线设备成像性能验收试验》　该标准适用于带有成像系统的数字减影血管造影设备中影响质量的那些 X 线设备部件。该成像系统由 X 线发生子系统及探测设备组成。该探测设备由 X 线影像增强器电视链，数字化和数字影像的处理方法，影像存储和包括减影的影像操作，以及影像显示设备组成。该部分不适用于普通数字成像设备。如果此类设备具有数字减影血管造影功能，则该部分仅适用于数字减影血管造影功能。

4. GB/T 19042.5-2005《医用成像部门的评价及例行试验　第 3-5 部分：X 射线计算机体层摄影设备成像性能验收试验》　该标准适用于影响到图像质量、患者剂量和定位的 CT 扫描装置的相关部件。该部分定义了有关描述 CT 扫描装置图像质量，患者剂量和定位的主要参数；定义这些主要参数的试验方法；评估这些参数是否符合随机文件规定的误差范围。

5. YY/T 0106-2008《医用诊断 X 射线机通用技术条件》　该标准规定了医用诊断 X 线机（简称 X 线机）的分类、要求和试验方法。该标准适用于医用诊断 X 线机。对于有国家或行业专用标准要求的医用诊断 X 线机，宜执行相应的国家或行业专用标准。该标准不适用于 X 线计算机体层摄影设备。

6. YY/T 0310-2015《X 射线计算机体层摄影设备通用技术条件》　该标准规定了 X 线计算机体层摄影设备（简称 CT 扫描装置）的术语和定义、分类、组成、要求和试验方法。该标准适用于 CT 扫描装置，其中包括为放射治疗计划提供图像数据的 CT 扫描装置。

7. YY/T 0706-2008**《乳腺 X 射线机专用技术条件》** 该标准规定了乳腺 X 线机（简称乳腺机）的术语、分类、要求和试验方法。该标准适用于使用具有 X 线胶片增感屏，采用接触式和放大式操作的乳腺摄影 X 线机，该机专供医疗单位做乳腺 X 线摄影之用。该标准不适用于数字成像装置、活组织检查板和立体定位装置等专用附件。

8. YY/T 0707-2008**《移动式摄影 X 射线机专用技术条件》** 该标准规定了移动式摄影 X 线机（简称 X 线机）的术语、分类和组成、要求及试验方法。该标准只适用于由单相交流电源和（或）内部电源供电的专用摄影功能用 X 线机。

9. YY/T 0740-2009**《医用血管造影 X 射线机专用技术条件》** 该标准规定了具有介入操作功能的医用血管造影 X 线机（简称血管机）的分类、组成、要求和试验方法。该标准适用于制造商声明适用长时间的透视引导介入操作的 X 线设备。

10. YY/T 0741-2009**《数字化医用 X 射线摄影系统专用技术条件》** 该标准规定了数字化医用 X 线摄影系统（简称 DR 系统）的术语和定义、系统构成、要求和试验方法。该标准适用于一般 X 线摄影的 DR 系统。该标准不适用于采用 X 线影像增强器的系统、计算机 X 线摄影系统、乳腺 X 线设备、牙科 X 线设备、计算机体层摄影设备及双能影像设备的 DR 系统。

11. YY/T 0742-2009**《胃肠 X 射线机专用技术条件》** 该标准规定了胃肠 X 线机（简称胃肠机）的分类、要求、试验方法等。该标准适用于制造商声明的预期用途具有胃肠检查功能的 X 线机。该标准不适用于采用平板探测器的胃肠机。

（三）医用 X 线设备计量检定规程和校准规范

1. JJG 744-2004**《医用诊断 X 射线辐射源》** 该规程适用于医用诊断 X 线辐射源的首次检定、后续检定和使用中的检验。该规程不适用于 X 线（CT）辐射源、数字摄影（CR、DR）辐射源、乳腺摄影辐射源。

2. JJG 1078-2012**《医用数字摄影（CR、DR）系统 X 射线辐射源》** 该规程适用于医用计算机 X 线摄影系统（简称 CR 系统）、数字 X 线摄影系统（简称 DR 系统）X 线辐射源的首次检定、后续检定和使用中检定。该规程不适用于乳腺和牙科用数字化摄影系统 X 线辐射源的检定。

3. JJG 1067-2011**《医用诊断数字减影血管造影（DSA）系统 X 射线辐射源》** 该规程适用于医用诊断数字减影血管造影（简称 DSA）系统 X 线辐射源的首次检定、后续检定和使用中检定。

4. JJG 1101-2014**《医用诊断全景牙科 X 射线辐射源》** 该规程适用于医用诊断全景牙科 X 线辐射源的首次检定、后续检定和使用中检查。该规程不适用于口内 X 线成像设备辐射源的检定。

5. JJG 1026-2007**《医用诊断螺旋计算机断层摄影装置（CT）X 射线辐射源》** 该

规程适用于新安装、使用中和影响成像性能的部件修理后的医用诊断螺旋计算机摄影装置（CT）X线辐射源的检定。

（徐　桓）

第二节　医用X线透视摄影设备

一、医用X线透视摄影设备概述

（一）医用X线透视摄影设备基本原理

医用X线透视摄影设备一般又称为诊断X线机。一般具备透视和摄影两种成像模式，两种成像模式作为X线影像诊断学的基础，在临床应用中相互补充，具体又包括透视、点片摄影、普通摄影、滤线栅摄影、立位摄影和简易的体层摄影等功能。

1. 设备组成　医用X线透视摄影设备因使用目的不同，其结构也有一定差别，但基本结构都是由X线发生装置和外围设备两大部分组成。X线发生装置也称为主机，其主要任务是产生X线并控制X线的穿透能力、辐射强度和曝光时间；外围设备是根据临床检查需要而配备的各种机械装置及附属装置。

X线发生装置主要包括X线管、高压发生器、控制装置3个部分。X线管的作用是产生X线，主要分为固定阳极X线管与旋转阳极X线管2种。高压发生器由高压变压器、灯丝变压器、高压整流器、高压交换闸等高压元件组成，其作用是为X线管灯丝提供加热电压，为X线管提供直流高压，二者都是产生X线的基础。控制装置则主要实现X线管在曝光过程中的管电压（kV）、管电流（mA）和曝光时间的控制及调整，达到调整X线的“质”和“量”的目的。

外围设备包括诊断床、机架、影像接收及显示装置，以及激光胶片打印、洗片机、高压注射器等附属设备。

2. 成像原理　医用X线透视摄影设备成像原理为：由X线管发射出来一束强度大致均匀，具有一定穿透能力的X线束。当X线穿透人体时，与人体发生吸收和散射等物理相互作用，由于人体各组织的密度和厚度不同，对X线的吸收程度也不同（密度低的组织，如肺，吸收X线少；密度高的组织，如骨骼，吸收X线多），故透过人体后形成分布强弱不同的X线，这些X线被影像接收装置接收，进而形成不同灰度值的人体组织的形态影像，用于临床诊断。

3. 数字摄影技术　传统的医用X线透视摄影设备为模拟X线成像，X线成像系统最常见的是增感屏-胶片系统和X线影像增强器-电视系统。随着数字成像技术的发展，传统的X线摄影设备逐步被取代，放射诊断技术得到了空前的发展，实现了由传统模拟影像信息向数字化影像的转变。计算机 X 线摄影设备（CR）和数字化 X 线摄影设备（DR）是最常见的两种数字化摄影技术。CR 采用成像板（imaging plate，IP）作为 X 线探测器，吸收穿透患者的能量，并利用特殊的激光扫描器或称为成像板阅读器（ip reader），提取 IP 板吸收的能量而形成数字图像，是一种间接读出的数字 X 线摄影技术。DR 成像则利用数字平板探测器（flat panel detector，FPD）直接将 X 线转换为电子信号，并经过计算机处理，实现图像数字化。相比 CR，DR 具有 X 线量子探测效率高，辐射剂量低，空间分辨率（spatial resolution）更好的优点，此外，由于省去了 IP 板读出的烦琐程序，工作效率更高。数字图像数据可利用计算机进行进一步处理、显示、传输和存储，诊断信息丰富，具有更高的诊断价值。

（二）医用 X 线透视摄影设备临床应用

医用 X 线透视摄影设备的临床应用很广泛，是放射科的起源技术，也是医学影像技术最重要的基础之一，可应用于骨与关节、呼吸系统、大血管、消化系统、泌尿系统、女性生殖系统等。随着数字化成像技术的发展，图像清晰度得以提高，其临床诊断价值得到了进一步肯定。通过组织均衡、能量减影等技术可获得高质量的对比图像，再通过计算机技术进行如放大缩小、窗宽窗位调节等处理，从而能更精细地观察感兴趣的细节，比如：可以使气管、支气管、肺组织、肋骨上的小结节得到很好的显示；在胸部可以很好地显示心影后、后基底段、膈下肋相重叠的病变；可以观察到骨质和关节的细微结构，关节囊、皮下脂肪和皮肤软组织的改变等；对于肠梗阻、膈下游离气体、尿路结石等腹部病变，增加了微小病变的显示能力。

二、医用 X 线普通摄影设备常用检测与校准装置

（一）X 线多参数测量仪

X 线多参数测量仪主要对诊断 X 线设备的辐射源的参数进行测量，应满足以下参数的测量要求，如管电压（kVp）、管电流（mA）、电流时间积（mAs）、曝光时间、空气比释动能、空气比释动能率等。此外，一般具备包括摄影、透视、脉冲透视、牙科摄影、乳腺摄影等多种不同测量模式，用于不同类型设备的检测。如今市场上现有的 X 线多参数测试仪有很多，但大部分价格较昂贵。

（二）线对测试卡

空间分辨率可以采用线对测试卡（图 3-1）进行测量，由于线对测试卡吸收材料的不同，可以分别对不同背景和对比度水平下的空间分辨率进行测量。

线对测试卡是由高低不同吸收率的材料制作，高吸收率线对测试卡的栅条应是一定厚度的铅（0.05mm 较为常用）或与之等效的材料，铅条的长宽比不低于 10∶1，铅条

宽度误差不超过 10%，低吸收率材料建议使用聚甲基丙烯酸甲酯（polymethylmethacrylate，PMMA）。空间分辨率覆盖（0.6~5）lp/mm 的试验组，步长不超过 20%。

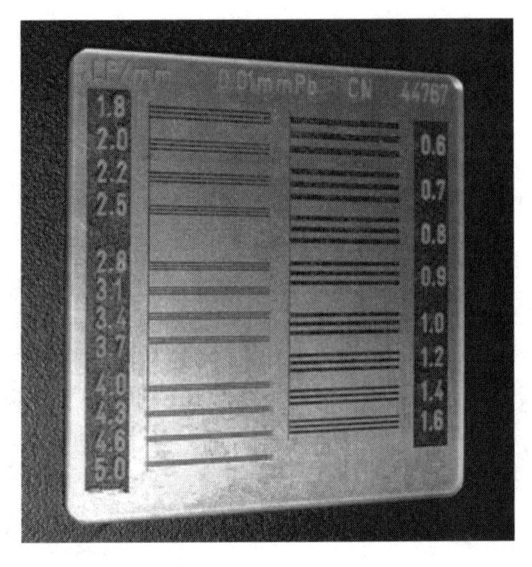

图 3-1　线对测试卡

（三）低对比度检测体模

在对影像细节的观察中，其结构的分辨需要满足两方面的条件，首先是该细节与周围背景组织间具有空间的差异，这就要求成像设备具有一定的空间分辨率；其次是该细节与周围背景组织具有一定的密度差异，即具有一定的对比度。

针对这种要求设计了不同类型的低对比度检测体模，此类体模由深浅不一和直径不一的圆孔形成矩阵，既可以测量成像设备对相同深度（相同对比度）、不同直径（不同空间分辨率）圆孔的分辨能力，也可以测量成像设备不同深度（不同对比度）、相同直径（相同空间分辨率）圆孔的分辨能力。通过对低对比度检测体模影像的评估，可以较全面了解成像设备的影像质量。

1. 低对比度测试卡　是最常用的低对比度检测体模，YY/T 0741-2009《数字化医用 X 射线摄影系统专用技术条件》中建议的测试卡由 20mm 厚的铝板制成，铝板上均布孔径 1cm 的孔。孔的深度及对应的对比度见表 3-1。

表 3-1　低对比度测试卡

序号	对比度	孔深	序号	对比度	孔深
1	0.16	3.2mm	11	0.022	0.44mm
2	0.145	2.9mm	12	0.018	0.36mm
3	0.125	2.5mm	13	0.016	0.32mm
4	0.107	2.14mm	14	0.013	0.26mm
5	0.088	1.76mm	15	0.011	0.22mm
6	0.074	1.48mm	16	0.0095	0.19mm
7	0.068	1.36mm	17	0.0075	0.15mm
8	0.053	1.06mm	18	0.0055	0.11mm
9	0.044	0.88mm	19	0.0035	0.07mm
10	0.026	0.52mm	/	/	/

2. IEC 低对比度体模　《GB/T 17006.8-2003/IEC 61223-2-9：1999 医用成像部门的评价及例行试验第 2-9 部分：稳定性试验间接透视和间接摄影 X 射线设备》以及《GB/

T 19042.1-2003/IEC61223-3-1：1999 医用成像部门的评价及例行试验第 3-1 部分：X 射线摄影和透视系统用 X 射线设备成像性能验收试验》中描述的低对比度体模由一组直径为 1cm 孔径（共 19 个圆孔）的铝制圆形盘构成。如果使用一块衰减体模提供在自动曝光控制下使 X 线衰减和硬化，例如 IEC 推荐为 40mmPMMA 加 1mm 厚的铜滤过板，则这种组合的体模，使这些圆盘产生 X 线辐射的对比度从 1% 到 20% 的变化，每一个圆盘的所产生一级近似对比度如下：1.0%，1.4%，1.8%，2.3%，2.7%，3.3%，3.9%，4.5%，5.5%，6.6%，7.6%，8.6%，10.8%，12.3%，14.5%，16.0%，18.0%，20.0%。

3. 阈值对比度体模（图 3-2） 目前在检测和校准中应用越来越广泛，该体模由一个厚度为 10mm、大小为 265mm × 265mm 的树脂玻璃板组成。该有机玻璃板含有很多柱状小孔，小孔的直径和深度都相当精确（容差为：0.03mm）。

有机玻璃板上刻有线条图案，线条使用含铅的漆料进行处理。X 线图像中会显示出 15 行、15 列共 225 个方格（图 3-2）。每个方格中能显示出 1 到 2 个点，为小孔的 X 线图像。前三行只有一个点，其他行中每个方格里有两个不同的点：一个位于方格中心，另一个随机分布在方格的 4 个角落，以此来验证每一测试目标的探测程度。

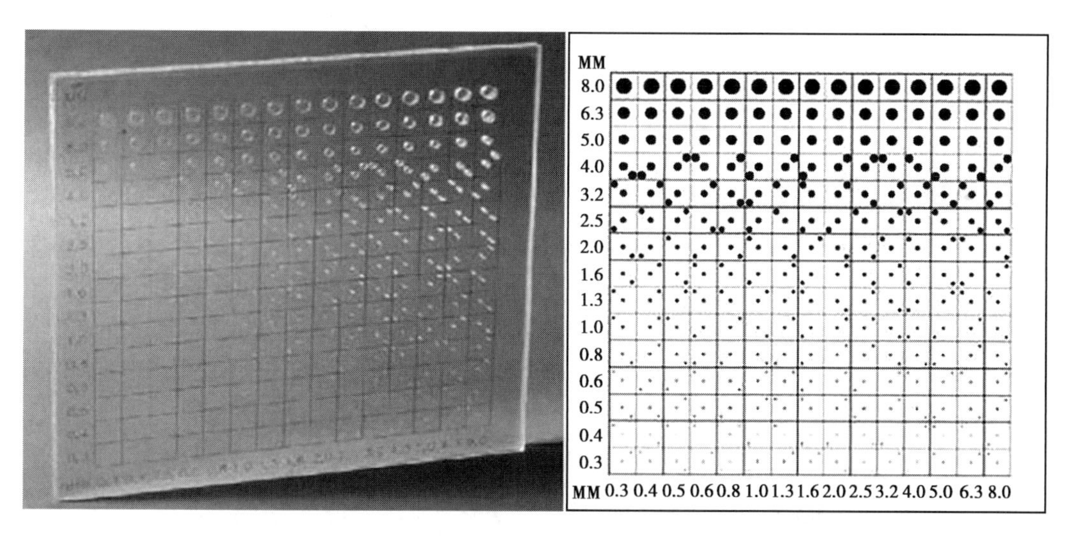

图 3-2 常规诊断（除乳腺摄影外）图像评价的阈值对比度测试体模

同一行中，小孔的直径是固定的，而深度则是按照指数规律增加的。同一列中，小孔的深度是固定的，而直径则是按照指数规律增加的，见表 3-2。

表 3-2 体模中小孔的深度和直径

列	深度（mm）	行	直径（mm）
1	0.3	1	0.3
2	0.4	2	0.4
3	0.5	3	0.5

续表

列	深度（mm）	行	直径（mm）
4	0.6	4	0.6
5	0.8	5	0.8
6	1.0	6	1.0
7	1.3	7	1.3
8	1.6	8	1.6
9	2.0	9	2.0
10	2.5	10	2.5
11	3.2	11	3.2
12	4.0	12	4.0
13	5.0	13	5.0
14	6.3	14	6.3
15	8.0	15	8.0

通过对体模图像的评估，确认能够分辨小孔情况。评估时需要用到“体模评分表”。对图像的评估主要针对那些刚好能看见小孔的区域，即能看到非中心小孔的区域，做出阈值对比度曲线。

三、主要参数检测方法

（一）产品性能检测方法

1. X 线管电压准确性 X 线管电压是加在 X 线管阳极和阴极之间的电位差。通常，X 线管电压用千伏峰值（kilovolt peak，kVp）表示。管电压是 X 线诊断设备的一项非常重要的参数，它的微小变化都将影响摄影和透视影像的质量。常见的测量方法有以下两种。

（1）介入式测量管电压的原理及方法：介入式测量管电压一般采取分压器测量，方法是将测量仪器的分压器部分接于高压次级电路，并与 X 线管并联，利用分压的方法，在负载条件下通过示波器观察高压波形及其幅度，可以直接确定管电压。该方法测量准确度和精密度分别可达 1% 和 0.5kV。但该方法也存在弊端。首先，采用该方法进行测量时，分压器必须连接到电子线路中，费时、不安全，若操作不当，可能引起错误的测量结果，甚至导致设备的损坏。其次，临床上关心的是射线穿过 X 线管固有滤过和附加滤过后的能量，当滤过改变时，X 线能谱要发生改变，而分压器方法测量对此没有加以考虑。该方法在常规质量控制中较少应用。分压器测量管电压的接线图如图 3-3 所示。分压器

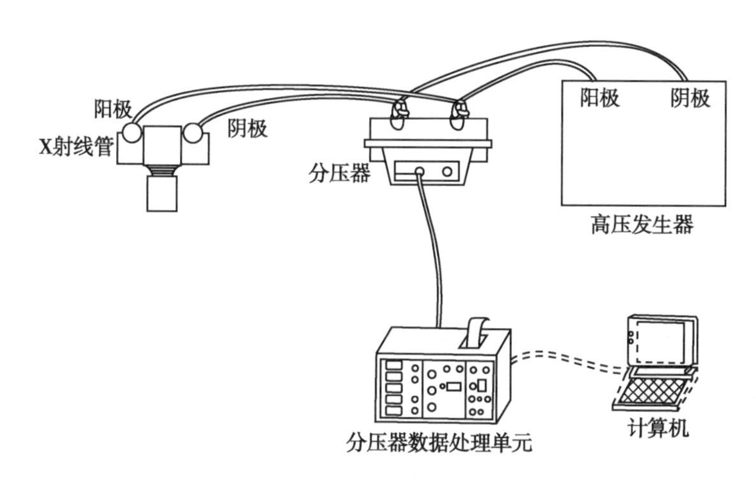

图 3-3　分压器测量管电压的接线图

外形如图 3-4 所示。

（2）非介入式管电压测量原理及方法：非介入式管电压测量方法是利用多个半导体探测器穿过不同厚度材料，检测出不同的 X 线辐射量，通过吸收辐射量之比计算出管电压。测量的示意图及原理图分别如图 3-5、3-6 所示。半导体探测器由于体积小，重量轻，响应速度快，灵敏度高，易于与其他半导体器件集成，是射线理想的探测器。半导体探测器可以分为硅探测器、锗探测器、碲锌镉探测器等。其测量原理如下：

X 线管在高压下产生 X 线，X 线在物质中的传输遵循以下衰减规律：

$$I=I_0\mathrm{e}^{-\mu(E,m)d} \tag{3-1}$$

式中，I_0 为初始强度；I 为衰减后的强度；m 为物质材料系数；E 为射线能量；d 为物质厚度；μ（E，m）为衰减系数。

因为 X 线的能量与管电压存在一定的数学关系，因而可以用管电压 V 来表示 X 线的能量 E，则 μ（E，m）可以改变为 μ（V，m）。当 X 线穿过材料厚度分别为 d_1、d_2 时，其射线强度为 I_1、I_2。

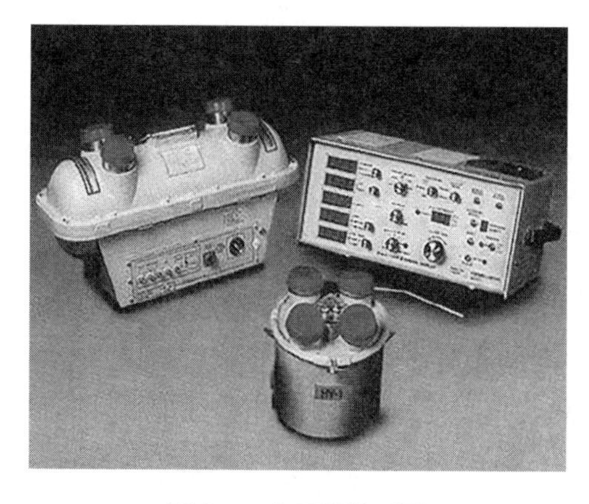

图 3-4　分压器外形图

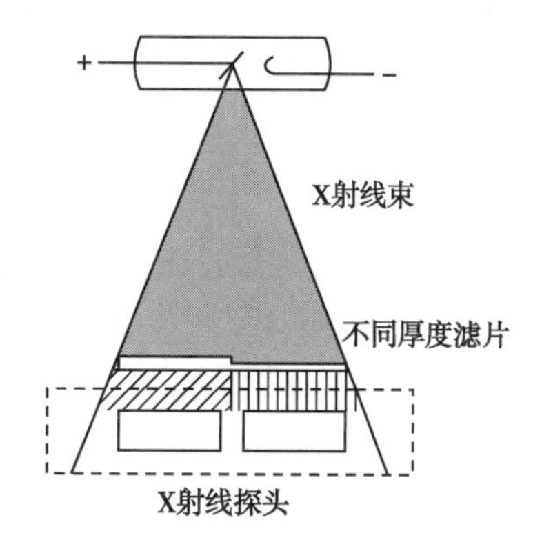

图 3-5　X 线束照射和探头示意图

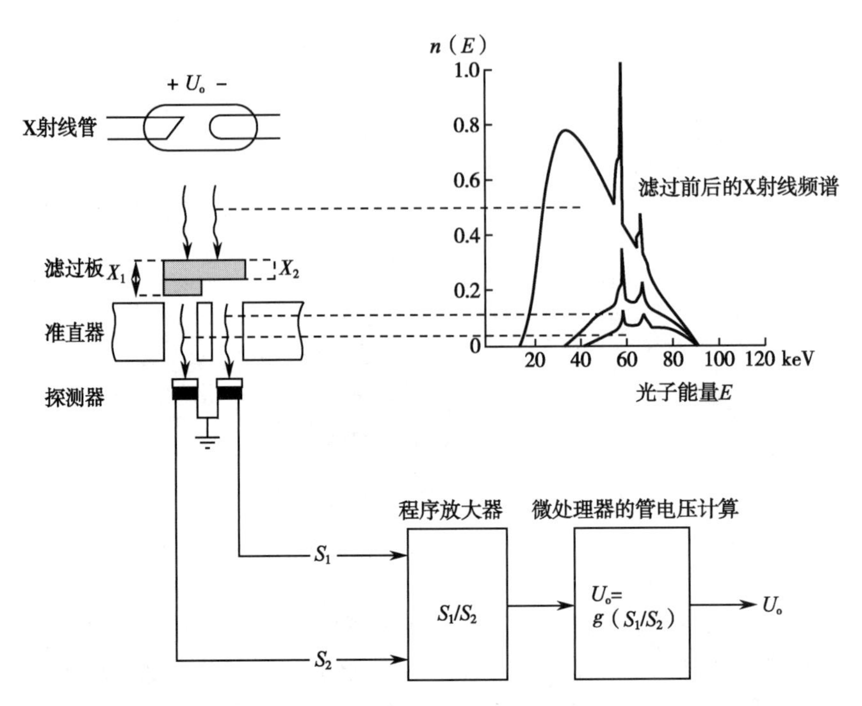

图 3-6　非介入式测量管电压原理图

则有：

$$I_1 = I_0 e^{-\mu(V,m)d_1} \tag{3-2}$$

$$I_2 = I_0 e^{-\mu(V,m)d_2} \tag{3-3}$$

可以求出物质衰减系数：

$$\mu(V,m) = \frac{\ln(I_1/I_2)}{d_2 - d_1} \tag{3-4}$$

由函数求逆运算可得到电压：

$$V = \mu^{-1}\left(\frac{\ln(I_1/I_2)}{d_2 - d_1}, m\right) \tag{3-5}$$

假定滤片厚度 d_1、d_2 恒定，材料均匀，则管电压只与射线强度 I_1、I_2 的比值有关。这种通过测量射线强度来计算管电压的方法，回避了直接测量高压，避免了高压作业的危险，实现了非介入测量。

实际测量中，无需进行上述计算，利用非介入式管电压测量仪可直接得到测量结果。检测步骤如下：

1）将非介入式测量设备放在诊视床上，调节焦片距为 100cm，并固定 X 线管，调节束光器的指示光野，使照射野略大于仪器顶面上所标示的探头区。

2）设置某一管电压，选择合适的电流时间积进行曝光，记录测量结果。

3）改变管电压的设置值重复上述测量，分别记录设置值和测量结果。

（3）检测结果的评价

1）由设定的管电压值和测量的管电压值可以计算出管电压设定值的偏差：

$$偏差=\frac{测定管电压值-设定管电压值}{测定管电压值}\times 100\% \quad (3\text{-}6)$$

2）对相同设定值的管电压进行多次重复测量，可以计算出该管电压的标准试验偏差，即可以得到管电压的重复性：

$$重复性=\frac{s}{\bar{x}}\times 100\% \quad (3\text{-}7)$$

式中，s 为相同设定值多次测量的标准试验偏差；$\bar{x}$ 为相同设定值多次测量的平均值。

3）和基准值比较，偏差和重复性均不能超过基准值的 10%。

2. X 线管电流 管电流是 X 线管阴极发射的电子在高压电场作用下流向阳极形成的电流，通常用 mA 表示。管电流的大小关系着 X 线的量和 X 线发生器的输出，与曝光时间一起决定了照片的密度和受检者的受照剂量。管电流与曝光时间的乘积称为电流时间积，也可称为毫安秒，通常用 mAs 表示。管电流的测量方法也分为介入式与非介入式两种。

（1）介入式毫安表和毫安秒表测量管电流：毫安表适用于长时间曝光时检测管电流，毫安秒表主要用于曝光时间较短的情况下检测曝光时管电流与曝光时间的乘积，即毫安秒值。毫安表或毫安秒表应串接于被测 X 线发生器管电流测量电路中，或接于被检设备的技术资料中所指定的检测点。

（2）非介入式毫安表和毫安秒表测量管电流：非介入式毫安表和毫安秒表一般为钳形电流表。钳形电流表是集电流互感器与电流表于一身的仪表，其工作原理与电流互感器测电流是一样的。电流互感器的铁芯在捏紧扳手时可以张开；被测电流所通过的导线可以不必切断就可穿过铁心张开的缺口，当放开扳手后铁芯闭合。穿过铁芯的被测电路导线就成为电流互感器的一次线圈，其中通过的电流便在二次线圈中感应出电流，从而使二次线圈相连接的电流表有指示，即可测出被测线路的电流。具体测量步骤如下：

1）将非介入式测量设备探头通过电缆与测量计连接，将探头夹在高压电缆的阳极上，为避免旋转阳极的影响，探头应距离 X 线管在 30cm 以上，并注意使探头上标示的电流方向与实际管电流方向一致。

2）选择某一管电流设定值，并用合适的管电压和曝光时间曝光，记下读数。

3）改变管电流设定值，重复上述测量，记录测量结果。

（3）检测结果的评价

1）由管电流的设定值和测定值可以计算出管电流设定值的偏差。

2）管电流的允许偏差一般为 ±20%，当测定管电流比设定值偏低（小于 20%）时，只要管电流的线性好，一般不需要调整；但如果偏高（大于 20%），则十分危险，容易造成 X 线管的损坏，甚至伤害患者，因此需要立刻进行调整。

非介入式测量方式的优点是方便、安全，但是其测量准确度不及介入式测量。介入式测量的量程下限较低，可以测量透视的管电流，但需要与 X 线机的电子线路相连接，既有可能对设备造成损坏，又不安全。在常规检测中，一般用非介入式测量的方式较多。

3. 曝光时间 是指曝光控制系统的作用时间，一般可以分为空载曝光时间和负载曝光时间。空载曝光时间是指在保证不产生 X 线的条件下，X 线机曝光系统的控制时间。负载曝光时间是指在 X 线发生的条件下，高压电路中 X 线管电压上升至其峰值的 65%~85% 及下降至上述值的时间间隔。通常我们关注的是负载曝光时间。曝光时间与管电流的乘积，决定了胶片的密度和受检者的剂量，故曝光时间也是 X 线机很重要的参数。

一般采取非介入式方法测量曝光时间。具体测量中一般选取管电压波形上升和下降沿中管电压（kVp）峰值的 75% 作为测量点，其时间间隔作为曝光时间。因此，可采用与测量管电压相同的测量设备，并在测量管电压的同时测量曝光时间。非介入式测量曝光时间的波形示意图如图 3-7 所示。

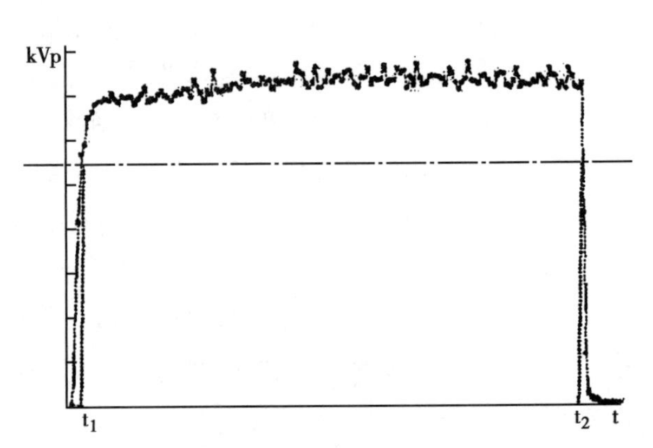

图 3-7　曝光时间测试示意图（t_1~t_2 时间间隔为曝光时间）

具体测量步骤如下：

1）将非介入式测量设备放在诊视床上，调节焦片距为 100cm，并固定 X 线管，调节指示光野，使指示光野略大于仪器顶面上所标示的探头区。

2）设置某一曝光时间，选择合适的管电压和管电流进行曝光，记录测量结果。

3）改变曝光时间的设置值重复上述测量，记录设置值和测量结果。

4）选择某一常用曝光时间，重复 5~10 次测量，观察曝光时间的重复性。

检测结果的评价通过计算由曝光时间的设定值和实测值的实际偏差得到。对相同设定值，需要多次重复测量结果并计算出他们的实验标准偏差（重复性）。一般要求曝光时间的偏差在 ±10% 以内。

4. 空气比释动能与空气比释动能率 X 线作为一种电离辐射，患者在接受 X 线诊断检查时，一方面是要获得有用的图像，为临床诊断提供依据，另一方面，患者也会接受一定剂量的 X 线辐射。因此，对患者来说，X 线诊断检查为利益与代价并存。现今，对患者剂量的监测越来越受到人们的重视。

比释动能（率）是 X 线辐射剂量学量最重要的是一个参数。它描述的是不带电致电离粒子与物质相互作用时，把多少能量传给了带电粒子。比释动能也称作 *kerma*，是“kinetic energy in material”的缩写，符号为 K，是由电离辐射作用引起的在物质中释放的动能。比释动能 K 定义为 dE_{tr} 除以 dm 的商，如公式（3-8）所示。

$$K= dE_{tr}/dm \tag{3-8}$$

式中，

dE_{tr}——不带电致电离粒子在特定物质的体积元内，释放出来的所有带电粒子初始动能的总和；

d*m*——所考虑的体积元内物质的质量。

比释动能的单位是焦尔 / 千克（$J \cdot kg^{-1}$），国际单位（SI unit）是戈瑞，符号为Gy。暂可使用的非法定计量单位还有拉德（rad）。根据定义，比释动能适用于X线和γ射线以及中子等不带电致电离粒子。当提到比释动能的大小时，必须指明介质和所研究点的位置，因为不同介质的质能转换系数不同，当定义的物质为空气时，即为空气比释动能。对于X线透视摄影设备，应测量空气比释动能或空气比释动能率，一般用积分型诊断水平剂量仪来测量。

GB/T 19042.1 中规定了应测量3种不同的空气比释动能率，分别为X线影像增强器入射面的空气比释动能率、X线透视入射空气比释动能率、最大入射空气比释动能率。

（1）X线影像增强器入射面的空气比释动能率：采用25mm铝作为衰减层，选择（70~80）kV X线管电压，如果X线管电压为自动控制的，添加足够的衰减层，如1.5mm的铜，使X线管电压在该范围内。使用剂量仪在尽可能靠近X线影像增强器入射面的位置测量空气比释动能率。

（2）X线透视入射空气比释动能率：指在患者待测表面但无患者时测得的剂量，目的是评价在诊断时人体实际接受的剂量。具体的测量方法为：

将20cm厚的水体模放在患者支架上，选择（70~80）kV X线管电压，如果X线管电压为自动控制的，添加足够的衰减层，如1.5mm的铜，使X线管电压在该范围内。剂量仪放在体模的X线入射平面上测量。测量时，应调整X线视野至最大。

（3）最大入射空气比释动能率：测量最大入射空气比释动能率时应在X线影像增强器表面用高吸收层遮盖，一般可用2mm厚铅，在自动曝光控制状态下使空气比释动能率增加至最大值，使用剂量仪测量空气比释动能率即可。

对于仅有摄影模式的X线设备，应测量空气比释动能，测量方法与空气比释动能率基本一致。

5. 辐射输出的重复性 重复性是指在同一台X线设备在相同的测量条件下（如相同位置、相同管电压、相同管电流和相同曝光时间），多次测量的空气比释动能间的差异。它反映了X线设备的可靠性和稳定性。

（1）测量步骤

1）将剂量仪或剂量仪的探头放在诊视床上，照射野应略大于探头的有效测量面积，保持照射野的中心与探头中心一致。

2）根据不同机型和用途，选择合适的管电压、管电流、曝光时间和源像距（source to image distance，SID），重复曝光10次，记录剂量仪测得的空气比释动能数据。

（2）检测结果的评价：根据贝塞尔公式（3-9）计算辐射输出的重复性。

$$V = \frac{1}{\bar{k}} \sqrt{\frac{\sum_{i-1}^{n} (k_i - \bar{k})}{n - 1}} \times 100\% \tag{3-9}$$

式中，k_i 为第 i 次空气比释动能测量值；$\bar{k}$ 为 n 次空气比释动能测量平均值。

辐射输出的重复性一般要求不大于 10%。

6. 辐射输出的线性 管电压、管电流及曝光时间决定了 X 线摄影的照射量，管电压确定后，当不同管电流和曝光时间组成相同的电流时间积（mAs）值时，在相同的位置上应有相同的辐射输出量，这一特性称为辐射输出的线性。

（1）测量步骤

1）将剂量仪或剂量仪的探头放在诊视床上，调节焦片距为 100cm，照射野应略大于探头的有效测量面积，保持照射野的中心与探头中心一致。

2）选择某一 mAs 的设置和管电压进行曝光，记录剂量仪的读数。

3）管电压固定不变，改变电流时间积的设置，重复上述测量，并记录测量结果。

（2）检测结果的评价：从每一设定电流时间积曝光时的辐射输出量计算出单位电流时间积时的辐射输出量，即辐射输出量 /mAs，按公式（3-10）计算出辐射输出量线性系数 L（相邻两挡电流时间积设置）：

$$L=\frac{\dfrac{k_1}{mAs_1}-\dfrac{k_2}{mAs_2}}{\dfrac{k_1}{mAs_1}+\dfrac{k_2}{mAs_2}} \tag{3-10}$$

式中，k_1，k_2 分别为 mAs_1，mAs_2 曝光时的辐射输出量〔空气比释动能（mGy）〕，一般要求输出量线性 $L \leqslant 0.1$。

7. X 线质（半价层） 由于 X 线机输出的光子束并不是单一的能量，而是由一个连续能谱分布的光子束组成。因此，对有用 X 线束辐射线质（简称线质）的描述需要该射线束光子能谱的详细说明。然而，测量 X 线能谱需要专用的设备和知识，在绝大多数实验室很难完成。因此，一种公认可行的方法是通过测定 X 线的半价层（half value-layer）和同质系数等描述其辐射特性。

半价层是反映 X 线质的参数。它反映了 X 线的穿透能力，表示 X 线质的软硬程度，半价层可用 HVL 表示，半价层又称半值层。半价层的定义就是使在 X 线束某一点的空气比释动能率（或空气吸收剂量率）减少一半时所需要的标准吸收片的厚度，又称为第一半价层（first half-value layer）；同理，第二半价层（second half-value layer）就是使在 X 线束某一点的空气比释动能率（或空气吸收剂量率）减少至四分之一时所需要的标准吸收片的厚度。同质系数是第一半价层与第二半价层之比值。

半价层随 X 线能量的增大而增大，随着吸收物质的原子序数、密度的增大而减少。对一定能量的 X 线，其半价层可用不同标准物质的不同厚度来表示。例如，一束 X 线穿过 2mm 标准铜吸收片后，其强度减弱了一半，则称这束 X 线的半价层为 2mm 铜。对于诊断 X 线设备，常用铝作为表示半价层的物质，用 mmAl 表示。

半价层的测量原理如下：

X 线穿透标准吸收片后的衰减与吸收片材料的线性衰减系数 μ 和它的厚度 d 有关。

若未加吸收片时，X线束中心点的空气比释动能率为 I_0，穿透吸收片时，X线束中心点的空气比释动能率为 I，它们之间的关系可用公式（3-11）表示：

$$I=I_0e^{-\mu d} \tag{3-11}$$

半价层测量示意图如图3-8所示。

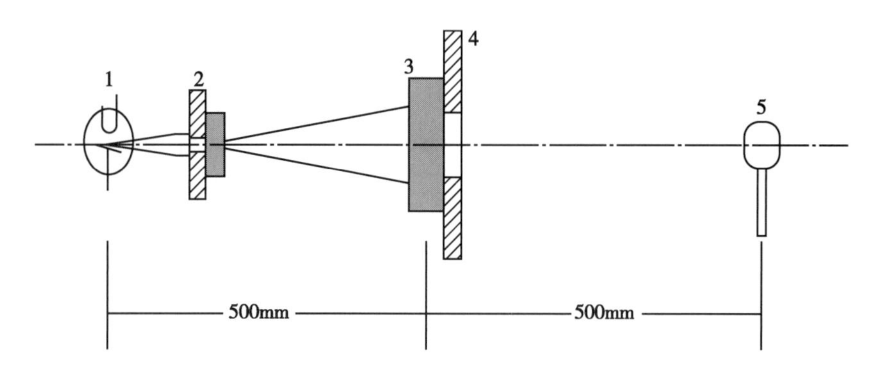

图3-8　半价层测量示意图

1为射线管；2为限束光阑和附加过滤片；3为半价层吸收片及支架；4为减少散射线对电离室的贡献，在吸收片后放置的正方形限束光阑；5为测量空气比释动能率的标准电离室

当空气比释动能率刚好减少一半时，代入公式（3-11）得到透过率（I/I_0）：

$$I/I_0=1/2=e^{-\mu d} \tag{3-12}$$

取对数，公式（3-12）中的 d 即为HVL，见公式（3-13）：

$$HVL=d=\ln 2/\mu=0.693\mu^{-1} \tag{3-13}$$

具体测量方法如下：

（1）作图法测量半价层：在实际测量半价层过程中，常常采用一组厚度均匀的、高纯度（99.5%以上）的铝片或铜片做标准吸收片，由于空气比释动能率刚好减少一半时的情形很难刚好精确得到，因此需要使用X线剂量仪测量出各种峰值管电压条件下的不同厚度吸收片描绘出的衰减曲线，内插求得半价层值。具体操作如下：

选定某一曝光条件（管电压、管电流、曝光时间）并固定不变，分别测量在不加吸收片和加不同厚度吸收片（如1mm、2mm、3mm、4mm）时的空气比释动能率 I_0、I_1、I_2、I_3…I_j（其中 I_0 为不加吸收片时测得的值），每种滤过条件下，重复2~5次，记录所有测量结果。

通常把 I_j/I_0 称为衰减比或透过率，测量完成后，需分别计算出每一个厚度吸收片的透过率值。由于透过率是同时进行的相对测量，因此电离室的测量结果可以不做温度和气压修正。在对数坐标纸上根据测量计算的数据作半价层曲线，其中横坐标为吸收片厚度（单位为mm），纵坐标为透过率。在该曲线上求出衰减比为0.5时对应的吸收片厚度，即为测得的半价层值，以mmA1表示。半价层曲线如图3-9所示。

测得的半价层应满足IEC标准中规定的要求，见表3-3。如果测量结果低于表中规定的最低要求，则表明X线管的总滤过厚度不足，软射线偏高，从而使患者的剂量增大，应适当增加滤过厚度。

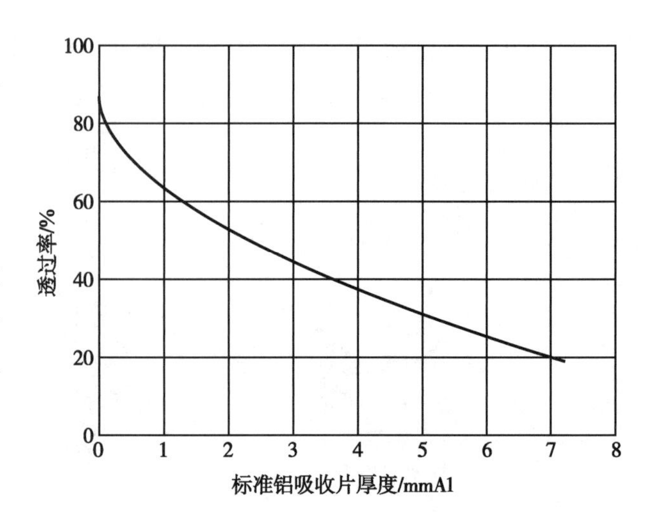

图 3-9　半价层曲线

（2）计算法测量半价层：举例说明该方法：测量某一医用诊断X线机的半价层，在80kV、20mAs条件下，无吸收片时空气比释动能率为20mGy，加2.0mm铝片，在同一位置测量是13mGy，用计算法求出该电压下的半价层。

1）根据实测数据计算出衰减系数 λ：

$$\lambda=\frac{\ln\frac{I_0}{I}}{d_1}=\frac{\ln\frac{20}{13}}{2.0}=0.2154\text{mm}^{-1} \tag{3-14}$$

2）用求出的衰减系数 λ 计算半价层：

$$d_{1/2}=\frac{\ln2}{\lambda}=\frac{0.693}{0.2154}=3.217\text{mm} \tag{3-15}$$

这里需要说明的是，如果测量所加的半价层铝片厚度与计算出的铝片厚度相差较远时，应继续添加或减少铝片进行测量，铝片厚度的多少要向计算出的半价层铝片厚度靠拢。

表 3-3　不同管电压的最小半价层

管电压 /kV	最小半价层 /mmAl	管电压 /kV	最小半价层 /mmAl
50	1.5	110	3.0
60	1.8	120	3.2
70	2.1	130	3.5
80	2.3	140	3.8
90	2.5	150	4.1
100	2.7		

8. X线野与影像接收面一致性　X线从X线球管组件中发射出后，经过了限束器对X线辐射方向的准直，到达探测器。在这个过程中，如果发生了X线辐射方向的不准确，会造成不必要的额外辐射，因此要检测X线野与影像接收面之间的一致性。

检测中，应分别在最小SID和最大SID情况下进行测量，测量结果应符合下述要求：

（1）当影像接收器平面与基准轴垂直时，沿着影像接收面的两个主轴的每一个轴，

X 线野各边与影像接收面的各对应边之间的偏差之和应不超过标示的焦点到影像接收器的距离的 3%。

（2）两轴线的偏差之和应不得超过标示的焦点到影像接器的距离的 4%。

（3）对于采用线阵扫描探测器的数字摄影系统，在探测器成像位置上，X 线照射野面积 A 和实际接受成像面积 B 应满足“$|(A-B)/A|<10\%$”。其中面积 A 可以用胶片成像方式实际测量；面积 B 可以通过“像素大小”×“数字图像大小”计算出来。

9. 自动曝光控制功能及稳定性 自动曝光控制（automatic exposure control，AEC）系统的运行状态可通过不同条件下（如被测物厚度和线管电压不同）自动光密度控制的重现性和准确性来描述。AEC 系统应配备备份定时器或完全切断开关，以在 AEC 系统运行故障或无法达到要求的曝光量时，终止曝光。

AEC 的性能检测需要对短期重现性和长期重现性进行测量。短期重现性是将放射量剂量计放入 X 线光野中，标准检测体模置于影像接收器上方并完全覆盖 AEC 探测器。AEC 系统的短期重现性通过 10 次常规曝光中曝光量测量计读数的偏差来计算。长期重现性可通过对每日质量控制中试验体模曝光产生的光密度（或像素值）和曝光剂量的测量来评价。通过比较每日的测量数据来寻找引起偏差的原因。

AEC 准确性与重复性检测中，照射野应覆盖住影像探测器，用 1mm 铜滤过板挡住遮线器出线口，在无滤线栅和床面衰减条件下，分别设置电压为 70kV、80kV、90kV 和 100kV，在 AEC 下曝光，分别测量 4 个电压档的影像探测器表面入射空气比释动能，记录剂量值，比较不同电压档的剂量值偏差。验收检测时影像探测器在 4 个电压档的剂量平均值的最大偏差在 ±15% 内，状态检测时剂量平均值的最大偏差在 ±20% 内。

10. 空间分辨率 指将点源图像的计数密度分布集中到一点的能力。空间分辨率可以用一个非常小的物体所成的影像是否能够被检测出来的方式定义，也可以用一个成像系统能够把两个紧靠在一起的物体在图像上分开的能力来定义。在医疗影像领域，空间分辨率指影像设备在给定背景和对比度水平下所能检测到最小细节的能力。

实际工作的测量中，可以在不同背景和对比度水平下进行空间分辨率测量，相应地对检测结果的要求也应由不同的标准来进行要求。

YY/T 0741-2009 标准中规定了有衰减体模和无衰减体模情况下的测量方法，并且对有衰减体模情况下，即厚度为 20mm 的铝（纯度大于 99.5%）衰减体模情况下空间分辨率应不小于 2.01p/mm。GBZ 187-2007 标准中，提出了空间分辨率需要分别在探测器的 x 方向、y 方向与对角线 45° 方向分别进行检查，这样可以对设备的各个方面进行全面的评估，在实际检测中也可以采用。

检测中，采用线对测试卡或类似的测试卡，置于视野中心，分别于 x 方向、y 方向和对角线 45°方向分别进行检测，测试卡应尽可能地靠近影像接收面。

检测中，根据 YY/T 0741-2009 标准的规定，可以采用 70kV 及适当的 mAs 进行曝光检查，可以在医疗专用诊断显示器上，调节图像至最佳，目测观察，确定分辨率。由于图像质量与曝光剂量密切相关，所以在对每一幅图像进行观察时，应记录相应的 mAs 和其他剂量相关参数。

有无衰减体模对线对卡测试结果影响非常大，如采用 YY/T 0741-2009 标准中规定的厚度为 20mm 的纯铝衰减体模，应将体模置于射束中心，使之覆盖整个照射野。

11. 低对比度分辨率 临床工作中，对病灶的观察，需要在一定的组织结构背景下进行，因此对设备的低对比度分辨率的检查更加具有临床价值。检测时，可以将符合标准的低对比度分辨率测试卡置于影像探测器上面，视野中心位置。用规定的加载因素组合进行曝光，适当调节影像至最佳，目测观察影像，确定等级，并记录观察结果及空气比释动能。

低对比度分辨率受曝光剂量（影像探测器中吸收的 X 线）的限制。噪声，如电子噪声、数字化噪声、亮度噪声、或固有体模噪声等在临床使用中会降低对比信号的探测。鉴于此，可采用不同的辐射剂量对测试卡进行曝光，有标准建议应对影像探测器入射空气比释动能选择三个剂量水平，在一个以上量级范围（如约 1μGy、5μGy 和 10μGy）进行三次曝光获取影像，全面地评估产品的低对比度分辨率。

12. 阈值对比度 也称为细节对比度阈值，指在图像的整个动态范围内，给定尺寸细节结构和背景下可分辨的最小对比度水平，即使被检物体和背景产生明显差异的对比度水平。阈值对比度受曝光剂量（影像探测器中吸收的 X 线）的限制。噪声，如电子噪声、数字化噪声、亮度噪声、或固有体模噪声等在临床使用中会降低对比信号的探测。

具体使用方法如下：可将专用阈值对比度检测体模（见图 3-2）置于影像探测器上，再对其进行约 0.1mR、1.0mR、10mR 三种入射曝光，并采集三幅影像。随着曝光量升高量子噪声的减少，对比度应该改善。如果没有改善，应该考虑其他的噪声源和因素，比如探测效率降低、固定点噪声（伪影）、过高的亮度或放大噪声、X 线 / 可见光散射对物体对比度影响等。

图像质量指数（image quality figure，IQF）的计算：通过阈值对比度体模的曝光图像，可以进行图像质量指数的计算，进一步量化的评估图像质量。图像质量指数的公式为：

$$IQF = \sum_{i=1}^{15} C_i D_{i,th} \quad (3\text{-}16)$$

式中，$D_{i,th}$ 表示为对比列 i 中的阈值直径。对全部的对比列求和后便得到图像质量指数。

为了方便计算，需使用如下两条规则：

1）如果某一列全都不可见，那么该列的 $D_{i,th}$ 为 10.00mm（小孔深度在 0.3mm 到 8.0mm 之间）。

2）如果某一列全部可见，那么该列的 $D_{i,th}$ 为 0.3mm（小孔深度在 0.3mm 到 8.0mm 之间）。

通过以上的计算，可以得出图像质量指数，进而结合各种因素，评估设备的图像质量。

13. 影像均匀性 X 线探测器是由数以百万个像素（感光单元）组成的，这些像素在曝光的过程中吸收 X 线光量子，转换成数字信号并成像。X 线探测器上的每一个感光单元不可能具有完全相同的转换效率，并且 X 线探测器对不同能量的 X 线光量子具有不同的吸收特性，X 线吸收光谱不是单调变化的曲线，会在某些位置出现吸收突跃，这些造成了数字化 X 线图像存在一定的不均匀性。

对于 DR 影像均匀性的检测与校准，多个标准进行了类似的规定，YY/T 0741-2009《数字化医用 X 射线摄影系统专用技术条件》中要求影像规定采样点的灰度值标准差 R 与规定采样点的灰度值均值 V_m 之比不应大于 2.2%，见公式（3-19）。

在依照 YY/T 0741-2009 进行检测时，需要保证稳定合格的试验条件：

1）加载的 X 线管电压可以使用固定的 kV 值，一般可以采用 70kV，也可以使用 AEC 曝光。

2）SID 一般设置为设备所允许的最大值，当设备允许的最大 SID 值超过 1.8m 时设为 1.8m，这样可以最小化拖尾效果变化和 X 线野阴影，使整个探测器均匀曝光。

3）为了保证到达探测器表面 X 线的均匀性并尽可能地排除探测器本身的非均匀性对检测结果的影响，检测前需要对探测器进行校准并移走滤线栅，同时置厚度为 20mm 的纯铝衰减体模于 X 线束中心，使之覆盖整个照射野。

在上面的试验条件下，获取曝光后的图像并在医疗专业诊断显示器上进行观察。在影像中心及影像四周从中心至四个顶点约三分之二的位置上选取五个采样点，在每个采样点中分别读取 64 面的四个像素的灰度值，计算出每个采样点内像素灰度值的平均值 V_i，然后计算出 V_m〔5 个采样点的灰度值均值，见公式（3-17）〕和 R〔5 个采样点的灰度值标准差，见公式（3-18）〕。

$$V_m = \frac{1}{5}\sum_{i=1}^{5} V_i \tag{3-17}$$

$$R = \sqrt{\frac{1}{5}\sum_{i=1}^{5}(V_i - V_m)^2} \tag{3-18}$$

$$\frac{R}{V_m} \leqslant 2.2\% \tag{3-19}$$

14. 伪影 是指在影像中没有反映物体真正衰减差异的任何像素值的改变。它通常由成像系统的硬件、软件后处理、摄影技术、外界干扰等因素所引起。

硬件伪影通常由滤线栅、影像探测器、图像显示设备等引起。滤线栅伪影在滤线器的驱动装置发生故障时出现，在数字化影像与屏 - 片系统中表现有很大不同，其原因是滤线栅栅条的固有频率和数字化成像系统的采样频率不匹配所造成的，具体细节有待进一步研究。在信号的采集和转换过程中，包含一系列的电子学与光学过程，当出现灵敏度或灰尘等干扰因素时，也会使图像产生伪影。

在进行软阅读时，图像显示设备的精度和物理性状也会产生干扰伪影，如显示器的像素固有频率和图像频率的匹配问题所引起的条带状伪影。这种原因还会导致部分细小病灶的丢失。基于此，建议在软阅读诊断中，必须将图像放大至 100% 进行观察。

15. 量子探测效率 为了精确地测量数字化成像系统的性能，必须对噪声和对比度的性能进行一个综合的评价，而不能孤立地看待这些参数。量子探测效率（detective quantum efficiency，DQE）是一种对成像系统的信号和噪声从输入到输出的传输能力的表达，已成为目前数字成像设备中被普遍采用的描述成像设备信号噪声传递特性的客观物理量。为了使 DQE 的测量更加标准和规范化，IEC 建立了一种在国际上认可的数字 X 线成像系统的 DQE 测试方法，即 IEC 62220-1，目前已被转化为我国国家医药行业标准 YY/T 0590.1-2005。该标准明确定义了 DQE 的测试步骤与测试条件。这里介绍采用其规定的方法对 DR 系统的 DQE 进行测试。测试方法如下：

（1）测试条件设置：DQE 测量的结果依赖于测量所用的曝光条件和参数设置，因此在 IEC 标准中对其测试条件进行了严格规定。一个重要的测试参数是 X 线的质，即 X 线能量谱，见表 3-4。要获得其中规定的射线质要使用一定厚度的铝板对 X 线进行滤过，并调整管电压使半价层接近表中的规定值。可以使用其中的一种或几种 X 线能量谱进行测量，如果只使用一种谱线则必须选择 RQA5。

表 3-4　IEC 62220-1 规定的 4 种能量谱

辐射质量	X 线管电压 /kV	附加滤过 /mmAl	半价层 /mmAl
RQA3	54	10	4.01
RQA5	75	21	7.09
RQA7	91	30	9.13
RQA9	120	40	11.47

另一个重要条件是 X 线照射野的几何位置与尺寸。在测量探测器表面空气比释动能率、转换函数、调整传递函数（MTF）和噪声功率谱（NPS）时，必须采用相同的 X 线照射野几何尺寸。测试装置应按照如图 3-10 所示进行布局，图中的 X 线设备按正常诊断应用时的同样方法设置。测量时应使散射效应降到最小，同时应将 X 线的有效焦点到探测器表面的距离 SID 设定为不小于 1.5m，如果由于技术原因该距离无法达到 1.5m 或更长，可以选择一个较短的距离，但这个距离应在报告的结果中明确地予以说明。在探测器表面 X 线照射野的大小应为 16cm × 16cm。在限束器 B1 下插槽内放置附加滤片，可同时使用铅板限束器（B2，B3）来降低 X 线散射对测量的影响。图中的测试体模用来测量系统调整传递函数，测量调制传递函数时要将该测试体模置于影像探测器表面，而且测试体模的边缘中心应与 X 线束的中心轴重合。偏离 X 线束中心轴

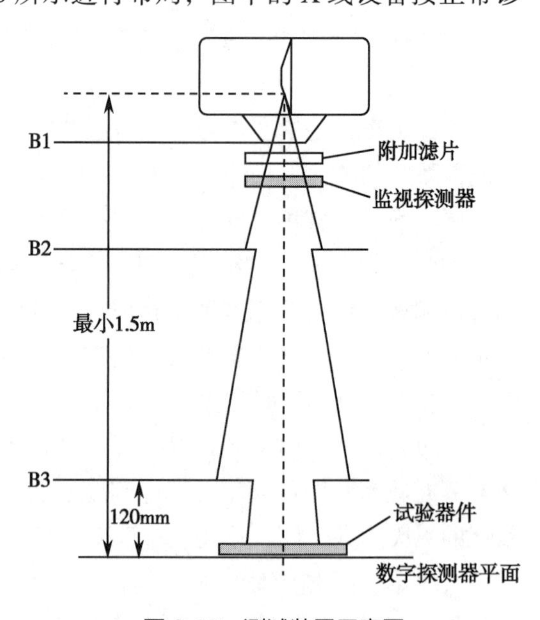

图 3-10　测试装置示意图

会降低测量得到的调制传递函数。用辐射剂量计（半导体探测器或空气电离室）测量影像探测器表面的辐射剂量。

按照上述方法，选择 RQA5 条件，进行 DQE 测量。在测量过程中，应移去探测器盖板、滤线栅和电离室。

（2）量子探测效率（DQE）的定义：为输入信号的噪声功率谱与输出信号的噪声功率谱之比。其中，输入信号的噪声功率谱是数字 X 线探测器表面的信号噪声功率谱，由系统的传递函数确定。输出信号的噪声功率谱则为实际测得的初始数据的噪声功率谱。

DQE 的公式为：

$$\mathrm{DQE}(u,v)=G^2\mathrm{MTF}\,(u,v)^2\,\frac{W_{\mathrm{in}}(u,v)}{W_{\mathrm{out}}(u,v)} \tag{3-20}$$

式中：MTF（u，v）——数字 X 线成像设备预采样的调制传递函数；

G——探测器在空间频率为 0 时的增益；

W_{in}（u，v）——探测器表面辐射野的噪声功率谱；

W_{out}（u，v）——数字 X 线成像设备输出的噪声功率谱。

在 IEC 62220-1 标准中，噪声功率谱、调制传递函数 MTF（u，v）都是由线性数据计算得到的，这些数据已经被转换为单位面积的曝光量子数。这些线性数据已经包括增益 G，因此，不需要单独确定增益 G。为了计算 DQE，首先要确定输入单位空气比释动能的噪声功率谱。输入的噪声功率谱等价于输入的光子通量，见公式（3-21）。

$$W_{\mathrm{in}}(u,v)=Q \tag{3-21}$$

式中，Q 为单位面积的曝光量子数（$1/\mathrm{mm}^2$），Q 与 X 线谱线和空气比释动能水平有关，见公式（3-22）。

$$Q=K_a\cdot\int\frac{\Phi(E)}{Ka}dE=K_a\cdot SNR_{in}^2 \tag{3-22}$$

式中，K_a 是空气比释动能，单位为 μGy；E 为 X 线能量，单位为 keV；Φ（E）/K_a 为单位空气比释动能下的 X 线谱线通量，单位为（$\mathrm{mm}^2\cdot\mathrm{keV}\cdot\mu\mathrm{Gy}$）$^{-1}$。$\mathrm{SNR}_{\mathrm{in}}^2$为单位空气比释动能下信噪比的平方，单位为（$\mathrm{mm}^2\cdot\mu\mathrm{Gy}$）$^{-1}$。因此，DQE 可以进一步定义为公式（3-23）。

$$\mathrm{DQE}(u,v)=\mathrm{MTF}\,(u,v)^2\,\frac{K_{\mathrm{a}}\cdot\mathrm{SNR}_{in}^2}{\mathrm{NPS}(u,v)} \tag{3-23}$$

IEC 62220-1 标准中指定 $\mathrm{SNR}_{\mathrm{in}}^2$可由表 3-5 确定，表 3-5 中的数值是用计算机运行 SPEVAL 程序所计算得到的，不同的程序计算结果可能有些微小的差别。

因此，对于 RQA5：

$$\mathrm{SNR}_{\mathrm{in}}^2=30\,174\ (1/\mathrm{mm}^2\cdot\mu\mathrm{Gy}) \tag{3-24}$$

（3）转换函数：是数字 X 线成像设备的输出的原始数据（图像数据，如图像灰度值）与输入的单位面积接受的量子数之间的函数关系。通过测量转换函数可以建立图像数据

表 3-5　不同辐射质量的 SNR_{in}^2

辐射质量	SNR_{in}^2 / ($mm^2 \cdot \mu Gy$) $^{-1}$
RQA3	注 1：21 759
注 2：RQA5	注 3：30 174
注 4：RQA7	注 5：32 362
注 6：RQA9	注 7：31 077

与探测器表面单位面积量子数之间的对应关系，将探测器的响应线性化为输入量子数的形式。测量转换函数时，X 线的最小曝光水平不应该大于正常曝光条件的 1/5，最大曝光量应为正常值的 4 倍。确定转换函数后，在计算调制传递函数与噪声功率谱时，首先据此将图像数据进行线性化，将其转为单位面积上量子数目的表达形式。

（4）噪声功率谱的测量：测量噪声功率谱时，采用如图 3-10 所示的装置，但应移去 MTF 测试体模（试验器件），并调整 X 线机的电流时间积得到三种不同辐射剂量条件下的图像，分别为：正常剂量、正常剂量除以 3.2 以及正常剂量的 3.2 倍，以代表三种不同情况下图像的噪声分布情况。测量时应选择 X 线野中心 125mm × 125mm 的正方形面积，该部分影像探测器的曝光均匀，并将该区域划分为许多正方形的小区域，称为感兴趣区（ROI）。每个 ROI 应包括 256 × 256 像素矩阵用于独立计算噪声功率谱。各 ROI 之间应相互重叠 128 个像素，相邻区域之间的重叠关系如图 3-11 所示。在整个分析区域内，左上角的 256 × 256 像素为第一个 ROI，向右平移 128 个像素建立第二个 ROI，其与第一个 ROI 有 50% 的重叠，如此重复一直到右侧边缘，建立一条水平带。然后向下移动 128 个像素从左到右建立第二条水平带，重复上述步骤直到 125mm × 125mm 的面积被上述 ROI 所覆盖。

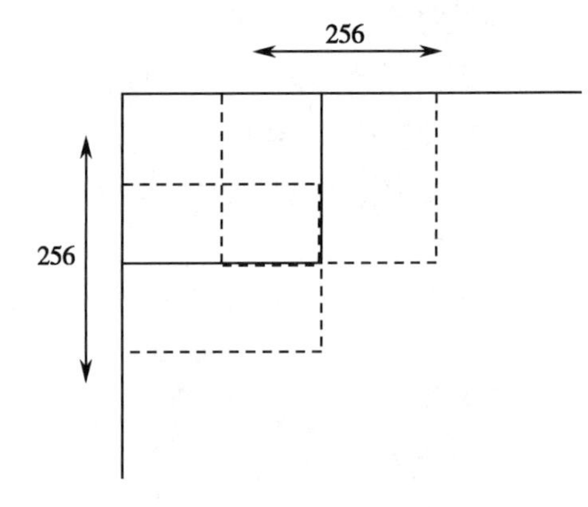

图 3-11　感兴趣区域（ROI）的几何尺寸

如果要去掉图像不均匀的影响，可以根据整幅图像建立一个二维的二阶多项式 $S(x_i, y_j)$，在进行频谱计算时，线性化的数据减去此多项式 $S(x_i, y_j)$。不使用任何窗口函数，对所有 ROI 进行二维傅里叶变换。计算噪声功率谱所使用的二维傅里叶变换公式如式（3-25）所示。

$$W_{out}(u_n, v_k) = \frac{\Delta x \Delta y}{M \cdot N_x \cdot N_y} \sum_{m=1}^{M} \left| \sum_{i=1}^{N_x} \sum_{j=1}^{N_y} (I(x_i y_i) - S(x_i y_i)) \exp(-2\pi i(u_n x_i + v_k y_j)) \right|^2 \tag{3-25}$$

式中：$\Delta x \Delta y$——水平和垂直方向的像素间隔；

M——ROI 的数量；

$I(x_i, y_j)$——线性化的数据；

$S(x_i, y_j)$——可选的拟合二维的二阶多项式。

对每个区域数据进行二维傅氏变换，计算其模的平方。然后对所有的二维变换结果进行平均得到二维噪声功率谱。沿水平或垂直方向对二维噪声功率谱进行平均可以得到一维噪声功率谱。

（5）调制传递函数（MTF）的确定：MTF 的测量采用边缘响应函数的方法来确定。一般是使用边缘锐利的钨板（1mm 厚），边缘平滑度要好于 5μm。将钨板放于影像探测器表面，并使钨板边缘与探测器的水平或垂直中心线成 1.5°~3°夹角倾斜。采集图像后取其中 50mm × 100mm 的区域用于计算 MTF。构造过采样的边缘扩展函数（edge spread function，ESF），对 ESF 进行微分运算得到线扩展函数（line spread function，LSF）。对线扩展函数进行傅里叶变换，变换后傅里叶函数各频率的系数即为 MTF。

（二）电气安全检测方法

除通用安全标准要求外，医用 X 线透视摄影设备还应该满足 GB 9706.3-2000《医用电气设备　第 2 部分：诊断 X 射线发生装置的高压发生器安全专用要求》，GB 9706.11-1997《医用电气设备　第 2 部分：医用诊断 X 射线源组件和 X 射线管组件安全专用要求》，GB 9706.12-1997《医用电气设备　第 1 部分：安全通用要求　三、并列标准诊断 X 射线设备辐射防护通用要求》，GB 9706.14-1997《医用电气设备　第 2 部分：X 射线设备附属设备安全专用要求》等安全要求。主要对电击危险的防护、对不需要的或过量辐射危险的防护、对超温和其他安全方面危险的防护、工作数据的准确性和危险输出的防止等方面进行了特殊规定。电气安全检测一般为上市前检查项目，检查方法在标准中有详细描述，下面就部分检测项目进行说明，其他项目可参照标准执行。

1. X 线辐射　规定了运行状态的指示、防过量辐射输出的安全措施等项目。

（1）运行状态的指示：标准要求设备应具有包括间歇方式下的预备状态、加载状态、被选择的 X 线源组件的指示、自动方式的指示、自动曝光控制的范围的相应指示。通过检查和功能试验来验证是否符合要求。

（2）防过量辐射输出的安全措施：标准规定除操作者可用控制辐射时间外，在其正常终止失效的情况下，应能通过安全措施终止辐照。通过检查和功能试验来验证是否符合要求。

2. 泄漏辐射　泄漏辐射是 GB 9706.12-1997 中的重要测试项目，包括加载状态下的泄漏辐射和非加载状态的泄漏辐射。

（1）加载状态下的泄漏辐射：规定了 X 线管组件和 X 线源组件在加载状态下的泄漏辐射，距焦点 1m 处，对 X 线管电压不超过 125kV 的齿科摄影设备，任一 $100cm^2$ 的区域内平均空气比释动能不超过 0.25mGy/h，其他 X 线设备应不超过 1.0mGy/h。

（2）非加载状态的泄漏辐射：规定了在非加载状态下的泄漏辐射，在 X 线管组件和 X 线源组件的任何易接近表面 5cm 处的泄漏辐射，在任一 100cm^2 的区域内平均空气比释动能不超过 20μGy/h。

（苑富强）

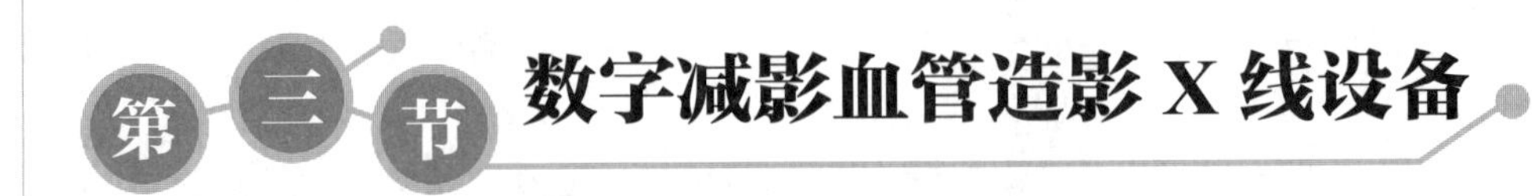

第三节 数字减影血管造影 X 线设备

一、数字减影血管造影 X 线设备概述

（一）数字减影血管造影 X 线设备基本原理

数字减影血管造影（digital subtraction angiography，DSA）是 20 世纪 80 年代兴起的一种医学影像学技术，是计算机技术与常规 X 线血管造影相结合的一种检查方法，已成为诊断血管病变的金标准之一。图 3-12 所示是 DSA 的外形图。

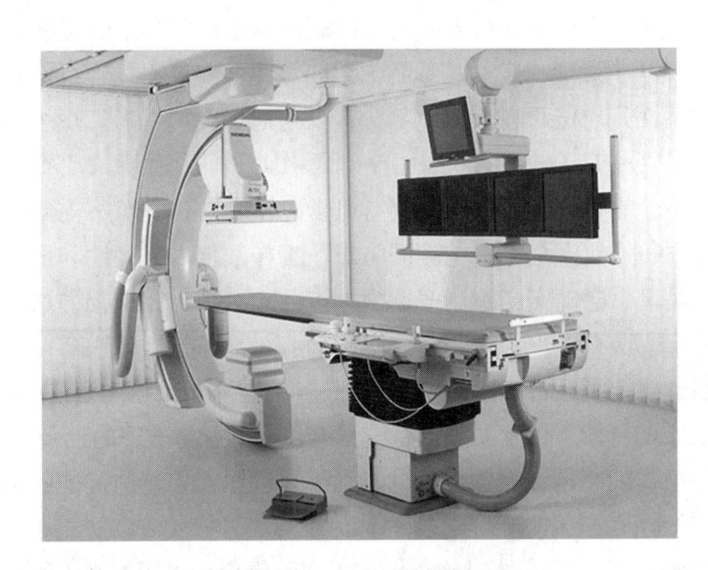

图 3-12 DSA 外形图

1. DSA 成像原理 减影技术的基本原理是把人体同一部位的两帧影像相减，从而得出它们的差值部分，不含造影剂的影像称为掩模像（mask image）或蒙片，注入对比（造影）剂后得到的影像称为造影像或充盈像。广义地说，掩模像是被减的影像，而造影像则是减去的影像，相减后得到减影像。减影后的图像信号与造影剂的厚度成正比，与造影剂和血管的吸收系数有关，与背景无关。在减影像中，骨骼和软组织等背景影像被消除，只留下含有造影剂的血管影像。数字减影处理流程如图 3-13 所示。

实施减影处理前，常需对 X 线影像做对数变换处理。对数变换可利用对数放大器或置于 A/D 转换器后的数字查找表来实现，使数字图像的灰度与人体组织对 X 线的衰减系数成比例。由于血管像的对比度较低，必须对减影像进行对比度增强处理，但影像信号和噪声同时增大，所以要求原始影像有高的信噪比，才能使减影像清晰。

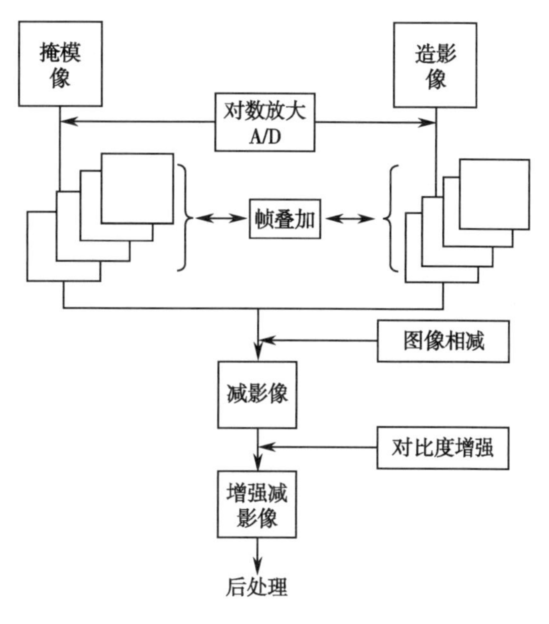

图 3-13 DSA 处理流程图

2. 基本结构 DSA 系统主要包括：X 线发生装置、影像探测器、图像采集与处理系统，图像存储（包括主机、媒介、打印等）、图像显示以及辅助装置。辅助装置主要包括 X 线源与影像探测器支架系统、导管床、高压注射器等。

DSA 系统的 X 线发生装置应具备功率大、稳定性好的特点，以满足放射介入治疗中需要长时间透视与快速摄影的要求。影像探测器主要有 2 种类型，影像增强器 - 电视（I.I-TV）成像链与平板探测器。为了完成各个不同部位与不同投照角度的快速 X 线成像，要求 X 线源与影像探测器支架系统必须满足多方向、运动灵活的特点，一般采取 C 型臂，多轴式设计，分为落地式和悬吊式两种类型。

3. DSA 减影方式

（1）时间减影：是 DSA 的常用方式，在注入的造影剂进入兴趣区之前，将一帧或多帧图像作为掩模像储存起来，并与含有造影剂的造影像一一相减。这样两帧间相同的影像部分被消除，造影剂通过血管造成的高密度部分被突出地显示出来。时间减影严格地分又可以分为常规方式、脉冲方式、超脉冲方式等。

（2）能量减影：也称为双能量减影、K- 缘减影。进行某兴趣区血管造影时，几乎同时用两个不同的管电压取得两帧图像对其减影，由于两帧图像是由两种不同的能量摄制的，故称之为能量减影。能量减影是利用碘在 33keV 附近对 X 线衰减系数有明显的变化这一特点而进行的，故称之为 K- 缘减影。软组织、骨骼则是连续的，没有碘这一特点。

（3）混合减影：是时间与能量两种减影相结合的减影方法。其基本原理是，在注入造影剂前后各使用二次能量减影，获得注入造影剂前后能量减影像各一帧，对这两帧能量减影图像再减影一次，即得到混合减影图像。值得注意的是，经过两次减影，信号有所减少，噪声有所增大（大约是没有减影前的两倍），导致信噪比大幅度地降低（大约是原来的 1/3）。可以通过加大曝光量和使用滤过（包括匹配滤过和时间滤过）的方法进行补救。

（二）数字减影血管造影 X 线设备临床应用

随着 DSA 设备的不断改进，操作技术不断提高，DSA 临床应用越来越广，广泛应用于全身血管性疾病、外伤性血管损伤的诊断或了解肿瘤病变的血供、累及的范围等，并可进行血管病变或肿瘤病变的介入治疗。DSA 在临床应用中，根据需要可通过不同的成像方式进行静脉 DSA 检查和动脉 DSA 检查。为了适应不同检查需要，还出现了动态 DSA 扫描技术。

1. 静脉 DSA 由浅静脉穿刺途径置入导管或套管针注射对比（造影）剂行 DSA 的检查方法称静脉 DSA（intravenous DSA，IVDSA）。DSA 最初的设想是希望通过静脉注射的方式显示动脉系统。由于通过外周静脉进行 IVDSA 时，造影剂从开始注射到动脉靶血管显示，其碘浓度因血液稀释，仅为所注射时造影剂浓度的 1/20，为使动脉显示良好，必然要加大造影剂剂量。IVDSA 检查时需多次注入大量造影剂方能显示感兴趣区血管，是一种高剂量的造影检查技术，由造影剂引起损伤的可能性加大；又因血管相互重叠，小血管显示差，图像质量欠佳。因此，目前以显示动脉为目的的 IVDSA 方式已被 IADSA 所替代。现今使用 IVDSA 主要是为显示静脉系统。

2. 动脉 DSA（intra-arterial DSA，IADSA） 是将造影剂直接注入靶动脉或接近靶动脉处，使目标血管在短时间内显示。这一过程造影剂团块无需长时间地传输与涂布，稀释明显低于 IVDSA，因此使用的造影剂浓度低，造影剂剂量也可减少。另外，造影剂直接注入，使靶动脉在造影早期即可显示，因而不受静脉血管的影响，减少了血管的重叠，图像清晰度明显提高。由于 IADSA 采集时间短、造影剂用量少且造影剂浓度相对较低，从而降低了被检者所受 X 线剂量及减少移动伪影的发生，减少大量造影剂对被检者可能造成的影响，降低了风险。

3. 动态 DSA 在 DSA 成像过程中，X 线管组件、人体和影像探测器在规律运动的情况下，获得 DSA 图像的方式称之为动态 DSA。常见的是旋转式血管造影和步进式血管造影或遥控造影剂跟踪技术。

（1）旋转式血管造影：是一种三维图像采集方法。它在血管造影开始曝光，DSA 系统开始采集图像的同时，C 形臂支架围绕患者做旋转运动，对采集区域内血管及其分布作 180°或 180°以上的数据采集。人体保持静止，X 线管组件与探测器做同步运动，从而获得一个三维图像。三维图像可清晰显示采集区域内血管或心脏的多方位解剖学结构和形态，对病变的观察更全面、更客观，尤其对脑血管及其他血管的介入性治疗有很大的帮助。

（2）步进式血管造影：采用快速脉冲曝光采集，实时减影成像。在注射造影前摄制该部位的蒙片，随即采集造影像进行减影，在脉冲曝光中，X 线管组件与探测器保持静止，导管床携人体自动匀速地向前移动以此获得该血管的全程减影图像。该方式一次注射造影而获得造影血管的全貌。主要用于四肢动脉 DSA 的检查和介入治疗。

（3）遥控造影剂跟踪技术：DSA 一般对较长范围的血管分段进行检查，需要多次曝光序列才能完成全段血管显像。造影剂跟踪技术提供了一个观察全程血管结构的新方法，解决了以前的血流速度与摄影程序不一致，而出现血管显示不佳或不能显示的问题。该技术在不中断实时图像显示血管造影剂中进行数字采集，在减影或非减影方式下都可实时观察摄影图像。操作者可采用自动控制速度进行造影跟踪摄影，或由手柄速度控制器人工控制床面的移动速度，以适应造影剂在血管内的流动速度。

二、DSA 常用检测与校准装置

（一）通用检测与校准设备

DSA 属于 X 线摄影设备的一种，用于检测管电压、管电流等参数的检测设备与普通 X 线透视摄影设备相同，这里不再赘述。

（二）专用检测与校准设备

除了普通 X 线透视摄影设备的检测与校准工具之外，DSA 还有其专用检测设备。DSA 标准检测体模目前主要有两种类型，一种体模主要参照《GB/T 19042.3-2005/IEC 61223-3-3：1996 医用成像部门的评价及理性试验第 3-3 部分：数字减影血管造影（DSA）X 射线设备成像性能验收试验》设计，测试参数相对较少，这里称为简易型；另一种参照美国物理师协会 AAPM（The American Association of Physicists in Medicine）的 No.15 报告 Performance Evaluation and Quality Assurance in Digital Subtraction Angiography 设计，可测参数较多，称为多功能型。现简要介绍如下：

1. 简易型 体模主体部分由 6mm 厚 PMMA 组成，由 7 阶铜楔（铜梯）形板〔每阶为 0.2mm，即（0.2~1.4）mm〕构成动态范围检测模块镶嵌于 PMMA 块上，可以覆盖 70kV X 线管电压下至少 1∶15 的动态范围，同时，设计了一个厚度从 1.4mm 到 0.2mm 的附加动态铜楔用于衰减补偿测试。模拟血管插件设计为在一块 PMMA 板上嵌入四条厚度分别为 0.05mm、0.1mm、0.2mm 和 0.4mm 的铝条来模拟血管，铝条的纯度至少为 99.5%，铝条间充有碘造影剂，该插件能够模拟每平方厘米（5~10）mg 碘范围的对比度。模拟血管与铜阶梯垂直放置。该插件为气动滑块，通过手动遥控气囊与延长管可以控制插件运动产生位移，实现模拟血管在 X 线束内部和外部两种状态切换。体模外形如图 3-14 所示。使用该体模可以实现动态范围、伪影、DSA 对比度灵敏度、非线性衰减补偿（对数误差）的检测，适用于 DSA 设备的验收和稳定性检测。

图 3-14 简易型体模外形图

2. 多功能型 体模包括更全面的测试模块，包括：楔形阶梯、骨骼模块、血管细节模块、低对比度分辨率模块、空间分辨率测试模块、对比度线性模块、图像失真检测模块等。体模外形示意图如图 3-15 所示。

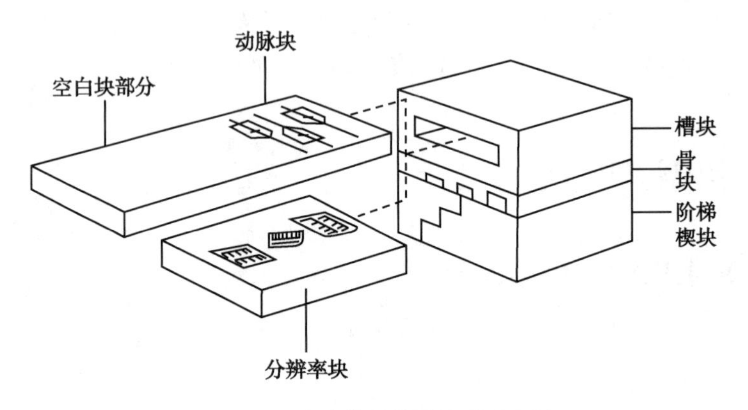

图 3-15 多功能型体模外形示意图

（1）楔形阶梯：由 PMMA 组成的 6 级阶梯形体模和体模基座组成，可以模拟人体的各个部分的厚度，可以覆盖至少 1 : 15 的动态范围，如图 3-16 所示。

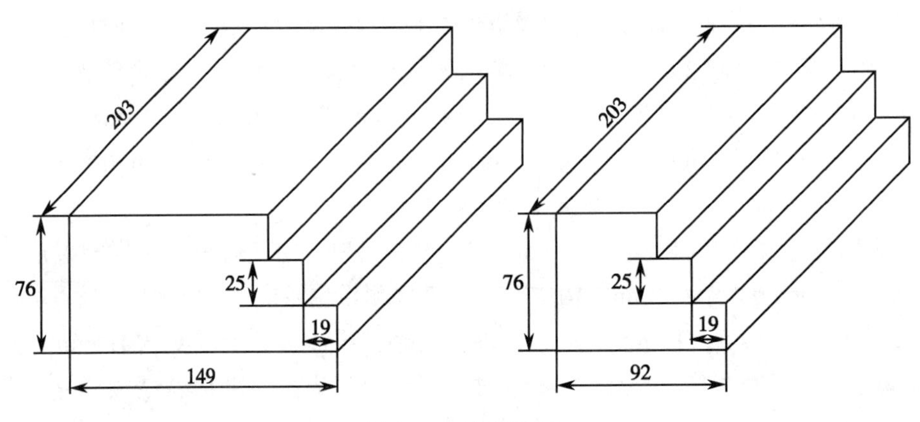

图 3-16 楔形阶梯

（2）骨骼模块：应由真骨或模拟骨的物质制成的，包含有 3 条等效人体骨骼的插件，厚度分别为 5mm、10mm 和 15mm，如图 3-17 所示。骨骼模块主要用于判断 DSA 是否可以通过数字减影减掉相应的骨骼图像。

（3）空间分辨率模块：可以放置两个分辨力线对测试卡，测量范围应包括（0.6~5.0）1p/mm。主要用来检测系统的空间分辨率。

（4）模拟血管模块：包含填充不同浓度的碘造影剂的不同直径的模拟血管，造影剂浓度应覆盖临床常用的造影剂浓度水平。目前常见的配置为能够模拟两组不同造影剂浓度（150mg/cm^3、300mg/cm^3）的动脉血管，血管宽度分别为 4mm、2mm、1mm，血管上分布有不同尺寸的血管畸变，尺寸分别为血管直径的 1/4、1/2、3/4，如图 3-18 所示。

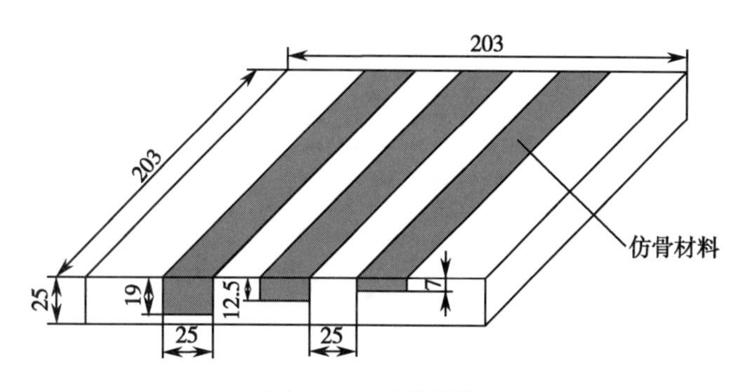

图 3-17　骨骼模块

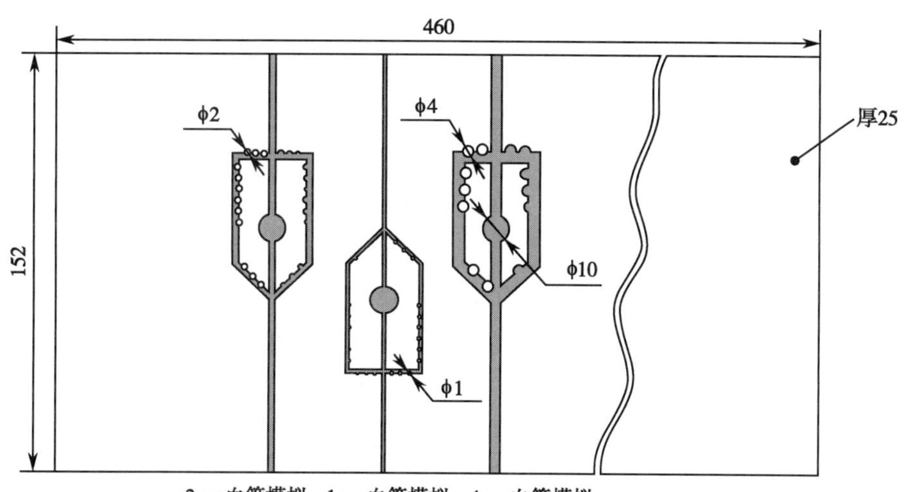

图 3-18　模拟血管模块

（5）低对比度分辨率模块：一般应包括 3 组不同的造影剂浓度，分别为 2.5mg/cm^3、5mg/cm^3、10mg/cm^3，且每组模拟至少 3 种不同直径的血管，分别为 4mm、2mm、1mm。该模块主要用于模拟经静脉注射的典型条件。

（6）对比度线性模块：包含 6 个不同浓度造影剂厚度的圆形区域，分别为 0.5mg/cm^2、1mg/cm^2、2mg/cm^2、4mg/cm^2、10mg/cm^2、20mg/cm^2，如图 3-19 所示。

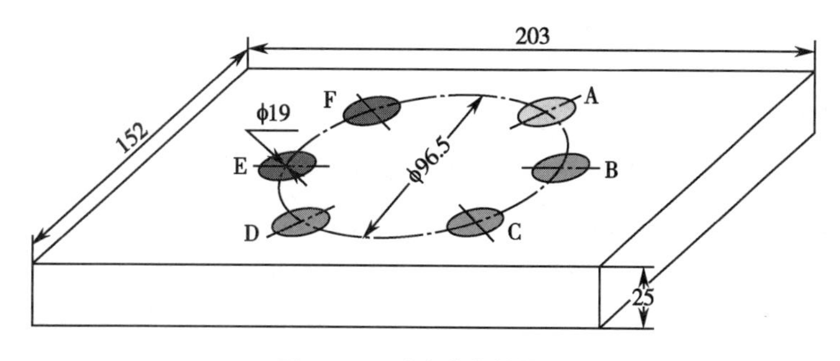

图 3-19　对比度线性模块

（7）影像失真度检测模块：为一块标准厚度 1.6mm 表面凿孔的铝板，孔的直径是 3.2mm，它可以提供许多高对比度的边缘形状。

三、主要参数检测与校准方法

DSA 检测与校准主要依据 YY/T 0740-2009《医用血管造影 X 射线机专用技术条件》和 JJG 1067-2011《医用诊断数字减影血管造影（DSA）系统 X 射线辐射源》实施。由于数字减影血管造影（DSA）X 线设备属于 X 线诊断设备的一种，与普通 X 线设备的检测有很多一致的地方，本节仅针对 DSA 有特殊要求的检测参数进行介绍。

（一）产品性能检测与校准

1. DSA 系统的 X 线源的检测与校准

透视入射空气比释动能率：空气比释动能率的测量根据测量部位的不同而采取不同的测量方法，一般包括 3 种，分别为影像增强器入射面的空气比释动能率、透视入射空气比释动能率、最大入射空气比释动能率。YY/T 0740 中针对 DSA 设备的透视入射空气比释动能率另行规定了测量方法与测试点。测量入射空气比释动能率，指在患者待测表面但无患者时测得的剂量，目的是评价在诊断时人体实际接受的剂量。测量入射空气比释动能或动能率时，要求在 X 线束到达人体前的通路上应无任何其他物体，因为测量入射剂量时，应尽量减少来自其他物体的散射剂量。具体测量方法如下：将 SID 设置为最小，不加任何附加的衰减层，并用足够厚的铅板（一般至少为 2mm 铅）遮挡住影像探测器，自动透视 3 秒以上，如采用手动模式，则手动调整管电压和管电流至最大值进行透视。在规定的测试点，使用比释动能计测量空气比释动能率。针对于不同类型的设备，测试点也不同。对于 X 线源组件在患者支架下的设备，测试点应沿 X 线中心线在床面板上方的 1cm 或 2cm 处，如图 3-20 所示。X 线源组件在患者支架上的设备，测试点应沿 X 线中心线在床面板上方的 30cm 处，如图 3-21 所示。这是根据一般病人平躺在床上实际的入射面估计的。对于 C 型臂的设备，测试点应沿 X 线中心线在距影像探测器表面 30cm 处。对于 X 线源组件在患者支架侧面的设备，测试点应沿 X 线中心线在朝源组件方向距床面中心线的 15cm 处，如床面可移动，则应将床面移动到距源组件最近的位置。

一般透视入射空气比释动能率要求应不大于 100mGy/min，但不同的标准要求不尽相同，应根据实际执行的标准进行判定。

2. DSA 图像质量的检测与校准

（1）DSA 动态范围：动态范围（dynamic range）指的是能用于减影的衰减范围。对于一般的 DSA 测试工具来说，必须能够显示基础衰减以上 1∶15 的动态范围。YY/T 0740 对普通摄影、透视以及 DSA 模式的动态范围进行了不同的规定。

摄影和透视模式下的动态范围采用铜阶梯进行测量，要求制造商应规定摄影和透视模式下的动态范围，如无规定，则摄影模式应至少可分辨动态阶梯的 1~15 序号范围，透

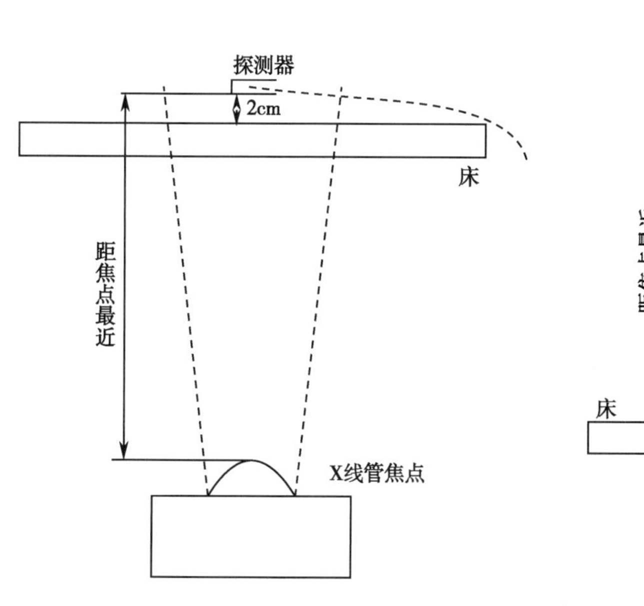

图 3-20　X 线源在患者支架下

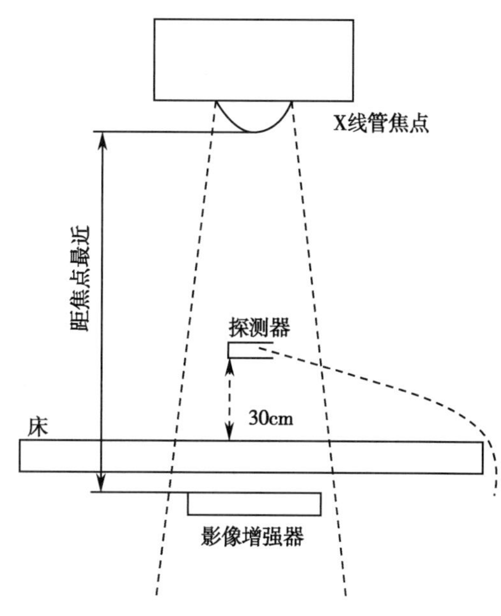

图 3-21　X 线源在患者支架上

视模式应至少可分辨动态阶梯的 3~14 序号范围，动态阶梯的编号及动态范围参考值参见表 3-6。

表 3-6　铜阶梯动态范围参考值

阶梯编号	1	2	3	4	5	6	7	8	9
铜厚度（mm）	0	0.18	0.36	0.54	0.74	0.95	1.16	1.38	1.50
动态范围	16.0	11.3	8.0	5.66	4.00	2.83	2.00	1.41	1.00
阶梯编号	10	11	12	13	14	15	16	17	
铜厚度（mm）	1.73	1.96	2.21	2.45	2.70	2.96	3.22	3.48	
动态范围	1/1.41	1/2.00	1/2.83	1/4.00	1/5.66	1/8.00	1/11.3	1/16.0	

DSA 模式下的动态范围，通过测量 DSA 中可以被减影消除，但仍可以显示出最粗的 DSA 血管模拟组件的铜阶的厚度实现。尽管这并不能确定地测量出 DSA 动态范围，但仍是一个可行的折中方案。可使用之前介绍的 DSA 简易型体模进行测量。

具体测量方法如下：

将测试体模放置于靠近影像探测器的位置，调整 SID 为系统允许的最小值，设置影像视野（field of view，FOV）为系统允许的最大尺寸，将测试体模放置在靠近影像探测器的位置，调整限束器使得 FOV 与体模大小一致。选择 DSA 程序进行减影，在获取蒙片后触发体模内的可移动血管插件，得到减影图像。观察图像，得到能够显示出最粗的 DSA 血管模拟组件的铜阶的厚度。测量结果示意图如图 3-22 所示，图中能够显示的最粗的 DSA 血管模拟组件的厚度为（0.2~1.4）mmCu，即 DSA 动态范围为（0.2~1.4）mmCu。

（2）DSA 对比灵敏度：指的是 DSA 系统显示相对于背景低对比度血管的能力。DSA 对比灵敏度通过计算楔形阶梯的阶梯数来评估，在该楔形阶梯上每一个血管模拟结构都应可见。DSA 对比灵敏度依赖于成像中实际的空气比释动能。空气比释动能低的情况下，DSA 对比灵敏度随着噪声的增加而降低。

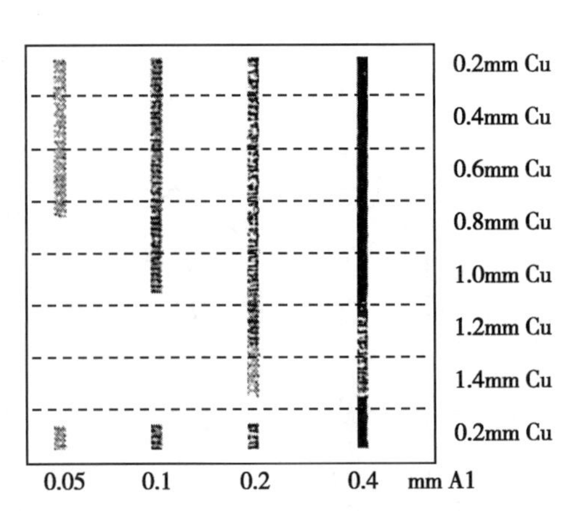

图 3-22　动态范围与对比灵敏度测试结果示意图

仍使用 DSA 简易型体模进行测量，测试步骤与 DSA 动态范围的测试基本一致。用同样的方法得到减影图像后，观察图像，得到楔形阶梯上每一个血管模拟结构均可见的阶梯计数，即为 DSA 对比灵敏度。

为了识别每一血管模拟结构及其可见阶梯数，推荐按照以下方法对照减影图像建立一个二维矩阵。矩阵的横轴对应不同模拟血管的铝的厚度，矩阵的纵轴则对应不同厚度的铜阶梯。根据减影影像中的实测结果，在矩阵的对应位置描述测量结果，能够看到的位置以“√”表示，不能看到的位置以“○”表示，如图 3-23 所示。对应图 3-22 的测量结果，DSA 对比灵敏度为 3 阶铜阶梯，即仅在 0.2mm、0.4mm、0.6mm 铜阶梯下，所有的模拟血管结构均可见。

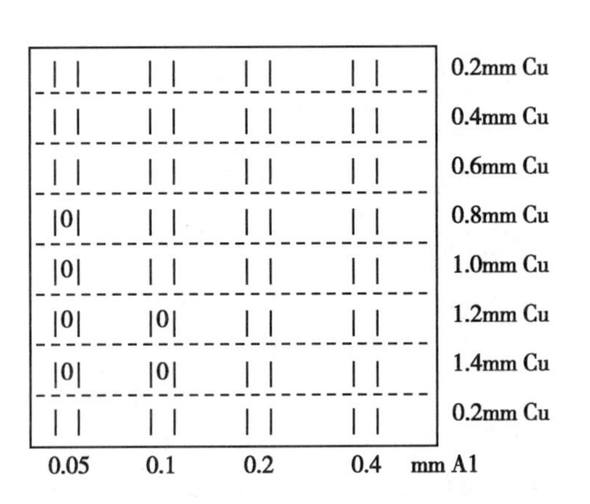

图 3-23　对比灵敏度测试结果的矩阵描述

（3）空间分辨率：是评价放射影像的重要技术指标，是反映在高对比度条件下所能分辨相邻两个物体的能力。空间分辨率可用调制传递函数 MTF 来描述，但 MTF 的测量较复杂，检测中通常采用以 Lp/mm 表征的分辨力测试卡来描述。影响系统空间分辨率的因素很多，主要有影像探测器的性能参数、系统几何放大倍数、X 线管焦点尺寸和图像显示系统的性能与参数等。

检测时应设置 SID 为系统允许的最小值，FOV 设置为最大，用 0.05mm 铅当量分辨力测试卡，分别在在透视与摄影条件下进行影像采集。由于受电视扫描线的影响，对于探测器为影像增强器的机器，分辨力测试卡栅条与行扫描线夹角应成 45°放置，对于平板探测器测试卡栅条可水平或垂直放置。由于减影和未经减影的条件下的空间分辨率是不一样的，应分别在两种模式下测量空间分辨率。

（4）低对比度分辨率：一般指可以从均匀背景中分辨出来的特定形状和面积的低对比度目标的能力。低对比度分辨率主要受几何放大倍数、像素大小、X 线束的质和 X 线辐射量、信噪比等因素的影响。对于 DSA 系统，应当分别测量摄影和透视程序的低对比度分辨率。许多检测设备可测量低对比度分辨率，因此，一般测量低对比度分辨率的结果应与检测设备的说明一起记录。这里介绍 2 种常见测试方法。

方法一为 YY/T 0740 中规定的方法，使用在均匀区域中包含 8 个直径为 10mm 的不同深度的圆孔作为低对比度测试组件；标准同时给出了不同深度圆孔的对比度参考值，该参考值是当 X 线管电压为 75kV，同时使用 25mmAl 衰减体的情况下，相对于 1.5mm 厚的基底铜板的对比度。孔深及对比度参考值见表 3-7。采用与空间分辨率测量相同的试验布局，分别用透视与摄影模式采集影像，记录可见的低对比度圆孔的个数。

表 3-7　低对比度圆孔参考值

圆孔编号	1	2	3	4	5	6	7	8
孔深（mm）	0.4	0.6	0.8	1.2	1.7	2.4	3.4	4.0
对比度	0.9%	1.3%	1.8%	2.8%	4%	5.6%	8.0%	9.4%

方法二为 AAPM 推荐的方法，由于 DSA 的对比度依赖于碘造影剂浓度，血管尺寸等因素，该方法利用模拟血管的低对比度体模进行测试，该体模包含有造影剂浓度分别为 2.5mg/cm^3、5mg/cm^3、10mg/cm^3，血管直径分别为 4mm、2mm、1mm 的模拟血管。用于测量减影模式的低对比度分辨率，减影后应能够分辨浓度为 5mg/cm^3，直径为 2mm 的模拟血管。

（5）DSA 模式中的伪影：伪影指的是影像上明显可见的结构，但它既不体现物体的内部结构，也不能用噪声或系统调制传递函数来解释。伪影的存在会对诊断造成影响，应尽量避免。常规 X 线成像中，可能存在由于滤线栅、射束硬化等产生的伪影。而 DSA 成像模式中，伪影主要为由于器官运动而产生的配准不良导致的运动伪影，此外，由于两幅用于减影的影像间所受的辐照或辐射质量的差异，也会造成辐照相关的伪影。

伪影的检测应使用 DSA 体模实现。为了检测伪影的时间依赖性，伪影试验运行的持续时间应以每秒一帧图像的条件下进行，并持续至少 20 秒。期间应使 DSA 体模中的模拟血管运动并产生位移，检查减影得到的图像上是否有伪影存在，并详细描述伪影的外观及可能产生的来源。

（6）非线性衰减补偿：DSA 系统中，DSA 信号应该是线性的。所谓线性，即随病人体内投射碘浓度的变化，DSA 信号也成比例地发生变化，碘浓度的信号可引起 DSA 图像中差值信号的倍增。而由于沿 X 线束方向的 X 线衰减是非线性的，在减影前应对被减影的各影像进行非线性衰减补偿。这种补偿通常采用取原始影像像素值的对数而实现。不恰当的补偿设置将产生假的减影影像。

为了检查 DSA 系统是否进行了正确的非线性衰减补偿，应按照 GB 19042.3 给出的试验方法实施检测。使用 DSA 简易型体模进行测量，该体模应具备衰减补偿测试功能，即在楔形阶梯最厚的一层阶梯后再相邻增加一个最薄厚度的阶梯，如图 3-22 中，1.4mm 铜阶梯后紧邻 0.2mm 铜阶梯。测试步骤与 DSA 动态范围的测试步骤基本一致。用同样的方法得到减影图像后，观察图像，如果对补偿进行了正确的调整，减影影像中，穿过最厚到最薄的这个阶梯的血管模拟条的对比度不会发生变化。

（7）模拟血管最小分辨尺寸：DSA 诊断的特点是消除造影血管以外的组织影像，突出所要检查的血管影像。减影图像是以先获取没有造影剂的影像为蒙片；再获取包含造影剂的血管影像，将蒙片与血管影像加权相减得到 DSA 减影图像。因此，模拟血管最小分辨尺寸是检测其减影性能最直接的参数之一。该参数的检测使用 DSA 专用性能体模进行检测。具体检测方法如下：

1）首先将 SID 调至最小，将测试体模水平放置于患者支架上，体模表面距影像探测器输入面的垂直距离设置为 30cm，在透视状态下定位观察并调整患者支架位置，使体模在视野中心区域。

2）在减影模式下，先对空白模块采集蒙片，进行适当延迟（3~5 秒即可）之后，推动体模插件，使模拟人体动脉血管模块进入成像区域，对含有造影剂浓度为 150mg/cm^3 的模拟血管进行减影。减影后调整窗宽和窗位使影像显示最佳。在减影后的影像上应能分辨体模中直径为 1mm 的模拟血管，同时应能分辨造影剂浓度为 150mg/cm^3、直径 2mm 的模拟血管上的 1/2 血管宽度的血管畸变。

为减少检测人员的辐射剂量，目前广泛使用的电动无线遥控体模推进器或气动推进器，使检测人员可以远程控制体模运动。

（8）对比度线性：对于进行了正确的非线性衰减补偿的 DSA 系统，对比度信号应与不同造影剂厚度成一定的线性比例关系，而与透视的 X 线束的衰减无关。因此，通过测量对比度线性可以判定 DSA 系统是否进行了正确的非线性衰减补偿，同时，可以考察整个影像链（包括影像探测器与图像处理、显示系统）的线性。对比度线性的测量使用对比度线性体模，由不同碘对比度（0.5%、1.0%、2.0%、4.0%、10.0%、20.0%）的六个圆组成。具体测量步骤如下：通过对对比度线性模块进行影像采集，并输出胶片，在胶片显示的不同对比度圆上用光密度计测得光密度值 D，用最小二乘法计算不同碘浓度所对应的光密度之间的线性相关系数。需要注意的是，光密度计使用前充分预热并置零，输出的胶片保持清洁无划痕，否则都会影响光密度值读数准确性。

（9）减影性能影响：DSA 的成像特点在于可消除造影血管周围的骨组织影像，突出所要关注的造影血管影像。该参数主要考察骨骼等其他组织对于减影性能的影像。检测时在模拟人体血管插件上附加厚度分别为 0.5cm、1.0cm、1.5cm 的模拟骨骼，减影后仍能清晰分辨浓度为 150mg，直径 2.0mm 模拟血管，由此来反映减影动态性能。

（二）电气安全检测方法

GB 9706.23-2005《医用电气设备第 2-43 部分：介入操作 X 射线设备安全专用要求》是针对数字减影血管造影（DSA）X 线设备的安全要求，主要包括 X 线辐射、超温、液体泼洒、危险输出的防止 4 个方面。

1. X 线辐射

（1）辐射质量：该标准对用于患者的 X 线束可达到的第一半价层的最小允许值进

行了重新规定，对于 DSA 的辐射质量的要求应以该标准的规定为准。

（2）等比释动能图：该标准规定了应在随机文件中提供等比释动能图，描述设备周围的杂散辐射的分布。标准中给出了比释动能图的具体要求。

2. 超温 介入 X 线设备在正常使用中长时间与患者或操作者接触的部件最高温度不超过 41℃。

3. 液体泼洒 由于 DSA 工作模式的特殊性，对液体泼洒进行了以下规定：

（1）所有能与患者的分泌物、排泄物、其他体液或液体接触的部件应有这样的结构：①外壳或遮挂能使液体绕开设备；②设备能流淌液体的表面适于清洗和消毒。

（2）脚踏开关：介入 X 线设备的脚踏开关甚至在地面覆盖有 25mm 水的情况下应仍能工作。

4. 危险输出的防止 该标准增补了以下要求：

（1）控制特性

1）应提供自动强度控制。

2）防散射滤线栅不用工具宜可拆卸。

3）在使用说明书中应阐明介入基准点的位置并应用该点确定符合要求的所有基准空气比释动能（率）的值。

4）透视空气比释动能率的范围。对于正常使用的透视操作模式应包括两种模式，正常模式和低模式，产生不同的空气比释动能率。选择这些模式时不应执行辐射开关的功能，且在操作者的工作位置有所选工作模式的指示。

5）在操作者的正常位置应提供透视和摄影的切换方法。

6）应提供一个开关，这个开关有停止和开始的功能，但不影响设备其他功能。

（2）给操作者的信息：介入 X 线设备应提供足够的信息，包括患者数据、图像存储容量的管理、图像显示、剂量测定指示、补充指示、剂量计指示的准确性。

（徐　桓）

第四节 医用 X 线乳腺摄影设备

一、医用 X 线乳腺摄影设备概述

随着影像技术的不断发展和进步，乳腺摄影技术也经历了重大变革。1965 年第一个钼靶 X 线管用于乳腺摄影；1973 年旋转阳极钼靶 X 线管投入应用；同年，自动曝光控制（automatic exposure control，AEC）、压迫器在乳腺摄影设备上使用；1976 年滤线栅用于乳腺摄影设备；1981 年 0.1mm 焦点 X 线管启用；1996 年电荷耦合器件（charge coupled device，CCD）用于乳腺摄影设备；2000 年全视野数字平板探测器投入使用；

2002 年计算机辅助检测（computer aided detection，CAD）用于乳腺摄影设备；2006 年数字合成体层成像技术（tomosynthesis，简称 TOMO）用于乳腺 X 线摄影设备；近几年又推出了对比增强能谱乳腺摄影（contrast-enhanced sspectral mammography，CESM）技术。目前应用于医用 X 线乳腺摄影设备成像的方式主要有 3 种，即增感屏 - 胶片式乳腺 X 线摄影（screen film mammography，SFM）（简称屏 - 片式乳腺 X 线摄影）、计算机 X 线摄影（computed radiography，CR）和数字化 X 线摄影（digital radiography，DR）。随着科学技术的发展，医用 X 线乳腺摄影设备的设计更趋人性化、性能更优越、功能更全面。

医用 X 线乳腺摄影设备的 X 线管用钼或钨做靶面，管电压在 40kV 以下，产生波长较长、能量较低的 X 线，密度相近的软组织对射线的吸收系数差别较大，易形成软组织的密度对比，故乳腺 X 线摄影也称为软组织 X 线摄影。

（一）屏 - 片式乳腺摄影设备

屏 - 片式乳腺摄影设备主要由 X 线球管、高压发生器、机架、压迫器、暗盒仓、滤线器、控制台、胶片、洗片机和观片灯等构成。成像介质使用单面乳剂的卤化银胶片和单面增感屏的屏 - 片系统作为影像捕获载体。乳腺摄影胶片采用单面感绿卤化银乳剂，感光范围（490~600）nm，最大感光峰值为 540nm，与发绿光的增感屏发光光谱匹配。

1. 基本原理 屏 - 片式乳腺摄影设备以专用乳腺 X 线胶片为接收介质，摄片时 X 线被转换成荧光投照在胶片上，胶片经显影、定影后形成一幅模拟图像。

2. 临床应用 屏 - 片式乳腺摄影设备是最早应用于临床检查的乳腺摄影设备，对早期乳腺癌的诊断具有重大意义，但随着计算机技术的不断发展，屏 - 片式乳腺摄影设备逐渐被数字化乳腺摄影设备所取代，目前临床上的使用较少。

（二）乳腺 CR 摄影设备

乳腺 CR 摄影设备主要由传统的屏 - 片式乳腺 X 线机及 IP、图像处理工作站、图像存储系统、打印机等构成。

1. 基本原理 乳腺 CR 摄影设备利用屏 - 片式乳腺机进行影像信息的采集，用成像板（imaging plate，IP）接受 X 线形成的模拟信息，X 线穿透被照体后与暗盒内 IP 发生作用，形成潜影，经模数转换实现图像的数字化。

2. 临床应用 乳腺 CR 摄影设备的诞生是对屏 - 片式乳腺摄影设备的优化转型，它使模拟影像转变成了数字影像，从而具有更高的量子探测效率及扫描精度，可减少辐射剂量；较大的动态范围能同时检测到极强和极弱的信号，使影像显示的层次更丰富；对曝光条件的依赖性变小，可获得质量更加稳定的影像；有多种影像处理技术，如协调处理、空间频率处理、时间减影、能量减影、动态范围控制等；有多种影像后处理功能，如测量（病灶大小、密度、面积等）、局部放大、对比度转换、黑白反转、边缘增强和多幅图像显示等；数字化成像、存储、传输，有利于影像的查询和比较，易于实现远程会诊和资源共享。

（三）乳腺 DR 摄影设备

乳腺 DR 摄影设备主要由 X 线球管、高压发生器、机架、压迫器、数字化平板、滤线器、控制台和数字化后处理工作站等构成。

1. 基本原理 乳腺 DR 摄影设备利用光导性将 X 线直接转换成电信号产生数字动态和静态图像，将其存储并传输到采集工作站上。

2. 临床应用 乳腺 DR 摄影设备是目前临床上主要的使用类型，随着数字化乳腺摄影探测器的不断发展，采集的数字图像可进行更大的动态范围操作，量子检测效率（detective quantum efficiency，DQE）和调制传递函数（modulation transfer function，MTF）性能好；能运用更低的曝光剂量、获得高质量的乳腺影像；影像的时间分辨力明显提高，曝光后几秒钟即可显示影像；能覆盖更大的对比度范围，影像层次更加丰富；对结节、钙化、肿块等病灶的显示更加清晰；操作也方便快捷、大大提高了工作效率，也进一步提高了医学诊断质量，如图 3-24 所示。

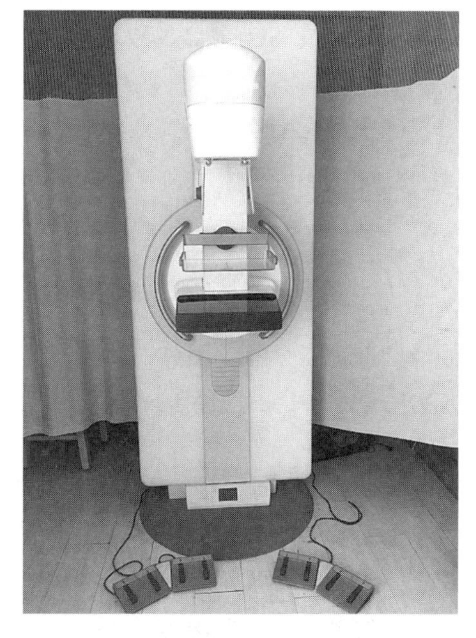

图 3-24 数字化乳腺摄影设备

二、医用 X 线乳腺摄影设备常用检测与校准装置

（一）通用检测与校准设备

1. 高压测量仪 可在规定范围内测量 X 线管电压的峰值，直接测量或间接测量仪器均可使用，不确定度应小于 ±2% 或 ±0.7kV，两者取大者。

2. 电流时间积测量仪 该仪器的测量范围应满足 X 线设备所选电流时间积范围，通常为（0~800）mAs。最大的不确定度为 ±5% 或 ±0.5mAs，两者取大者。

3. 加载时间测量仪 应能测量按 GB 9706.3 所确定的加载时间，并能测得所规定的最短和最长加载时间。

4. 比释动能计 用于测量空气比释动能的积分比释动能计，在体模后至少能测出（10~500）μGy 的范围，对于直接辐射输出测量的范围应至少在（0.1~100）mGy 范围，总不确定度小于 ±10%。其中包括空气比释动能率的复合损耗（不大于 100mGy/s）和由比释动能计的能量响应以及实际 X 线光谱产生的不确定度。

5. 体模（衰减器件）

（1）自动曝光控制（AEC）系统的试验：体模必须用至少三种不同壁厚的有机玻

璃组成。若无特殊规定，三种厚度分别为 20mm、40mm、60mm，每种厚度的允差应在 ±1mm 范围内，厚度均匀性应在 ±0.1mm 范围内。其他尺寸的半径至少应为 100mm 半圆形，或两边至少应为 100mm × 150mm 的矩形。

（2）第一半价层测量：应使用（0.2~0.7）mm 之间的铝箔片，铝箔厚度增量不得超过 0.1mm。按 ISO 2092 的要求，应采用纯度为 99.9% 的铝箔，且铝厚测量的不确定度应小于 ±10%。

6. 光密度计 光密度范围应为 0~3.5，不确定度条件为：

$$|\Delta D| \leqslant 0.02 \quad (D \leqslant 1\text{ 时}) \qquad (3\text{-}26)$$
$$|\Delta D|/D \leqslant 0.02 \quad (D > 1\text{ 时})$$

（二）专用检测与校准设备

压迫力测量器（图 3-25）要求力平衡范围至少应为（50~300）N，且该范围内所施加力的总不确定度应小于 ±5N。

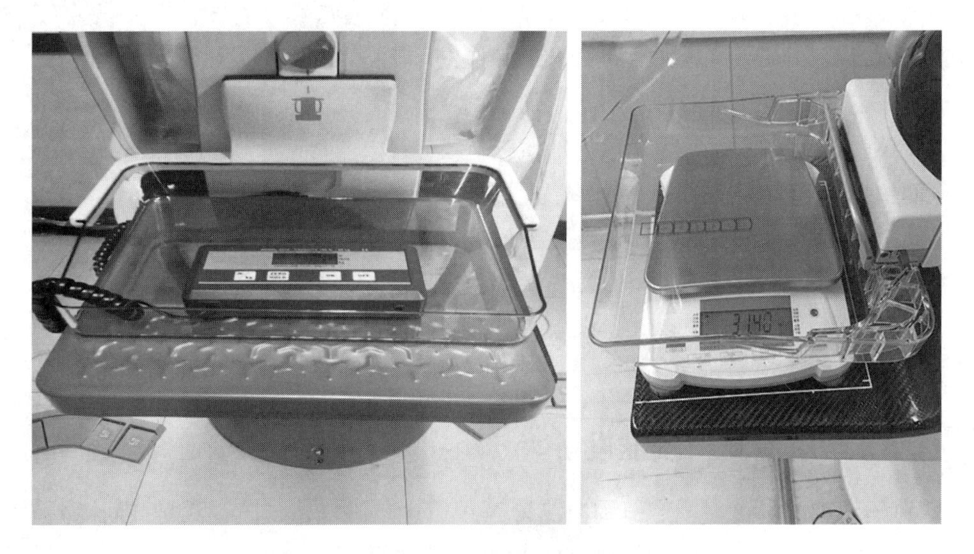

图 3-25 压迫力测量仪

三、主要参数检测方法

（一）医用 X 线乳腺摄影设备的检测与校准

医用 X 线乳腺摄影设备的检测与校准主要依据 GB/T 19042.2-2005/IEC 61223-3-2：1996《医用成像部门的评价及例行试验 第 3-2 部分：乳腺摄影 X 射线设备成像性能验收试验》，主要检测项目与检测方法如下：

1. X 线管电压 要求 X 线管电压的测量值与指示值之差应在规定的允差范围内，重复性应符合规定。宜采用非介入式方法。在校准 X 线管电压测量装置时应考虑不同滤板和阳极材料的影响。对所有的焦点 X 线管电压至少应测量 3 个值，最好为 25kV、28kV 和 30kV，对不同的 X 线管电流设置也适用。

2. 总滤过 应符合规定且在规定的允差范围内。总滤过并非直接测量，而是通过半价层的测量得到的。移开用于该试验的压迫板，在规定的 X 线管电压下测出铝半价层。使用窄束几何条件，并使探测器远离剂量吸收体。表 3-8 给出了不同阳极和滤板材料组合的半价层的典型值。

在规定条件下，比较半价层的测量，对于自动和手动可互换的滤板，通过功能测试和目测（或半价层的测量）来确定滤板是否在所指示位置。

表 3-8 在不同 X 线管电压下，采用不同阳极和滤板组合的医用 X 线乳腺摄影设备的半价层（HVL）

阳极和滤板材料	25kV 时的 HVL（mmAL）	28kV 时的 HVL（mmAL）
Mo+30μmMo	0.28	0.32
Mo+25μmRh	0.36	0.4
W+60μmMo	0.35	0.37
W+50μmRh	0.48	0.51
W+40μmPd	0.44	0.48
Rh+25μmRh	0.34	0.39

3. X 线管焦点 要求所述焦点标称值的实际焦点尺寸应与 YY/T 0063 规定的尺寸一致。附加技术条件，例如，有关尺寸、基准轴线方向或加载因素等技术条件，也在叙述试验方法时，则适用于本部分试验。根据 YY/T 0063 所述焦点标称值和实际焦点尺寸的一致性应由制造商确认。

4. 光野指示器、X 线野限制和 X 线束准直 要求辐射束的范围应符合 GB 9706.12 所规定的允差。所有置于患者支架上规定用于成像的某一物体部件在 X 线照片中应是可见的。用焦点到影像接收器的不同距离和所有可能胶片尺寸的全部规定的组合来检查辐射束的准直。对于放置在患者支架上用于成像的区域物体，也采用相同的试验方法进行检验。用不透射线的标志物指示可见物体的边界，如果这些边界在胶片的正常位置上成像，则认为是符合的。

5. 辐射输出的线性和重复性 要求对于以电流时间积表示的辐射输出的线性和重复性应符合规定要求。比释动能计的要求同上（同本章节中二、（一）、4 处），将比释动能计的辐射探测器置于一次辐射束中，并尽可能靠近影像接受器平面，记录该位置宜在暗匣中线上距胸壁边缘 30mm~60mm 之间的位置。为模拟患者滤过，可使用附加滤板或体模。

根据下述设置测量空气比释动能并进行评定：

（1）对某一 X 线管电压的规定值，至少选用 5 个不同的电流时间积，其中包括最小可选值和加载时间值接近 1 秒和 2 秒的值。对所有单个测量值，计算其单位电流时间积的空气比释动能值，将这些计算值之间的差与规定允差进行比较。

（2）对电流时间积与 X 线管电压的某一规定组合，至少测量 5 次。计算空气比释动能的平均值和标准偏差，然后与规定允差进行比较。

6. 自动曝光控制（AEC）

（1）最小电流时间积（mAs）：要求使用 AEC 系统的最小电流时间积应不超过规定值。在不带试验器件的 X 线束中，将电流时间积测量计与 X 线设备连接，并在 AEC 模式下操作乳腺 X 线摄影设备。可采用内置式测量仪器。给 X 线管加载，X 线管电压为 28kV，或 28kV 以上最接近可选值并在 AEC 系统中设定最低密度控制，记录电流时间积。对于 X 线管电流恒定的 X 线设备，辐射时间可以在初级或次级电路中替代测量或采用适当的比释动能率计对辐射输出的响应时间进行替代测量。

（2）AEC 性能要求

1）用规定的体模辐照，在规定 X 线管电压下使用 AEC 系统，并应对一定的屏 - 片系统在规定范围内给出光密度。

2）光密度随体模厚度的改变而改变，X 线管电压和防散射滤线栅（或无防散射滤线栅）技术参数应符合规定允差。

3）相邻的校准步骤应导致光密度或加载因素在规定允差范围内发生变化。

应在以上三点规定的条件下产生 X 线照片。所有的试验使用同一 X 线摄影暗匣，并在正常、稳定的工作条件下处理胶片。在胶片规定区域内测量光密度或密度偏差，并与规定参数进行比较。如已有此类规定，电流时间积可以与加载因素和光密度一起来测量和记录。

（3）备用计时器和安全切断装置：要求当达到规定的 X 线管负载或加载时间之后，备用计时器应终止辐照。如有安全断路器，无需单独测试备用计时器。用至少 1mm 厚的铅遮盖 AEC 传感器，在 AEC 模式下用所规定设置的 X 线管电压操作 X 线设备。记录 X 线管负载或加载时间并与规定值对照。

7. 患者支架的上表面与影像接收器平面之间的材料衰减率 要求在给定条件下，辐射束中患者支架上表面与影像接收器平面之间的材料衰减率 T_R 应不超过规定值。这些条件视有无静止滤线栅或活动滤线栅来规定条件。

除另有规定，用 40mm 厚的有机玻璃制成的衰减器进行试验。试验时将其插入辐射束内，尽可能靠近焦点。采用窄束条件。按要求在患者支架顶部和影像接收器平面采用比释动能计在所有规定的测量条件下测量空气比释动能。测量过程中，必须保证两次测量都是从焦点沿同一轴线进行。测出焦点到影像接收器的距离并计算衰减率 T_R，即：

$$T_R=\frac{K_1}{K_2}\times\frac{f_1^2}{f_2^2} \tag{3-27}$$

式中，K_1、K_2 分别为患者支架顶部和影像接受器平面的空气比释动能值；f_1、f_2 分别为对应于焦点的距离。

8. 压迫器 要求压迫器应光滑，无裂缝或锐边。对所选的设置应规定其电动装置的压迫力值。压迫力的任一指示值与实际值应在规定允差范围内保持一致。最大压迫力不得超过规定值。目测检查压迫板，对所有选定的设置测量其压迫力，包括最大值。如有可能，在乳腺摄影 X 线设备上将测量值与指示值进行比较。

9. 组织伪影 要求 X 线摄影成像时，在辐射束截面上不允许产生伪影。在辐射束中插入一个均匀滤板，建议用 20mm 厚的 PMMA，并至少距影像接收面上方 200mm。在 X 线管电压为 25kV（或接近该值的设定值）时对暗盒架上的摄影暗匣进行辐照，光密度值约为 1.5。在辐射束中，任何存在的组织伪影可能原因是材料（患者支架、压迫板或滤板）的不均匀性，故需进行胶片检查。

10. 活动防散射滤线栅影的淡化 要求在规定的加载时间和（或）体模厚度范围内，滤线栅的栅线栅影应完全淡化。在 AEC 条件下进行辐照，除另有规定，采用所规定的最小厚度和最大厚度的 PMMA 体模。检查已处理过胶片上栅线栅影的可见性。如果辐照范围是按加载时间设定的，在所规定的最低和最高加载时间值时进行辐照。选用适当厚度的体模，以便光密度保持在 1~2 范围内。注：采用短的加载时间时，至少辐照三次以确保滤线栅的栅线瑕疵不会碰巧发生。

（二）医用 X 线乳腺摄影设备的主要日常性能检测

1. 屏 - 片式乳腺摄影设备的性能检测

（1）曝光时间的要求：曝光时间长，乳房移动会引起照片锐化边缘的模糊，降低乳房内病征的显示。达到最大曝光时间或最大 mAs 时；遇到较厚或致密型乳腺时，若使用的射线量不足（如 kVp 过低），活动滤线栅限时器会终止曝光。这会导致照片密度低于 AEC 的指定密度。选择的曝光参数应使曝光时间 <2 秒，但曝光时间过短易出现滤线栅铅条影，曝光时间应控制在（0.5~2）秒。

（2）光密度的要求：通常屏 - 片式乳腺摄影照片对比度不好由光学密度偏低或偏高引起。任何部分的密度偏低或偏高都会降低照片对比度，降低发现病灶的可能性。照片的光学密度低于 1.0~1.25 和高于 2.5~3.0，即使有足够亮的看片灯、较暗的光线环境，肉眼还是无法看到照片上光密度 >3.0 的病征。

（3）暗盒的使用：屏 - 片暗盒要求胶片装入暗盒至曝光的最短时间间隔为 15 分钟，保证屏 - 片间的空气有足够溢出时间。只有达到规定的时间间隔，才有好的屏 - 片密着。屏 - 片密着不良会导致污渍、降低影像锐利度、影响病灶显示。

2. 乳腺 CR 摄影设备的性能检测

（1）成像板的检测：IP 闲置 24 小时以上必须先予以擦除，以清除由于背景辐射或其他原因造成的信号残留。擦除装置的子系统由高压纳或荧光灯组成。

（2）成像板擦除的完整性：IP 擦除不正确或不完全，会在以后的影像采集中产生类似处理故障的伪影。对极度曝光过度的接收器需几次擦除才能完全消除残余潜影。擦除能力的测试，在 IP 中心密着放置高对比测试体（如分辨率铅条模体），用 32kVp、200mAs，约 30mGy 的入射剂量曝光。用较小的准直野约 28kVp，20mAs，无附加滤过，2mGy 的入射剂量再曝光，用相同阅读算法处理。

（3）空间分辨率的检测：IP 的中央和周边分辨率都应与指定的最大分辨率接近。在水平或垂直方向上的空间分辨率比规定的低 10% 以上，需要校正。

（4）激光束功能的检测：评估激光束扫描线完整性、线束振动、信号消退、聚焦情况。用 28kVp、5mGy 的入射曝光量，将一把钢尺放在乳腺摄影暗盒中心，大致垂直于激光束扫描线。用 10 倍或更大放大率在工作站显示器上检查影像各区域扫描线的空间一致性，直边的阶梯状特性属正常。要求钢尺边缘两侧激光束抖动范围 <1 个像素。

（5）金属网测试：利用屏 - 片密着测试工具验证接收器整体视野的聚焦状况，应对每块 IP 进行测试。金属网测试工具置于乳房摄影平台，用 28kVp 约 5mGy 的入射剂量曝光，用增强影像对比度的阅读 / 处理算法计算，影像应清晰无畸变。

3. 乳腺 DR 摄影设备的性能检测

（1）滤过片滤过的检测：X 线束的质量通过增加附加滤过或受检者的衰减发生变化，即使是相同的入射曝光条件，探测器响应都会因线束质量的变化而变化。目前大部分数字乳腺机使用以下的靶面和滤过组合，即钼 / 钼（Mo/Mo）、钼 / 铑（Mo/Rh）、钨 / 铑（Wu/Rh）、钨 / 铝（Wu/Al）、钨 / 银（Wu/Ag），使用不符的滤过，感度值的精度会下降。

（2）探测器故障单元的判别：用 50mm 厚有机玻璃板的标准测试块在临床摄影条件下获取影像，计算 1 个兴趣区（region of interest，ROI）内（如 $1cm^2$）的平均像素，确定探测器故障单元的数目和位置。在影像上确定 1 个 ROI 内像素与平均像素偏差 >20% 的像素，用至少 4 幅影像确定有偏差的像素，几幅影像中偏差 >20% 的像素可能为坏像素。

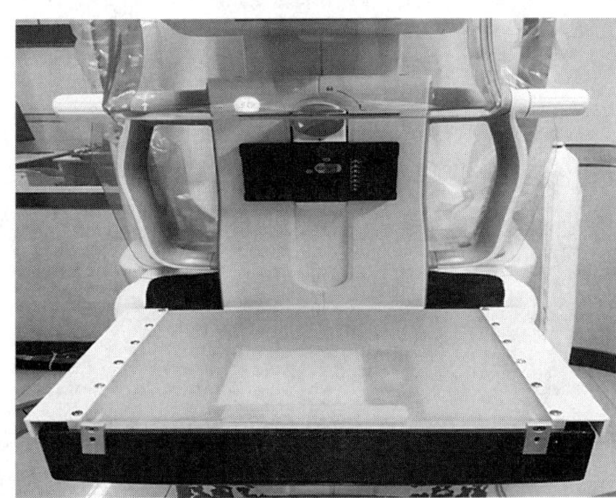

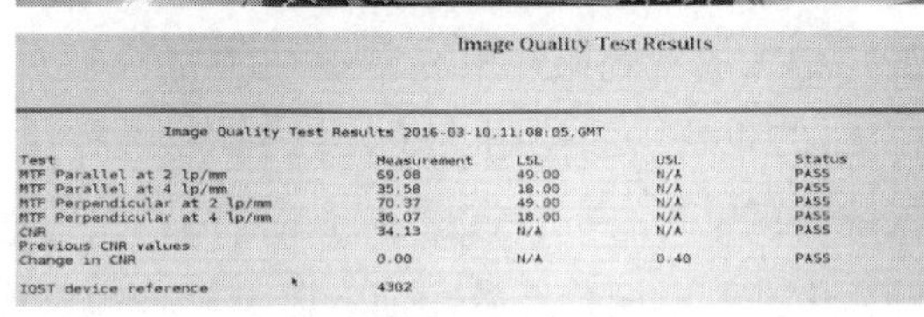

Image Quality Test Results

Image Quality Test Results 2016-03-10,11:08:05,GMT

Test	Measurement	LSL	USL	Status
MTF Parallel at 2 lp/mm	69.08	49.00	N/A	PASS
MTF Parallel at 4 lp/mm	35.58	18.00	N/A	PASS
MTF Perpendicular at 2 lp/mm	70.37	49.00	N/A	PASS
MTF Perpendicular at 4 lp/mm	36.07	18.00	N/A	PASS
CNR	34.13	N/A	N/A	PASS
Previous CNR values				
Change in CNR	0.00	N/A	0.40	PASS
IOST device reference	4302			

图 3-26　MTF 和 CNR 测试模体及测试结果

（3）MTF 和对比噪声比（contrast noise ratio，CNR）测试：检查生成具有良好对比度图像的一致性是否良好，如图 3-26 所示。

（4）平面野测试：测试影像亮度的非均匀性、高频率调节、信噪比（signal noise ratio，SNR）的非均匀性、不良 ROI 以及不良像素的检出方面是否良好，如图 3-27 所示。

（5）乳腺模体影像测试：用相当于 50% 腺体和 50% 脂肪压迫厚度为 42mm 的模体乳房测试。常用 RMI-156 乳腺模体和 18-220 乳腺模体，其模拟纤维直径分别为 1.56mm、1.12mm、0.89mm、0.75mm、0.54mm 和 0.40mm；模拟钙化直径分别为 0.54mm、0.40mm、0.32mm、0.24mm 和 0.16mm；模拟肿块直径分别为 2.00mm、1.00mm、0.75mm、0.50mm 和 0.25mm。来确保照片密度、对比度、均匀性和影像质量保持在理想状态。数字乳腺 X

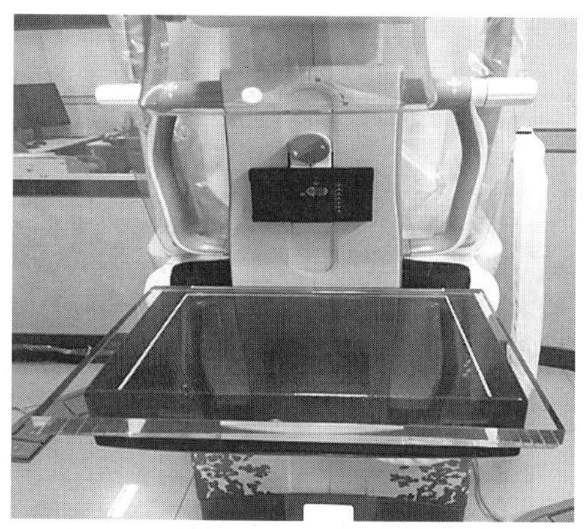

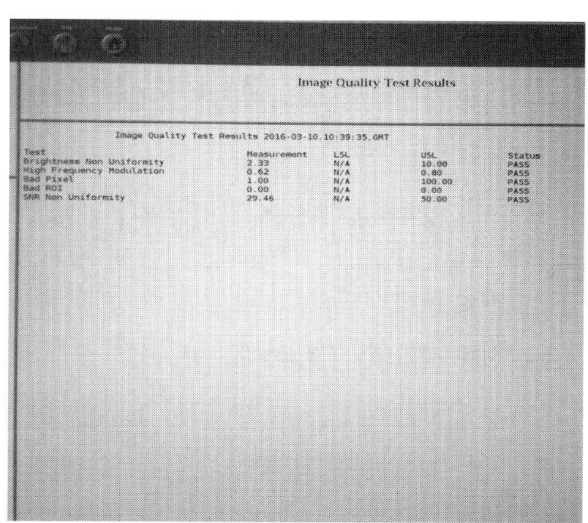

图 3-27　平面野测试模体及测试结果

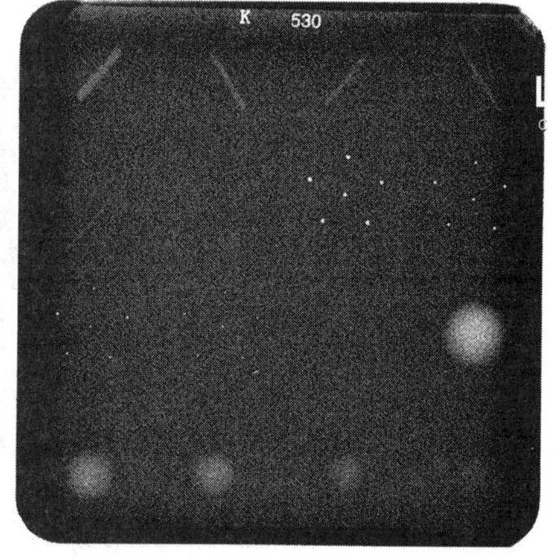

图 3-28　乳腺模体影像测试模体及测试结果

线摄影设备模体影像质量的理想状态是显示 5 条模拟纤维、4 组模拟钙化和 4 个块状物，如图 3-28 所示。

（顾雅佳）

第五节　X 线计算机体层摄影设备

从 1971 年第一台临床 CT 设备问世以来，CT 已经成为医院中不可缺少的临床诊断工具和科研手段。近年来，计算机断层成像技术（CT）不断取得巨大进展，出现了高速的多层螺旋 CT（620 层螺旋 CT）以及多能 CT 等先进设备。

一、X 线计算机体层摄影设备概述

（一）CT 的结构与基本原理

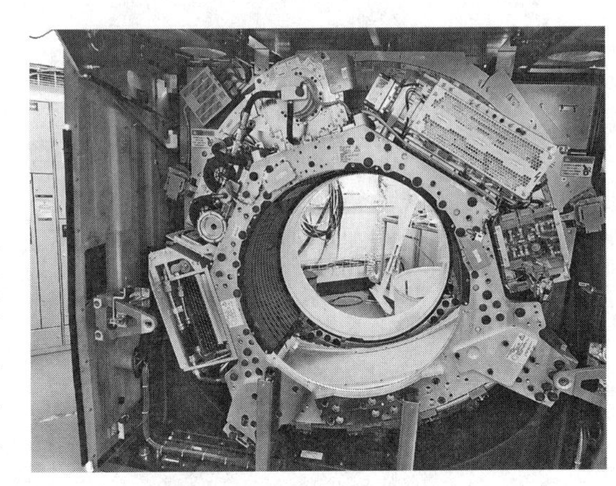

图 3-29　CT 的内部结构

CT 系统机架的内部结构如图 3-29 所示。

1. X 线管和高压发生器

（1）X 线管：是 CT 系统最重要的部件之一。正是 X 线管提供了进行 CT 扫描所必需的 X 光子。虽然从 1895 年伦琴发现 X 线以来 X 线管的尺寸和外貌已经发生了很大变化，但是产生 X 线的基本原理并没有变化。X 线管的工作原理：通过给灯丝通电升温从而发射电子，阴极头的对灯丝发射电子进行聚焦，在阳极正电场的作用下，以高速飞向阳极，从而在阴极和阳极端产生高速电子束，轰击到阳极靶上产生 X 线，利用 X 线的穿透性形成的人体影像达到诊断目的。固定 X 线管是定点轰击阳极钨靶产生 X 线。旋转阳极 X 线管通过阳极靶盘的旋转，在电子轰击靶盘时形成一个环形带，使轰击的能量能均匀分布在靶盘上，旋转阳极 X 线管的阳极靶盘一般使用合金靶面。X 线管组件的工作原理：X 线管组件一般由镶有铅层的管套、X 线管及散热冷却装置、绝缘介质组成。管套和绝缘介质提供 X 线管的运行环境，通过高压插座的多个接线柱提供灯丝电源，并在阴阳极两端提供高压形成高压电场，满足 X 线管的工作条件，产生 X 线，因为管套铅层对 X 线管的阻挡和吸收，X 线通过管套保留的射线窗口发射 X 线，从而控制 X 线的发射。图 3-30 给出了 CT X 线管的内部结构，图 3-31 给出了 CT X 线管组件的内部结构和外观。

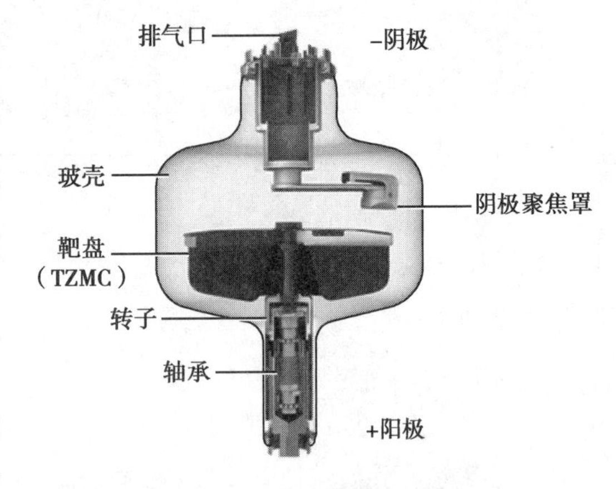

图 3-30　CT X 线管的内部结构

用电子轰击靶来产生 X 线的效率是极低的，X 线管的输入能量仅有不到 1% 的部分转换给 X 光子，超过 99% 的能量变成了热。靶上撞击点上的温度可达（2600~2700）℃（钨的熔点是 3300℃）。为避免靶的熔化，阳极以很高的速度旋转，典型值在（8000~10 000）r/min 之间。这样就可以使电子束轰击聚焦轨迹上较冷的部分，使热量分散到靶的较大的面积上，如图 3-32 所示。因为使旋转轴通过高真空密封是难以实现的，光管里全部旋转零件都密封安装在真空管壳内。旋转零件由连接到一根钼轴的阳极靶组成，钼

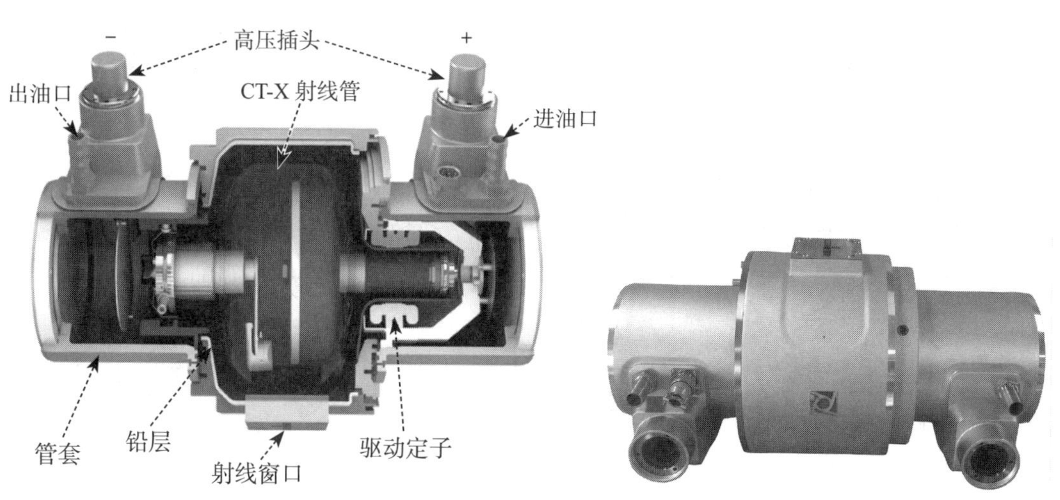

图 3-31　CT X 线管组件内部结构和外观

轴外面套着转子。轴承也放在真空室内，这样阳极、轴和转子都可以在管壳里自由旋转。放在管壳外的定子提供交变磁场，使转子组件旋转。图 3-32 给出了 CT X 线管绝缘油循环冷却散热路径。

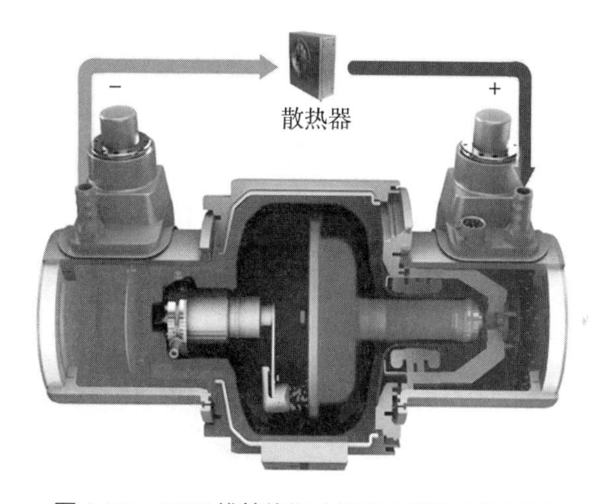

图 3-32　CT X 线管绝缘油循环冷却散热路径图

由于影响 X 线管性能的最大问题是热量的管理，X 线管通常根据其热容量分级。X 线管热量的性能可以用热单位（HU）描述，1HU=0.74J。例如，运行于 120kVp，300mA 的一个 30 秒的临床治疗方案将产生 1080kJ（30 × 120 × 300J）的总热量，相当于 1459kHU。典型的球管技术参数包括阳极热容量（MHU）、最大阳极冷却速率（MHU/min）、管套热容量（MHU）和平均管套冷却速率（MHU/min）、焦点宽度和长度、给定高压下给定时间间隔内允许的最大管电流。

（2）高压发生器：X 线发生系统中另一个重要部件是高压发生器。高压发生器是为了产生和保持所要求的 X 线束流输出，并加到 X 线管上的电压和电流必须保持恒定或要求的水平。为保证良好的图像质量并防止 X 线管早期损坏，加到 X 线管的电压一般要经过整流和其他措施确保电压尽可能接近恒定（模拟直流电源）。单相整流的高压发生器的波纹典型值是 100%。波纹电压的定义是峰值电压时峰到谷的电压。目前使用的数字控制高频变换高压发生器把正弦电压转换成直流，即用数字振荡电路将直流电压斩波成高频、再把高频输到高压变压器、最后经过整流滤波加到 X 线管。

2. X 线探测器　X 线探测器对于 CT 的性能是同样重要的。探测器的作用是接收透过人体的 X 线，并将按强度比例转换为可供记录的电信号。探测器的种类很多，常用的固体探测器包括半导体探测器和闪烁探测器，如图 3-33 所示为 CT 探测器的照片。

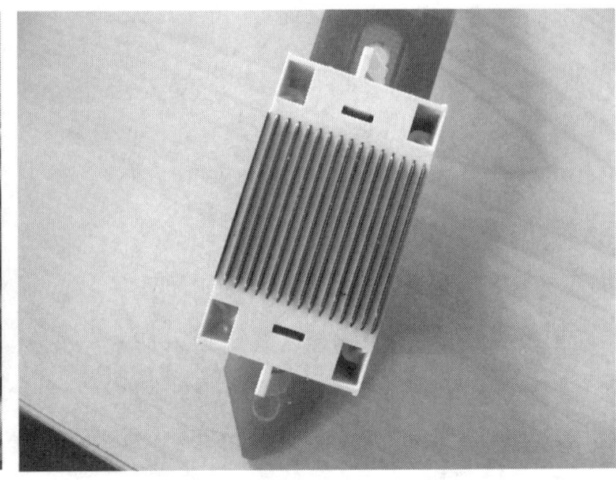

图 3-33　CT 探测器的照片

图 3-34 是固态探测器的示意图。探测器用诸如 $CdWO_4$、Gd_2O_2S 等小块的闪烁体材料作成，其表面覆盖反射材料并耦合到一排光电二极管上。入射 X 光子与闪烁体发生光电相互作用，由相互作用释放的光电子在闪烁体内通过一个短的距离后使其他原子上的

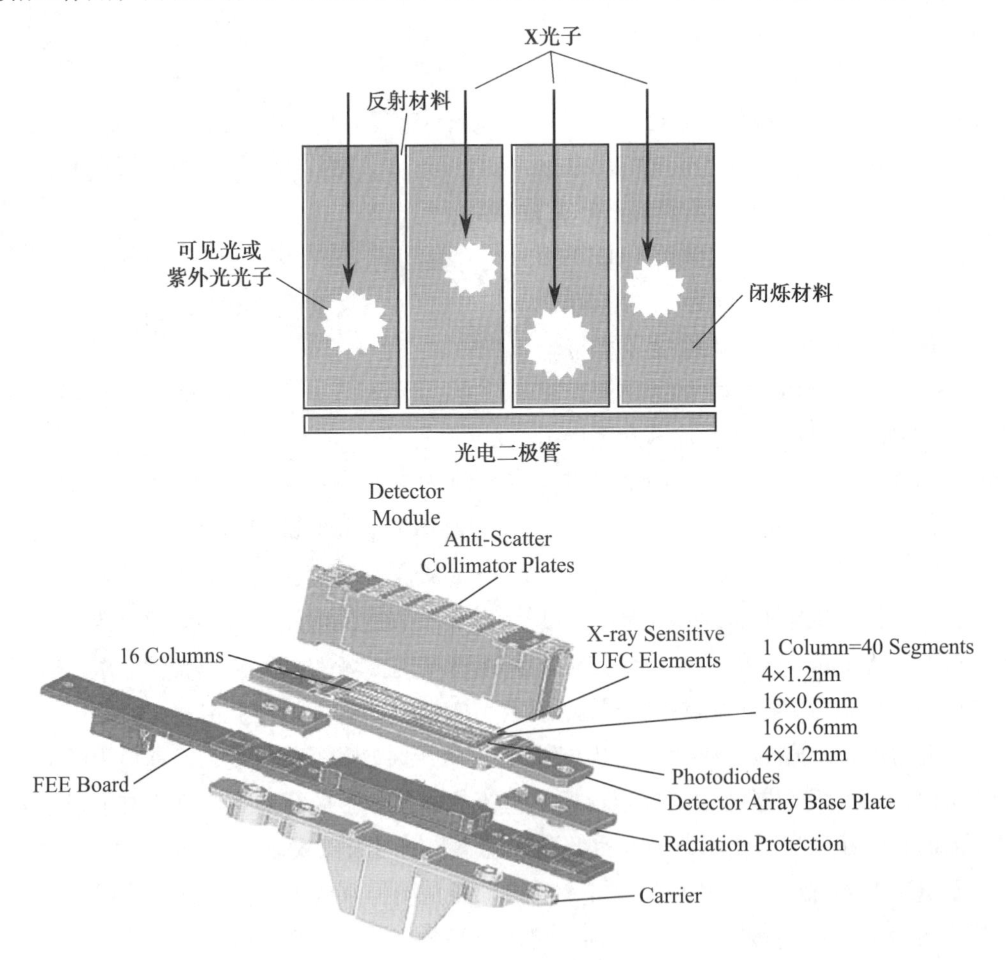

图 3-34　固态探测器示意图

电子受到激发，在受激电子回到基态时将发出可见或紫外光谱区域的特征辐射，并根据原子结构所确定的时间常数按指数规律衰减。这个时间常数通常称为闪烁体的初始速度。由于杂质的存在，少量的受激发电子陷入一些返回基态周期较长的激发态，产生较长的衰减时间常数，称之为余晖。

虽然 DQE（detective quantum efficiency）很好地描述了探测器吸收入射到探测器的 X 光子的效率，但是没有指出 X 光子向探测器运动过程中最后实际进入探测单元的比例。极高的 DQE 数值并没有指出探测器收集 X 光子的总效率。从而需要使用几何探测效率（GDE）来描述有效探测器面积与总探测器面积的比值，比如几何效率是 80%。如果将两个因素结合起来就可以得到组合效率 DQE × GDE，它描述了探测器将入射 X 光子转换成信号的实际效率。输出信号的质量受到数据获取系统（DAS）的质量的影响。DAS 的重要要求是线性度，它指的是 DAS 输入信号和输出信号之间的关系。理论上说 DAS 的输出最好能随输入信号的增加和减少线性地变化，即 DAS 输出信号能完全正确地代表输入信号。

3. 机架和滑环 机架就是 CT 系统的骨架。随着扫描速度的日益增加，对机架性能的要求也显著提高了（离心力随旋转速度平方增加）。值得注意的是安装在机架上的 CT 部件重量达数百公斤，带着如此巨大的负载机架仍然必须保持角度精度和位置精度。角度精度要求机架在很高的恒定速度下旋转，位置精度要求机架在所有方向（旋转平面和垂直旋转平面两个方向）没有明显的振动。临床应用要求切片厚度是亚毫米级的。既然 X 线束宽度小于 1mm，在机架旋转过程中 X 线束的位置的变化就不应该大于束宽的小部分，从而确保亚毫米成像（重建图像的切片厚度是在不同位置 X 线束射线加权的总和）。因此，机架所有投影角度的稳定性只能是 1mm 的几分之一。对于半径 500mm 的典型 CT 来说这不是一项容易的工作。

CT 系统的另一个关键部件是滑环。虽然在 20 世纪 80 年代初就提出把滑环应用到 CT 以解决机架连续旋转问题，实际上只是在发明螺旋扫描方式以后才成为事实。通过滑环上电的、光的或射频的连接，使数据信号和 X 线管电源在连续旋转的机架和静止的 CT 部件之间通过。需要传输的数据量是很大的，一台典型的多层 CT 每排探测器约有 1000 个通道，每次旋转大约包含 1000 组投影数据，为了避免在 CT 的旋转侧使用大量的存储器，数据传输率必须与数据生成率同步。例如，每圈 0.5 秒、8 层的数据传输率计算由旋转 1 周的采样数除以旋转 1 周的时间得到，此时数据传输率结果为 1.6×10^7 采样 / 秒。

4. 准直器和过滤器

（1）准直器：CT 中的准直器不但可以减少病人不必要接受的辐射剂量还可以保证良好的图像质量。准直器有两种类型：①（病人）前准直器；②（病人）后准直器。前准直器位于 X 线源与病人之间。鉴于 X 线管发射 X 光子在 Z 轴方向覆盖了很宽的范围，用于病人时前准直器把 X 线束限制在一个窄的范围，如图 3-35 所示。对于单层 CT 前准直器不仅减少了病人所受剂量，同时还决定了成像平面的切片厚度。但是多层 CT 的切片厚度由探测器孔径决定而不是准直器。因为几乎 99% 的从 X 线管发出的 X 光子都被前准直器挡掉，所以 X 线管的效率是非常低的。

由于几何学的限制，X 线束经过前准直器以后在 Z 轴方向分为两个区域：①本影；②半影。X 线束流在本影区内是均匀的，在此区域内任何一点 X 线源都没有被准直器挡住，从任何一点都可以看见 X 线焦点的全部。半影区是非均匀的，X 线焦点总是部分地被前准直器挡住。单层 CT 的层厚是由整个全影——半影区域的半高宽（FWHM）和 1/10 高宽（FWTM）定义的，必须特别注意在设计前准直器时确保切片方向灵敏度曲线能满足要求。多层 CT 中本影和半影的相对大小对于的剂量利用率起着重要作用，大多数商用多层 CT 设备中仅有 X 线束的本影部分用于 CT 成像（有效探测单元放在本影区内）。半影区的 X 线表示了对于病人的无用剂量，为改善的剂量效率要求减少无用 X 光子的比例。

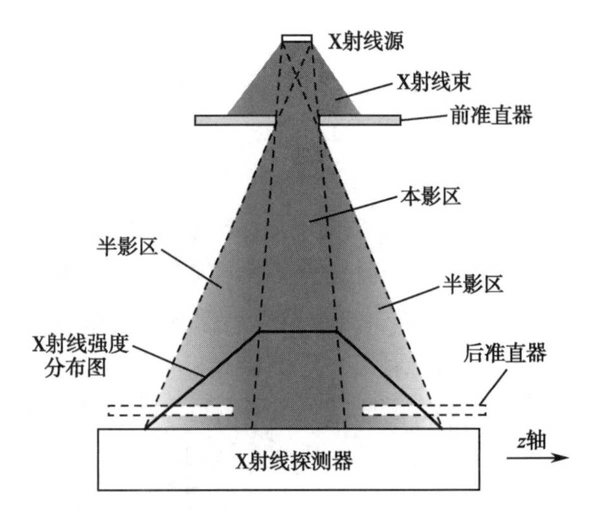

图 3-35　前准直器和后准直器以及本影 - 半影区

第二种准直器是后准直器，典型的分为两类：①平面内；②垂直平面。准直器由许多高吸收系数的薄板做成。这些准直板放在探测器前方，聚焦于 X 线源。因为散射光子的路径一般要偏离原始 X 光子（初级光子）的路径，准直器板就阻挡了这些光子进入探测器。垂直于平面的准直器可以用于第三和第四代 CT。在第三代里它主要用做附加的 *z* 轴准直器，以改善的切片方向灵敏度剖面分布，切片厚度决定于本影和半影的组合。因为几何学的限制很难设计很薄切片剖面的前准直器，为这一目标在靠近探测器表面的地方应用附加的准直器就可以把 X 线束的切片厚度限制到很薄。这种方法的缺点是降低剂量效率的代价，部分穿过病人的 X 光子没有被利用。类似在第三代上使用平面内后准直栅格的方式，有时候在第四代上使用垂直平面内后准直栅格来去除散射辐射。因为在第四代上使用效果较差，栅格多半还是应用于第三代。当探测器覆盖体积增加时，散射辐射相对于初级辐射的比例也增加。使用这样的准直器去除散射，对于多层 CT 或体来说就变成必需的了。

（2）过滤器：从 X 线管发出的 X 光子有很宽的能谱，存在许多软（低能）X 线。低能 X 线大部分被病人吸收，对探测信号几乎没有贡献。从而需要去除软 X 线以减少病人的剂量，为此大多数 CT 制造者都采用附加 X 线的过滤来改善射束质量。多数常用的过滤器是平板过滤器和蝴蝶结式过滤器。典型的平板过滤器由铜或铝制成，放置在 X 线源和病人之间。平板过滤器对 X 线谱在整个视场的调节是均匀的。注意到病人的横截面大多数是椭圆形的，有些制造者使用蝴蝶结式过滤器来调节视场内 X 线束流的强度，进一步减少病人的剂量。

（3）重建引擎：指的是执行预处理（数据整理和标定），图像重建和后处理（减少伪像、图像滤波和图像改善）的计算机硬件。从 CT 出现以来重建速度极大地提高了，图像重建时间从 1967 年生成第一幅 CT 图像的两个半小时减少到如今的每幅图像 0.28 秒。重建速度的改进是由于更快的计算机硬件和更有效的重建算法，例如专门用于信号处理的芯片使得像 FFT 等高效率的算法能够以非常快的速度执行。这样的趋势或许可以继续，直到 CT 能够近“实时”生成图像。关于重建引擎的另一些资料表明，越来越多地采用并行或多处理器的方法完成作业，这样就允许使用性能较低的计算机硬件组成高性能的重建引擎。注意多数重建算法都非常适合并行处理，例如在特定方向进行反投影时并不需要其他方向的信息，这样就可以利用多个处理器把不同方向的投影数据独立地反投影，再将全部处理器的输出数据累加得到最后的图像。类似的做法可以用于许多其他的处理和伪像校正步骤，如分别把不同行探测器得到的测量结果送到相应的处理器进行处理、标定和加权。然后再将处理后的投影数据累加和滤波。随着多种形态的发展，像 CT-PET（正电子发射 CT）和 CT-SPECT（单光子发射 CT）等重建机器不仅要处理其他形态的图像重建任务，还要完成各种图像结合的任务。目前已经出现将其他生理学信号如心电图（ECG）和呼吸器官运动监视器信号等集成到 CT 重建中。

5. CT 成像的物理基础

（1）X 线衰减：X 线穿透物体后按指数规律衰减，如下式：

$$I=I_0e^{-\mu d} \tag{3-28}$$

式中：I_0 是入射 X 线强度，I 是出射 X 线强度，d 是厚度，μ 是材料的线性衰减系数。

在扫描场中，具有一定厚度的扫描人体的某一层面（厚度由选定的断层厚度确定）被分割成许多小的体积单元（称为体素）。由这些小体积元素组成一个扫描矩阵，被准直成薄的、扇形束的 X 线穿透体积元素，被衰减后到达探测器。

衰减按指数规律，从公式（3-28）我们知道 I 和 I_0 是可以由测量得到的，d 是可知的，因为扫描场的尺寸是机器给定的，矩阵的大小也是知道的。因此每个小体积元素的 d 是可知的，剩下的就只有线性吸收系数 μ 了，求得了线性吸收系数 μ，我们实际上就得到了被扫描的人体断层的组织器官的密度分布。将组织器官的密度分布状况送去显示，于是我们得到了扫描断层图像。

（2）CT 成像的数学原理：1917 年，奥地利数学家 J.Radon 证明：一个二维或三维的物体可通过它的投影的无限集合单一地重建出来。这一定理的证明奠定了 CT 的数学基础。处于扫描场中的人体断层为非均匀性体，需要求的每个体素的 μ 值为该点所处的坐标系中位置的函数，即 $\mu=f(x, y)$。扫描场中的任何一点的 μ 值都是在整个系统中不断地旋转运动中进行测量的，处于 x–y 坐标系中的 P 点的 μ 值为 $\mu(x, y)$。由已知的 d 和 I_0，便可求出 I 值，由式（3-28）可求得 μ 为 X 线所贯穿各组织元素总的吸收系数。由于实际上沿 X 线通过的路途中被检体的密度是不同的，一般将被检体分解成许多个（n 个）小的单元（立方体），并且假设每个立方体的衰减系数是均匀的，分别为 μ_1、μ_2、

$\mu_3 \cdots\cdots \mu_n$，那么，则可以得到如下公式：

$$I_n = I_0 e^{-(\mu_1+\mu_2+\mu_3+\cdots+\mu_n)d} \quad (3\text{-}29)$$

$$\text{或} \quad \mu_1+\mu_2+\mu_3+\cdots+\mu_n = 1/d \ln I_0/I \quad (3\text{-}30)$$

该方程即为CT重建图像的基本方程。如果已知式中的I_0、I和d，即可求得沿X线路径上的吸收系数之和$\mu=(\mu_1+\mu_2+\mu_3+\cdots+\mu_n)$。因为重建一幅CT的图像，必须求解每个小立方体的吸收系数μ_1、μ_2、$\mu_3 \cdots \mu_n$。由于几个未知的μ不可能从一个方程中解出，故必须从不同的方向进行扫描，收集足够多的采样数据，建立足够多的方程，及建立N个联合方程组，并且解之，从而求出吸收系数μ。这些复杂的运算工作是靠高速电子计算机来完成的，最后重建出人体图像。

（二）CT的临床应用

对典型的CT操作，首先CT技师要对CT检查床上的病人定位，做一次定位扫描或“侦察扫描”。这次扫描的目的是确定病人的解剖学标记，以决定CT扫描的精确位置和范围。在此扫描模式下，X线管和病人都保持静止，检查床匀速移动。扫描类似于传统X线前后位（X线管在时钟12点位置）或侧位（X线管在时钟3点或9点位置）的检查。当扫描启动以后，运行控制计算机立刻发出指令，使机架旋转到CT技师规定的指定位置。然后计算机发指令给检查床、X线发生系统、X线探测系统和图像生成系统执行一次扫描。检查床到达扫描起始位置后，在整个扫描过程中保持恒定的速度。高压发生器迅速达到要求的电压并在扫描期间使X线管的电压和电流保持在预先规定的水平。X线管产生X线束流，X光子被X线探测器测到，生成电信号。同时数据获取系统以均匀的采样速率采集探测器的输出，把模拟信号转换为数字信号。然后采集的数据被送到图像生成系统处理。典型的系统包括高速计算机和数字信号处理（DSP）芯片。获取的数据经过预处理和增强以后，被传送到显示设备供操作员观看和数据存储设备存档。

精确定位和扫描范围（基于定位扫描图像）决定以后，CT技师就基于以往制订的方案或新制订的方案预定CT扫描指令。扫描方案将确定准直器孔径、探测器孔径、X线管电压电流、扫描模式、检查床位置编码变化速度、机架运动速度、重建视野（FOV）、卷积核及其他许多参数。根据所选择的扫描方案，运行控制计算机将按照类似做定位扫描所描述的方式，发出一系列命令给机架、X线发生系统、检查床、X线探测系统和图像生成系统。在此方式下主要区别在于X线机架不再保持静止，它要达到一个恒定的旋转速度并在整个运行期间保持这个速度。因为CT架典型重量超过几百公斤，需要花一些时间其速度才能达到稳定，所以机架通常是第一个响应扫描命令的部件。其他的运行顺序都和做定位扫描时类似。

需要指出在许多临床应用中，运行顺序可能与上述有所不同。例如，在介入操作中X线可能由脚踏板触发，而不是通过操作面板上的键盘。在增强CT扫描时造影剂的注射必须与扫描同步，这要求电控注射器和CT扫描方案的协调一致。还有诸如把生成的

X 线图像发送到胶片机直接生成硬拷贝等其他的操作。

CT 产生图像的清晰度和准确性使得 CT 成为诊断成像中应用最广泛的方法之一。CT 的临床应用除了常规扫描还包括 CT 血管造影术、CT 灌注成像、心脏扫描、CT 介入引导、双能能谱成像等。CT 血管造影术是应用造影剂把血管变为不透明的一种成像技术。随着多层 CT 的引入 FF0C 整个血管结构的扫描可以常规地在一次屏气中完成了。许多高级的可视化工具，如曲面重构、最大亮度投影、表面绘制、体绘制等，在现有的许多商用 CT 或工作站上都可以进行了。CT 发展可总结为三个趋势。第一，就是越来越快的扫描速度，目前可达到 0.25 秒每转，达到 620 层的探测器。第二个趋势是不断增强的病人所受剂量的意识。过去，更多的注意力放在如何在尽可能低的噪声下获得最好的图像质量。这常常导致使用最大扫描技术。近年来，已经进行了许多研究来弄清楚图像中存在的噪声和诊断结果（而不是图像质量）之间的关系。在合理范围内剂量尽可能低这一原则的认识变得越来越广泛。在欧洲，CT 的使用有更严格的指导方针。大多数主要的 CT 制造商也在提高剂量效率方面投入了巨大的精力和资源。同时，许多高级特征，如自动调整 X 线管电流、儿科的颜色编码方案，已经可以用来帮助操作人员减少病人的剂量。第三个趋势是不断增加的采用三维可视化设备作为主要的诊断工具。

二、CT 的常用检测与校准装置

CT 与普通 X 线的剂量有较大的区别。要保证剂量率测量与足够的高灵敏度，CT 剂量计电离室的尺寸必须足够大。CT 剂量的分布在几个毫米内有很大变化，特别是在薄层扫描时，因此，普通电离室不适用。CT 扫描剂量的测量需要在表面和内部多处测量，普通电离室仅在一点上测量时无法满足 CT 测试的要求的。因此，常规的用于普通放射诊断测试的电离室不适用于 CT 剂量的测量。需要使用专用的笔形长杆电离室和相应的剂量计来测量。

1. 剂量测试体模 要测量人体内部的吸收剂量，必须在能模拟人体组织吸收的体模上进行测量，而且对头部和体部要有不同尺寸的体模测量。目前国际上的 CT 剂量体模（图 3-36）的规定来源于 IEC60601-2-44 标准，剂量体模是由聚甲基丙烯酸甲酯支撑的圆柱体，用于头部的直径为 16cm，用于体部的直径为 32cm，其高度应不小于 140mm。体模应刚好大于用于测量的辐射探测器的灵敏体积。体模应有能够足以容纳辐射探测器的孔，这些孔

图 3-36　CT 剂量测试用体模

应平行于体模的对称轴，并且它的中心应位于体模的中心和以 90°为间隔的体模表面下方 10mm 处，对于测量时不使用的孔，应使用与周围材料相同的插入件完全插入孔中。

图 3-37　CATPHAN 体模

2. 性能参数检测体模　CT 检测体模和检测方法对检测结果的影响很大，因此受到各个生产厂商、医疗单位和监督检测部门的普遍重视。目前应用比较广泛的是 CATPHAN 体模（图 3-37）和 AAPM 体模，当然各个厂家都自行设计了校准体模，用于生产和出厂调试，也随机器在使用单位进行调试用。由于其原理类似，本部分内容只详细介绍 CATPHAN 体模。其中 CATPHAN 体模包括四个模块：①CTP401：层厚、CT 值线性与对比度标度；②CTP528：高对比度分辨力；③CTP515：低对比度分辨力；④CTP486：均匀性和噪声。

模体的放置位置如图 3-38 所示。

各模块之间的距离如图 3-39 所示。

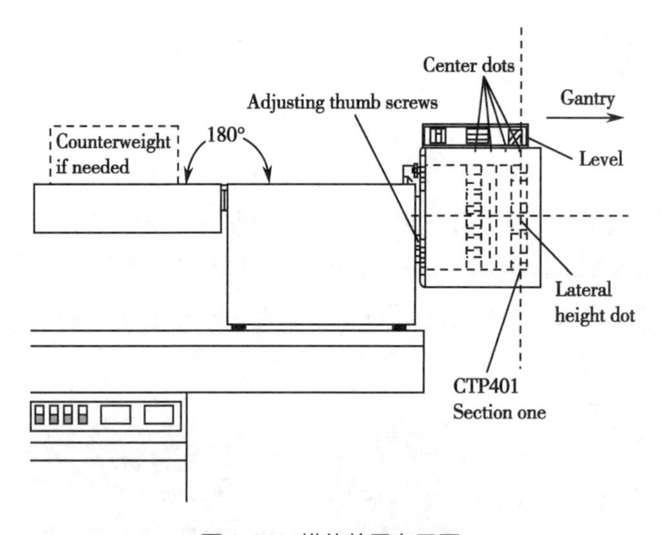

图 3-38　模体放置布局图

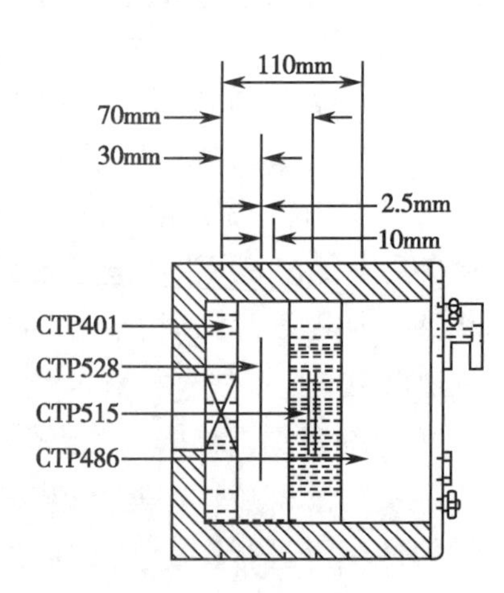

图 3-39　各模块的距离

CTP401 模块：直径 15cm，厚 2.5cm，内嵌两组 23°金属斜线（x 方向、y 方向），内嵌四个密度不同的小圆柱体用于测量层厚、CT 值线性参数，如图 3-40 所示。

CTP401 模块扫完图像如图 3-41 所示。

CTP401 模块包括四种不同密度的物质，分别是：①特氟隆（Teflon，高密度物质，类似骨头，标准 CT 值：990）；②丙烯（acrylic，标准 CT 值：120）；③低密度聚乙烯（LDPE，标准 CT 值：−100）；④空气（最低密度，标准 CT 值：−1000）。此外，体模材料本身

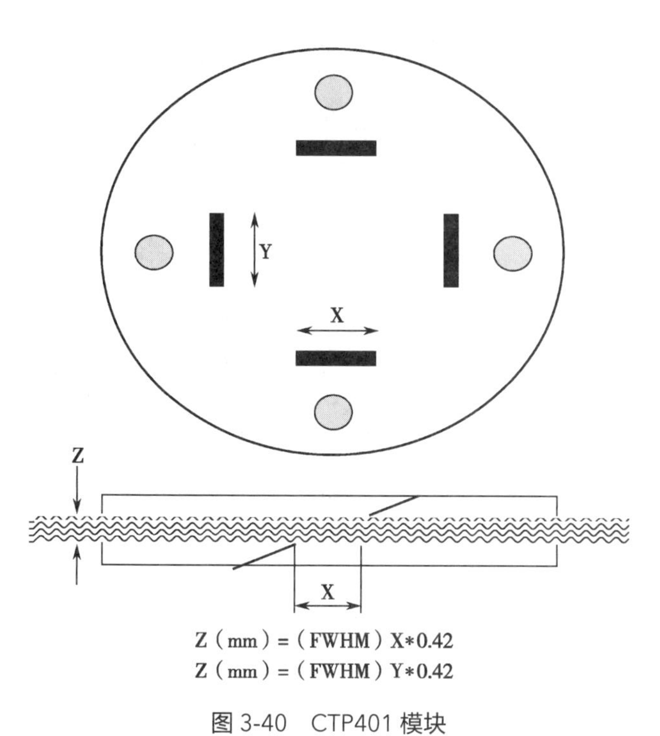

图 3-40　CTP401 模块

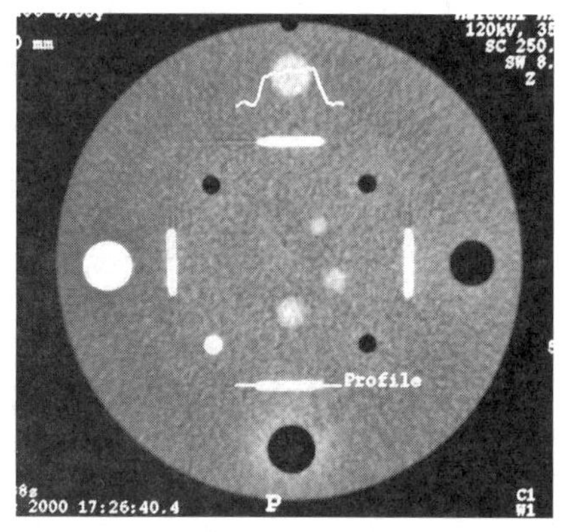

图 3-41　CTP401 模块 CT 图像

可以作为第五种材料样品。

CTP528 空间分辨率模块（图 3-42）是直径 15cm，厚 4cm，21 组高密度线对结构（放射状分布），用于测量空间分辨力，*x* 轴、*y* 轴和 *z* 轴的点测试到每厘米 21 线对。

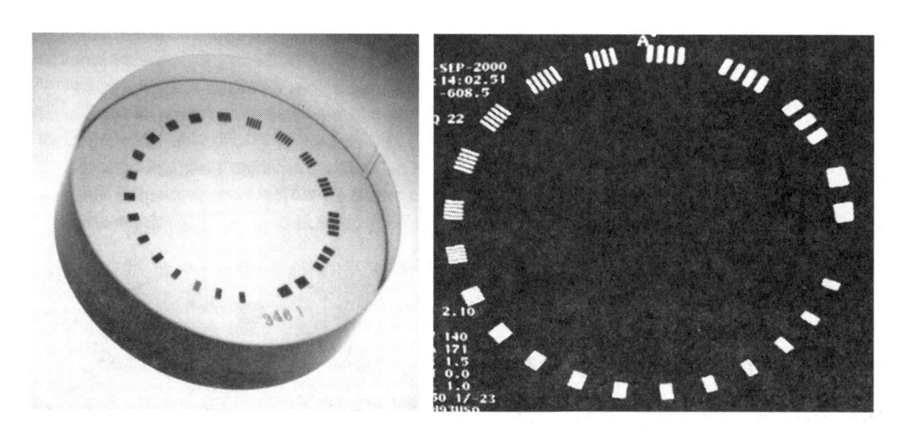

图 3-42　CTP528 体模及对应的扫描图像

CTP515 低对比度分辨率体模是直径 15cm，厚 4cm，内外两组低密度孔径结构（放射状分布），内层孔阵：对比度 0.3%、0.5%、1.0%，直径 3mm、5mm、7mm、9mm。外层孔阵：对比度 0.3%、0.5%、1.0%；直径 2mm、3mm、4mm、5mm、6mm、7mm、8mm、9mm、15mm。CTP515 扫描图像如图 3-43 所示。

CTP486 模块是直径 15cm、厚 5cm 的固体均匀材料，用于测量 CT 的均匀性、噪声等参数。

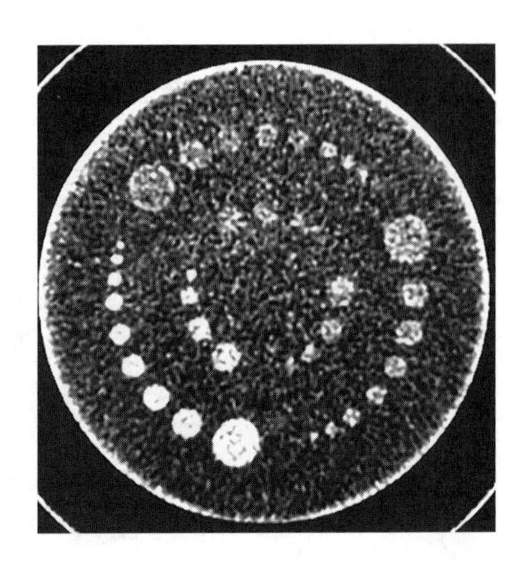

图 3-43　CTP515 模块扫描图像

三、CT 的主要参数检测方法及其影响因素

CT 性能参数很多，其中在日常检测和校准中最重要的性能是 CT 影像质量，包括：高对比度分辨率、低对比度分辨率、CT 值准确性、CT 值均匀性、噪声、层厚、患者支架的定位和患者定位精度。本部分也介绍了 CT 辐射安全的剂量测试。下面将对这些参数的概述和检测方法做详细介绍。

（一）高对比度空间分辨率

1. 高对比度空间分辨率概述　CT 的高对比度空间分辨率描述了分辨紧密靠近物体的能力。高对比度分辨率有两种评价方法，一种是基于人眼感官评价的方法，一种是通过扫描金属丝并且软件计算得到调制传递函数的量化方法。

前者的平面内分辨率通常以每厘米线对数（lp/cm）或每毫米线对数（lp/mm）的形式表示。线对是一对尺寸相同的黑白条纹。这样，一个代表 10lp/cm 的条形图案是一组等间距的齿宽 0.5mm 的梳状条纹。图 3-44 显示了 CATPHAN 模体重建图像的一个局部。每组条纹代表一个特定的线对。通过检查不同条形图案的分辨能力，可得到在规定条件下系统的空间分辨能力的估计。与 X 线照相相比，CT 空间分辨率差很多。通常，胶片的典型极限分辨率是（4~20）lp/mm，CT 的极限分辨力为（0.5~2）lp/mm。

第二种方法是用调制传递函数的方法对空间分辨率进行评价。

要彻底理解高对比度空间分辨率，让我们首先讨论调制传递函数（MTF）。MTF 被定义为输出调制度与输入调制度的比值。它测量了一个系统对不同频率的响应。一个“理想”系统拥有一条平坦的曲线，这样系统响应与输入频率无关。然而对于实际系统，输入响应总是以某种方式退化。大多数系统的 MTF 在较高频率迅速下降，系统响应到达零点处的输入频率被称为极限频率，相应的空间分辨率被称为极限分辨率。一个系统的 MTF 可以通过计算其点扩散函数（PSF）的傅里叶变换幅值得到。PSF 是系统对一个理想点物体 σ 或函数 σ（x，y）的响应。函数 σ（x，y）具有如下特性：

$$\delta(x,y)=0,\quad \forall(x,y)\neq(0,0), \qquad (3\text{-}31)$$

$$\int_{-\infty}^{+\infty}\int_{-\infty}^{+\infty}\delta(x,y)dxdy=1 \qquad (3\text{-}32)$$

以及

$$\int_{-\infty}^{+\infty}\int_{-\infty}^{+\infty}f(x,y)\delta(x-x_0,y-y_0)dxdy=f(x_0-y_0), \qquad (3\text{-}33)$$

其中 $f(x, y)$ 在 (x_0, y_0) 处连续，δ 函数具有无限小的宽度和无限大的幅度（即 $\delta(0, 0)=\infty$），函数下的面积等于 1。

显然，理想点物体在真实世界中不存在。实际应用中，我们用高密度细丝的系统响应近似 PSF。只要丝直径明显小于系统极限空间分辨率，它的响应就可以准确地作为 PSF 的模型。金属丝的直径应不能影响 MTF，也不能导致 CT 的 CT 值超出上下范围，典型的金属丝的直径为 0.2mm 或更小。例如，有公司模体使用一根浸入水中的直径 0.08mm 的钨丝。为了保证在图像空间中足够采样，必须围绕细丝进行一次目标重建。为了准确测量 PSF，必须去除细丝图像中的背景变化，以避免潜在偏差。尽管理论上背景应该是平坦的，但背景中确实存在波动，这是由于预处理或校正的不完全，如射束硬化、偏焦辐射以及其他因素。对细丝附近的水区域平滑拟合，去除背景。对细丝图像进行二维傅里叶变换，得到二维函数的幅值。注意，该过程中相位信息有意不保存。最后得到的函数就是我们对系统 MTF 的估计，如图 3-44 所示。对于许多 CT，通过在整个 360°范围对 MTF 函数平均，得到一个单独的 MTF 曲线。许多场合中，用位于离散位置的 MTF 值来描述系统响应，而不是用曲线本身。例如，CT 性能数据表经常使用 50%、10% 或 0%MTF 来表示 MTF 曲线上 50%、10% 或 0% 所在点对应的频率（lp/cm）。

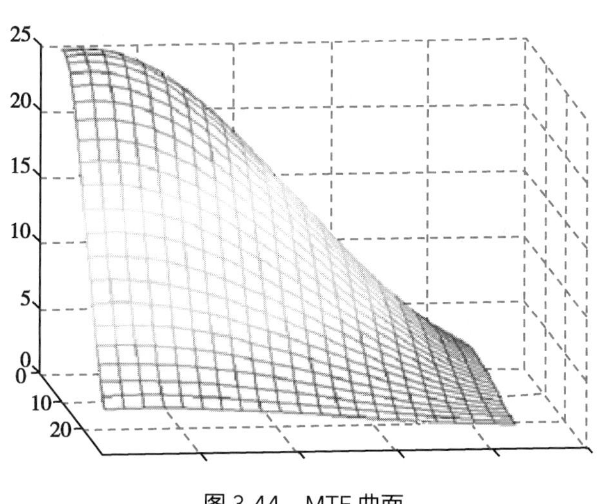

图 3-44　MTF 曲面

虽然 MTF 曲线的计算方法思路比较通用，但生产商按照自己的体模和测试软件进行评估。计算的概要方法如下：一根直径很小的柱状高衰减物质（金属丝），用于模拟系统的冲击输入。系统扫描金属丝，通过图像采集的方式模拟系统的冲击信号响应输出。对图像的像素矩阵进行时频转换，根据图像信息对信号的频率域进行定标计算。对频域的计算采样点进行归一及拟合，得到 MTF 曲线。综上，计算核心是系统的冲击响应的构造，如图 3-45 所示为 Matlab 模拟的系统冲击响应。

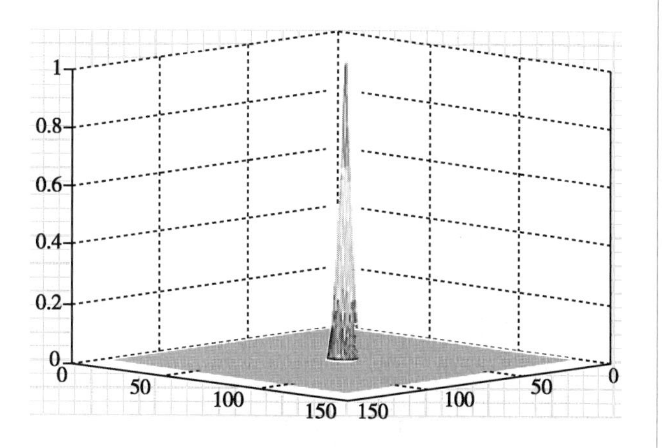

图 3-45　系统冲击响应

其频域响应为二维 MTF 曲面，如图 3-44 所示。

线性时不变系统的该频域响应为以最大点为圆心的二维圆扩散函数，其信号幅值的分布如图 3-47 所

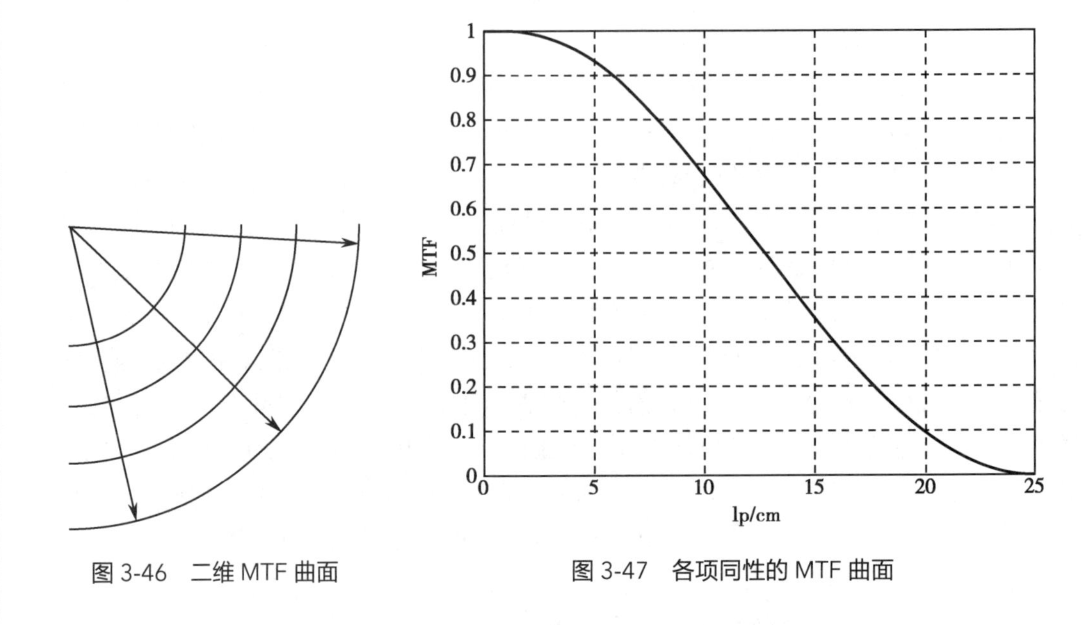

图 3-46　二维 MTF 曲面

图 3-47　各项同性的 MTF 曲面

示，其应为以中央极值点为中心的各向同性分布。

我们只需要按照对应的时频信息将其二维分布的输出转换为一维的 MTF 曲线即可，见图 3-44。

2. 高对比度分辨率检测和校准方法

（1）用线对感观评价高对比度分辨率：感观评价的高对比度分辨率测试方法是将高对比度空间分辨率体模置于扫描视野内，并使体模的轴线与扫描架的旋转轴线重合，选用一组 CT 运行条件进行扫描，再用重建算法进行重建，调整窗宽、窗位，通过显示器观察图像，以能够分辨的最小线对为准。

（2）用调制传递函数（MTF）评价高对比度分辨率：试验器件应由一条适当大小的高对比金属丝，装置在一个衰减最小的材料的保护管之内组成，以此保证高信噪比。金属丝的直径应不能影响 MTF，也不能导致 CT 扫描装置的 CT 值超出上下范围。典型的金属丝的直径为 0.2mm 或更小。其他的试验器件经过与金属丝比较确认之后可以使用。要试验 CT 扫描装置的空间分辨率，应使用 CT 制造商随机文件所描述的 CT 运行条件进行扫描。应选择典型的头部和体部的 CT 运行条件，以及可获得最高空间分辨率的扫描模式。试验器件放置在机架中并使金属丝与系统的 Z 轴平行并且偏离中心（30±10）mm。试验器件的位置应做记号，描述而且记录，以便在将来基准值和稳定性试验时重现。在试验器件放置好之后应将它扫描。用足够小的重建视野以便测量不受像素大小的限制。扫描金属丝图像后经过 MTF 计算软件得到 MTF 曲线。MTF 曲线上 50% 和 10% 两点测量值宜在基准值 ±15% 或者 0.5lp/cm 范围内，两者取较大的。表 3-9 中给出了不同空间分辨率的试验方法各自的相对优缺点小结。

表 3-9　空间分辨率的试验程序比较

试验	优点	缺点
视觉分辨	简单快速 单一数据描述分辨率（也可看作缺点）	主观 依赖于观测者和观测环境 中等重现性
周期（棒状）图案的调制幅度测量	简单 客观 不依赖于环境 高重现性	单一数据描述质量（也可看作优点）
调制传递函数	提供所有空间频率的详细信息	需要专门软件 需要特别仔细的定位

（二）低对比度分辨率

1. 低对比度分辨率概述　CT 系统从背景中区分一个低对比度物体的能力是一个重要指标。事实上，低对比度可探测能力（LCD）是 CT 和常规 X 线照相之间的关键区别。这个特性是 CT 在临床上迅速得到接受的一个主要因素。通过测量包含不同尺寸低对比度物体的模体，得到低对比度分辨率。低对比度性能通常被定义为在给定的对比度和剂量下，可视觉观察到的最小物体。在 CT 中，对比度通常以线性衰减系数百分比的形式定义。一个 1% 的对比度意味着物体平均 CT 数与它的背景相差 10HU。低对比度可探测能力的定义意味着一个物体的可观察性不仅依赖它的尺寸，还依赖于它相对于背景的对比度（强度差）。为了说明物体可见度对尺寸和对比度的依赖性，我们给出一个计算机生成的圆盘模型，如图 3-48 所示。图像中不加入噪声。圆盘的尺寸从左到右改变，对比度从上到下变化。对于同样强度（同一行）的物体，随着尺寸减小，识别的难度增加。类似地，对于同样尺寸的物体（同一列），随着相对背景的强度对比度减小，它们可见度下降。当我们将这两个影响组合起来时，可以容易地得出结论，一个物体可见度不简单地取决于它的尺寸和对比度。我们必须同时考查两个影响。

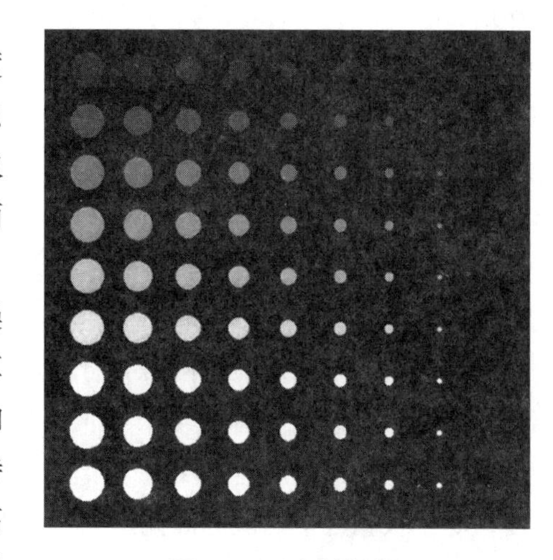
图 3-48　测试模型图

LCD 定义还意味着物体的可见度高度受噪声存在的影响。为了证明该影响，图 3-48 计算机生成的测试模型图解说明物体可见度对尺寸和强度的依赖性。在该测试模型中，圆盘尺寸保持不变。圆盘对比度从上到下增加。一组不同的高斯噪声被加到每一列上，且从左到右标准偏差增加。从图中明显看到，圆盘的可见度随着噪声增加而下降。同样，任何一个影响（对比度或噪声）不能单独处理，必须同时考虑两个影响。基于对比度和物体尺寸的讨论，不难得出结论，在确定 LCD 时，三个影响相互作用。在 CT 图像中有许多影响噪声水平的因素。例如，CT 图像中的噪声随着切片厚度、管电压、管电流、扫描物体尺寸以及重建算法而改变。既然低对比度可探测能力取决于观察的人，我们要注意到图像显示在结果中扮演了一个重要角色。例如，不同显示设备具有不同 Gamma 曲线（图像强度映射到显示设备上的亮度曲线）。这些 Gamma 曲线导致图像外观不同程度地增强。甚至在同一显示设备上，显示窗宽和窗位的选择也能显著地影响物体的可见度。尽管更宽的显示窗宽减小了噪声的表现（提高了低对比度可探测能力），但也同时减小了对比度的表现（降低了低对比度可探测能力）。

对于每个低对比度图像，存在一个“最优”显示设置，能最大限度地提高一个“典型”观察者的观察能力。低对比度可探测能力是通过扫描一个标准测试模体而确定的。模体在不同技术条件下（kVp，mAs，切片厚度等）进行扫描，并以不同算法重建。图像呈现给多个观察者，以分辨最小物体。以所选观察者结果的平均值作为低对比度可探测能力。显然基于这个方法的结果一定程度上是不可预测和验证的。为了克服这个困难，提出了一种统计方法。该方法基于如下假设：如测量多个尺寸相同低对比度物体的平均值（在相同条件下），其平均值（是一个随机变量）服从高斯分布。类似地，在多个感兴趣区（ROI）背景的测量平均值也服从高斯分布，且标准偏差相同，如图 3-49 所示。从下面事实可以证明假设是合理的：低对比度物体和背景在一致的条件（同一个扫描）下扫描，且根据定义，它们之间衰减系数差异很小。两个分布的唯一区别是它们的期望平均值。如果使用两个分布的中点作为阈值，用以从背景中分离出低对比度物体，那么当两个分布的平均值相 $3.29\sigma_\mu$（σ_μ 是分布的标准偏差）时，假阳性（超过阈值的背景分布曲线下面的面积）达到 5%。类似地，假阴性（低于阈值的低对比度物体分布曲线下面的面积）也是 5%。当然，如果期望更高的置信度，两类物体的平均值必须进一步相离。

基于以上分析，低对比度可探测能力现在完全可以由计算机分析来判定。为了分析，我们首先在期望的剂量水平（通过选择恰当的管电压、管电流、切片厚度、扫描时间等）下扫描一个均匀水模。然后重建模体，并且重建图像中心区域被分割成多个格子，如图 3-49 中右半部分所示。选择格子面积与小尺寸的低对比度感兴趣物体相同。计算每个格子内平均 CT 值（例如，在图示例子中平均值为 49）。然后计算这些平均值的标准偏差 σ_μ，基于以前的讨论，要以 95% 的置信度从背景中分辨出这些低对比度物体，对比度需要为 $3.29\sigma_\mu$。对于不同物体尺寸的对比度水平，可以重复这个分析。扫描并重建一个均匀水模，重建图像中心区域被分成多个 ROI，每个 ROI 与低对比度物体尺寸相同。计算每个 ROI 的平均值，并得到所有 ROI 平均值的标准偏差。能够以 95% 置信度探测出的物体的对比度，等于被测量平均值标准偏差的 3.29 倍。

由于历史的原因，在建立 CT 扫描装置的低对比度分辨率时目测被当做首选的方法。

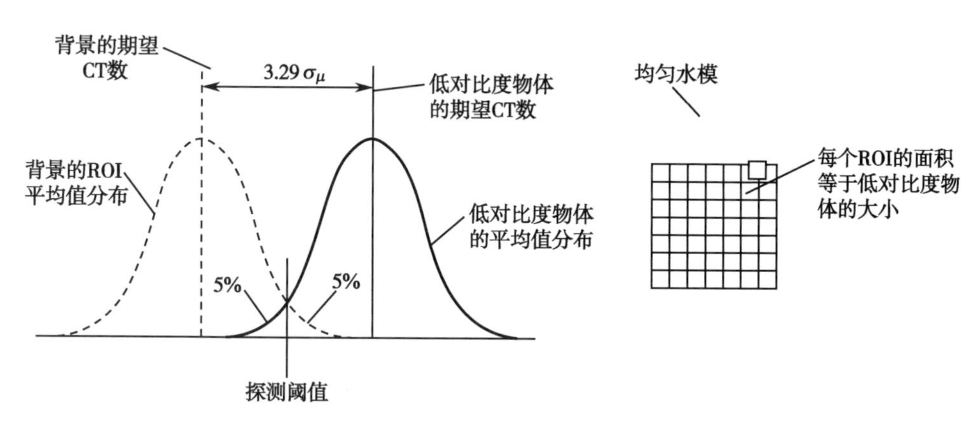

图 3-49 低对比度可探测能力的统计方法

该方法中，使用平均 CT 值与均匀背景有低对比度（2HU 到 10HU）的小物体（2mm 到 10mm，典型为圆柱），由一定数量的观测人员进行视觉评价。为了决定检测的分辨能力，物体应是从背景中明显可见。为了决定低对比度分辨率，几个等空间距离的物体应能各自分辨。该观测任务（无论是从均匀背景中察觉物体还是相邻物体的分辨）自然受主观影响，因而结果依赖于观测者的视觉敏锐度、周围光线条件和观测者判定可见和不可见的标准。对于 CT 扫描装置特定的性能参数，制造商通常详细说明低对比分辨为在给定体模和给定（或低于）规定剂量可观测到的“给定”对比的“最小”孔。例如像这样的规范：在直径为 20cm 等价于水的体模并且表面剂量为 30mGy 的情况下可分辨差别为 0.5% 的 4mm 物体。为了验证某一特定系统是否符合制造商的规范，应使用同样的体模、扫描条件（特别是放射剂量）、观测条件和判定可见的准则。试验器件制造时要精确保证相对于背景材料的已知对比是困难的，而且在图像中实测的对比也会随用来获取图像的扫描装置变化。另一值得关注的是在目测方法中不同的观测者在评价图像时会有明显的不同观点，因为观测者对“可见”的理解通常会有不同的要求。因此，应结合多个观测者的评价结果。由于体模的差异和观测者要求的不同，以及难以获取具有一定置信度的客观统计数据，使得使用目测方法客观的测量低对比度分辨率非常困难。因此，该方法在验收试验中不推荐使用。关于低对比性能的客观试验，有建议使用的统计方法。

2. 低对比度分辨率检测方法 将低对比分辨率体模置于扫描视野内，并使体模的轴线与扫描架的旋转轴线重合，选用一组 CT 运行条件进行扫描，再用重建算法进行重建，调整窗宽、窗位，通过监视器进行观察，以能够分辨的最小孔组的直径为准，低对比度分辨率的 CT 扫描图像如图 3-43 所示。

（三）CT 值准确性、CT 值均匀性和噪声

1. CT 值概念 CT 值（CT number）是用来反映计算机体层摄影图像中每个元素区域代表的 X 线衰减的平均数值。线性衰减系数的测量值被转换成国际通用的以

Hounsfield 为单位的 CT 值，表示为：

$$\text{物质 } CT \text{ 值}=\frac{\mu_{\text{物质}}-\mu_{\text{水}}}{\mu_{\text{水}}}\times 1000 \tag{3-34}$$

式中：μ——线性衰减系数。

根据 CT 值的定义，水的 CT 值为 0，空气的 CT 值为 –1000（假定 $\mu_{\text{空气}}$ 为 0）。在许多临床操作中，放射科医生依靠被测量 CT 值来区分健康组织和病灶。尽管大多数 CT 制造商不推荐这种操作（除非健康和有病组织之间差别巨大），它凸显了产生准确 CT 值的重要性。CT 值准确度有两个方面：CT 值一致性和均匀性。CT 值一致性规定，如果同一模体以不同切片厚度、不同次数或其他物体存在的情况下进行扫描，重建模体的 CT 值应该不受影响。CT 值均匀性规定，对于一个均匀模体，测出的 CT 值不应该随着所选 ROI 的位置或模体相对于旋转中心的位置而变化。例如，如图 3-50 所示为用一个重建的 20cm 水模图像测试 CT 值准确度。两个 ROI 位置的平均 CT 值应该一致。由于射束硬化、散射、CT 系统稳定度以及许多其他因素的影响，CT 值准确性和均匀性只能保持在一个合理的区域内。只要理解系统的局限和影响性能的因素，我们就能避免将绝对 CT 值用于诊断的潜在错误。

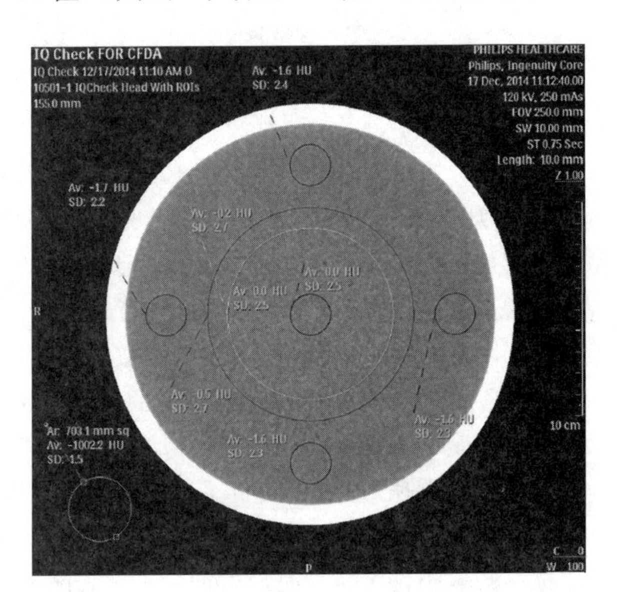

图 3-50　用于测量 CT 值准确度的图像

2. CT 值准确性和均匀性的检测和校准方法　使用性能体模置于扫描视野范围内，并使体模轴线与扫描架旋转轴线重合，扫描后，对图像中的每种物质分别进行测量，在物质的图像中心选择一个不小于 100 个像素的感兴趣区，测量此区域的平均 CT 值即为该种物质的 CT 值。

在以上获取的图像上，距体模边缘大约 1cm 处，相当于时钟 3、6、9、12 点钟的位置选择四个感兴趣区，在图像中心处选择一个感兴趣区，上述各感兴趣区的直径大约是图像直径的 10%，中心的感兴趣区与外部的感兴趣区应不重叠，测量各感兴趣区的平均 CT 值，中心感兴趣区的 CT 值与外部 4 个感兴趣区 CT 值之差的最大值即为 CT 值的均匀性。

3. 噪声的概念　噪声（noise）的定义是指均匀物质的图像中某一确定区域内 CT 值偏离平均值的程度。噪声大小用感兴趣区域内均匀物质的 CT 值的标准偏差表示。通常，图像噪声在均匀模体上测量。

一般说对图像噪声有贡献的主要来源有三个。第一个来源是由 X 线束流或被测到的

X 光子数决定的量子噪声。这个来源主要受两个因素影响：扫描技术条件（X 线管电压、管电流、切片厚度、扫描速度、螺旋节距等）和效率（探测器 DQE、探测器 GDE、本影 - 半影比等）。扫描技术条件决定了到达病人的 X 光子数，而扫描效率决定了射出病人的 X 光子能被转换为有用信号的百分比。对于 CT 操作者，如何选择要受扫描操作规程的限制。为减少图像中噪声，可以增加 X 线管电流、增加 X 线管电压、增大切片厚度、减小扫描速度，或者减小螺旋截距。必须理解各种选择的利弊。例如，尽管增大功率（管电流乘以管电压）条件下有助于减小噪声，但低对比度可探测能力一般会减小。类似地，切片厚度增加可能导致 3D 图像质量下降和部分体积效应增加。较慢扫描速度导致潜在的病人运动伪像和器官覆盖范围减小。管电流增加导致病人剂量以及管负载增加。只要很好地理解利弊，就可以有效地采用不同选择以克服噪声。第二个影响噪声性能的来源是系统内在的物理限制。这包括探测器光电二极管中的电子噪声、数据采集系统中的电子噪声、被扫描物体的 X 线半透明性、散射辐射，以及许多其他因素。对于 CT 操作者，用于减小这类噪声的选项有限。第三个影响噪声的因素是图像产生过程。该过程可进一步分为两个单独部分：重建参数和校正有效性。重建参数包括不同重建滤波核的选择、重建视场、图像矩阵大小和后处理技术。通常，一个高分辨率重建核使噪声水平增加。这主要是由于这些核保留或增强了投影中的高频信息。不幸的是，大多数噪声表现为高频信号。

关于后处理技术，在过去几十年中发展了许多用于抑制噪声的图像滤波技术。要使这些技术有效，它们不仅要减小噪声并保留原始图像中的精细结构，还必须保持“看起来自然”的噪声纹理。有些技术经常被放射科医生抛弃，是因为滤波后的图像太“不自然”了。在 CT 中采用的、用于调理被采集数据的校正或预处理技术不是完美的。残余误差经常以小的伪像表现出来，这些伪像有时视觉观测不到。然而它们确实影响了标准偏差的测量。因此，它们应被看做噪声源的一部分。

4. 图像噪声的检测和校准方法 应检测两个 CT 运行条件，一个代表典型的轴向头部扫描和另一个代表典型的轴向体部扫描条件。扫描参数要注意影响噪声的所有因素，如电压、电流、X 线准直宽度、重建卷积核等，并记录。推荐采用 10mm 切片厚度。测量噪声前应测试所用剂量，要使用相应模式的 CTDI 模体测量中心剂量（在典型头部扫描条件下使用头部 CTDI 模，在典型体部扫描条件下使用体部 CTDI 模）。将均匀介质体模（20cm 水模）置于扫描视野范围内，并使体模轴线与扫描架旋转轴线重合，扫描后，在图像中心选择一个直径大约为图像 40% 的感兴趣区，测量此区域 CT 值得标准偏差 SD（图 3-51），用公式（3-35）计算噪声值 N：

$$N=\frac{SD}{1000}\times 100\% \quad (3\text{-}35)$$

式中：N——测量区域图像的噪声；

SD——测量区域 CT 值的标准偏差。

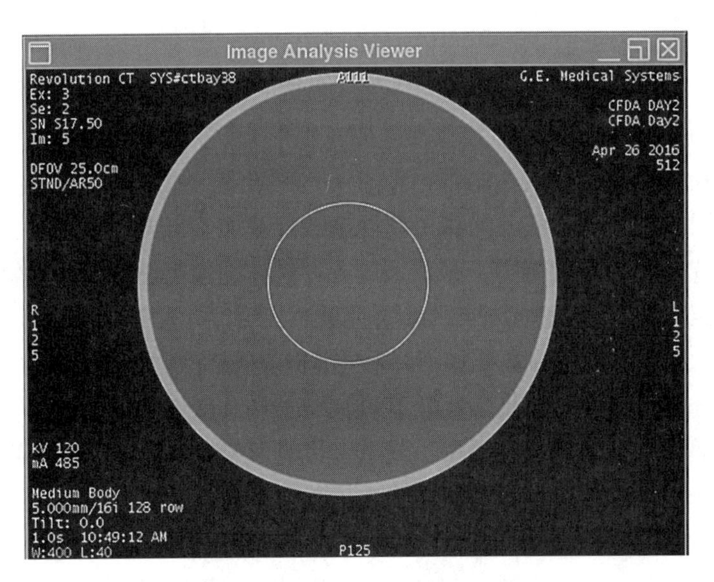

图 3-51　用于测量 CT 噪声的图像

（四）辐射安全——剂量

1. 剂量概述　当 X 线辐射穿透一个物体，它把部分能量转移到物体，引起在材料中的改变。在能量转换中，一束 X 线可以直接在组织中产生离子对。离子对与其他化学系统反应，引起辐射损伤。另一方面，X 线可能轰击和打破分子键，例如在 DNA 中的分子键，引起直接损害。近年来对病人接受 X 线剂量的关注稳步上升。

伦琴（R）是对空气照射量的单位，被定义为在 1kg 空气中产生 2.58×10^{-4}C（库仑）静电荷所需要的 X 线或 γ 射线能量。这个单位只适用于空气的照射，并不表明病人的辐射吸收。国际辐射防护委员会（ICRP）推荐以戈瑞（Gy）为剂量测量单位：1Gy=1J/kg=100rad。为了从以伦琴为单位的空气照射量计算出以拉德为单位的组织剂量，需要一个转换因子。因为对于人体组织的诊断 X 线，这个因子接近于整数 1（0.95），两者的差异经常被忽略。然而，当某种辐射的剂量产生的生物学效应明显地不同于另一种辐射相同剂量所产生的效应时，就不那么简单了。考虑到 X 线剂量对健康不同的影响，采用一个通用的量度定量表达辐射损害，引入了剂量当量的概念：H（剂量当量）=D×Q×N，其中 D 是前面描述的吸收剂量，Q 是由辐射类型决定的品质因子，N 是辐射生物损伤的倍数。对于诊断 X 线，Q 和 N 都等于整数 1。H 的测量单位是雷姆（rem）或希沃特（Sv），后者用以表示对一位在 ICRP 中活跃的瑞典科学家的敬意。1Sv=1J/kg=100rem，其中 rem 代表剂量当量。对于以步进模式进行的单次扫描，几乎所有原始辐射都被限制在标称层厚 T 的一个薄的横截面内。由于射束扩散、射束半影以及散射辐射，剂量也扩散到标称的成像切片外的组织。这导致了沿着 z 轴（垂直于横截面）方向的一条有长拖尾的剂量分布曲线，图 3-52 描述的是一次 10mm 扫描的剂量分布曲线。

当在相邻区域进行多个扫描时，由于剂量分布曲线的长拖尾，来自相邻扫描的 X 线剂量也对当前位置有贡献。如果组合来自所有扫描的X线剂量，我们获得一条复合剂量分布曲线，如图3-53所示。该图举例说明了在10mm增量（相邻扫描间检查床移动10mm）下，以10mm准直采集的7个扫描的复合剂量分布曲线。注意在中央切片区域的剂量明显高于单独切片剂量分布曲线。对于这个特定例子，宽度为T的中央切片区域内平均复合剂量大约比一次单独扫描的平均剂量高85%。尽管该例是通过以步进模式进行的扫描获得的，对于螺旋扫描模式，也能得到类似结论。事实上，除了伴随螺旋模式而来的不均匀性，螺旋模式的多扫描剂量分布曲线十分类似于步进扫描。为了解释在多扫描模式中的剂量增加，定义了一个标准多层扫描平均剂量（MSAD）：

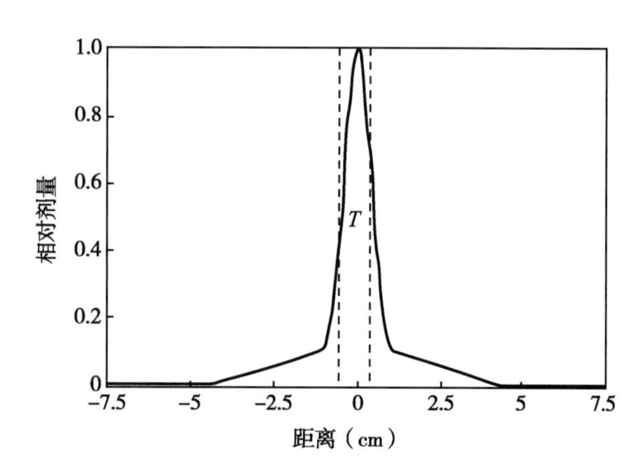

图3-52 10mm切片厚度单次扫描剂量分布曲线

$$MSAD=\frac{1}{I}\int_{-I/2}^{I/2}D_{N,I}(z)\,dz \tag{3-36}$$

其中下标N代表N次扫描，I是相邻扫描间距，$D_{N,I}(z)$是剂量关于距离z的函数变化。这个定义意味着，超过两端扫描的扫描远离中心区域，且它们的剂量贡献不重要。为了说明这种情况，在图3-53中标出MSAD。通过累加来自相邻切片的剂量贡献，得到多层扫描平均剂量（MSAD），图3-53中显示了采用10mm切片厚度和10mm增量的7个扫描。

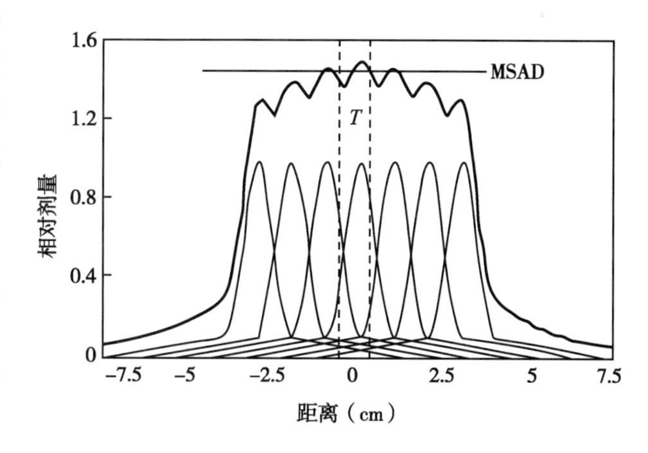

图3-53 多层扫描剂量贡献的图解说明

最常用的剂量测量结果是CT剂量指数（CTDI）。为了实际测量方便，CTDI剂量定义为14个切片的平均剂量：

$$CTDI=\frac{1}{nT}\int_{-7T}^{7T}D(z)\,dz \tag{3-37}$$

其中$D(z)$是剂量函数，T是断层成像的标称层厚，n是单独一次旋转中产生的断层图像数目。随着多层扫描设备的行数增加，数目n也可能增加。上面CTDI的描述是从下面的原始CTDI定义修改而来：

$$CTDI = \frac{1}{T}\int_{-\infty}^{\infty} D(z)\,dz \quad (3\text{-}38)$$

这是由于在无限长距离上计算积分的实际困难。GB 9706.18 标准规定测量 CTDI 的模体至少 14cm 长，针对头部，直径为 16cm，对于全身，直径为 32cm。尽管 CTDI 定义对实际测量很方便，当 T 很小时就出现问题。注意基于该定义的剂量计算限于 14 个扫描的宽度（14T），并假设在这些外界外的区域对剂量没有显著贡献。对于一个小的 T 值，该假设失效。于是出现 $CTDI_{100}$ 新的剂量指数。CT 剂量指数 100 的定义是单次轴向扫描产生的沿着垂直于体层平面的直线的剂量分布从 –50mm 到 +50mm 的积分，除以体层切片数 N 与标称体层切片厚度 T 的乘积，表达公式如下：

$$CTDI_{100} = \int_{-50\text{mm}}^{+50\text{mm}} \frac{D(z)}{N \times T} dz \quad (3\text{-}39)$$

式中：$D(z)$——沿着体层平面垂直线 z 的剂量分布，这个剂量是作为空气吸收剂量给出的；

N——X 线源在单次轴向扫描中产生的体层切片数；

T——标称体层切片厚度。

这里引用的术语 $CTDI_{100}$ 是美国食品药品管理局（FDA）21CRF 1020.33 中规定的从 –7T 到 +7T 的积分 CTDI 更具有代表性的剂量值，剂量按空气吸收剂量给出。这一规定是为了避免发生目前的混淆而要求的，因为有一些 CT 扫描装置的制造商是根据空气中的吸收剂量来表示剂量计算值，而另有一些制造商是根据有机玻璃的吸收剂量来表示剂量计算值。

因为 CT 扫描装置使病人暴露在 360°范围的 X 线辐射下，X 线剂量明显比常规 X 线更均匀。在常规 X 线照相中，位于 X 线入射面的表面接受了 100% 的剂量，随着穿透深度增加，剂量百分率迅速下降。出射照射量大约是入射照射量的 1% 或更小一些。对于头部 CT 扫描，病人中央接受了与周边差不多相同的辐射剂量。对于全身扫描，剂量均匀性随着病人尺寸的增加而下降。对于一个 35cm 直径的躯干，中心剂量是周边剂量的 1/5~1/3。为了解释剂量变化，提出了体积 $CTDI_w$（$CTDI_{vol}$），它组合了被扫描体积内不同位置的剂量信息。它基于下面公式计算：

$$CTDI_w = \frac{1}{3} CTDI_{100(中心)} + \frac{2}{3} CTDI_{100(周边)} \quad (3\text{-}40)$$

式中：$CTDI_{100(中心)}$——在 CT 剂量体模的中心处测得的值；

$CTDI_{100(周边)}$——在 CT 剂量体模的外围测得的平均值。

对于轴向扫描：

$$CTDI_{VOL} = \frac{N \times T}{\Delta d} CTDI_w \quad (3\text{-}41)$$

式中：N——X 线源单次轴向扫描产生的体层切片数；

T——标称体层切片厚度；

Δd——连续扫描之间患者支架在 z 方向移动的距离。

对于螺旋扫描：

$$CTDI_{\mathrm{VOL}}=\frac{CTDI_{\mathrm{w}}}{CT\ \text{螺距系数}} \tag{3-42}$$

CT 螺距系数的定义是：在螺旋扫描中 X 线源每转时的患者支架方向上的行程 Δd 除以标称体层切片厚度 T 与体层切片数 N 的乘积所得到的比值：

$$\text{CT 螺距系数}=\frac{\Delta d}{N\times T} \tag{3-43}$$

式中：Δd——Δ 射线源每转时的患者支架方向上的行程；

T——线源标称体层切片厚度。

N——X 线源在单次轴向扫描中产生的体层切片数。

对于预设定没有患者支架移动的扫描：

$$CTDI_{\mathrm{VOL}}=\mathrm{n}\times CTDI_{\mathrm{w}} \tag{3-44}$$

式中：n 等于最大的预设定的旋转数。

下面介绍一下病人所受剂量的影响因素：对于半扫描数据采集，由于 X 线只是在 180°加上一个扇角范围内旋转，X 线剂量不是均匀的。剂量不均匀性经常用来减少对操作者和病人敏感部分的剂量。例如，通过在 X 线管位于病人后面时打开 X 线，可明显减少进行活组织检查的操作者所受剂量。额外的好处包括减少了 X 线对病人前表面（更敏感的器官位于此处）的剂量。另一个影响剂量的重要因素是 X 线束的质量。大多数 CT 制造商提供了平板过滤器以去掉低能光子，否则它们将很快被病人吸收，如图 3-54。过滤器一般用铝或铜制成。过滤器设计的目标是在辐射剂量和低对比度性能之间实现较好的折中。为了进一步减少病人的表面剂量（以及减小数据采集系统的动态范围和提高噪声均匀性），可以使用一个附加的蝴蝶结式过滤器，如图 3-54 所示。蝴蝶结式过滤器用来补偿穿过扫描现场中病人的不同路径长度。由于蝴蝶结式过滤器从中心到外沿厚度迅速增加，可实现表面剂量的明显减少。许多其他因素也可以影响对病人的剂量。作为一个一般经验法则，X 线剂量增加直接正比于 X 线管电流（mA）和扫描时间（mAs）。它还随着峰值电压增加而增加。对于多层扫描设备，剂量在很大程度上受到 X 线的本影 - 半影比以及扫描过程中 X 线束（在 z 方向）稳定能力的影响，因为有效探测器区域限于射束的本影区。采用动态 X 线束调整技术，多薄层模式的剂量可以显著减少。另一个保持图像质量同时减少病人 X 线剂量的技术是采用基于病人衰减水平的调制 X 线管电流。由于根据实际探测到的信号（而不是一个预先确定值）确定管电流，操

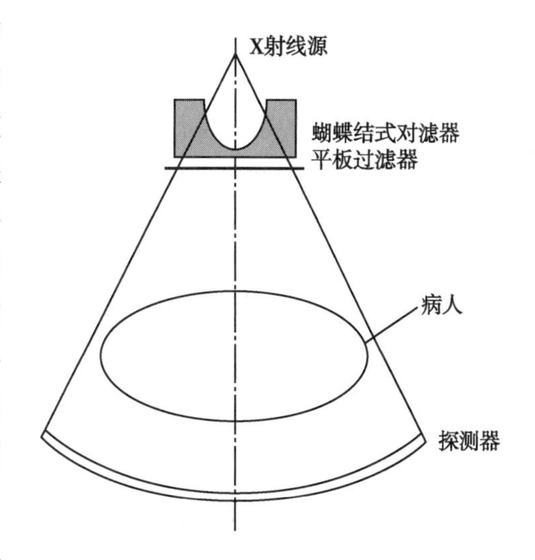

图 3-54　蝴蝶结式过滤器的图解说明

作者可以在扫描开始前选择一个重建图像中期望噪声水平，并让扫描设备确定所需管电流。一般，管电流随着投影角 β 以及位置 z 变化，如图 3-55 所示。这个方法不仅有助于减少病人剂量，还提供了更好的 X 线管冷却性能。图 3-55 中可以看到随着观测角 β 和位置 z 的变化，根据探测到的信号水平调制 X 线管电流。

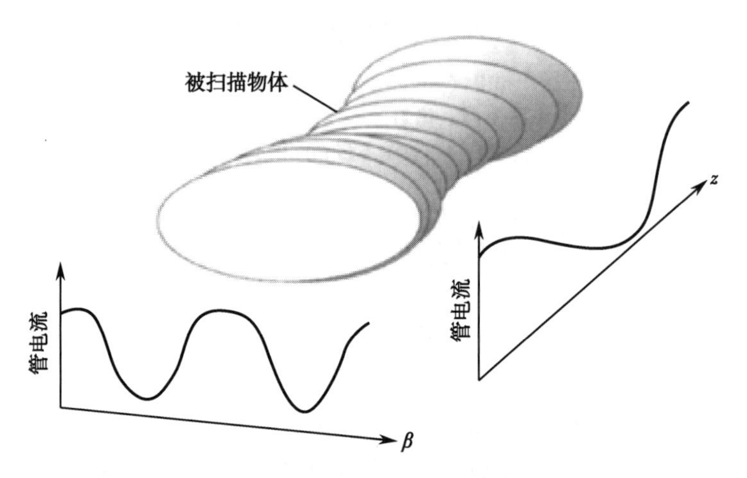

图 3-55　自动调节 X 线管电流

2. CT 剂量指数的测量　将 CTDI 剂量体模置于诊断床上移至机架扫描孔中心位置，体模轴线与扫描面垂直，将电离室探头插入头模中心孔，并保证电离室探头的有效敏感中心位于扫描层的中间层面。选择头部常规扫描条件对头模中心层面进行单层扫描，记录剂量仪上的剂量读数，重复扫描三次，记录读数。将电离室探头按顺时针顺序依次插入体模距表层 1cm 处的各小孔（剂量测定器孔分别位于中心、顶部、右侧、底部和左侧），确保所有余下的空孔均用固体丙烯酸棒填充。采用对应的扫描参数扫描，本节中测试图像性能和剂量测试时提到的参数都包括：扫描模式、旋转时间、kV、mA、层准直宽度、探测器覆盖范围、SFOV、图像层厚、重建滤波器、DFOV、窗宽和窗位。分别测量这几处的剂量，测量条件同前，每个位置重复测量三次，记录读数。使用相应公式计算 $CTDI_{100}$、$CTDI_{vol}$ 和 $CTDI_{w}$。

（五）轴向体层切片厚度（层厚）

1. 层厚概述　体层切片的定义是指在单次轴向扫描中采集到 X 线辐射传输数据覆盖过的体积。在沿轴有多排探测器的 CT 扫描装置中，它是指单排采集通道（被选中的器件组）采集到数据覆盖过的体积，并不是指受辐射的总体积。层厚的定义是指在体层切片等中心处所获得的灵敏度分布的最大半峰值全宽。

2. 层厚测试和校准方法　体层切片厚度由测量一条或多条适当斜坡材料在与扫描平面的交叉处的图像宽度来评价。该宽度定义为半峰值全宽。

试验器件包含一条或最好是两条已知的相对扫描平面倾角的斜坡，斜坡的线性衰减系数应不小于铝并且适合用于测量所有的可用的体层切片厚度。45°是典型的倾角值。斜坡是与扫描平面成一倾角的薄带或线状材料，斜坡的倾角和厚度不宜影响测量。也可使用由离散的珠子、圆盘或金属丝组成的斜坡。

具体测试操作：调整试验器件使它的轴与CT扫描装置的旋转轴重合。在试验器件放置好之后，应依照确定的一系列CT运行条件进行扫描。对于多排CT扫描装置，应至少评价两个外侧的体层切片和一个具体代表性的内部体层切片。

扫描图像的评价：背景材料的CT值通过调整窗宽到可能的最窄设定并且调整窗位到背景消失刚好一半时获得，记录背景CT值。按为建立背景的CT值所描述的方法建立每条斜坡的最大CT值，将每条斜坡的最大CT值加上背景CT值，然后将结果除以2从而获得每条斜坡最大CT值的半值，记录这些数值。设定最窄窗宽，调整窗位到每条斜坡最大CT值的半值，然后测量每条斜坡的宽度作为半峰值全宽（FWHM）（作为测量的体层切片厚度）。如果试验器件包含超过一条斜坡，平均所有结果获得平均的FWHM值。将FWHM值乘上斜坡到扫描平面倾斜角的正切值（即斜率），这一个结果为轴向扫描的体层切片厚度。如果CT扫描装置提供基于上述方法的自动的体层切片厚度的评价方法，可以使用。像素大小和重建算法不宜对测量有任何影响。应适当选择视野以便在图像中的斜坡检测不受影响。应适当选择重建算法则以便平滑效应被减到最少。这对1mm或小于1mm的标称体层切片厚度是尤其重要的。如果使用的是一条斜坡，推荐在斜坡测量几条线值并使用平均值。如果CT扫描装置操作软件提供沿着一条线将像素值图示和评价的工具，该切片厚度曲线用来测定斜坡图像的半峰值全宽度，根据斜坡倾斜角进行校正后表示为序列体层切片厚度。在国家行业标准中关于层厚误差的规定是：对大于2mm的厚度：±1.0mm，对1mm到2mm的厚度：±50%，对小于1mm的厚度：±0.5mm。

（六）患者支架的定位

患者支架的定位准确度包括纵向定位和回差的评价。患者支架纵向（包括向前和向后）的定位准确度，即测量的纵向移动距离与固定的设定距离的偏差。

患者支架的检测和校准方法是：首先，在患者支架上放置等效于一个人体重但不超过135kg的负载。在患者支架移动部件上以方便的方式固定一个标志，另一个标志固定在与它邻近的直尺上。将患者支架移动一个设定的距离并且测量纵向移动距离（两个标志之间的距离）。将患者支架移回到设定的初始位置并且测量两个标志之间的距离，即回差。然后向相反的方向重复上述移动并且测量对应于上述测量的纵向移动距离（两个标志之间的距离）和回差。上述测试程序应在正常CT运行条件重复进行，患者支架在扫描模式下驱动，以向前和向后两个方向移动30cm进行测量。

（七）患者定位准确度

患者轴向定位灯准确度包括矢状位和冠状位的定位灯准确度。

1. 患者轴向定位准确度　患者轴向定位灯和扫描平面的相互关系由定位和扫描一

个细薄的吸收体来试验，试验器件由一个细薄的吸收体所组成，例如约 1mm 直径的金属丝。

（1）对于指示扫描平面的内部患者定位灯测试如下：试验器件应安放在与体层平面平行的内部光野中心。在光野中心采集大约覆盖 ±3mm 范围的窄序列体层，应用不大于 1mm 的进床步进来获得最薄的体层切片厚度。其他可选的，可以将 X 线胶片放置在等中心及患者定位光野中心。应使用 2mm 或小于 2mm 的体层切片厚度进行断层扫描。如果 CT 扫描装置提供其他自动的患者定位准确度的评价方法，经过确认后可以使用。

（2）对于外部患者定位灯：试验器件应安放在与体层平面平行的外部光野中心。CT 扫描装置应可以自动地将试验器件移进扫描平面内。应在光野中心采集大约覆盖 ±3mm 范围的窄序列体层，应用不大于 1mm 的进床步进来获得最薄的体层切片厚度。

其他可选的，可以将 X 线胶片放置在等中心及患者定位光野中心。CT 扫描装置应该可以自动将胶片移动进入扫描平面。应使用 2mm 或小于 2mm 的体层切片厚度进行断层扫描。

如果CT扫描装置提供其他自动的患者定位准确度的评价方法，经过确认后可以使用。

（3）使用扫描的 X 线投影照片（预览图像）进行体层平面自动定位：试验器件应放置在 CT 扫描装置的患者支架上并与 x 轴平行。先扫描一个 X 线投影照片（预览图像），在预览图像中体层切片的位置应精确定义在试验器件上。CT 扫描装置应可以自动地将试验器件移进扫描平面内。在试验器件位置上采集大约覆盖 ±3mm 范围的窄序列体层，应用不大于 1mm 的进床步进来获得最薄的体层切片厚度。如果 CT 扫描装置提供其他应用 X 线投影照片进行体层平面自动定位的评价方法，经过确认后可以使用。对每一项试验，选用试验物体最高 CT 值的图像，选择的图像应在光野或预览图像中试验物体位置的 ±2mm 范围。

2. 矢状位和冠状位的定位灯准确度 矢状（左 / 右）和冠状（上 / 下）患者定位灯与图像等中心的关系用放置在等中心的一个细小的吸收体来试验。应通过将试验器件定位在体层平面上矢状和冠状定位光野的交叉处，将试验器件放置在 CT 扫描装置中心。应运用约 10cm 的重建视野和适当的曝光参数来获取一幅体层图像。查看试验器件的图像，并且根据图像的中心定出试验器件的位置。图像中心可以通过重叠上一个坐标网或表示 X 和 Y 坐标（0，0）的坐标轴来确定。检测结果应使用随机文件规范里声明的数值和允许的误差来判定。

（孙智勇）

思考题

1. 医用 X 线诊断设备是如何分类的？

2. 简述空间分辨率和低对比度分辨率的区别。
3. 请列举 DSA 检测与校准中的主要参数。
4. DSA 的空间分辨率与低对比度分辨率主要受哪些因素影响?
5. 医用 X 线乳腺摄影设备分为哪三种类型?
6. 医用 X 线乳腺摄影设备常用检测与校准装置有哪些?
7. 医用 CT 机主要检测项目有哪些?

第四章

医用磁共振成像设备

医用磁共振成像设备是利用核磁共振现象制成的一类用于医学检查的成像设备。利用主磁场、射频电磁波和梯度磁场使不同环境下的氢原子核以不同的频率进动，对不同的组织进行编码，从而得到各个方位的解剖学、生理学、病理学图像的过程称为磁共振成像（magnetic resonance imaging，MRI）。磁共振成像技术由于其无辐射、分辨率高等优点被广泛地应用于临床医学与医学研究。必须对该类设备的安全性与有效性进行系统、规范的检测与校准，才能确保其质量始终达到临床工作的要求。

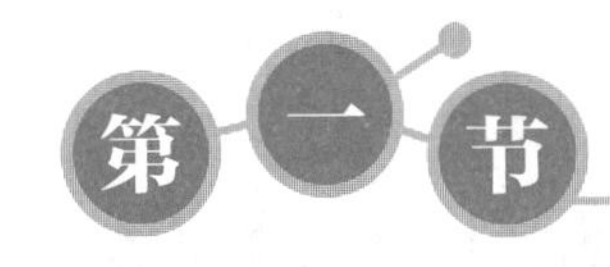

医用磁共振成像设备概述

一、医用磁共振成像设备成像原理与分类

（一）磁共振成像原理

含单数质子的原子核，例如人体内广泛存在的氢原子核，其质子有自旋运动，带正电，产生磁矩，有如一个小磁体。小磁体自旋轴的排列无一定规律。但如在均匀的强磁场中，则小磁体的自旋轴将按磁场磁力线的方向重新排列。在这种状态下，用特定频率的射频脉冲（radio frequency，RF）进行激发，作为小磁体的氢原子核吸收一定量的能而共振，即发生了磁共振现象。

停止发射射频脉冲，则被激发的氢原子核把所吸收的能逐步释放出来，其相位和能级都恢复到激发前的状态。这一恢复过程称为弛豫过程，而恢复到原来平衡状态所需的时间则称之为弛豫时间。有两种弛豫时间，一种是自旋-晶格弛豫时间，又称纵向弛豫时间，反映自旋核把吸收的能传给周围晶格所需要的时间，也是90°射频脉冲质子由纵向磁化转到横向磁化之后再恢复到纵向磁化激发前状态所需时间，称 T_1。另一种是自旋-自旋弛豫时间，又称横向弛豫时间，反映横向磁化衰减、丧失的过程，也即是横向磁化所维持的时间，称 T_2。T_2 衰减是由共振质子之间相互磁化作用所引起，与 T_1 不同，它引起相位的变化。

人体不同器官的正常组织与病理组织的 T_1 是相对固定的，而且它们之间有一定的差别，T_2 也是如此。这种组织间弛豫时间上的差别，是MRI的成像基础。有如CT时，组织间吸收系数（CT值）差别是CT成像基础的道理。但MRI不像CT只有一个参数，即吸收系数，而是有 T_1、T_2 和自旋核密度（P）等几个参数，其中 T_1 与 T_2 尤为重要。因此，获得选定层面中各种组织的 T_1（或 T_2）值，就可获得该层面中包括各种组织影像的图像。

把检查层面分成Nx，Ny，Nz……一定数量的小体积，即体素，用接收器收集信息，数字化后输入计算机处理，获得每个体素的 T_1 值（或 T_2 值），进行空间编码。用转换器将每个T值转为模拟灰度，重建图像。

（二）医用磁共振成像设备分类

医用磁共振成像设备可以有多种分类方法：

1. 按主磁体分类

（1）永磁型：其主磁体由铝镍钴、铁氧体和稀土钴等永磁型材料制造。它们不需电源就能产生磁场。其场强可以达到 0.3T。

该类磁共振成像设备磁场强度较低，磁场稳定性和均匀性较差，容易受外界影响。目前多用于四肢、头部、乳腺的成像。

（2）常导型：主磁体又称为阻抗性主磁体。是根据电流产生磁场的原理制造而成的。其结构主要由各种线圈组成。

该类磁共振成像设备功耗大，需要完善的循环水冷措施，运行费用高：磁场稳定性和均匀性差，现在已逐步淘汰。

（3）超导型：主磁体利用超导特性制造而成。其最高磁场强度可以达到 8.0T。

该类磁共振成像设备场强高，磁场稳定性和均匀性好，磁场强度可以调节。但超导线圈必须浸泡在密封的液氦杜瓦中才能工作，技术复杂，成本高。

（4）混合型：主磁体由两种或两种以上的磁体技术制造而成。比较常见的是永磁型和常导型混合制造而成。

该类磁共振成像设备可以产生较高的场强，磁场稳定性和均匀性较好。

2. 按成像范围分类

（1）实验用磁共振成像设备：主要用于动物、生化制品等研究领域，测量孔径小。

（2）局部磁共振成像设备：测量孔道短，主要用于头、乳腺、四肢等特殊部位，其检查孔径的大小和形状适应特殊部位的需要。

（3）全身磁共振成像设备：检查孔径大，检查孔道大。适应于全身各部位的检查。

3. 按磁场强度分类

（1）低场强型：0.5T 以下的磁共振成像设备。

（2）中场强型：（0.5~1.0）T 的磁共振成像设备。

（3）高场强型：（1.0~2.5）T 的磁共振成像设备。

（4）超高场强型：≥3.0T 的磁共振成像设备。

（三）医用磁共振成像设备临床应用

医用磁共振成像设备具有良好的组织分辨力，没有骨骼伪影干扰，可以实现多参数成像并能获得任意方向的断层图像，在临床上主要应用于以下检查：

1. 对心脏、大血管系统的诊断。
2. 对中枢神经系统的诊断。
3. 对头、颈部的诊断。
4. 对肌肉、关节系统的诊断。
5. 对纵隔、盆腔、腹腔等器官的诊断。
6. 对乳腺的诊断。

医用磁共振设备成像设备还可以进行功能成像，得到组织的功能信息，用于皮层中枢功能区的定位及其他脑功能的深入研究。磁共振功能成像（functional MRI，fMRI）在脑功能研究中起着至关重要的作用。

二、医用磁共振成像设备的标准体系概述

目前，国内还没有制定颁布医用磁共振成像设备的国家标准，北京、浙江、江苏、广东、福建等省市制定了各自的地方标准，检测时，可参照执行。

1. JJF（京）30-2002《医用磁共振成像系统（MRI）检测规范》 该规范适用于新安装、使用中和影响成像性能的部件修理后的医用 MRI 系统的检测。

2. JJG（浙）80-2005《医用磁共振成像系统（MRI）检定规程》 该规程适用于医用 MRI 系统的首次检定、后续检定和使用中检验。

3. JJG（苏）71-2007《医用磁共振成像系统（MRI）检定规程》 该规程适用于医用 MRI 系统的首次检定、后续检定和使用中检验。

4. JJF（粤）009-2008《医用磁共振成像系统（MRI）计量检定规程》 该规程适用于医用 MRI 系统的首次检定、后续检定、使用中检验和影响成像性能的部件修理后的计量检定。

5. JJG（闽）1041-2011《医用磁共振成像（MRI）系统检定规程》 该规程适用于医用 MRI 系统的首次检定、后续检定和使用中检验。

6. YY/T 0482-2010《医用成像磁共振设备主要图像质量参数的测定》 该标准规定了主要的医用磁共振设备图像质量参数的测量程序，在该标准中陈述的测量程序适用于：在验收试验时进行质量评价，在稳定性试验时进行质量保证。该标准的范围也仅限于测试模具的图像质量特性，而不是对患者的图像。

7. WS/T 263-2006《医用磁共振成像（MRI）设备影像质量检测与评价规范》 该标准规定了医用 MRI 设备影像质量检测项目与要求、检测方法和评价方法。该标准适用于永磁体、电磁体和超导磁体医用 MRI 设备的验收检测和状态检测。

（郭永新　许照乾）

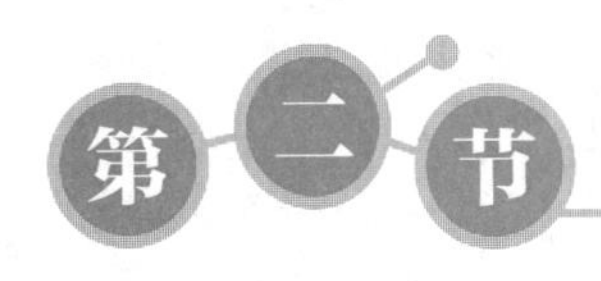

第二节 医用磁共振成像设备检测与校准

一、磁共振常用检测与校准装置

1. Magphan SMR 170 性能测试模体 是评估磁共振设备的专用检测模体，拥有一系列特殊结构固定于均匀溶液中，其结构紧凑小巧，便于携带，层厚和定位测试方便合理，已得到绝大多数 MRI 生产厂家及检测部门的认可（图 4-1）。可以检测的主要技术指标有信噪比、空间分辨力、低对比度分辨力、层厚、几何线性、纵横比、图像均匀性等。Magphan SMR 170 直径为 200mm。

测试模体中的空间分辨力及几何线性模块如图 4-2 所示，该模块有每厘米 1 到 11 个线对的空间分辨力测试卡，分别为 1、2、3、4、5、6、7、8、9、10、11lp/cm；同时具有横向、纵向分别为 2、4、8mm 的空间线性测试卡。

测试模体中的低对比度分辨力模块如图 4-3 所示，低对比度分辨力使用不同直径、不同深度的一些列孔的图像来实现，测试孔直径 4mm、6mm、10mm，深度 0.5mm、0.75mm、1.0mm、2.0mm。

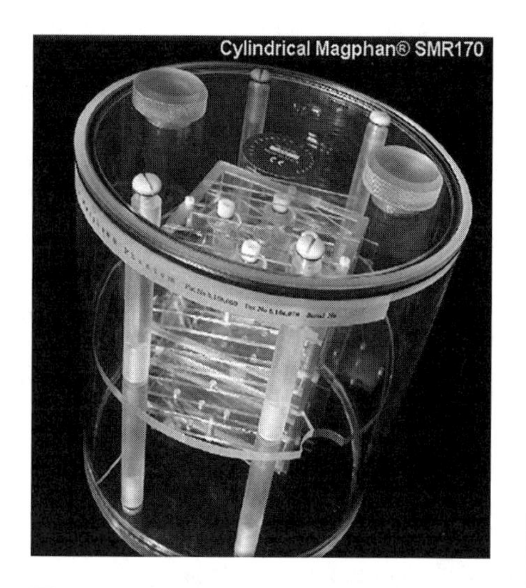

图 4-1　Magphan SMR 170 性能测试模体

2. 磁场强度测试仪　是一种高精度的专业性、多通道、大量程的磁场强度测试仪。可以采用 8 个通道同事进行测试，测试范围可以从（0.043~13.7）T，精度可以达到 10^{-7}T。具有强大的自动搜索功能，可以在选定的量程范围内自动锁定信号，测量极为方便。

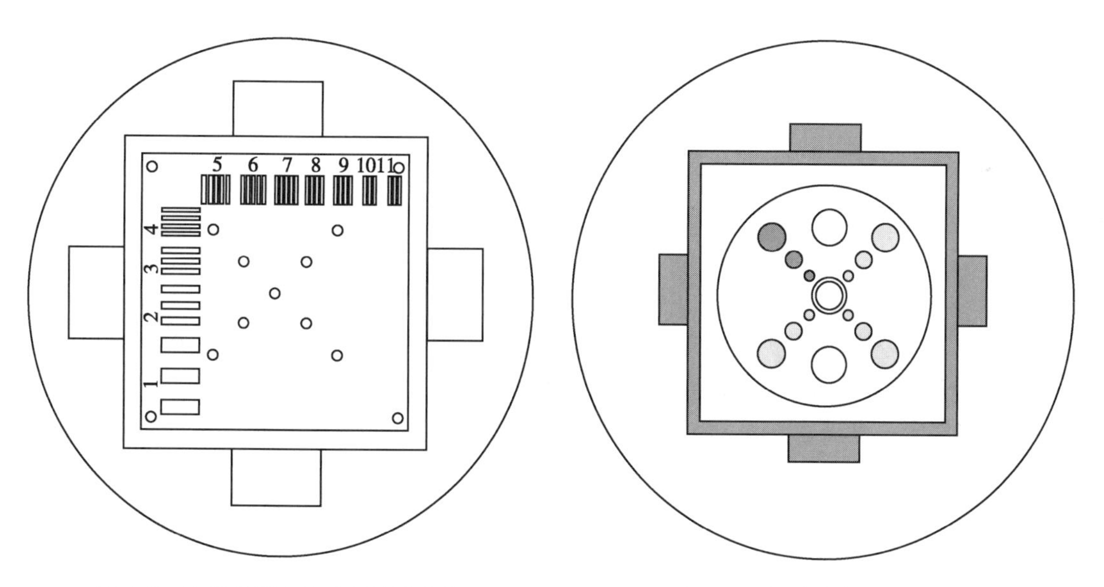

图 4-2　空间分辨力及几何线性模块

图 4-3　低对比度分辨力模块

二、主要参数检测方法

医用诊断磁共振成像系统的检测与校准

医用磁共振成像系统检测与校准主要依据 JJG（浙）80-2005《医用磁共振成像系统（MRI）检定规程》与 WS/T 263-2006《医用磁共振成像（MRI）设备影像质量检测与评

价规范》，主要检测项目与检测方法如下：

1. 信噪比 是指图像的信号强度与背景随机噪声强度之比。所谓信号强度是指图像中某代表组织的一感兴趣区内各像素信号强度的平均值；噪声是指同一感兴趣区等量像素信号强度的标准差。重叠在图像上的噪声使像素的信号强度以平均值为中心而振荡，噪声越大，振荡越明显，信噪比越低，见公式（4-1）。

$$SNR=\frac{M}{SD} \tag{4-1}$$

式中，M 表示均匀球模中心感兴趣区的信号强度平均值；SD 为同一感兴趣区信号强度的标准差。

2. 图像均匀性 指当被成像物体具有均匀的 MRI 特性时，MRI 成像系统在扫描整个体积过程中产生一个常量信号响应的能力。图像均匀性描述了 MRI 对体模内同一物质区域的再现能力。测量时，对充满均匀液体的体模进行扫描，在感兴趣区里选取 9 个测量区，分别为感兴趣区中心感兴趣区以及边缘 0°、45°、90°、135°、180°、225°、270°、315°，测量区为 100 个像素点，确定每个测量区的信号强度值。选取上述 9 个测量区的信号强度最大值和最小值，按下式计算差值和中值及图像的均匀性：

$$\Delta=\frac{S_{max}-S_{min}}{2} \tag{4-2}$$

$$S'=\frac{S_{max}+S_{min}}{2} \tag{4-3}$$

$$U_{\Sigma}=\left[1-\frac{\Delta}{S'}\right]\times100\%=\left[1-\frac{S_{max}-S_{min}}{S_{max}+S_{min}}\right]\times100\% \tag{4-4}$$

式中：S_{max} 为最大的信号强度值；S_{min} 为最小的信号强度值；Δ 为信号强度最大值和最小值的差值的一半；S' 为信号强度最大值和最小值的中值；U_{Σ} 为图像的均匀性。

3. 线性度 是描述任何 MR 系统所产生图像几何变形程度的参数，又称几何畸变，指物体图像的几何形状或位置的改变程度。线性度体现了 MRI 重现物体几何尺寸的能力。图像的线性不好，即所得图像有几何扭曲，不能真实反映成像物体的几何结构。

测量方法：有效视野（FOV）不小于 250mm，测量体模纵、横、斜图像的尺寸；根据测量结果，按下式计算空间线性：

$$L=\frac{|D-D_0|}{D_0}\times100\% \tag{4-5}$$

式中，L 为空间线性；D_0 为实际尺寸，单位：mm；D 为测量尺寸，单位：mm。

4. 纵横比 是描述任何 MR 系统所产生图像变形程度的参数，指物体图像的形状改变程度。使用具有规则形状的模体作为检测工具，如成像模体为矩形时，纵横比表示影像上纵向与横向长度的比值；成像模体为圆柱形时，纵横比是影像纵向直径与横向直径间的比值。

$$H=\frac{L_z}{L_h}\times 100\% \tag{4-6}$$

式中，H 为纵横比；L_z 为纵向示值，单位：mm；L_h 为横向示值，单位：mm。

5. 层厚 是MRI系统的一个重要参数，其定义为成像层面灵敏度剖面线的半高全宽度（full width at half-maximum，FWHM），是指成像面在成像空间第三位方向上的尺寸，表示一定厚度的扫描层面，对应的是一定范围的频率带宽。对于层厚的测量我们可以使用倾斜板法测量。

倾斜板测量法如图4-4所示。

将窗宽调至最小，调节窗位为倾斜板信号强度与背景信号强度之和的一半，测量图像中倾斜板的尺寸。

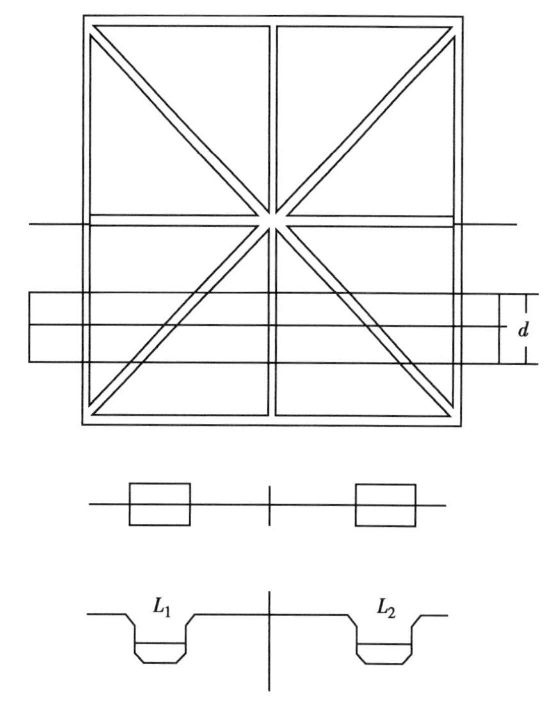

图4-4 倾斜板的测量示意图

d：扫描厚度；L_1，L_2：实际测量层厚

6. 空间分辨力 是指MR图像对解剖细节的显示能力，实际上就是成像体素的大小，体素越小，空间分辨力越高。

测量方法：使用256×256采集矩阵，有效视野（FOV）不小于250mm，测量模体中的高对比分辨力组件。

分析方法：将图像窗宽调至最小，窗位调至测量区与背景区之和的一半，分辨出最小尺寸的一组线对即为空间分辨力。

7. 低对比度分辨力 其大小反映MRI设备分辨信号大小相近物体的能力，即MRI设备的灵敏程度。

测量方法：使用256×256采集矩阵，有效视野（FOV）不小于250mm，测量模体中的低对比度分辨力组件。

分析方法：将图像窗宽和窗位调至合适的位置，分辨出最小的一组圆孔即为低对比度分辨力。

8. 主磁场强度 是指线圈内中心区域的磁场强度。

使用特斯拉计置于线圈中心区域，读取特斯拉计示值，重复测量三次，按下式计算误差：

$$\Delta_B=\frac{T_0-T}{T}\times 100\% \tag{4-7}$$

式中，Δ_B 为磁场强度误差，%；T_0 为MRI标称磁场强度，单位：T；T为特斯拉计三次重复测量的平均值，单位：T。

注意：医用磁共振和设备检测与校准时，模体的正确摆位至关重要。因此首先进行模体定位（图 4-5）。把模体水平放置在扫描床上已装好的头部线圈内，测试模体置于线圈中间，用水平仪检查是否水平，其轴与扫描孔的轴平行，定位光线对准模体的中心，并将其送入磁体中心。

检测通常采用自旋回波序列扫描，具体参数为：TR/TE 为 500 毫秒 / 30 毫秒，扫描矩阵 256×256，层厚为 5mm，扫描野 FOV 为 25cm，采集次数为 2 次。

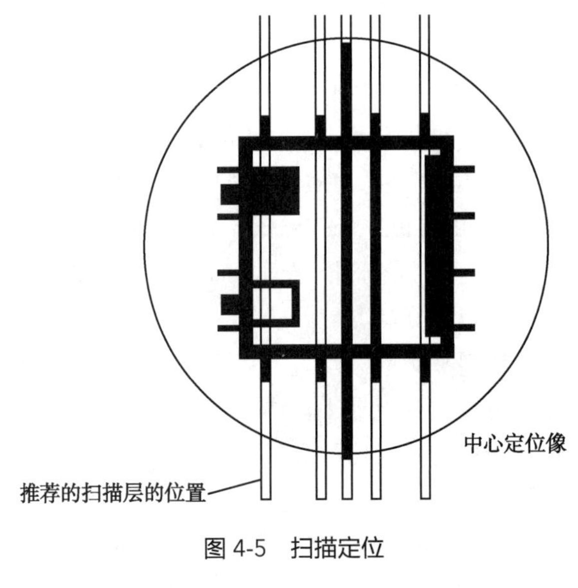

图 4-5　扫描定位

（许照乾　刘兆玉）

思考题

1. YY/T 0482-2010《医用成像磁共振设备主要图像质量参数的测定》的适用范围是什么?

2. 磁共振的主要性能参数有哪些?

3. 磁共振检测所用模体的不同用途及区别。

第五章

核医学影像设备

核医学显像是现代临床影像学的重要组成部分。与磁共振（MRI）、X线计算机体层摄影（CT）和超声等反映结构信息的医学成像技术不同，核医学显像是一种功能成像医学影像技术，它通过显示放射性药物在人体内的分布来反映人体的生理生化信息，例如组织灌注、糖代谢和基因表达等。核医学显像的基本过程是先将某种放射性核素标记在药物上形成放射性药物（也称为放射性显像剂），例如临床常规使用的氟18脱氧葡萄糖（^{18}F fluorodeoxyglucose，^{18}F-FDG），之后将放射性药物注射入人体，由于不同脏器和组织对其吸收不同，在人体内形成一定的放射性药物分布。这些放射性药物上的放射性核素不断衰变，并产生γ射线，从而形成辐射源。利用置于体外的探测系统可以对体内核素发出的γ射线进行检测，从而构成放射性药物在人体内分布的图像。一般来说，在疾病形成和发展的过程中，人体器官和组织在功能上的变化要早于其在结构形态上的变化，因此核医学显像在临床中具有特殊重要的意义。

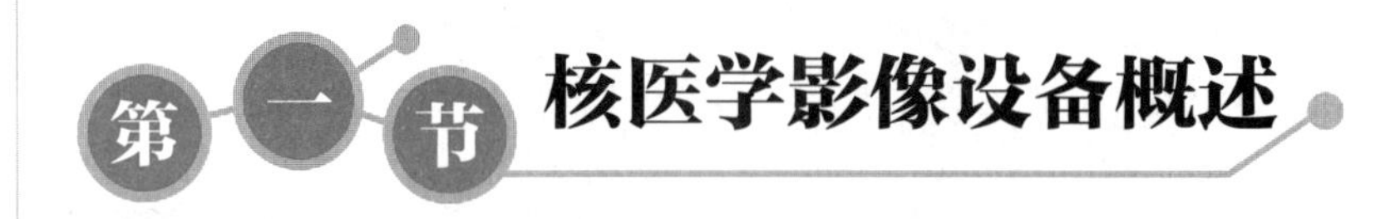

第一节 核医学影像设备概述

核医学影像设备的发展可以追溯到20世纪50年代。早期的核医学设备主要对γ光子进行计数，通过计数的多少来表征不同测量部位的放射性药物浓度。随着同位素扫描仪和伽马相机的出现，人们可以直观地获得放射性药物在生物体内分布的图像。同位素扫描仪和伽马相机均属于平面成像设备，与X线摄影设备类似，所得到的图像为二维投影图像，深度方向的信息由于叠加在一起，无法清晰地显示。

计算机断层成像技术的发展，使得人们可以利用围绕成像物体的一系列角度的二维投影信息重建出物体的断层图像。同样地，利用不同角度检测到的γ射线的平面投影，也可以重建得到放射性药物在人体内的三维空间分布情况。基于断层成像的原理，Kuhl等在20世纪60年代研制了单光子发射计算机断层成像（single-photon emission computed tomography，SPECT）设备，Phelps等在20世纪70年代研制了正电子发射断层成像（positron emission computed tomography，PET）设备。SPECT和PET设备的出现以及临床应用，极大地推动了现代核医学的发展。

一、核医学影像设备的分类与性能指标

1. 单光子成像设备 利用放射性核素的γ衰变，即衰变过程中产生的γ射线进行成像。以在核医学诊断中广泛使用的锝同位素^{99}mTc为例，其衰变过程中会产生140keV的γ射线，利用探测器在体外检测该γ光子，可以进行单光子成像。单光子成像设备包括产生二维图像的伽马相机和产生断层图像的单光子发射断层成像（SPECT）系统。在伽马相机中，一般使用一个二维的平面探测器对沿某个角度的γ射线进行捕获检测，并生成该角度下放射性药物分布的投影图像。进一步，单光子发射断层成像（SPECT）系统则通过旋转这个二维的平面探测器获得一系列角度下的投影数据，之后通过重建算法得到放射性药物分布的断层图像。通常来说，伽马相机是SPECT的核心部件之一，由于SPECT设备可以包含伽马相机的所有功能，单一功能的伽马相机在临床中正逐渐被SPECT设备所取代。

由于SPECT同时兼具平面成像和断层成像的功能，因此对SPECT设备的性能评估应包括其平面成像性能和断层成像性能。其中，平面成像性能由SPECT设备的探头（即伽马相机）决定，性能指标包括空间分辨率、线性度、能量分辨率、均匀性、计数率特征等。SPECT设备的断层成像性能指标包括断层图像的均匀性、断层空间分辨率、容积灵敏度、旋转中心偏移等。当进行全身扫描时，还需考虑SPECT设备全身扫描的空间分辨率和均匀性等。

2. 正电子成像设备 有一类放射性核素，如 ^{18}F、^{11}C、^{15}O 和 ^{13}N 等，在衰变过程中产生 β 粒子，也称为正电子。正电子会很快和周围环境介质中的电子结合发生质量湮灭，并由此转化成一对能量为 511keV 的 γ 光子。正电子成像设备一般通过放置在人体周围的环形探测器阵列检测这一对 γ 光子，从而可以获得不同角度下的投影数据，并通过重建算法生成放射性药物在人体内分布的断层图像。

PET 设备的核心是 γ 射线探测器，探测器所用晶体材料的不同，晶体的尺寸以及数量的不同，晶体和光电转换器件的组合结构的不同，均会导致探测器性能的差异，进而影响到 PET 设备的系统性能。另外，系统的几何结构、数据采集方式、校正和重建算法等也会对系统性能造成影响。PET 设备的性能指标包括空间分辨率、灵敏度、散射分数、计数特性、图像对比度等。需要指出的是，PET 设备的这些性能指标往往相互关联，当一项指标提升时，往往会带来其他一些指标的下降。因此，对于 PET 设备性能的评价，应当综合考虑各项主要性能指标。

二、核医学影像设备的标准体系概述

随着核医学影像设备在临床上的应用，一些国际组织及国家分别制定了核医学影像设备的质量检测标准，简介如下。

1. 国际电工委员会（International Electrotechnical Commission，IEC）标准 IEC 在 1992 年发布了伽马相机的性能测试标准 IEC 60789，该标准最新版本为 2005 年发布的第 3 版。之后，IEC 在 1998 年又发布了针对 PET 设备性能测试的 IEC 61675-1 标准、针对 SPECT 断层成像设备性能测试的 IEC 61675-2 标准和针对伽马相机全身成像设备性能测试的 IEC 61675-3 标准，这些标准目前也分别更新至不同的最新版本。需要指出的是，以上 IEC 标准主要面向核医学影像设备的验收测试。为满足设备在临床日常使用过程中的性能测试要求，IEC 又发布了 IEC 61948 系列标准，包括针对伽马相机和 SPECT 设备日常测试的 IEC 61948-2 标准以及针对 PET 设备日常测试的 IEC 61948-3 标准。

2. 美国国家电气制造商协会（National Electrical Manufacturers Association，NEMA）标准 NEMA 标准由美国国家电气制造商协会制定，主要针对设备的物理性能测试，规定了相应的测试条件和测试方法，是国际上较为通用的核医学影像设备性能检测标准。目前，核医学影像设备在数据手册中一般均会标注采用 NEMA 标准测试得到的设备性能参数。对伽马相机和 SPECT 设备，NEMA 标准的命名为 NEMA NU 1，并相继发布了 1994 版、2001 版和 2007 年版 3 个版本；对 PET 设备，NEMA 标准的命名为 NEMA NU 2，除上述 1994、2001 和 2007 年份的版本外，还包含最新发布的 2012 版本。这些不同年份版本之间的区别主要是针对产品的新技术，改进或发布相应的测试方法。以 PET 设备的 NEMA NU 2 系列标准为例，在 20 世纪 90 年代中后期，PET 设备在技术上经历了从二维采集到三维采集的重大变化，因此 NEMA NU 2-2001 版本无论是测试用模体，还是测试性能指标的方法都和 NEMA NU 2-1994 版本有本质区别。2000 年后，以硅酸镥（lutetium oxyorthosilicate，LSO）和硅酸钇镥（lutetium yttrium oxyorthosilicate，LYSO）为代表的含镥元素的晶体材料逐渐在PET设备中得到应用，由于镥元素具有自辐射的特性，设备的本底计数成为无法忽略的一个问题，因此在NEMA NU 2-2007版本中增加了针对自辐射晶体的内容。

3. 中国国家标准 针对核医学影像设备的性能测试，我国医用电气标准化技术委员会也制定了相应的系列国家标准。包括针对伽马相机性能测试的GB/T 18989标准、针对PET设备性能测试的GB/T 18988.1标准、针对SPECT断层成像设备性能测试的GB/T 18988.2标准和针对伽马相机全身成像设备性能测试的GB/T 18988.3标准。需要指出的是，我国目前使用的SPECT和PET等核医学影像设备主要为进口产品，其出厂性能指标均为NEMA标准的性能指标，而部分NEMA标准性能指标的定义和测试方法和IEC标准存在差异。为适应这种情况，上述国家标准均采用将IEC标准和NEMA标准并列的形式，即在标准的正文部分等同或修改采用相应的IEC标准，而将相应的NEMA标准作为附录，并规定在性能测试过程中可完整选用IEC标准或NEMA标准规定的性能指标和测试方法。

（张　辉）

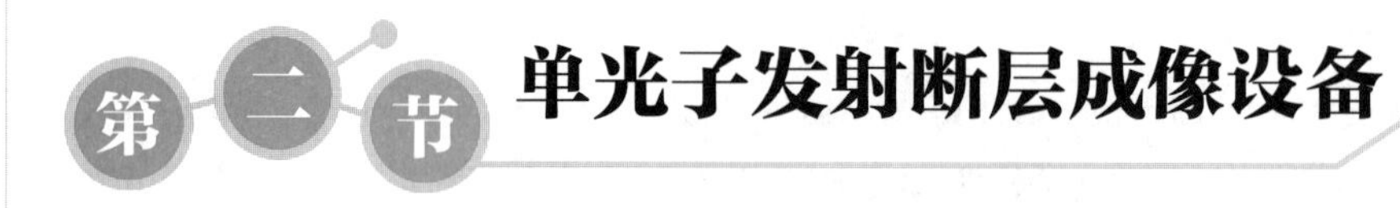

第二节 单光子发射断层成像设备

一、单光子发射断层成像设备（SPECT）概述

（一）单光子发射断层成像设备（SPECT）基本原理

SPECT是一种基于核素示踪技术的医学成像装置，它通过γ射线光子探测器获得放射性核素或其标记化合物（一般为经静脉注射的γ射线示踪药物）在人体内的密度分布，进而获得表征人体内各脏器、组织或病变的位置、形态及功能的数字影像。

SPECT是在伽马照相机（γ camera）的基础上逐步发展起来的。伽马照相机是核医学最基本的成像设备，主要由准直器、闪烁晶体、光导、光电倍增管、定位电路、能量电路、显示记录系统等组成，主要用于探测人体内放射性核素的分布，形成静态或动态的核素分布图像。其中准直器、闪烁晶体、光导、光电倍增管和相关电路统称为探头，是伽马照相机的核心部分。探头的作用是定量检测人体内的放射性核素所辐射出的γ射线，探头的性能决定了伽马照相机的成像性能。

然而，通过伽马照相机仅可获得人体内核素分布的二维图像，缺乏深度信息。在伽马相机的基础上，使探头围绕人体旋转，并在旋转过程中采集不同角度的序列投影图像，再对序列图像利用滤波反投影等算法进行三维重建，即可获取目标区域的三维断层图像。

可见，在伽马照相机的基础上，增加旋转机械控制装置和计算机图像重建信号处理装置，即构成了一种可获取体内放射性核素三维分布信息的成像装置，即 SPECT 系统，如图 5-1 所示。

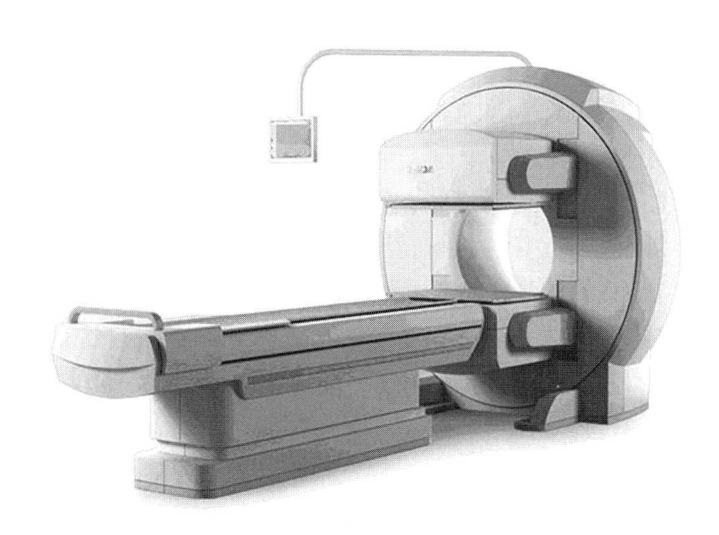

图 5-1　SPECT 系统产品

常规 SPECT 系统一般由探头、机械控制装置、图像处理装置构成，如图 5-2 所示。其中探头与伽马照相机的探头相同，此类 SPECT 系统也称为伽马照相机型 SPECT 系统。与伽马照相机类似，SPECT 系统的探头性能也决定了 SPECT 系统的成像质量。在 SPECT 中，为了快速获得扫描不同角度的序列图像，往往采用多个（常见的数量为 2~4 个）探头同时扫描的方式。

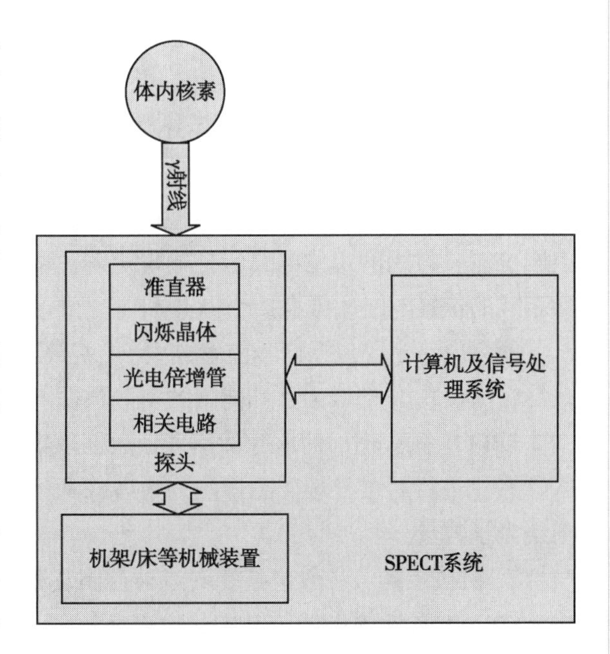

图 5-2　SPECT 系统的结构框图

1. 准直器　安装在探头的最外层，是 γ 射线的空间方向选择器。由于体内放射性核素所发射的 γ 射线在空间中沿任意方向传播，探测器难以准确定位 γ 射线的空间方位，需用通过准直器限制射入探测器的射线的空间视野。准直器一般是铅或铅钨合金构成，其作用是屏蔽视野外的与准直器孔角不符的射线，让视野范围内符合角度方向的 γ 射线通过准直器小孔进入闪烁晶体。准直器开孔的数量、孔径、几何长度、角度、间隔厚度等依准直器的功能不同而有所不同，也决定了系统的空间分辨率、灵敏度和能量范围等性能参数。

准直器的空间分辨率指探头分辨两个相邻放射源的能力，一般以准直器单个孔的线源响应曲线的半高宽（full width at half maximum，FWHM）来表示，空间分辨率越高，则 FWHM 的值越小。通常，准直器的孔径越小，厚度越大，则分辨率越高。

准直器的灵敏度指配置该准直器后探头接收来自放射源的 γ 射线的能力，一般用测得的单位活度的计数率表示。当准直器孔径越大，则灵敏度越高；而准直器越厚，孔间壁越大，则灵敏度越低。

从上面的分析可以看出，灵敏度和空间分辨率是相互制约的一组矛盾体。较高的空间分辨率，往往要以牺牲灵敏度为代价，反之亦然。准直器的设计需要在灵敏度和空间分辨率之间进行权衡，以获得最佳的系统性能。

准直器适用的射线能量范围主要与孔间壁厚度有关。通常，2.0mm 的厚度适用于高能射线（>350keV）；1.5mm 的厚度适用于中能射线〔（150~350）keV〕；0.3mm 的厚度适用于低能射线（<150keV）。

2. 闪烁晶体 一般采用碘化钠 NaI（Tl）晶体，用于将透过准直器的高能 γ 射线转换为可见光。闪烁晶体的厚度与探头的灵敏度、空间分辨率均有密切关系。通常，晶体较厚时，灵敏度较好，但分辨率较低。目前，常用的晶体厚度为（6.3~12.7）mm。

3. 光电倍增管（photomultiplier tube，PMT） 作用是将闪烁晶体探测得到的可见光转换为电信号。当弱可见光射入到 PMT 的光电阴极上，可激发出低能光电子，经二次电子发射的聚焦和加速后，电子数量倍增，信号得到放大。在 SPECT 探头中，PMT 以阵列的形式组装在闪烁体后端，输出一组与 γ 射线光子数量相关的电脉冲信号。

4. 探头的电路 主要由定位电路和能量电路组成。定位电路用于确定 γ 射线信号的空间位置。常用的定位电路包括电阻矩阵位置计算电路、延迟线时间变换电路，也有全数字式的位置电路，可直接获得 PMT 阵列的空间坐标。

能量电路主要包括信号前置放大器、主放大器、脉冲分析选择器、定标器及计数器等，最终输出反映 γ 射线强度和能量的实测数据。

SPECT 探头输出的电脉冲信号经数据采集和 A/D 转换后，以数字图像矩阵的形式输入计算机进行后续处理。图像阵列中各像素的值，反映了空间坐标系中该位置测得的 γ 射线光子数量。

5. 机械装置 一般包括探头运动控制装置和病床两部分。根据不同的探头数量和结构，SPECT 系统的机械控制方式也有所不同。常见的探头旋转型 SPECT 系统的机械运动控制装置通常需要实现五轴运动控制：探头绕装置中心轴旋转；探头向装置中心轴远离或接近；床板的水平运动及床板的升降。探头的摆动一般由手动操作。

SPECT 在进行全身扫描或断层扫描时，需要在探头 / 机架的运动过程中同步完成数据采集，因此要求机械控制系统具有较高定位精度和良好的运动稳定性，特别应确保旋转中心的偏移及探头的倾斜在可控的范围。

（二）单光子发射断层成像设备（SPECT）临床应用

SPECT 是现代核医学的重要诊断设备，一般具有静态显像、动态显像、全身显像和断层显像等功能，可显示放射性核素示踪剂在人体的脑、甲状腺、心脏、肾、肺、肝等脏器的分布图像，并给出相关的数据和曲线；可进行全身骨扫描，显示全身骨扫描图像，并给出相关的分析数据；并能对人体脏器进行断层扫描、图像重建，给出三维断层图像。

SPECT 可采集并记录靶器官内放射性核素的分布数据，快速形成一帧靶器官的静态影像。由于 SPECT 成像速度快，可连续采集反映脏器内放射性核素分布变化的动态影像，可观察到脏器的动态功能及变化，不仅是图像显示设备，也是一种功能诊断设备。

在伽马照相机的基础上，SPECT 配有旋转式探头，可以围绕病人连续或步进旋转，同步采集不同角度的靶器官内放射性核素分布图像，并使用反投影重建算法对采集的序列图像进行重建，可获取该靶器官的三维影像；配合床体运动，可进行全身扫描，一次性获取全身骨显像图。在临床应用中，全身骨扫描显像主要用于骨原发性肿瘤和骨转移肿瘤的定型定位诊断或评价，是肿瘤病人术前、术后的重要检查项目。SPECT 可以做心肌灌注显像，可对心肌缺血和冠心病危险度分级评估，是冠心病心肌梗死面积判断、冠脉搭桥术、溶栓治疗的重要监测手段。在肾功能受损检查和分肾功能评价中，SPECT 显像是重要方法；此外，SPECT 在神经内分泌肿瘤诊断、甲状腺功能及形态检查、脑功能及脑血流检查、肺功能及肺栓塞诊断、消化道功能诊断等方面均有重要的临床价值。

经过几十年的发展，SPECT 已经成为肿瘤学、心血管学以及神经学等领域最重要影像诊断设备之一。与其他的医用影像设备（如磁共振、超声、CT、DR）相比，它在提供结构、形态诊断图像的同时，更可提供功能图像，这恰是其他影像设备所欠缺的。虽然 SPECT 系统的图像分辨率远不如其他成像设备，但它们的功能互相补充，而非互相取代。

二、单光子发射断层成像设备（SPECT）常用检测与校准装置

（一）放射源

SPECT 成像系统是对人体内放射性核素（γ 射线示踪药物）的分布进行成像显示，其性能检测首先要对其探测放射性核素的能力（灵敏度、均匀性、分辨率等）进行测试。放射源用于模拟体内放射性核素，常见的放射源包括点源、线源和面源，其容器一般为有机玻璃或聚乙烯材料，内含规定活度的放射性核素（通常为 ^{99m}Tc 或 ^{57}Co），应注意，不同的核素所对应的能量、半衰期、分析器窗有所不同。

1. 点源　用来模拟空间中的一个放射性核素点，点源的尺寸应尽可能小。常用的点源为一个直径为 2mm 球体，它通过支架可置于系统视野内的各点。临床上可以使用直径

不大于1.0mm薄壁玻璃毛细管（或一次性注射器针）作为点源的容器，管内溶液长度应不大于2mm。点源主要用于探头固有均匀性、空间分辨力、空间线性、能量分辨力以及最大计数率等性能参数的检测。点源的活度一般在（20~40）MBq范围，在非投射方向应有铅屏蔽，防止放射源引起周围的散射。

2. 线源 主要用于系统空间分辨率的检测，其内径应尽可能小，一般应小于1.0mm；长度30cm到50cm，几何线性应良好。线源容器内所灌注的放射性核素一般为^{99m}Tc（安装高能准直器时，应使用^{113m}In核素）。GB/T 18988.2标准中使用的线源为平行双线源，在一根内径0.5mm的聚乙烯管内充填放射性核素溶液，平行放置为两条间距30mm、长度为500mm的平行线。在NEMA NU 1出版物中，可以使用内径不大于10mm，活性区长度120mm（或大于CFOV尺寸）的毛细管作为线源的放射性核素容器。

3. 面源 主要用于系统灵敏度的测试，IEC标准规定的面源为内径150mm、内高10mm的有机玻璃圆柱形容器，容器内注入放射性溶液，源的活度约40MBq。系统非均匀性测试中所使用的均匀放射源也是一种面源，源的活度为（70~200）MBq，内高20mm，截面积应大于探头面积。在NEMA NU 1出版物中提及的面源也用于系统灵敏度测试，其几何尺寸有所不同。

（二）性能体模

1. 多缝透射模型（缝模） 主要用于测量伽马照相机探头的固有空间分辨率和空间非线性。该体模在分别为0.5mm、3mm、3mm厚的铅合金/铅（4%锑）/铅合金基板上刻画宽度1.0mm的平行窄缝，窄缝间距为30mm。体模的形状与探头视野形状一致，尺寸应覆盖探头的有效视野UFOV。在NEMA NU 1出版物中规定的具有平行缝隙的铅掩模（一般称为SLIT体模）的结构与之类似。

2. 四象限铅栅体模 也常常用于测量伽马照相机探头的固有分辨率。该体模在3mm厚的铅板上分四个象限刻画宽度/间隔分别为2mm、2.5mm、3mm、4mm的平行线槽；体模的尺寸同样应覆盖探头的有效视野UFOV。

3. SPECT性能测试体模 常见的SPECT性能体模由直径20cm的圆柱形有机玻璃容器组成，如图5-3所示。容器内可以填充充分混合均匀的放射性核素溶液（例如^{99m}Tc液体），用于系统均匀性测试。当插入不同的插件后，该体模可测试SPECT系统的断层分辨率、线性及均匀性等参数。模型容器内亦可注入无放射性水，并选择相应的插件固定放射源。

图5-3 SPECT性能测试体模

三、主要参数检测方法及其影响因素

（一）SPECT 的主要性能参数

伽马照相机型 SPECT 的性能参数根据产品的功能和用途，其性能参数主要包括三个方面，分别表征伽马照相机静态成像及动态成像性能；SPECT 系统断层重建成像性能；以及系统全身成像性能。

1. 依据 GB/T 18989 标准，表征伽马照相机静态成像及动态成像性能的技术参数有：

（1）系统平面灵敏度。

（2）空间分辨率，包括固有空间分辨率和系统空间分辨率。

（3）非均匀性，包括固有非均匀性和系统非均匀性。

（4）固有能量分辨率。

（5）固有多窗空间配位。

（6）固有空间非线性。

（7）系统计数率特性。

（8）探头的屏蔽泄漏（系统的）。

以上技术参数中，凡含有“固有”二字的，指测试时不带准直器；凡含有“系统”二字的，指测试时需安装准直器。所谓“固有”参数，表征了不带准直器时探测器对放射性核素的探测能力；而“系统”参数，则表征了伽马照相机作为一个整体的性能指标。

2. 依据 GB/T 18988.2 标准，表征 SPECT 系统断层重建成像性能的技术参数有：

（1）旋转中心偏移。

（2）探头倾斜。

（3）准直孔不平行度。

（4）SPECT 系统灵敏度。

（5）散射分数。

（6）SPECT 系统空间分辨率，即重建分辨率。

上述参数中，“旋转中心偏移”“探头倾斜”和“准直孔不平行度”反映了 SPECT 系统的机械控制精度及对成像性能的影响；而“系统灵敏度”“散射分数”和“系统空间分辨率”则反映了 SPECT 系统三维断层重建的成像性能。

3. 依据 GB/T 18988.3 标准，表征系统全身成像性能的技术参数有：

（1）扫描稳定性。

（2）全身成像系统空间分辨率。

在进行全身成像时，探头须配合床体的连续运动同步采集信号，上述参数反映了不同扫描速度及探头位置对成像稳定性和系统空间分辨率的影响。

（二）SPECT 性能的主要检测方法

如前所述，SPECT 系统涉及的性能要求较多，每个性能要求包括多个技术参数。总体而言，这些性能参数的检测方法大都采用特定放射源和测试体模进行模拟成像，必要时配合探头和床体的运动，再对成像结果进行评价和计算，以判断该所测定的性能参数是否符合相应的标准要求。在 GB/T 18989、GB/T 18988.2、GB/T 18988.3 等国家标准中已对各性能参数的检测方法进行了详细的描述，限于篇幅，本教材仅选取几个典型的性能试验项目进行介绍。

1. 灵敏度试验 灵敏度用于表征对放射性核素的探测能力。伽马照相机的系统平面灵敏度指探头计数率与平面放射源活度的比值，对于特定的面源、准直器和分析器窗口，计数率越大，灵敏度越高。在测量前，先使用活度计测量面源的活度 A_0，由于放射性核素不断衰变，应根据实际测量时间差和衰变系数 p 计算在试验进行时刻源的实际活度 $A_1=A_0 \cdot p$。

将放射源放置在有效视野 UFOV 中心，分别测量 300 秒时间的总计数 N 和本底计数 N_b，即可计算得到有散射系统平面灵敏度 $S_s=(N-N_b)/(300 \times A_1)$。若把放射源直接放置在准直器前端面进行测量，则可获得无散射的系统平面灵敏度。

对于 SPECT 整机，NEMA NU1 中还要求测量反映系统整体探测能力的体积灵敏度 SVS 和轴向单位距离的平均灵敏度 VSAC。体积灵敏度采用一个圆柱形的注入有均匀的 ^{99m}Tc 放射性核素溶液的放射源进行测量，首先测定放射源初始时刻的放射性活度浓度 B_0。将放射源放置在中心位置，以 150mm 的半径进行投影，在 360° 上投影 120 次至 128 次，每次投影采集时间为 10 秒，计算总计数和总耗时，求得每分钟内的平均计数 A。再通过根据衰变校正计算放射源在 360° 采集的中间时刻的实际活度浓度 B_c（MBq/cm^3），可计算出 $SVS=A/B_c$。而平均灵敏度 VSAC 则为 SVS 与放射源轴向长度的比值。

GB/T 18988.2 标准中所测量的系统灵敏度略为复杂，包括探测器定位时间和归一体积灵敏度两组参数。由于在进行断层扫描时，探头的定位移动过程中探测器无法有效计数，会导致实际获取的计数率比静态探测值有所减少，因此在计算归一灵敏度时需要对投影过程的计数损耗进行修正。先通过对一个活度 4Mbq 的球形点源进行两次 360° 等间距投影和一次静态获取，通过计算静态获取总计数与投影总计数的比例来折算每次投影的平均定位时间，进而得到体积灵敏度修正因子。在测量归一体积灵敏度时，只须对注有均匀的 ^{99m}Tc 放射性核素溶液的圆柱形放射源进行一次静态成像并获得其在感兴趣区域 ROI 的计数，即可通过灵敏度修正因子计算得到归一体积灵敏度。

2. 非均匀性试验 非均匀性表征了当伽马射线均匀照射时探头平面成像计数呈均匀分布的情况。影响图像均匀性的因素包括光电倍增管老化、闪烁晶体局部损坏或失效、前置放大电路增益不匹配、信号采集噪声等。在 SPECT 断层成像时，由于探头旋转和重建过程的影响，断层图像的非均匀性比平面图像可能更为严重。

非均匀性包括固有非均匀性和系统非均匀性两组参数，固有非均匀性又分为非均匀性分布、积分非均匀性、微分非均匀性和固有点源灵敏度偏差等参数。进行固有非均匀性试验时须取下准直器，采用 ^{99m}Tc 点源进行平面成像，点源的非投射方向和探头有效视野之外的区域要进行屏蔽，以减少散射影响。对获取的图像数据先进行边缘像素归零处理、数字卷积滤波平滑处理和归一化数据处理，再统计图像中各像素的计数值，分别得到有效视野 UFOV 和中心视野 CFOV 中偏离像素平均计数超过 10%、5%、2.5% 的像素数目占比，即可得到固有非均匀性分布参数。计算积分非均匀性时，须确定整个给定视野范围内所有非零像素中的最大值 C_{max} 和最小值 C_{min}，积分非均匀性按公式（5-1）计算得到：

$$IU_{ci}=\frac{C_{max}-C_{min}}{C_{max}+C_{min}}\times 100\% \qquad (5\text{-}1)$$

微分非均匀性考察图像中相邻像素之间的最大差值 $|\Delta C|_{max}$，并找出决定此差值的像素计数最大值 $C_{max,0}$ 和最小值 $C_{min,0}$，微分非均匀性按公式（5-2）计算得到：

$$DU_{ci}=\frac{\Delta|C|_{max}}{C_{max,0}+C_{min,0}}\times 100\% \qquad (5\text{-}2)$$

测量系统非均匀性试验所用的放射源为均匀平面源，一般采用活度（70~200）MBq 的 ^{99m}Tc 泛模充填源，在进行质量控制测试时，也可采用 ^{57}Co 泛面源。试验时应安装平行孔准直器，放射源应置于探头中心轴，源的下表面应靠近准直器的前端面。测量步骤、数据前处理及非均匀性分布、积分非均匀性、微分非均匀性等参数的计算方法与固有非均匀性试验基本一致。

3. 空间分辨率试验 空间分辨率一般指可分辨出空间两个相邻点的最小距离，在医学成像设备中，空间分辨率是最常用的性能指标。SPECT 空间分辨率包括表征探测器性能的固有空间分辨率、表征安装了准直器后的探头性能的系统空间分辨率以及表征整机断层成像性能的 SPECT 系统空间分辨率。影响固有分辨率的因素包括闪烁晶体损坏、PMT 增益调节不良及散射光子等；当安装准直器后，其孔径和厚度的大小也影响系统空间分辨率。在 SPECT 断层扫描和重建过程中，散射校正、重建算法会进一步影响到断层空间分辨率。

在伽马照相机和 SPECT 系统中，一般使用半高宽（FWHM）或十分之一高宽（full width at tenth maximum，FWTM），即钟形曲线上纵坐标为最大值的一半或十分之一的两个点之间的横坐标距离，来表征空间分辨率的大小。

固有空间分辨率试验采用 ^{99m}Tc 点源配合多缝透射模型进行静态成像，成像时多缝透射模型放在未安装准直器的探测器表面，其缝轴应与 x 轴垂直，成像后平行缝轴方向取 30mm 的单像素线段作为一个计数道，沿 x 轴方向按照每个像素获取各个计数道的计数值，可以得到一组对应狭缝几何分布的平滑曲线。对该曲线上的每个峰进行处理，可获得各个峰值所对应的半高宽 FWHM 和十分之一高宽 FWTM（以像素为单位），各相邻计数道之间可以通过差值法，故求得的 FWHM、FWTM 可以精确到 0.1 个像素。通过比对各个窄缝的实际几何距离（一般为 30mm）与图像中相邻各个峰值之间平均距离的像素数，可得到每个像素所对应的几何距离尺寸，进而可以将以像素数表示的 FWHM、FWTM 转换为以 mm 表示。对于单个峰值曲线（即线扩展函数），可以通过积分（或离散求和）的方法进一步计算得到该峰值所对应的等效宽度（equivalent width，EW）。完成沿 x 轴的空间分辨率测量后，须将多缝透射模型旋转 90°，再进行一次沿 y 轴方向的空间分辨率测试。

与固有空间分辨率的测量不同，系统空间分辨率要求在安装准直器的条件下进行试验，并且两者所采用的放射源也不同，前者采用点源，后者采用平行双线源。在放射源与准直器之间，需叠加放置 4 块厚度为 50mm 的组织等效散射模块，线源分别夹在组织等效散射模块之间，故线源与准直器的距离分别为 50mm、100mm、150mm。试验时，将平行双线源垂直 x 轴放置，采集图像，然后按照固有空间分辨率相类似的计算方法即可得到以 mm 表示的 FWHM、FWTM 和 EW 等参数。

在 GB/T 18988.2 标准中，SPECT 系统空间分辨率（即断层空间分辨率）的测试使用放置于圆柱形容器内的三个点源作为放射源，容器内注入无放射性水，点源的位置确保其断层重建的横断切片分别在 x、y、z 轴上。试验中以 20cm 为半径旋转，在 360° 上等间隔投影不少于 120 次。使用斜坡滤波器对采集的序列图像进行重建，重建厚度 10mm，应包含三个点源的横断面、冠状面、矢状面的切片。由重建的横断切片，在 x 和 y 轴方向上可以通过径向 / 切向的点扩展函数的剖面，得到像素 - 计数函数关系曲线，再按照固有空间分辨率相类似的计算方法即可得到 FWHM、FWTM 和 EW 等参数。在 NEMA NU1 出版物中，SPECT 带散射的重建空间分辨率的试验方法则使用了三根放置于圆柱型水模型中的线源作为放射源，其成像方式和计算方法与前面所述方法基本一致。

4. 旋转中心偏移试验 所谓旋转中心（center of rotation，COR）是位于旋转轴上的一个虚拟的原点，它既是机械坐标系统的原点和探头电子坐标的原点，也是计算机断层图像重建的坐标原点。旋转中心发生漂移，将导致 SPECT 图像模糊或产生环状、拖尾状伪影，影响断层图像的分辨率和均匀性。

依据 GB/T 18988.2 标准，试验时采用的放射性核素 ^{99m}Tc 或 ^{57}Co 点源，点源为直径不大于 2mm 的球体，活度为 4MBq。点源放置的位置径向距离系统轴至少 5cm，轴向应在视野的 ±1/3 以内。探头旋转半径为 20cm，对轴向的三个切片（分别位于轴向内视野中心和 ±1/3 位置）进行投影，在 360° 上等间距投影不少于 32 次，每个投影获取一幅图像，每幅图像至少获取 10k 计数。

获取图像数据后，按照 GB/T 18989 标准中 3.5.3 计算计数中心的方法计算点源在投影坐标系（X_p，Y_p）中的位置，对于每个投影角 θ_j, 得到一组 $X_{p,j}$（θ_j）。通过拟合 $X_{p,j}$（θ_j）与 θ_j 的正弦函数关系曲线，可进一步得到拟合值与实测值之差 ΔX_p 与投影角 θ_j 的函数曲线，最终得到三个轴位的最大测量差值和平均偏移。旋转中心偏移一般不应大于 3mm。

（三）SPECT 系统的日常质量控制和验证

在 SPECT 系统的日常使用中，探测器性能及机械控制系统精度对 SPECT 成像质量有较大的影响，为确保医学诊断的有效性，须重视设备的质量控制。进行周期性的例行试验，是确认系统有效性和可靠性的重要手段。依据 GB/T 20013.2 标准，应在规定时间间隔内进行表 5-1 中的例行试验项目。

表 5-1 SPECT 日常质控试验项目表

序号	试验项目	试验时间间隔
1	能谱和窗设置	每天试验
2	本底	
3	灵敏度	每周试验
4	非均匀性	
5	旋转中心	每月试验
6	分辨率 / 线性度	
7	像素尺寸	每年 2 次试验
8	断层成像的非均匀性	
9	全身成像	

国际原子能机构 IAEA 也推荐了 SPECT 系统进行周期性质量控制检测项目，内容与上述测试项目类似，在日常质控中可参照实施。

（卢瑞祥）

第三节 正电子发射断层成像设备

一、正电子发射断层成像设备概述

（一）正电子发射断层成像设备基本原理

1. 成像原理 PET 成像的基本过程是向人体注射由 ^{18}F、^{11}C、^{15}O 和 ^{13}N 等放射性核素标记的正电子示踪药物，这些放射性核素在衰变过程中释放正电子，正电子与人体内的电子相结合，发生质量湮灭，并放射出一对互为 180°角，能量为 511keV 的 γ 光子，如图 5-4 所示。这一对 γ 光子可以同时被一对 γ 射线探测器检测到（也称为符合检测），并记录形成一次湮灭事件。PET 成像设备一般通过放置在人体周围的环形探测器阵列来检测湮灭事件。湮灭事件的累积形成正电子示踪药物在人体内的浓度分布数据，利用图像重建算法重建出正电子示踪药物在人体内的空间和浓度分布图像，这些药物分布图像反映了人体内某项感兴趣功能的信息，例如组织的代谢情况等。临床医生可以借助这些功能图像对疾病进行诊断。

与 SPECT 成像利用准直器来确定 γ 射线的入射方向不同，PET 成像通过符合检测的响应线来确定湮灭辐射发生的实际方向。因此，PET 成像不需要在探测器表面安装准直器，PET 的这种符合探测方式有时候也被称为“电子准直”。与 SPECT 的物理准直相比，电子准直不会阻挡与准直器表面不垂直的入射光子，因此极大地改善了系统的计数率和探测灵敏度。另外，在均匀性、空间分辨率、散射特性等方面，电子准直也会给成像系统带来性能的改进。

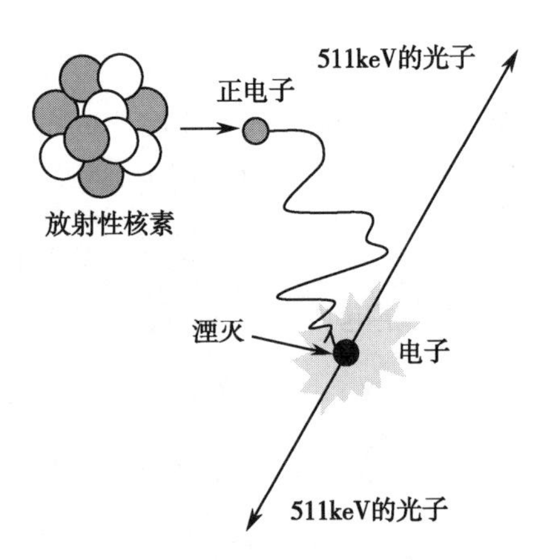

图 5-4　正电子的质量湮灭过程

2. PET 探测器　主要功能是探测 511keV 的 γ 光子。PET 探测器主要由闪烁晶体和光电倍增管组成，如图 5-5 所示。其中，闪烁晶体的作用是捕获 γ 光子，并将入射的 γ 光子能量转化为可见光光子；光电倍增管是一个光电转换器件，它不仅可以将可见光光子转换成电信号，同时还能够对电信号进行放大。对每一个探测到的 γ 光子，光电倍增管输出一个如图 5-5 所示的脉冲信号，供后续电路处理。

表 5-2 列举了 PET 系统中常用闪烁晶体材料的一些基本参数。NaI（Tl）闪烁晶体主要在早期 PET 探测器中使用，因为它具有很好的光输出和能量分辨率，但因其密度和线性衰减系数均较低，因此对 γ 光子的捕获能力较差。之后，锗酸铋（bismuth germanate，BGO）

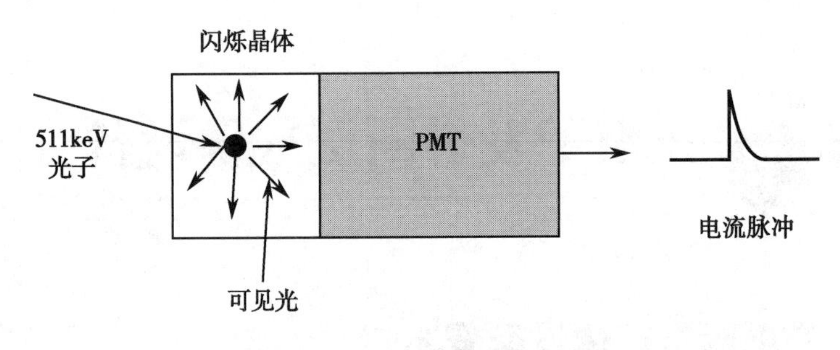

图 5-5　PET 探测器的基本结构

表 5-2　不同闪烁晶体的物理参数

	NaI	BGO	GSO	LSO	LYSO
密度（g/cc）	3.67	7.13	6.70	7.40	7.10
有效原子序数 Z	51	74	61	66	60
光输出（% NaI）	100	15	25	75	75
衰减时间（ns）	230	300	30-60	40	41
本底放射性	无	无	无	有	有

材料在 PET 系统中得到广泛应用。BGO 具有很高的捕获能力，但是它的闪烁衰减时间很长，约为 300 纳秒，且光输出较低。硅酸镥（LSO）和硅酸钇镥（LYSO）具有高光输出，高捕获能力，以及短闪烁衰减时间（40 纳秒），是 PET 设备较为理想的晶体材料。2000 年之后，LSO 和 LYSO 晶体在 PET 系统中逐渐取代 BGO 晶体，成为主流的 PET 晶体材料。

3. PET 数据采集

（1）符合事件：PET 通过符合检测所记录到的符合事件包括三种类型，如图 5-6 所示。其中，引发符合事件的两个 γ 光子如果来自同一个正电子发生的湮灭且未发生散射，则这个符合事件称为真符合事件；若至少有一个 γ 光子发生散射，则这个符合事件称为散射符合事件。若引发符合事件的这两个 γ 光子来自不同的湮灭事件，则这样的符合事件称为随机符合事件；若在同一符合时间窗内同时记录到多个 γ 光子构成的符合事件，则称为多符合事件。其中，真符合事件才是理想的符合事件，但往往记录的事件中不可避免地含有大量的随机符合、散射符合和多符合事件，这些符合事件会形成所谓的系统噪声，对最终重建的图像产生影响，因此需要在图像重建前对系统进行各项校正，包括消除随机符合事件影响的随机校正以及消除散射符合事件影响的散射校正等。对于多符合事件，可以有不同的处理方式，例如丢弃所记录到的多符合事件，或者任选两个探测器的连线作为响应线。

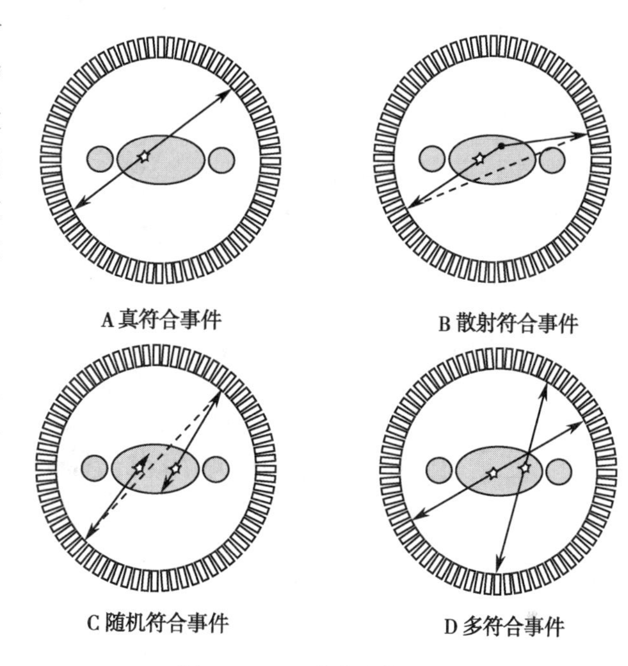

图 5-6　PET 符合事件的分类

（2）采集模式：早期的 PET 系统在探测器环与环之间放置有挡板，以阻挡轴向斜入射方向的 γ 光子，只有平行于横断面方向的光子才能到达探测器并被检测到。这种数据采集方式称为 2D 的数据采集方式，如图 5-7 所示。2D 数据采集方式的优点是可以有效减少系统的随机符合事件和散射符合事件，同时可以降低到达每个探测器单元的单举事件的计数率，减少由于系统死时间（系统对入射的 γ 光子进行处理的最小时间间隔）造成的计数率损失。但是由于这种 2D 数据采集方式大量阻挡轴向斜入射方向的 γ 光子，使得系统的灵敏度水平较低。现代的 PET 系统普遍采用 3D 数据采集方式，如图 5-7 所示。3D 数据采集模式下，探测器环与环之间的挡板被取消，不同环之间的符合事件也可以被系统探测到。因此，3D 采集的数据量要远远大于 2D 采集，系统的灵敏度也要远高于 2D 采集模式。然而，在灵敏度提高的同时，系统探测到的随机符合和散射符合事件也大幅增加，需要对这些系统噪声成分进行有效的校正，否则会对成像的结果造成影响。

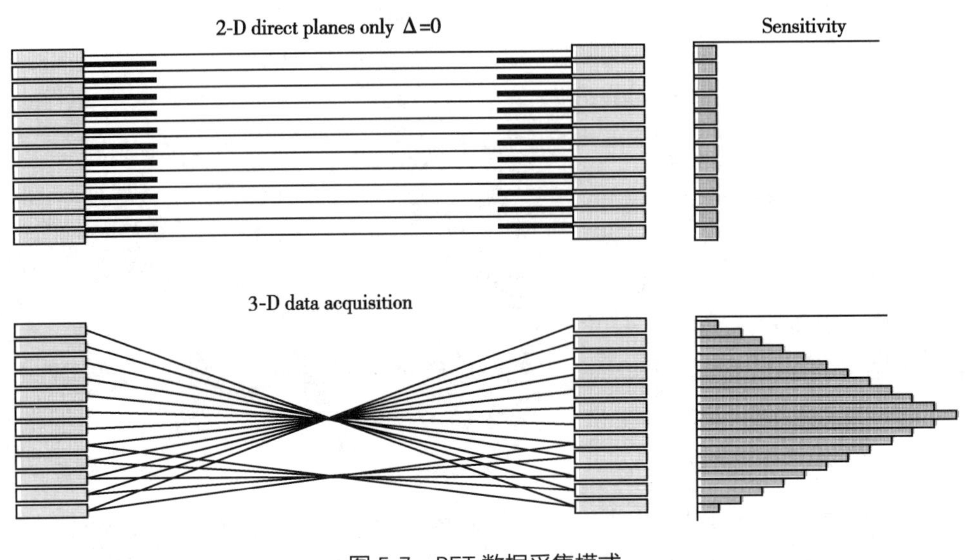

图 5-7　PET 数据采集模式

（二）正电子发射断层成像设备临床应用

PET 利用正电子示踪药物进行成像，通过提供正电子示踪药物在人体内分布浓度的图像，帮助临床医生从人体细胞水平的代谢活动上对疾病进行定量、无创的认识和评价，在恶性肿瘤、中枢神经疾病及心血管疾病的诊断方面发挥着重要的作用。

PET 显像能对肿瘤进行早期诊断和鉴别诊断，鉴别肿瘤有无复发，对肿瘤进行分期和再分期，寻找肿瘤原发和转移灶，指导和确定肿瘤的治疗方案。PET 显像能准确评价疗效，及时调整肿瘤治疗方案，避免无效治疗。据统计，美国医疗机构开展的 PET 临床应用中肿瘤学研究占 65%~85%，2010 年中华医学会的统计数据表明，中国医疗机构开展的 PET 临床应用中肿瘤学研究的比例约为 75%。

PET 心肌显像是估价心肌活性的“金标准”，可为是否需要手术提供客观依据。利用 PET 显像可以观察心肌血流灌注（如 $^{13}N\text{-}NH_3$ 或 $^{15}O\text{-}H_2O$ 显像）与代谢（^{18}F-FDG 显像）两种信息，如果血流灌注下降而心肌对 ^{18}F-FDG 摄取正常，则表明心肌细胞仍存活；如果血流灌注下降且心肌 ^{18}F-FDG 摄取也降低，则该心肌细胞已不存活。

PET 显像可辅助进行脑血管疾病、癫痫、老年性痴呆、帕金森病等疾病的临床诊断，是神经医学重要的临床影像学技术手段。另外，利用不同示踪剂进行脑组织的 PET 显像，可以从血流、代谢、受体分布和功能、神经递质改变等多个侧面对各种生理状态下脑的结构和功能变化进行研究，这也为临床神经科学研究提供了重要工具。

另外，PET 还能提供动态显像技术，即对正电子示踪药物在人体器官或组织内浓度分布随时间的变化信息进行测量，获得时间 - 浓度分布曲线，并结合动力学模型计算器官或组织对正电子示踪药物代谢的动力学参数。这些动力学参数能定量地反映人体的生理过程这为研究人类疾病、药物动力学和生物学提供了除图像之外的一种重要的定量分析工具。

（三）正电子发射断层成像设备性能分析

从技术角度看，PET 系统的性能可以从灵敏度、等效噪声计数以及分辨率等几个方面来进行分析。

1. 灵敏度 定义是 PET 系统在给定活度下每秒钟检测到的真符合事件计数，单位为 counts/s/bq。灵敏度反映了系统的探测效率。PET 系统的灵敏度主要由探测器的晶体材料、晶体的厚度（或总体积）以及系统的几何结构等因素决定。

如前所述，探测器晶体材料的密度和等效原子序数越大，其对 511keV 的 γ 光子的捕获能力越强，系统的灵敏度也就越高。因此，PET 系统的灵敏度首先由探测器的晶体材料所决定。当选定晶体材料后，通过增加系统中晶体的总体积，可以提升 PET 系统的灵敏度。当然这种灵敏度的提升是以系统成本的增加为代价；其次，PET 系统的灵敏度并不是和晶体总体积成线性关系，系统不同的几何结构也会对灵敏度产生影响。

2. 等效噪声计数 系统灵敏度指标主要统计系统的真符合计数。如前所述，在实际 PET 系统中，还存在大量的随机符合和散射符合事件。为评价在实际 PET 系统中由于随机和散射校正引入的额外统计噪声，人们引入了等效噪声计数（noise equivalent count rate，NECR）的概念，其定义为：

$$NECR=T^2/(T+S+R) \quad (5\text{-}3)$$

式中，T 为真符合计数，R 为随机符合计数，S 为散射符合事件计数。可以证明，对圆柱体形状的均匀放射源，NECR 近似正比于重建图像信噪比的平方。因此，在一些文献中也把 NECR 称为 PET 系统的等效灵敏度。需要指出的是，当放射性药物活度浓度发生变化时，系统的 T、R、S 和 NECR 的计数值也会相应改变，如图 5-8 所示。给出了这些计数随着活度浓度变化的典型曲线。可以发现，NECR 会在某一个活度浓度下达到峰值，此时的 NECR 数值称为峰值等效噪声计数率。

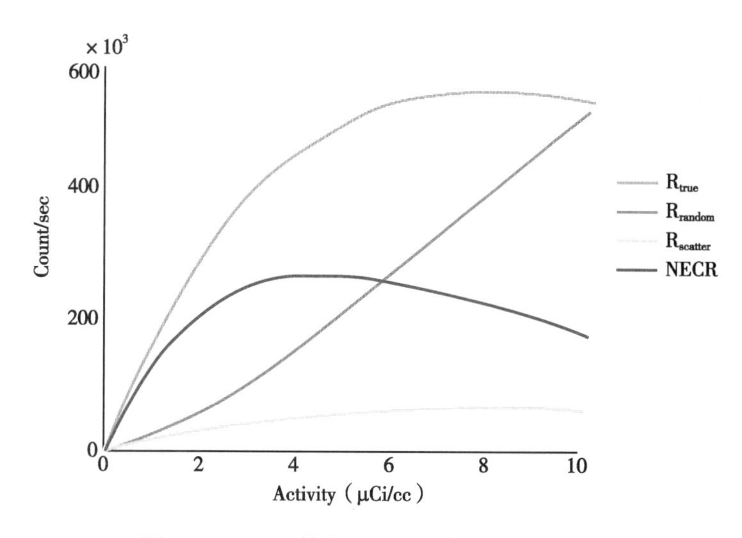

图 5-8 PET 系统典型的计数率和 NECR 曲线

3. 分辨率 PET的分辨率主要有空间分辨率、能量分辨率和时间分辨率，分别表征系统识别相邻的位置、能量和时间之间最小差异的能力。

PET的空间分辨率表征的是系统分辨空间中两个相邻的点源的能力，通常用点源重建图像的半高宽来表示。PET的空间分辨率首先是由探测器的固有空间分辨率决定的，其影响因素有正电子射程、非线性、晶体截面尺寸的大小以及深度效应（depth of interaction，DOI）等。可以证明，由于这些因素的影响，PET探测器的固有空间分辨率的极限大约在2mm。其次，PET的空间分辨率还受图像重建滤波器的影响。一般来说，图像重建滤波器的目的是对图像中的噪声进行平滑处理，因此使用图像重建滤波器后，PET的空间分辨率会略差于其固有空间分辨率。

PET的能量分辨率是指系统对单一能量进行分辨的能力，通常用探测器能谱中511keV能量峰值的半高宽来表示。能量分辨率越好，意味着系统可以设置较窄的能量窗口进行γ光子检测，此时更多的散射事件将被能量窗口滤除，从而降低最终重建图像的噪声水平。

PET的时间分辨率表征的是符合检测中对到达时间差的最小分辨能力。理论上，当湮灭位置位于PET系统的轴心时，两个γ光子应当同时到达探测器，其时间差为零。但是由于探测器对γ光子撞击响应存在一定波动，且系统的电子学电路也会存在各种不确定的延迟，因此测量得到的时间差会表现出一定的分布，时间分辨率通常用这个分布曲线的半高宽来表示。系统的时间分辨率越好，理论上符合时间窗口可以减小，系统的随机符合事件也会相应减少。

二、正电子发射断层成像设备常用检测与校准装置

（一）放射源

PET成像设备对人体内放射性核素（正电子示踪药物）的分布进行成像和显示，其性能检测首先要对其探测放射性核素的能力进行测试。放射源用于模拟人体内放射性核素，通常可分为密闭源和非密闭源两种。常见的密闭正电子放射源使用同位素^{68}Ge或^{22}Na制成，一般可用于设备的校正；非密闭正电子放射源可以采用^{18}F溶液制备，一般可用于设备的性能检测，也可用于设备的校正。密闭放射源通常由专业的厂商生产销售，使用过程中无辐射污染等问题，且所使用核素的半衰期通常较长，在单次实验过程中，通常无需考虑衰变的影响。非密闭放射源可以自行根据需要进行制备，使用较为方便，但是由于通常为液态，且非密闭使用，需要考虑到使用过程中的安全性，避免出现遗撒和废弃物处理不当等引起的辐射污染。

无论是密闭源还是非密闭源，按照其形状都可以分为点源、线源和面源三种。点源用来模拟空间中一个理想的点状放射性核素分布，因此点源的尺寸应尽可能小。密闭点源通常由点状^{22}Na制成，其大小不超过1mm，密封在圆盘状的聚乙烯塑料片中。在PET

性能测试实验中，点源可使用毛细玻璃管吸附 ^{18}F 溶液制成，毛细玻璃管的内径不超过1mm，^{18}F 溶液在毛细管中的轴向长度也不超过 1mm。需要指出的是，毛细玻璃管必须有一定的壁厚，以保证正电子湮灭所需的介质，但是其厚度又必须足够小，以避免过多的散射和衰减。通常，毛细玻璃管的壁厚不超过 0.5mm。

线源用来模拟一个均匀的线状放射性核素分布。密闭的线源通常由 ^{68}Ge 制成，外部采用金属密封。在 PET 性能测试实验中，线源可使用聚乙烯塑料管内均匀充填 ^{18}F 溶液制成，聚乙烯管的内径为 3.2mm，以保证填充 ^{18}F 溶液时液体可以充分流动，从而避免出现气泡等不均匀分布；其外径为 4.8mm，以保证正电子湮灭所需的介质。另外，塑料管中 ^{18}F 溶液的长度不小于 700mm，以模拟实际扫描中放射源在人体内的分布长度。

面源用来模拟一个均匀的面状放射性核素分布。由于 PET 设备中探测器沿圆周排列，因此面源实际为圆柱形，有时也称为柱状源。密闭的柱状源通常由 ^{68}Ge 制成。在 PET 性能测试实验中，面源可使用有机玻璃圆柱形容器均匀充填 ^{18}F 溶液制成，其长度应不小于 PET 设备的轴向视野长度。

（二）测试体模

测试体模的作用是对设备的性能指标进行客观评价。体模首先应尽可能模拟临床扫描的实际情况，包括成像物体的大小、结构组成以及各种散射和随机噪声等，其次应提供清晰和客观的测量指标以评价设备性能。下面对 PET 设备性能测试常用的几种体模进行简介。

1. 散射模型 康普顿散射是 γ 光子穿过人体时所发生的基本物理现象。PET 在探测到的 γ 光子事件中，既包含 511keV 的 γ 光子，也包含经过康普顿散射后的 γ 光子。因此 PET 系统对散射符合事件的剔除能力是 PET 设备的一项重要性能指标。为客观地评价这一性能，需要使用散射模型来模拟实际人体扫描时放射源的散射情况。

散射模型用实心聚乙烯圆柱体来模拟人体，如图 5-9 所示，外径 203mm，全长700mm。在径向距离为 45mm 处钻有一个与圆柱中心轴平行的孔，直径为 6.4mm。实验中，将前述由 ^{18}F 溶液制备的线源插入散射模型的孔中，用于模拟放射源在人体内的分布。使用散射模型时，应将其放置在检查床上，保证模型的中心位于设备横向和轴向视野的中心，并旋转模型使得线源最接近检查床，如图 5-9 所示。

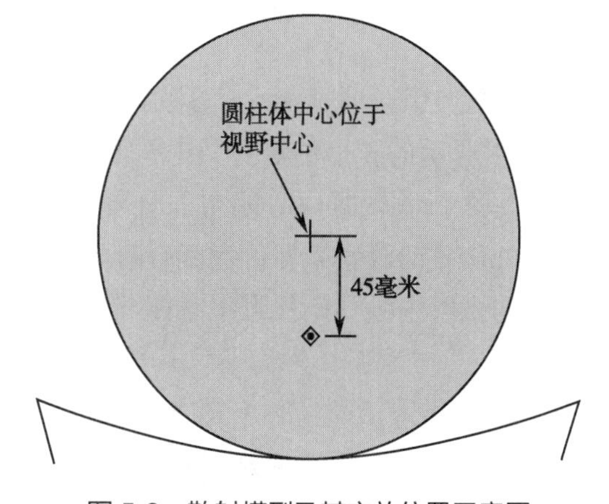

图 5-9 散射模型及其安放位置示意图

2. 图像质量模型 如图 5-10 所示，它的作用是对 PET 系统的图像质量进行客观评价。模型由三个部分组成：首先是均匀填充本底放射性 ^{18}F 溶液的体部模体部分，其长度不小于 180mm，用于模拟人体躯干部位的本底摄取。其次是悬浮在体部模体的六个内径分别为 10mm、13mm、17mm、22mm、28mm 与 37mm 的球状模体，其中，两个最大的球体（28mm 与 37mm）中填充水，用于模拟冷区成像，四个最小的球体（10mm、13mm、17mm 与 22mm）填充 ^{18}F 溶液用于热区成像。最后，用填充了平均密度为 0.3g/ml 的低原子序数物质的圆柱体（外径 50mm）插入模体的中心，以模拟肺的衰减。使用图像质量模型，可以模拟 PET 设备在全身成像条件下的热区与冷区图像，通过计算热区与冷区的图像对比度和背景变异度来衡量 PET 成像的图像质量。另外，PET 系统使用的衰减和散射校正方法也会影响到图像质量，因此模型通过对不均匀衰减模体内不同直径的球体成像，也可对系统的衰减校正与散射校正的精确性进行评价。

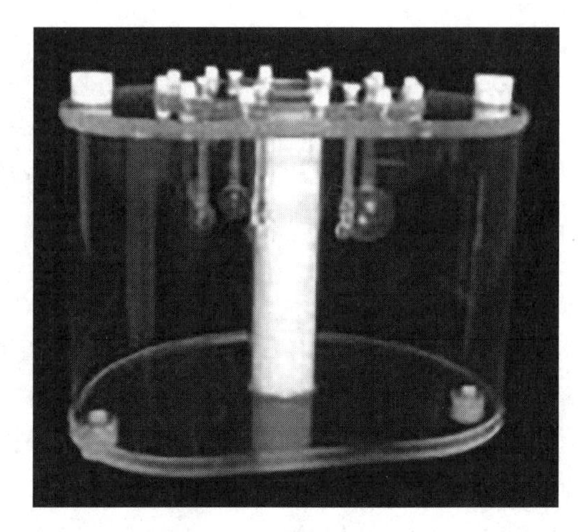

图 5-10 图像质量模型

三、主要参数检测方法及其影响因素

对 PET 系统的性能参数检测，主要依照 GB/T 18988.1 标准《放射性核素成像设备性能和试验规则 第 1 部分：正电子发射断层成像装置》。该标准同时完整附录了 NEMA NU2 标准。由于 NEMA 标准为 PET 产品国际通用的检测标准，下面对其规定的主要性能参数检测方法进行简要介绍。

1. 空间分辨率 系统的空间分辨率表征的是图像重建后能够区分两点的能力。基本试验方法是对空气中的点源进行采集，不使用平滑重建滤波对图像进行重建，然后对重建图像的点扩散函数进行测量，记录其半高宽（FWHM）和十分之一高宽（FWTM）。空间分辨率的测量应该在横断面的径向与切向这两个方向上进行，同时也应该测量轴向空间分辨率。

实验点源通常使用 ^{18}F 溶液制备。实验中，点源应与 PET 设备的长轴平行放置于如图 5-11 所示的 6 个位置。其中，横向截面中，采用在垂直方向上离中心 1cm 处的空间分辨率来代表视野中心的空间分辨率，并通过 x=0cm，y=10cm 处以及 x=10cm，y=0cm 处两处位置的测量来评价空间分辨率在横向视野中的变化。另外，在轴向上通过测量位于轴向视野中心和离视野中心四分之一处两处位置，来评价空间分辨率沿轴向视野中的变化。

2. 灵敏度 衡量的是 PET 设备对真符合事件的探测能力，评价方法是测量在给定放射源强度下 PET 系统探测到真符合事件的计数率。因为正电子湮灭需要和周围物质中的电子结合，因此围绕放射源必须放置大量的物质，以确保湮灭的发生。但是围绕放射源

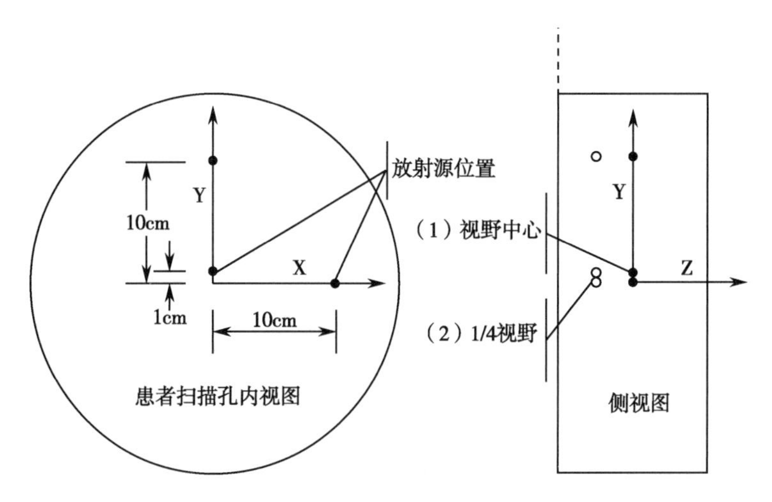

图 5-11　PET 空间分辨率测量位置示意图

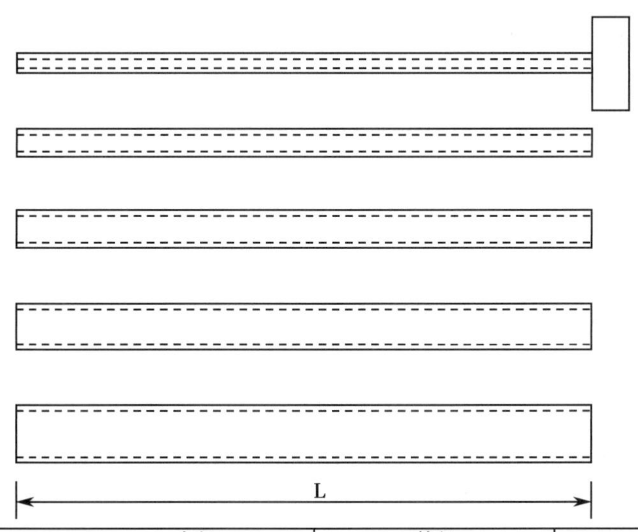

管号	内径（毫米）	外径（毫米）	长度L（毫米）
1	3.9	6.4	700
2	7.0	9.5	700
3	10.2	12.7	700
4	13.4	15.9	700
5	16.6	19.1	700

图 5-12　灵敏度测量使用铝套管示意及尺寸图

周围的物质也会对产生的 γ 光子产生衰减，从而影响测量结果。为达到无衰减测量的目的，通常采用如图 5-12 所示的五组铝套管的模体，利用这五组铝套管对一根 70cm 长的塑料管均匀线源进行连续测量，之后通过外推的方法，计算得到均匀线源外没有任何吸收物质时的灵敏度。

实验过程中，首先将 ^{18}F 溶液注入塑料管中制成一根线源，之后将塑料管穿入直径最小的铝套管，并把铝套管的一端固定在支架上，放置在轴向和横向 FOV 的中心，使铝套管保持与轴向平行。采集一段时间的数据。之后按照铝套管半径递增的顺序逐个向模体上添加套筒，重复测量过程直到五根铝套管均采集完毕。为评价不同横向位置的系统灵敏度，可以将铝套管位置移至横断面视野中心向下偏离 10cm 的位置，并重复上述测量过程。

对五个套筒的每一次测量，使用单层重组方法（single slice rebinning，SSRB）对数据进行重组，对每一层的计数率进行衰变校正后相加得到该测量的总计数率。之后利用外推计算得到线源外无套管时的计数率，将该计数率与初始活度相除即得到系统的灵敏度。

3. 散射分数 是指符合事件的两个 511keV 的 γ 光子中至少有一个在模型中发生康普顿散射的计数在总计数中所占的百分比，表征系统对散射计数的敏感程度。散射分数低，表明系统对散射符合事件有较强的剔除能力，图像重建质量较好。

散射分数的测量使用前述的散射模型进行实验。测量开始时，应保证线源的活度相对较高，此时系统的死时间较大，且系统中随机符合的计数率较高。随着活度的衰减，计数率逐渐下降。在放射源的几个半衰期中，进行常规数据采集，数据采集的间隔应小于放射性核素半衰期（$T_{1/2}$）的二分之一，直到真实计数损失小于 1.0%。在计数损失可以忽略不计之前，随着活度的衰减，系统处理符合计数的效率提高。这样经过足够长时间的等待，测量的符合计数率可以不考虑处理所致的损失。通过外推法把真实计数率推算到较高活度水平时的计数率，并与测量得到的计数率比较，就可以估算出系统在较高活度水平时的计数损失。

在数据处理中，对于每次数据采集都应产生即时和随机符合计数正弦图。每个斜正弦图应使用单层重新结合法重组到对应的单层正弦图中，从而保持正弦图的总计数值不变。对正弦图中每个投影角的投影进行移动，以便包含最大值的像素与正弦图的中心像素对准。对准后，将各个投影相加产生一个总投影。假定所有的真符合都位于线源左右 20mm 的位置内，而 20mm 之外所检测到的事件均为散射符合，如图 5-13 所示。利用 20mm 带外的散射计数，可以估算出在 20mm 带内的散射计数，从总计数中扣除这部分散射计数以及随机符合计数后，即得到 20mm 带内的真符合计数。散射分数亦可简单通过散射计数和散射加真符合计数总和的比值计算得到。

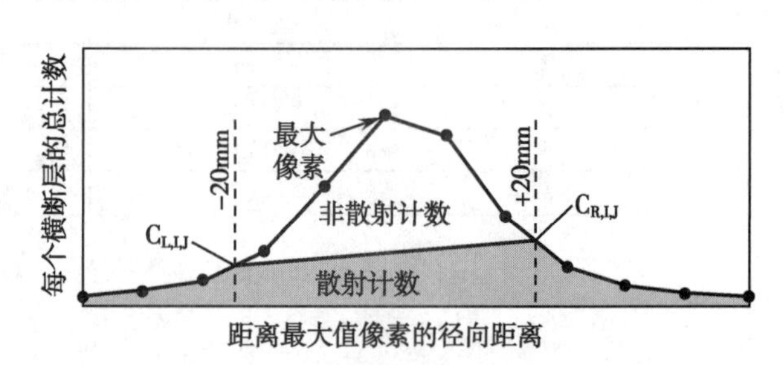

图 5-13　40mm 宽带内部和外部计数分布示意图

4. 计数损失和随机符合 PET 系统的计数率往往受到多种因素的影响。为衡量在不同放射源活度水平上系统的计数率特性，可以对系统死时间、随机符合以及噪声等效计数率（NECR）随活度变化进行测量。测量数据可利用上述散射分数测量实验的数据。为测量系统的计数率和NECR，需要对每公式次采集数据分别计算真符合计数率、随机符合计数率和散射符合计数率，再利用公式（5-3）计算得到每次采集对应活度下的NECR。

利用上述数据中低活度下的测量结果，可以采用插值的方法把低活度下测量得到的真计数率外推至其他活度下，这种插值所得到的真计数率与实际测量得到的真计数率的偏差，可作为死时间校正准确性的一个度量。

5. 图像质量 利用图像质量模型可以对PET系统的图像质量进行评价。实验中，向模型灌装本底浓度的水，然后放置于检查床上进行成像。应使模型沿轴向放置，球体的中心位于PET轴向视野的中间层，且处于横断面位置，模型的中心应位于PET系统的中心。为模拟视野外的活度对图像质量的影响，实验中还应使用散射模型，散射模体紧邻图像质量模体，如图5-14所示。

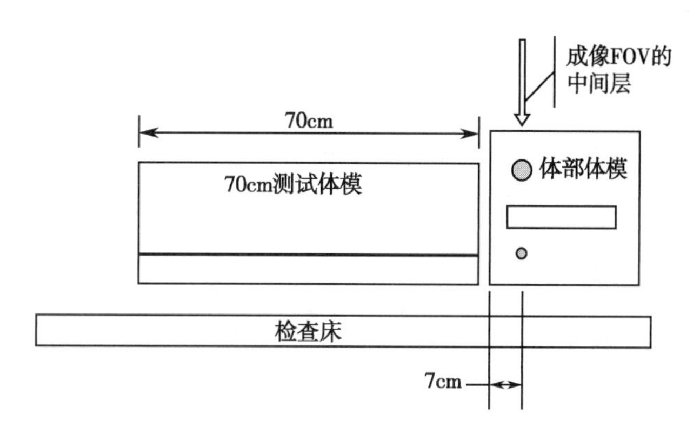

图5-14　图像质量模型与散射模型的安放位置

实验数据采集时间的确定应考虑在全身扫描时，两位置间检查床平移的轴向距离以及模拟的总轴向成像距离。成像时间的设置应模拟全身扫描，60分钟扫描100cm轴向成像距离。对采集到的数据进行迭代方法重建，图像应使用设备默认用于全身检查的标准参数进行重建（包括图像矩阵大小、像素大小、层厚、重建算法、滤波、或者其他的平滑等）。数据分析选取以冷球和热球为中心的横断面图像，在每个热球与冷球体画出相应的感兴趣区（ROI）。所画圆形ROI的直径等于被测球体的内径。为分析本底摄取的数据统计特性，在冷（热）球中心位置的横断面图像上，在模体的本底部分应画出与热球和冷球上所画的ROI相同尺寸的ROI。每一层横断面图像上共画出12个内径37mm的ROIs，而小一些的ROI（10mm、13mm、17mm、22mm、与28mm）应与37mm本底ROI同心，如图5-15所示。接近中间层两侧±1cm与±2cm处的其他层上同时画出ROI。这样，每种大小的本底ROI共60个（每层12个，共5层）。图像质量以这些冷、热区的百分比对比度，百分本比变化率呈现。衰减校正与散射校正的精确性以肺部残差呈现，为了测量散射校正与衰减校正的残留误差，在肺插件的中心选择直径为（30±2）mm的圆形ROI进行测量。

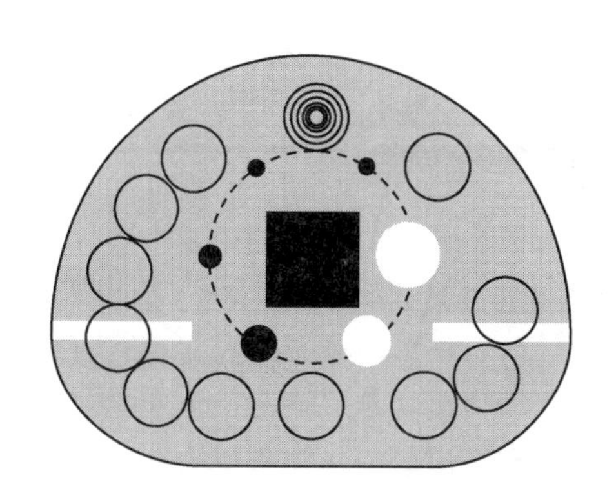
图5-15　图像质量分析中ROI位置示意图

（张　辉）

第四节 多模态放射性核素成像设备

一、多模态放射性核素成像设备概述

（一）多模态放射性核素成像设备基本原理

PET 和 SPECT 作为功能成像模态，可以提供人体器官或组织的功能信息。而 CT 或者 MRI 等结构成像模态所提供的器官或组织的形态学信息，包括部位、形态和结构特点等，对于全面了解疾病也非常重要。因此，如果将 SPECT 或 PET 功能图像和高分辨率的 CT 或 MRI 解剖图像相结合，对临床将具有很大的价值。

将上述功能图像和解剖图像结合的最佳方法是让两张图像互相叠合，进行融合（fusion）显示。在融合的两幅图像中，必须保证同一器官或组织的坐标位置一致，即对两幅图像进行配准。然而，病人先后在不同设备扫描获得的图像很难保证体位完全相同，这会给配准和融合显示带来困难。最理想的解决办法是在同一台设备中同时获得 SPECT/PET 功能图像和 CT/MRI 解剖图像，由于使用同一台设备和同一张检查床，病人的两种图像天然是配准的。上述同时兼备结构和功能成像能力的设备称为多模态成像系统（multimodality imaging system）。

1998 年，Townsend 等研制了世界上首台 PET/CT 原型机，第一次将 PET 和 CT 设备安放在同一个机架中，通过共用的检查床，实现 CT 和 PET 同机融合成像。2001 年，首台商业化的 PET/CT 设备投入使用，获得了临床的广泛认可。之后，PET/CT 设备开始取代单独的 PET 设备，成为核医学的主流设备。

图 5-16 给出了 PET/CT 系统的结构示意图。其中，CT 子系统与 PET 子系统前后排列，通过移动检查床将患者分别置于 CT 成像视野和 PET 成像视野。在一个典型的 PET/CT 扫描协议中，首先获取定位像（topogram）并确定扫描范围，之后进行 CT 扫描。随后，通过移动检查床，将患者送至 PET 扫描视野，对相应的扫描范围进行 PET 扫描。在 PET/CT 中，CT 图像不仅在融合显示中提供解剖结构信息，利用 CT 图像信息还可以为 PET 提供衰减校正，省去了传统 PET 用于衰减校正的透射扫描放射源。

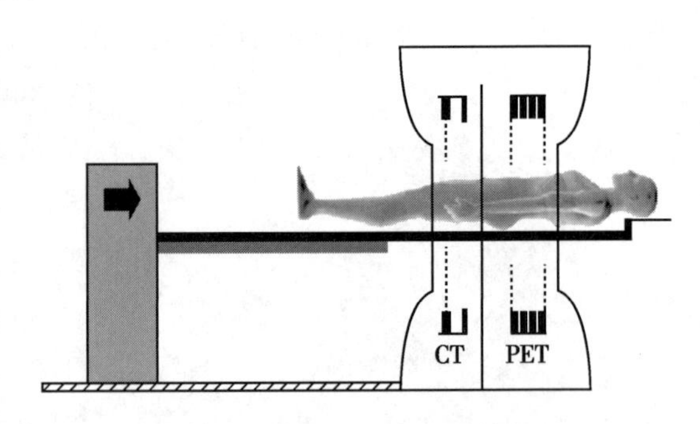

图 5-16　PET/CT 结构示意图

近年来，PET/MRI 设备也开始应用于临床。与 CT 相比，MRI 具有很高的软组织对比分辨率，在神经和心血管系统成像等方面具有优势，可以提供比 CT 更丰富的解剖结构信息。与 PET/CT 的设计不同，一体化的 PET/MRI 设备通常将 PET 探测器环置于 MRI 的扫描孔内，可以实现 PET 和 MRI 的完全同步采集。这种设计方式不仅保证了 PET 和 MRI 图像的严格配准，而且可以节约 PET/MRI 成像的扫描时间。由于 PET 和 MRI 的扫描时间都相对较长，因此扫描时间的减少对 PET/MRI 的实际临床应用非常重要。

（二）多模态放射性核素成像设备临床应用

PET/CT 可以同时提供组织和器官的功能信息和解剖结构信息，自出现后便得到临床的广泛认可。目前，单独的 PET 设备已较少在临床使用，取而代之的是 PET/CT。PET/CT 在临床中可以覆盖单独 PET 设备的所有临床应用，在恶性肿瘤、中枢神经疾病及心血管疾病的诊断方面发挥着重要的作用，已成为上述疾病临床诊治路径中不可或缺的、重要的影像学技术手段。国际主要肿瘤学术组织颁布的临床指南和临床路径文件中，PET/CT 均被提到重要位置。

临床研究表明，与单独的 PET 和 CT 相比，PET/CT 通过对功能和结构图像的融合分析和交叉印证，在临床应用中具有更高的诊断准确性，在排除疑似病灶，明确病程分期等方面具有更大的临床价值。图 5-17 给出了一例 PET/CT 融合图像，其中 CT 图像未见异常，PET 图像中观察到摄取明显增高区域，融合图像显示该高摄取区域位于甲状腺，提示患者甲状腺病变可能。

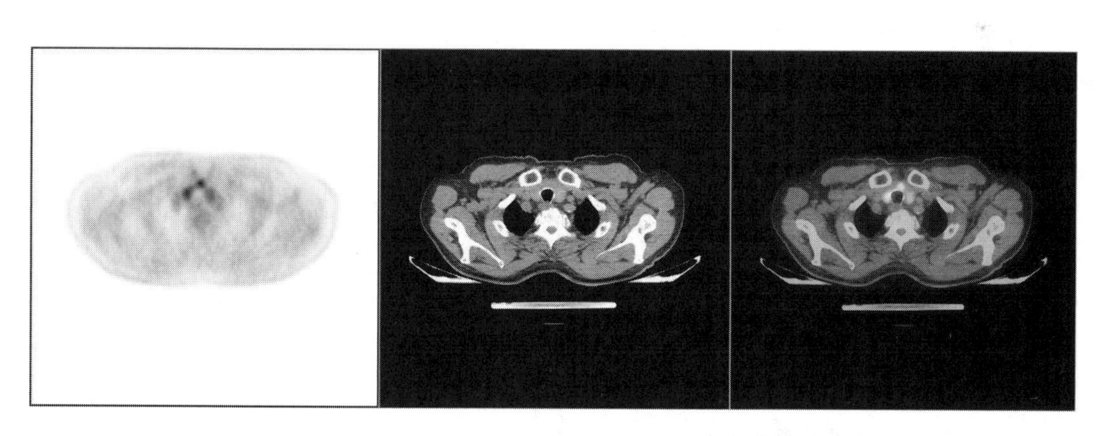

图 5-17　PET/CT 融合图像

近年来，PET/MRI 的临床应用逐渐得到关注。尽管目前国内外对 PET/MRI 的临床价值仍然存在诸多争议，但与 PET/CT 相比，PET/MRI 在一些领域，如脑功能研究等，具有相对的优势。MRI 成像无辐射、对软组织的对比分辨率较高，可以通过多参数成像提供更多信息，对神经系统的观察更具优势。PET/MRI 自出现之初就被应用于脑神经科学的研究，PET/MRI 显像在颅内肿瘤显像、胶质瘤分期、痴呆、轻度认知障碍、脑退行性疾病和脑功能核团等研究方面已经得到了诸多应用。另外，PET/MRI 在心血管系统的应用已经成为一个研究热点，在肿瘤方面的应用也可见报道。当然，目前 PET/MRI 仍然缺乏“杀手级”的临床应用，且 PET/MRI 设备极其昂贵，MRI 成像时间也相比较长，这些都是制约 PET/MRI 临床应用的因素。

二、主要参数检测方法及其影响因素

目前，PET/MRI 设备的检测尚无相应的国家和行业标准。PET/CT 设备的性能参数检测，主要依照 YY/T 0829 标准《正电子发射及 X 和线计算机断层成像系统性能和试验方法》。其中，PET 部分的性能和试验方法的引用标准为 GB/T 18988.1-2003，CT 部分的性能和试验方法引用标准为 YY 0310-2005。这两部分的内容在前述章节中均已详细介绍，此处不再重复介绍。

由于 PET/CT 需要对 PET 和 CT 图像进行融合显示，因此标准中对 PET/CT 图像的配准精度规定了相应的测试方法。测试使用的模体为前述图像质量模型，其空腔应充满放射性活度浓度为 5.3kBq/ml 的 ^{18}F 溶液作为本底。内径为 2.8cm 和 3.7cm 的小球应充满“冷水”，用于模拟冷病灶成像。内径 1.0cm、1.3cm、1.7cm 和 2.2cm 的小球应充满 8 倍于本底的 ^{18}F 溶液，例如浓度为 42.4kBq/ml。所有球体的中心位于同一横向切面，模体中心径向 5.72cm 处，内径 1.7cm 的球体应沿模体的水平轴放置。在实验过程中同时还使用铅块或其他等效重物（总重量 135kg）来模拟患者。铅块（或等效重物）应均匀分布在沿床 1.5m 的长度范围内，并且在图像质量模型附近。模型应沿轴向平放于床的末端，球体的中心位于扫描仪的中间层，位于横断面位置，模型的中心位于扫描仪的中心。

使用标准的全身扫描协议对模体进行扫描，将 CT 和 PET 采集矩阵均设置为 512×512。接着移走铅块，仅留下图像质量模型进行第二次全身扫描。对于存在和不存在重物两种情况，所有球的中心在 PET 部分和 CT 部分保证完全配准的情况下，在三个方向对图像的剖面曲线进行定量测算，计算偏差数值作为 PET 和 CT 的图像配准精度。

（张　辉）

思考题

1. 请简述 PET 的成像原理。
2. 请列举 PET 采集中符合事件的种类和相应的校正方法。
3. PET 系统的灵敏度是如何测量的？

第六章

放射治疗设备

放射治疗学是研究各种放射线物理特性及其对生物机体的物理、化学、生物作用，采用合理的放射治疗技术来治疗人类疾病的临床科学，其涉及物理学、化学、生物医学、工程机械、计算机技术、数字图像处理技术等多个学科。目前，随着肿瘤放射治疗技术的不断发展，各种先进的放射治疗和影像设备被广泛地应用于临床。在应用过程中为了确保放射治疗的安全性和有效性，这些设备的使用需要有严格的质量保证程序，必须对其进行系统规范的检测校准。

一、放射治疗设备基础与分类

（一）放射治疗基础知识

放射治疗就是利用放射源或不同的医疗装置产生的放射线对肿瘤进行治疗的技术，简称“放疗”。在对体内的肿瘤组织进行照射时，由于放射线电离辐射的生物学效应，射线的能量沉积到肿瘤组织内部，破坏细胞的染色体，使细胞停止生长，最终实现对肿瘤组织最大量的杀伤和破坏。

放射治疗的有效性主要取决于临床时间的早晚、病理类型以及对放射线的敏感程度。肿瘤组织放射敏感性的高低与肿瘤细胞的分裂生长速度有关，分裂生长速度越快，对放射线越敏感。对同一种类型的肿瘤细胞，其放射敏感性与肿瘤细胞的分化程度成反比。临床上根据肿瘤细胞对放射线的敏感程度不同，将肿瘤分为三类，分别是：对放射线敏感的肿瘤，如精原细胞瘤、淋巴瘤等；对放射线中度敏感的肿瘤，如宫颈鳞癌、食管癌、肺癌等；对放射线不敏感的肿瘤，如软组织瘤、骨肉瘤等。

（二）放射治疗设备分类

按照照射方式的不同目前临床常用的放射治疗可分为外照射和内照射两种，前者应用医用电子直线加速器、^{60}Co 治疗机或质子加速器进行治疗，后者则应用放射性核素进行近距离治疗。肿瘤放疗外照射是目前主要的肿瘤放疗方式，但是部分肿瘤使用外照射配合近距离治疗则能够获得更好的疗效。

放射治疗设备按射线产生方式分为加速治疗设备和放射性核素治疗设备。

按所用辐射源种类的不同分为四类：①X 线治疗机；②^{60}Co 治疗机、γ 刀和近距离后装治疗机；③医用直线加速器；④质子重离子加速器。其中 X 线治疗机和 ^{60}Co 治疗机由于在临床使用过程中存在较多的缺陷，逐渐被放弃；后装治疗机根据施源器的不同，分别适用于管内、腔内肿瘤的放射治疗和肿瘤的组织间插植治疗；医用直线加速器是目前临床使用最为广泛的放疗设备。

二、放疗设备的标准体系概述

国家质量监督检验检疫总局、国家标准化管理委员会和国家食品药品监督管理总局等机构发布了一系列放射治疗设备的标准 / 规程，有效地保障了放射治疗设备的安全检测要求。其中部分重要的标准 / 规程概述如下：

1. GB 15213-2016《医用电子加速器性能和试验方法》 标准规定了医用电子加速器的性能指标和试验方法。适用于医疗事业中以治疗为目的的医用电子加速器。适用于能产生 X 辐射和电子辐射的医用电子加速器，其标称能量为（1~50）MeV，在距辐射源 1m 处的最大吸收剂量率为（0.001~1）Gy/s，正常治疗距离在（50~200）cm 之间。适用于配备有等中心机架的医用电子加速器，对非等中心设备的性能和试验方法可以作适当修正。

2. GB 9706.5-2008《医用电气设备第 2 部分：能量为 1MeV 至 50MeV 电子加速器安全专用要求》 标准适用于能量为 1MeV 至 50MeV 电子加速器安全专用要求。标准规定了为保护患者、操作者所必需提供的安全要求。

3. GB 9706.13-2008《医用电气设备第 2 部分：自动控制式近距离后装设备安全专用要求》 标准规定了用后装技术对患者进行近距离治疗的自动控制设备的安全要求。

4. GB 9706.17-2009《医用电气设备第 2 部分：γ 射束治疗设备安全专用要求》 标准规定在人类医学实践中用于放射治疗目的的 γ 射束治疗设备的安全要求，它包括由可编程电子系统 PES（programmable electronic system）控制选择和显示操作参数的设备。标准适用于使用密封放射源在正常治疗距离（NTD）大于 5cm 处提供 γ 射束的设备，当设备在更近距离工作时，可能需要特殊的预防措施。

5. GB/T 19046-2003《医用电子加速验收试验和周期检验规程》 标准规定了医用电子加速器验收试验和周期检验的性能指标、试验方法、试验条件和检验周期。标准适用于医用电子加速器初次安装后，制造方、使用方和第三方共同进行的验收试验，以及设备正常工作中，使用方进行的周期检验。适用于医疗事业中已放射治疗为目的、能产生 X 辐射和电子辐射、能量为 1~50MeV 的医用电子加速器。适用于配备有等中心机架的医用电子加速器，对非等中心设备的性能和试验方法亦可参照执行。

6. JJG 589-2008《医用电子加速器辐射源》计量检定规程 规程适用于新安装、使用中和影响射线剂量值准确部件修理后的医用电子加速器的首次检定、后续检定和使用中检验。

7. JJG 773-2013《医用 γ 射线后装近距离治疗辐射源》计量检定规程 规程适用于 γ 射线后装近距离治疗机〔剂量率为（0.01~5）Gy/min〕的首次检定、后续检定和使用中检验。不适用于医用中子近距离后装治疗机、医用贴敷治疗机和粒子植入治疗设备等的检定校准。

8. JJG 1013-2006《头部立体定向放射外科 γ 辐射治疗源》计量检定规程 规程适用于头部 γ 射线立体定向放射治疗设备的首次检定、后续检定和使用中检验。

9. YY 0831.1-2011《γ 射束立体定向放射治疗系统第 1 部分：头部多源 γ 射束立体定向放射治疗系统》 标准适用于头部多源 γ 射束立体定向放射治疗系统，该系统同时使用多个 ^{60}Co 密封放射源（可以是运动的，也可以是静止的）对头部病变区域进行聚束照射。

10. YY 8031.2-2015《γ 射束立体定向放射治疗系统第 2 部分：体部多源 γ 射束立体定向放射治疗系统》 标准适用于体部多源 γ 射束立体定向放射治疗系统，该系统同时使用多个 ^{60}Co 密封放射源（可以是运动的，也可以是静止的）对体部病变区域进行聚束辐照。

11. YY 0832.1-2011《X 辐射放射治疗立体定向及计划系统第 1 部分：头部 X 辐射放射治疗立体定向及计划系统》 标准适用于头部 X 辐射放射治疗立体定向及计划系统，该系统与医用电子加速器配合使用，对头颈部小病变区域进行立体定向放射治疗。

12. YY 0832.2-2015《X 辐射放射治疗立体定向及计划系统第 2 部分：体部 X 辐射放射治疗立体定向及计划系统》 标准适用于体部 X 辐射放射治疗立体定向及计划系统，该系统与医用电子加速器配合使用，对体部病变区域进行立体定向放射治疗。

（何文胜）

第二节 医用电子直线加速器

一、医用电子直线加速器概述

医用电子直线加速器（以下简称加速器）是目前临床上最重要的放射治疗设备，具有结构紧凑、高效安全和能提供多档能量射线等优势。21 世纪以来，调强放射治疗（intensity-modulated radiation therapy，IMRT）、图像引导放射治疗（image guided radiotherapy，IGRT）、容积旋转调强放射治疗（volumetric modulated arc therapy，VMAT）和自适应放射治疗（adaptive radiation therapy，ART）等治疗手段的应用，为精准医疗下的“三精”放疗技术（精确定位、精确设计和精确治疗）提供了实施的平台，从而进一步提高了放射治疗的整体疗效。

（一）医用电子直线加速器基本原理

加速器是利用微波电场，沿直线加速电子，经打靶或散射箔散射后，获得兆伏级 X 线或电子线用于放射治疗的装置。由于加速电子的方式不同，可以分为驻波加速器和行波加速器。它们虽结构上有所不同，但基本组成是一致的，主要包括：加速管、微波系统、电子枪、微波传输系统、恒温系统、真空系统、剂量监测系统、机械系统、高压脉冲调制器系统和辅助系统，如图 6-1 所示。

加速器有 X 线和电子束两种模式。X 线模式的能量通常为（6~25）MV，不同能量满足不同体厚患者的治疗；电子束模式的能量通常为（4~25）MeV，多档能量满足不同深度表浅肿瘤的治疗。

1. X 线模式 加速管内加速的电子与靶作用引出 X 线，经过准直器限束准直后经均

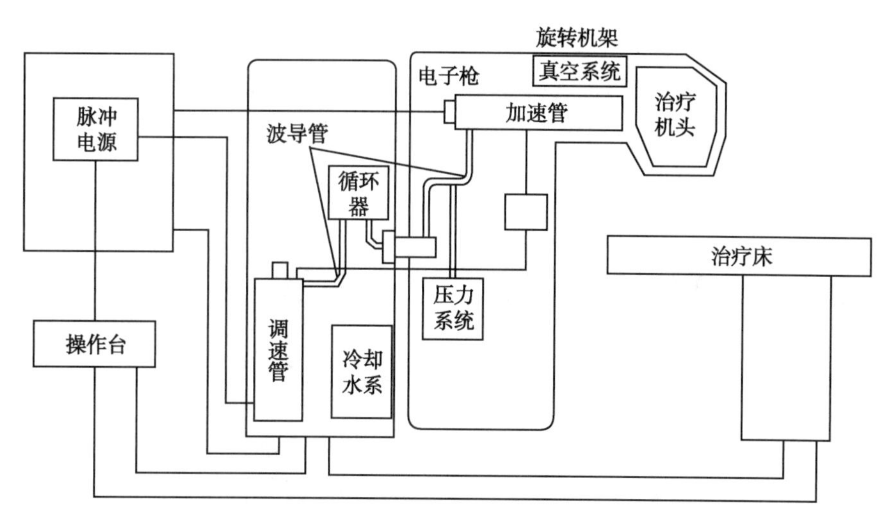

图 6-1　加速器结构示意图

整器对射线强度进行均整，在患者体表形成强度均匀分布的治疗野。

2. 电子束模式　加速管内的高能电子束穿过电子窗直接引出用于临床治疗。用散射箔将电子束展宽扩展后，经准直器和电子限光筒形成剂量分布均匀的照射野。

（二）医用电子直线加速器临床应用

1. 加速器的临床适应证　加速器的临床适应证非常广泛，适合全身各部位肿瘤的放射治疗。根据患者的实际情况，进行根治性放疗、姑息性放疗、术前放疗、术后放疗和同步放化疗。

2. 加速器的临床治疗技术　随着 CT、MRI、超声等影像技术和计算机技术的发展，加速器的临床治疗技术已从二维放疗发展到三维适形放疗（3DCRT）、调强放疗（IMRT）、容积旋转调强放疗（VMAT）再到四维的图像引导放疗（IGRT）和自适应放疗（ART）。

（1）二维放疗：定位简单，费用低，但是照射野难以符合肿瘤的形状，周围正常组织受照量大，且不能准确评价各个部位的受照剂量。

（2）三维适形放疗：一种精度较高的放疗，利用 CT 重建肿瘤的三维结构在不同角度设计适形靶区外形的照射野，使得高剂量区尽可能与靶区的外形一致。

（3）调强放疗：一种高精度的放疗，利用多叶准直器叶片对束流强度进行调节，把足够的射线能量精确地沉积在肿瘤靶区内，而周围正常组织接受尽可能少的辐射。单个治疗野内的剂量分布不均匀，但靶区内均匀性好于三维适形治疗。

（4）容积旋转调强放疗：一种容积调制弧形放疗技术，利用逆向算法同时改变加速器机架的旋转速度、多叶准直器的位置和剂量率这三个变量，从而得到与肿瘤靶区精准度很高的三维剂量分布。

（5）图像引导放疗：一种四维的放疗技术，加入了时间因素后充分考虑到治疗部位的运动和分次治疗的误差，在患者治疗中利用影像设备对照射区进行实时监控，使照射野紧紧“追随”靶区，做到真正意义上的精准治疗。

（6）自适应放疗：当发现靶区明显变形或退缩且与周围正常组织相对位置发生显著变化时，将这些变化的信息传输到治疗计划系统进行调整，让治疗计划适应肿瘤的变化而变化，是图像引导放疗的高级阶段。

二、医用电子直线加速器的检测与校准装置

（一）治疗水平电离室剂量计

治疗水平电离室剂量计（以下简称剂量计）用于加速器输出辐射的吸收剂量测量。由电子学测量单元和电离室传感器组成，电离室壁由空气等效材料制成，考虑到测量的稳定性一般采用通气结构（非密封结构）。剂量计应定期在有资质的实验室进行计量校准。其X线、γ射线能量响应不超过 ±4.0%，长期稳定性不超过 ±1.0%/a，测量重复性0.5%，示值非线性 ±0.5%。

（二）射线束分析仪

射线束分析仪用于测量加速器输出辐射的辐射质、辐射野的均整度、辐射野对称性等计量性能指标。可以是二维或三维水箱。根据设定条件，由步距电机驱动测量传感器（电离室或半导体探测器）对水箱（水模体）内的辐射分布进行三维或二维扫描测量，由分析软件描绘水中的剂量分布曲线或列表水中的剂量分布。最小步进不大于1.0mm，定位及重复定位误差不超过 ±1.0mm。也可以用辐射矩阵测量板测量辐射野的均整度、对称性、光野射野重合等。辐射矩阵测量板由含多个辐射探测器阵列板及分析软件组成，其阵列板尺寸应不小于30cm×20cm，单个探测器尺寸不大于1mm^2。

（三）吸收剂量测量模体

吸收剂量测量模体主要用于测量加速器吸收剂量。可以是水模体，也可以是水等效固体模体。水模体由有机玻璃或聚苯乙烯材料制成。若采用二维或三维水箱做射束分析仪，则可借助射束分析仪，将剂量计的电离室替代射束分析仪的测量传感器（不是参比传感器），移动至规定水深处，使用剂量计测量。

（四）慢感光胶片及胶片光密度扫描仪

慢感光胶片及胶片光密度扫描仪用于加速器X线的辐射野与光野的重合性、加速器等中心检测。慢感光胶片用于辐射感光及剂量测量。在检测校准的剂量范围内，慢感光胶片的光密度与照射剂量呈线性。胶片光密度扫描仪用于胶片光密度的扫描测量。要求实行透射扫描和平面扫描，以避免滚筒式扫描而影响相对定位。定位偏差不超过 ±0.1mm，空间分辨率≤10lp/mm，至少能分辨512级灰度。

（五）温度计及气压计

温度计及气压计主要用于测量加速器输出辐射的吸收剂量时，对测量体模的温度和大气压力进行测试并修正（电离室的空气密度修正）。温度计的测量范围（0~50）℃，最小分度值 0.5℃。气压计的测量范围（70~110）kPa，最小分度值 0.2kPa。

（六）其他设备

其他设备用于加速器机械性能的检测，主要有水准仪、钢直（卷）尺、30kg 负载、135kg 负载等。

三、医用电子直线加速器的检测与校准方法

医用电子直线加速器检测与校准主要依据计量检定规程 JJG 589-2008《医用电子加速器辐射源》和国家标准 GB 15213-2016《医用电子加速器性能和试验方法》。前者适用于新安装、使用中和影响射线剂量值准确性部件修理后的医用电子加速器的校准或检验。后者适用于能产生 X 辐射和电子辐射的医用电子加速器，其标称能量为（1~50）MeV，在距辐射源 1m 处的最大吸收剂量率为（0.001~1）Gy/s，正常治疗距离在（50~200）cm 之间，并配备有等中心机架。对非等中心设备的性能和试验方法可以作适当修正。

（一）加速器剂量学校准检测项目及方法

1. 加速器 X 线

（1）X 线辐射质：又称品质指数，用以表征 X 线辐射的平均能量和穿透能力。在临床上影响百分深度剂量、最大剂量深度和剂量建成区宽窄，不仅影响深部肿瘤的治疗和皮肤剂量大小，而且影响在做诸如旋转治疗等改变源皮距（source skin distance，SSD）治疗时使用剂量计算的组织空气比（tissue to air ratio，TAR）。旋转治疗时因 SSD 不断变化，其靶区剂量是依据 TAR 计算得到的。使用射束分析仪测量，也可使用吸收剂量测量模体、剂量计测量。

X 线辐射质使用吸收剂量比（D_{20}/D_{10}）确定。选择辐射野 10cm × 10cm，正常治疗距离（normal treatment distance，NDT）处（如 SSD=100cm），射束轴与模体表面垂直，测出模体内深度 10cm 和 20cm 处的吸收剂量 D_{10} 和 D_{20}。由 D_{20}/D_{10} 比值可查表得到对应 X 线平均能量，参考 JJG 589—2008。

X 线辐射质校准时，还可以用组织模体比（TPR_{10}^{20}）确定。在射线轴垂直的平面上，选 X 辐射源至探测器的距离（source chamber distance，SCD）为正常治疗距离（如 100cm），辐射野 10cm × 10cm，射束轴与模体表面垂直。保持 SCD 不变，分别测量出模体内深度 10cm 和 20cm 处的吸收剂量，二者比值即为 TPR_{10}^{20}，也可使用吸收剂量比（$D_{20}/$

D_{10}）由公式（6-1）计算得出。

$$TPR_{10}^{20}=2.189-1.308(D_{20}/D_{10})+0.249(D_{20}/D_{10})^2 \tag{6-1}$$

（2）辐射野的均整度和对称性：表征在辐射野区域内辐射剂量的均匀性，也就是射束质量。在临床上，射束均匀性的好坏，决定靶区的治疗效果，避免靶区的“剂量热点”和“剂量冷点”。由于临床给出的剂量是参考射束轴上某个深度处的剂量，实际靶区并非是一个点，因此靶区剂量均匀性决定靶区治疗剂量的正确性关系治疗效果。考虑到多野治疗、旋转治疗等，因此对辐射野的对称性单独做出要求。使用射线束分析仪测量。

进行辐射剂量测量时，探测器的有效测量点在模体中的深度称为校准深度。对加速器各种能量的 X 线，校准深度为水下 10cm，能量小于 6MV X 线可为水下 5cm。在 GB 15213-2016 中又称为标准测试深度。

对加速器各种能量的 X 线，在校准深度处与射线轴垂直的平面上，校准时选 10cm×10cm 辐射野，距离为 NTD，加速器机架 0°，限束器 0°，射束轴与模体的辐射入射面垂直。射束分析仪的测量探测器沿光野两个相互垂直的主轴及对角线移动测出剂量分布，计算出均整度和对称性。辐射野均整区如图 6-2 所示。

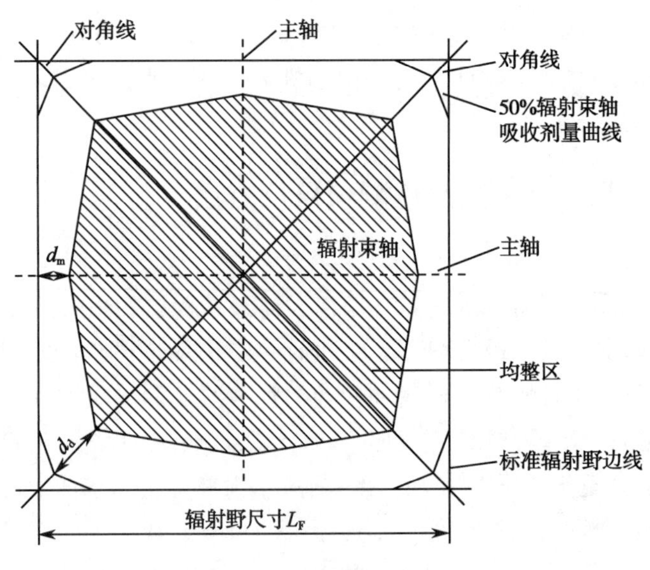

图 6-2　X 辐射野均整区

对于检测，则需要在加速器机架 0°和 90°时，用上述方法分别检测各种能量的 X 线下 5cm×5cm、10cm×10cm、30cm×30cm 以及最大辐射野的均整度和对称性，但各辐射野均整度和对称性的合格判定依据有差异。注意在加速器机架 90°时，考虑到射束分析仪的水箱壁的影响，需要将水箱壁等效成对应的水深。

（3）辐射野与光野的重合性：用于检测校准临床治疗时所用实际辐射野与治疗定位所用的模拟光野的一致程度或偏差，以保证治疗定位的准确性。由于 X 线人眼无法感知，临床依据肿瘤位置和治疗方案会在人体皮肤上标记辐射野的外形，治疗时根据外形采用加速器所带模拟光调整辐射野使其一致。而模拟光投射产生的光野与实际X线投射产生的辐射野会存在一定差异，减少差异是保证治疗效果的重要步骤。

对于校准，采用射束分析仪测量。置加速器机架0°，限束器0°，NTD校准深度处垂直于射线轴的平面作为参考平面（SCD=NTD），参考平面上设置10cm×10cm光野F1。用射线分析仪沿两个主轴（见图6-2）对辐射束扫描出吸收剂量，测量出F1对应的4个50%辐射束轴的吸收剂量的点。以此4点做出与F1对应的方形F2，即为辐射野。F1与F2各边之间的距离即为所测结果。需要对加速器每个标称能量的X线进行测量。

对于检测，采用射束分析仪、慢感光胶片及胶片扫描仪测量。首先置加速器机架0°或90°，限束器0°，采用上述校准相同方法，分别对每个标称能量X线的5cm×5cm、10cm×10cm、30cm×30cm光野用射束分析仪沿两个主轴对辐射束进行扫描，测量出各光野对应的4个50%辐射束轴的吸收剂量的点。然后保持对应的辐射野和标称能量不变，在相同深度和条件下，分别曝光一张慢感光胶片，用胶片扫描仪对应测出射束分析仪定出的各辐射野各边50%辐射束轴吸收剂量点的光密度D_O。

对加速器机架90°/限束器0°、机架270°/限束器90°、机架0°/限束器45°、机架0°或180°/限束器180°等组合的各能量下上述各光野进行检测。NTD处，在胶片上标记光野F1边位置，胶片后置至少等效5cm水厚的建成材料，胶片前覆等效校准深度厚的建成材料（如10cm水）。采用前述辐射条件曝光，根据前述步骤得到的标定数据D_O，由胶片扫描仪测量确定50%辐射束轴吸收剂量点的位置，作方形F2。F1与F2各边之间的距离即为所测结果。

（4）剂量示值的重复性：是指加速器输出相同剂量的X线辐射的分散性，由加速器剂量监测系统和射束输出控制系统引入。临床上用于保证靶区治疗剂量的一致性。使用吸收剂量测量模体、剂量计测量。

校准时，选加速器机架0°，限束器0°，NTD距离，模体表面光野为10cm×10cm，将电离室置校准深度处辐射束轴线上。任选一吸收剂量率，用相同辐射条件照射10次，剂量计得10次读数。按公式（6-2）计算加速器X线剂量示值重复性V。

$$V=\frac{1}{\overline{D}}\sqrt{\frac{1}{9}\sum_{i=1}^{n}(\overline{D}-D_i)^2}\times 100\% \tag{6-2}$$

式中，$\overline{D}$为10次剂量计的测量平均值；D_i为第i次照射剂量计测量值。需要测量每个标称能量X线的剂量示值的重复性。

检测时，置加速器机架0°或90°，限束器0°，NTD距离，校准深度处辐射野为10cm×10cm，将电离室放在校准深度处辐射束轴线上。加速器预置约2Gy的吸收剂量，选用最大吸收剂量率和最小吸收剂量率，连续进行10次辐照，剂量计得10次读数，按公式（6-2）计算X线剂量示值重复性V。同样，需要测量每个标称能量X线的剂量示值的重复性。

也可使用固体水模检测。将电离室置于其中，电离室有用射束入射面建成材料厚度等效校准深度（如 10cm 水），电离室有用射束出射面建成材料厚度至少等效 5cm 水厚。

（5）剂量示值的线性及误差：剂量示值的线性，表征在某一输出的吸收剂量率下，最大剂量深度处加速器输出的实际吸收剂量与其剂量监测系统预置剂量值的线性关系，本质上是辐照各时间段内加速器输出的吸收剂量率和能量的稳定性。临床上用以保证加速器输出各种数值的吸收剂量的准确性。使用吸收剂量测量模体、剂量计测量。

校准时，置加速器机架 0°，限束器 0°，NTD 距离，体模表面处辐射野为 10cm × 10cm，将电离室放在校准深度处辐射束轴线上。选取临床上常用一档剂量率，设剂量预置值为 100MU、200MU、300MU 和 400MU。测量每个预置值 U_i 相对应的剂量测量值 D_i。对预置值 U_i 与剂量测量值 D_i 进行线性回归分析，按公式（6-3）对各个 D_i 数值用最小二乘拟合法求出线性关系式，按公式（6-4）计算剂量示值的误差 ν。注意：D_i 是通过百分深度剂量（percentage depth dose，PDD）推算至最大剂量深度处的吸收剂量，又称参考点吸收剂量。

$$D_c = aU + b \tag{6-3}$$

式中，D_c 为用最小二乘法计算出的吸收剂量值，a 为拟合直线的斜率，b 是直线与纵坐标的截距。

$$\nu = \frac{(U_i - D_i)}{D_i} \times 100\% \tag{6-4}$$

检测时，对每档吸收剂量率，在大于 1Gy 的吸收剂量范围内以近似相等间隔选取 5 个不同的吸收剂量预置值。如果吸收剂量率是连续可调的，则从 20% 到最大吸收剂量率的范围内等间隔取 4 个不同的吸收剂量率值，并在每个吸收剂量率和每个剂量预置值下辐照 5 次进行测量。其他同本项目校准方法。求出同一剂量预置值 U_i 下所有参考点吸收剂量测量值的平均值 D_i，按公式（6-3）对各个 D_i 数值用最小二乘拟合法求出线性关系式。比较各剂量预置值 U_i 下的剂量测量平均值 D_i 与用最小二乘拟合法计算值 D_{ci} 的偏差 δ_i，按公式（6-5）计算，其最大偏差绝对值最大者为检测结果。

$$\delta_i = \frac{D_i - D_{ci}}{U_i} \times 100\% \tag{6-5}$$

（6）吸收剂量测量和计算：本方法适合模体任何深度处吸收剂量的测量。对于加速器，一般通过测量校准深度处的吸收剂量后，用相对测量法得到百分深度剂量（PDD）曲线或表格，再推算任何深度的吸收剂量。校准检测加速器剂量监测系统示值时，需推算至最大剂量深度处的吸收剂量（参考点剂量）。使用吸收剂量测量模体、剂量计测量。

在（5）的校准条件下，电离室有效测量点 P_{eff} 在校准深度处水的吸收剂量 D_W（P_{eff}）按公式（6-6）计算，D_W（P_{eff}）单位为 Gy。

$$D_W(P_{eff}) = M \cdot N_k \cdot (1-g) \cdot K_{att} \cdot K_m \cdot S_{w,air} \cdot P_u \cdot P_{cel} \tag{6-6}$$

式中：M 是剂量计的读数；N_k 是电离室的空气比释动能校准因子；g 为 X 线产生次级电

子消耗与韧致辐射的能量占其初始能量总和的份额，$g \approx 0.003$；K_{att} 为校准电离室时电离室壁及平衡帽对校准用辐射（此处为 $^{60}Co\gamma$ 射线）的吸收和散射的修正；K_m 为电离室壁及平衡帽材料对校准用辐射空气等效不充分而进行的修正；$S_{w, air}$ 是校准深度处水对空气的平均阻止本领比，参考表 6-1；P_u 是扰动修正因子；P_{cel} 是中心电极影响，其数值取为 1。K_{att}、K_m、$S_{w, air}$、P_u 的数值参考 IAEA TRS.277 号报告、IAEA TRS.381 号报告或 JJG 589-2008 计量检定规程。

表 6-1　部分 X 线辐射质同校准深度和 $S_{w, air}$ 的关系

辐射质		$S_{w, air}$	水中校准深度（cm）
TPR_{10}^{20}	D_{20}/D_{10}		
0.68	0.58	1.119	5
0.70	0.60	1.116	5
0.74	0.63	1.105	10
0.78	0.66	1.090	10

测量时电离室的有效测量点放在校准深度上。圆柱形电离室的有效测量点与几何中心距射线入射的模体表面的距离分别为 d_{eff} 与 d_p，且 $d_p-d_{eff}=0.6r$，r 为圆柱形电离室的内半径。

2. 加速器电子束　电子束的标准测试深度为 10cm × 10cm 辐射野时所规定的穿透性值的一半，除非另有说明。

（1）电子束辐射质或实际射程：电子束辐射质，用以表征电子束入射体模表面的平均能量和电子束穿透能力。校准的临床意义和使用的仪器同前述的“X 线辐射质”，并且将电子束电离曲线转换为百分深度剂量（PDD）曲线时需要依据或实际电子射程 R_p 来确定电子束的 $S_{w, air}$。进行检测时，依据 GB 15213-2016，使用实际电子射程表征入射体模表面的平均能量和电子束穿透能力。对于电子束，体模表面处于正常治疗距离处，体模中沿辐射束轴的深度剂量曲线上，下降最陡段切线的外推线与深度吸收剂量曲线末端的外推线相交，交点处所对应的深度即为实际射程 R_p。

1）校准：使用剂量或电离量半峰值水深或确定电子束辐射质。NDT 处（如 SSD= 95cm），加速器机架 0°，限束器 0°，射束轴与模体表面垂直。当电子束标称能量≤15MeV 时，模体表面光野不小于 12cm × 12cm；>15MeV 时，模体表面光野不小于 20cm × 20cm。选一标称能量和合适的输出剂量（任一剂量率），射束分析仪探测器的有效测量点沿电子束轴移动，测出吸收剂量率为 50% 最大剂量率的深度，或测出的电离量率为 50% 最大电离量率的深度。依据或查表确定。查表参考 JJG 589-2008。每档标称能量用相同方法校准。

2）检测：使用实际射程确定电子束入射表面的平均能量。NDT 处（如 SSD= 95cm），加速器机架 0°，限束器 0°，射束轴与模体表面垂直，模体表面光野 10cm ×

10cm 和最大辐射野。选一标称能量和合适的输出剂量（任一剂量率），射束分析仪探测器的有效测量点沿电子束轴移动测量，得到深度剂量曲线图。用作图法或从射束分析仪测量结果中分别得出两个辐射野的实际射程 R_p。查表确定。查表参考 JJG 589-2008。每档标称能量相同方法校准。

（2）X 线辐射野的均整度和对称性：校准的临床意义和使用的仪器同前述。对加速器每一种能量的电子束，校准时选模体表面辐射野为 10cm × 10cm，距离为 NTD，加速器机架 0°，限束器 0°，射束轴与模体的辐射入射面垂直。在上述（1）测得的射束轴上最大剂量深度处垂直电子束轴的平面上，射束分析仪的测量探测器沿辐射野两个相互垂直的主轴和对角线移动测量剂量分布，由几何野投影的主轴和对角线与 90% 中心点剂量曲线的交点，以及这些交点与几何野投影边界的距离得出均整度。同时 90% 中心点剂量曲线向电子束轴方向内推 1cm，在此范围内测量出对称于电子束轴的任意两点的剂量的比值，即为辐射野的对称性，如图 6-3 所示。

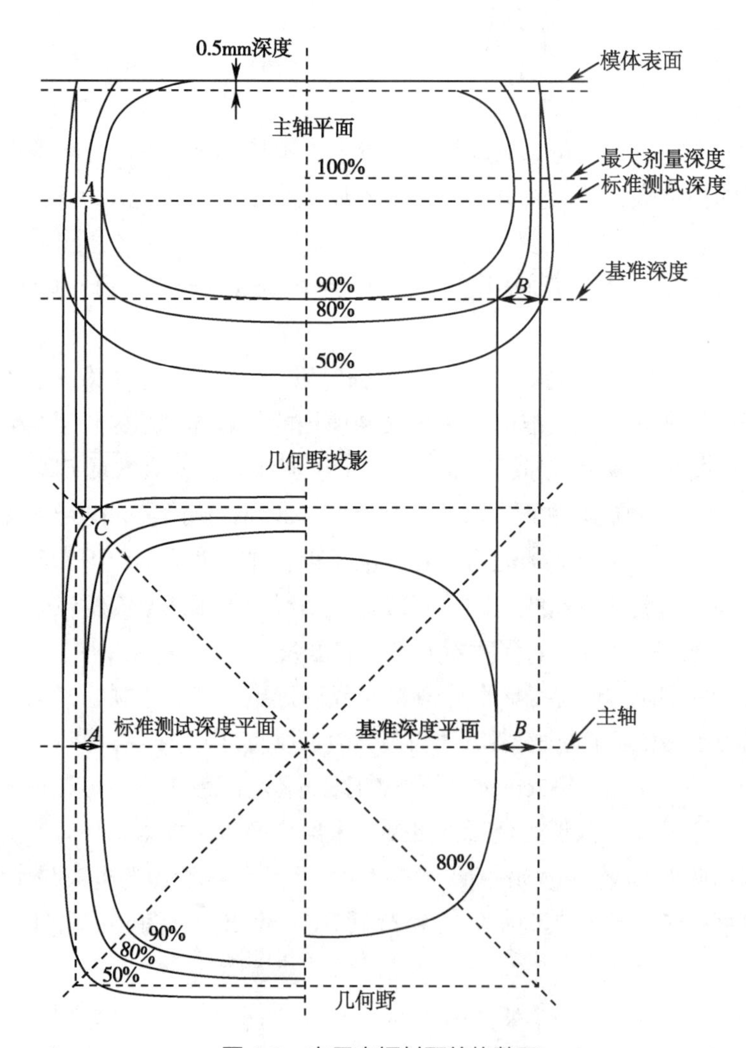

图 6-3　电子束辐射野的均整区

对于检测，在加速器机架0°，限束器0°时，用上述方法分别检测标称最大能量和最小能量的电子束下5cm×5cm、10cm×10cm、10cm×20cm、20cm×20cm以及最大辐射野的均整度和对称性，以及5cm×5cm辐射野下的对称性。首先选取最大辐射野或最小辐射野，利用上述（1）中检测方法得到标准测试深度，以及90%最大剂量点深度（称为基准深度）。将射束分析仪探测器分别置于标准测试深度和基准深度，并作2个垂直射束轴线的平面为扫描参考平面。射束分析仪的探测器分别在2个参考平面上沿辐射野两个相互垂直的主轴和对角线移动测量剂量分布，如图6-3所示，分别在标准测量深度平面和基准深度平面得到边界距离A、B、C，即为均整度。标准测试深度处90%中心点剂量曲线向电子束轴方向内推1cm，在此范围内测量出对称于电子束轴的任意两点的剂量的比值，即为辐射野的对称性。对加速器机架0°/限束器45°、机架90°/限束器0°组合，在最大能量和最小能量下，重复上述检测。注意在加速器机架90°时，考虑到射束分析仪的水箱壁的影响，需要将水箱壁等效成对应的水深，或采用固体水等效体模。

（3）剂量示值的重复性、线性、剂量示值的误差：检测校准方法与X线的剂量示值的重复性、线性、剂量示值误差相同。

（4）电子束吸收剂量

1）校准深度和电离室：检定电子束吸收剂量时，电离室在模体中的校准深度随电子束在体模表面平均能量的不同而不同：①<5MeV：校准深度为最大剂量深度；②5MeV≤<10MeV：校准深度为最大剂量深度或水下1.0cm，取其中较大者；③≥10MeV：校准深度为最大剂量深度或水下2.0cm，取其中较大者。

检定时电离室的有效测量点放在校准深度上。用圆柱形电离室时，有效测量点与几何中心距电子束入射模体表面的距离分别为Z_{eff}与Z_p，则$Z_p-Z_{eff}=0.5r$，r为圆柱形电离室的内半径。用平行板电离室时，有效测量点为入射窗内壁的中心点。

2）吸收剂量的测量和计算：电子束水模体表面平均能量不同，吸收剂量的测量方法和计算方法也不同：

Ⅰ. ≥10MeV的电子束：用圆柱形电离室测量，检测校准方法与“X线剂量示值的重复性”项目相同。在有效测量点处水中吸收剂量，D_W（P_{eff}）由公式（6-7）计算得出：

$$D_W(P_{eff})=M\cdot N_k\cdot(1-g)\cdot K_{att}\cdot K_m\cdot S_{w,air}\cdot P_u\cdot P_{cel} \tag{6-7}$$

式中各项符号的意义与前述“X线吸收剂量测量与计算”部分中相应符号具有相同意义。P_{cel}仍取1。$S_{w,\ air}$和P_u的值分别见JJG 589-2008规程的表C8和表2或表C4，与电子束入射水模体表面平均能量相关。

Ⅱ. <5MeV的电子束：必须用平行板电离室测量。如果在水模体中的校准深度不易确定，可以用固体模体。在固体模体中深度d_{PL}与在水模体中深度d_W有以下关系：

$$d_W/d_{PL}=(r_o/\rho)_W/(r_o/\rho)_{PL} \tag{6-8}$$

（r_o/ρ）$_W$和（r_o/ρ）$_{PL}$分别是电子在水和固体中的连续慢化射程。r_o/ρ随电子束能量变化的数值见JJF 589-2008的表C7。

剂量计在水模体中校准深度上和固体模体中相应的校准深度的读数分别为 M_W 和 M_{PL}，其关系为：

$$M_W = M_{PL} \cdot h_m \tag{6-9}$$

式中：h_m 是 M_W 与 M_{PL} 的比例因子，h_m 值见 JJG 589-2008 的表 C6。

固体模体中显示值为 M_{PL} 时水模体中有效测量点处的吸收剂量 D_W（Gy）为：

$$D_W = M_{PL} \cdot h_m \cdot N_k \cdot (1\text{-}g) \cdot K_{att} \cdot K_m \cdot S_{w,air} \cdot P_u \cdot P_{cel} \tag{6-10}$$

使用公式（6-10），$S_{w,\ air}$ 和 P_u 值应为电离室有效测量点在水中校准深度的值，而不是水中 d_{PL} 深度处的值。

Ⅲ. ≥5MeV 且 <10MeV 电子束：可以用圆柱形电离室或平行板电离室测量。当用圆柱形电离室时，用本条Ⅰ项中规定的方法；当用平行板电离室时，用本条Ⅱ项中规定的方法测量和计算电子束的吸收剂量。

【注意事项】

1. X线吸收剂量 本文测量的X线吸收剂量 D_w 为校准深度处的吸收剂量，而加速器剂量监测系统预置值一般为参考深度处的吸收剂量，参考深度即最大吸收剂量深度。最大吸收剂量是辐射在模体中沿辐射束轴产生的吸收剂量率的最大值。相同时间内校准深度吸收剂量比参考深度吸收剂量要小很多，其值随辐射束的不同而不同，越大参考深度越深。通过三维射束分析仪，可测量出沿射线束轴线的百分深度剂量（*PDD*）。按 $D_0=D_w/PDD$，可得最大吸收剂量值 D_0。

2. 电子束吸收剂量 本文测量的电子束吸收剂量 D_w 亦为校准深度处的吸收剂量，而加速器剂量监测系统预置值一般为最大吸收深度处吸收剂量 D_0。

当 <5MeV 时，校准深度为最大剂量深度，此时。当≥5MeV 且 <10MeV 时，校准深度为最大剂量深度或水下 1.0cm。≥10MeV 时，校准深度为最大剂量深度或水下 2.0cm。若此时校准深度为最大剂量深度，此时同样；若校准深度为水下 1.0cm 或 2.0cm，则依据测得的百分深度剂量（*PDD*）计算获得最大吸收剂量值 D_0。但对于电子束需要注意的是 $PDD=D_W/D_0$，而不是电离量之比，即不是两个深度处剂量计读数值之比，即 $PDD \neq J_W/J_0$ 或 $PDD \neq M_W/M_0$。式中，J_W 为体模深度 d 处测得辐射的电离量；J_0 为体模中参考深度处测得辐射的电离量；M_W 为体模中深度 d 处剂量计的辐射测量示值；M_0 为体模中参考深度处剂量计的辐射测量示值。电子束的水对空气的阻止本领比 $S_{w,air}$，随深度 d 的不同而不同。

3. 温度气压和其他因子校正 以上X线、电子线剂量测量计算电离室均处于标准温度大气压条件下，否则需要乘上温度气压校准因子 K_{TP}，T、P 分别为温度和气压。

$$K_{TP} = \frac{273.3+T}{293.2} + \frac{101.3}{P} \tag{6-11}$$

（二）加速器机械性能检测项目及方法

加速器机械性能包括对等中心、沿辐射束轴的距离指示、旋转运动标尺的零刻度位置、治疗床的运动等方面的要求。限于篇幅，下面仅对等中心、治疗床的运动等部分重要项目的检测进行阐述。检测依据为 GB 15213-2016《医用电子加速器性能和试验方法》。

1. 等中心 此处的等中心是指医用直线加速器机架的等中心。医用直线加速器等中心精度大小是影响放射治疗质量的关键因素。等中心精度的变化将直接影响患者放射治疗计划中靶区和危险器官的定位。它的准确测量和调整是一个放射治疗单位质量保证和质量控制的首要因素。机架等中心主要检测两个指标，即辐射束轴相对等中心的偏移和等中心的指示。检测设备有慢感光胶片、胶片光密度扫描仪等。

等中心由等中心位置的一系列近似点确定。辐射束轴相对等中心的偏移检测方法如下：机架角为 0°且前指针尖端位于正常治疗距离时，水平放置一张坐标纸与前指针尖端相接触。如果没有与限束系统同步旋转的前指针，则需固定一个适当的指针。在限束系统全范围旋转时，调节前指针使其旋转具有最小位移。机架位于 90°、180°、270°时，前指针也要保持较小位移。

然后分别设置机架角为 0°、90°、180°、270°，固定参考指针使其位于前指针尖端的平均位置处，移走前指针。将装在封套内的胶片放在与辐射束轴垂直的位置。为确保胶片处于射束最大剂量深度，需在参考指针与胶片之间放置一定厚度的体模材料。以 10cm × 10cm 辐射野在机架位于 90°或 270°时对胶片进行辐照，机架位于 0°和 180°时也分别用不同胶片进行顺时针或逆时针旋转到位的辐照。

用胶片光密度扫描仪对胶片进行分析，再将参考指针调到确定辐射束轴的所有中心线交点的平均位置，该点即等中心点的近似位置。参考指针的尖端确定进一步测试的参考点，并重复上述测试，根据结果可获得辐射束轴与参考点间的最大位移。

对于等中心的指示，只需将等中心装置指示的位置与上述检测所得到的参考点位置相比较。最大偏移为检测结果。

2. 沿辐射束轴的距离指示 指示装置（如机械前指针、光距尺）是用于指示沿辐射束轴到参考点的距离。对于等中心设备，参考点应为等中心点。对于非等中心设备，参考点应为辐射束轴上正常治疗距离处。指示装置的准确性直接关系到参考点的准确性，因此需要检测以保证等中心治疗的准确性。检测设备有直尺。检测方法如下：取正常治疗距离 ±25cm 或指示装置的工作范围内两者中较小者，用直尺测量参考平面与装置的指示位置之间的距离，得到指示位置与辐射源之间的实际距离，并与装置的指示值比较，最大偏差为检测结果。对等中心设备，在机架角度位置为 0°、90°、180°、270°时测量。

对于辐射源到等中心距离可变的设备和非等中心设备，需配置附加的指示装置。检测方法如下：取正常治疗距离 ±25cm 或指示装置的工作范围内两者中较小者，用直尺测量辐射源和装置指示的位置之间的实际距离，并与装置指示值相比较，最大偏差即为检测结果。

3. 治疗床的运动 直线加速器治疗床是病人放射治疗的重要载体，主要用于放疗时支撑病人并将病人的病灶置于辐射野内进行治疗。其各方向运动及床面旋转的精度和可靠性，对在放疗中获得理想的剂量分布和质量保证十分重要。检测设备有 30kg 负载、135kg 负载、水准仪等。

（1）治疗床的等中心旋转：独立于床固定一个装置并标记出等中心参考点。将 30kg 负载置于床面并撑起一个平面使其处于机架等中心高度，使床沿其等中心旋转轴旋转并通过其最大角度。标注出参考点的位置，等中心旋转轴的位移是改点变化轨迹直径的一半。计算等中心旋转轴相对于等中心的偏移。将负载增至 135kg，重复上述试验。偏移最大者为检测结果。

（2）治疗床旋转轴的平行度：将 135kg 的负载均布于 2m 的床面，中心作用在等中心，床等中心旋转轴和床面旋转轴均为 90°。分别使用水准仪测试床面上连接两个轴的线与水平的夹角。二轴之间的角度等于仪器读数差值的一半。床等中心旋转轴和床面旋转轴为 270°时重复测试。二轴之间的角度最大者为检测结果。

（曲宝林　李名兆）

第三节 近距离后装治疗机

一、近距离后装治疗机概述

近距离后装治疗机（以下简称后装机）是指可进行高剂量率近距离放射治疗的装置。通过远程操作，它能减少工作人员所受到的辐射。而近距离放射治疗则是一种将小体积的密封放射源直接置于放疗部位或附近进行治疗的模式。由于近距离放射治疗所特有的物理剂量学及放射生物学特点，它与其他肿瘤放疗技术之间存在一定的互补关系。目前，国内约一半的放疗部门配备有后装机，其治疗患者数占放疗患者总数的 5%~10%。考虑到后装机内含有放射源及治疗中需将放射源置于患者体内，因此在使用后装机时，为保证治疗顺利、安全进行，严格的质量控制是极其重要的。

（一）后装机基本原理

后装技术是指先将施源器置于患者空腔、管腔或瘤体内，然后再导入放射源的技术。目前常用的后装机为单（放射）源后装机，其基本原理是先将施源器（也叫施用器）置于预定位置，依靠治疗机内步进电机驱动缆线上的放射源，放射源到达施源器末端后开始以一定的步距后退，后退过程中在不同的位置进行驻留，调节放射源在驻留点的驻留时间形成不同的剂量分布，以达到治疗不同部位不同形状肿瘤的目的。

后装治疗系统主要由放射源、施源器、放射源驱动系统及治疗计划系统组成。常用放射源为铱源（^{192}Ir）、钴源（^{60}Co），平均能量分别为 0.36MeV、1.25MeV，半衰期（放射性核素其原子核数目衰减一半所需时间）分别为 74.2 天及 5.27 年；施源器是一种用于在患者治疗位置上保持放射源处于特定配置结构的装置，针对不同治疗部位和方式其形状各不相同；放射源驱动系统可以通过程控步进电机控制放射源的收放；治疗计划系统用于患者治疗计划的设计，可模拟出放射源在患者体内的剂量分布及靶区剂量。后装治疗系统的基本结构如图 6-4 所示。

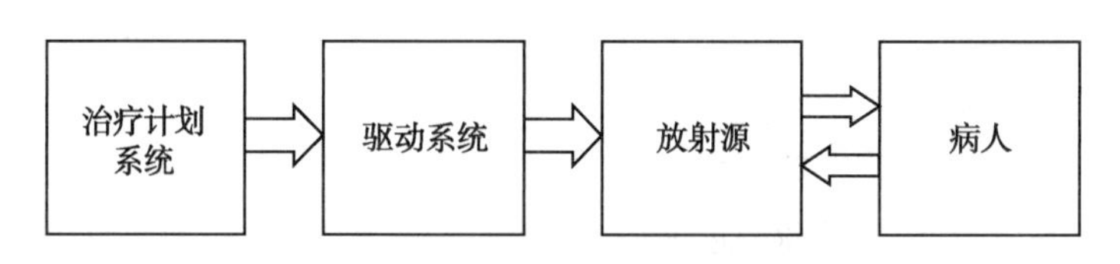

图 6-4　后装治疗系统的基本结构图

（二）后装机临床应用

后装机作为近距离放疗的主要设备，涉及多种部位癌瘤的治疗，如妇科癌瘤（宫颈、宫体、阴道、外阴）以及前列腺、乳腺、食管、口腔等部位癌瘤。主要临床应用可归纳为以下方面：腔内、管内照射、组织间插植、粒子植入、敷贴治疗、术中置管术后放疗。

腔内、管内照射主要是利用人体空腔组织（如子宫、阴道）或管腔（如食管、支气管）放置施源器，可治疗宫颈癌、鼻咽癌、食管癌、主支气管肺癌、直肠癌及阴道癌。组织间插植是将事先准备好的空心针管放入瘤体后，再导入放射源进行照射，用于乳腺癌、前列腺癌、软组织肉瘤、舌癌、口底癌的治疗。粒子植入是一种依靠立体定向系统将能量低、半衰期短的放射性粒子植入到瘤体的治疗手段，可以是永久性植入也可以是短暂性植入，常用 ^{125}I 放射源。敷贴治疗是将施源器直接置于肿瘤表面的一种治疗手段，常用于表浅部位肿瘤的治疗，如软硬腭癌、牙龈癌、口颊癌等。术中置管术后放疗是在术中瘤床放置数根软性管施源器，术后再进行近距离放疗的一种治疗方法。另外，心血管内照射在临床预防或延缓血管成形术后动脉再狭窄中也有应用。

二、后装机主要检测和校准装置

（一）治疗水平电离室剂量计

治疗水平电离室剂量计，主要用于测量后装机空气比释动能和吸收剂量，其空气比释动能率测量范围约为（0.01~10）Gy/min，采用电离室做辐射传感器，由石墨或空气等效材料制成。所配电离室的基本特性见表 6-2。

表 6-2　电离室特性要求

电离室形状	内腔直径	内腔长度	极化效应	旋转影响
圆柱	=7mm	<24mm	=0.2%	不超过 ±0.5%

（二）模体及测量支架

模体及测量支架，主要用于放置电离室和后装机施用器，以进行水中吸收剂量等指标的测量。模体使用水或水等效材料制成，一般采用 30cm × 30cm × 30cm 的水模体。水模体中测量支架材料常为聚苯乙烯或有机玻璃（PMMA），可参考 JJG 773-2013 附录 E。

（三）X、γ 辐射周围剂量当量率仪

X、γ 辐射周围剂量当量率仪，用于测量后装机贮源器的泄漏辐射。能量响应在 80keV~1.33MeV 范围内 ±20%，相对固有误差不超过 ±20%。

（四）计时器和卡尺

计时器主要用于检测或校准后装机控制计时器误差，测量范围（0~10 000）秒，最小分度值 0.01 秒。卡尺主要用于检测或校准源传输到位偏差，测量范围（0~150）mm，最小分度 0.02mm。

三、主要参数的检测 / 校准方法

后装机检测与校准主要依据计量检定规程 JJG 773-2013《医用 γ 射线后装近距离治疗辐射源》，以及国家标准 GB 9706.13-2008《医用电气设备第 2 部分：自动控制式近距离后装设备安全专用要求》实施。JJG 733-2013 适用于剂量率范围约为（0.01~5）Gy/min 的后装机检测和校准，不适用于医用中子近距离后装治疗机、医用贴敷治疗机和粒子植入治疗机等的校准。GB 9706.13-2008 仅适用于能自动控制放射源在贮源器与施用器治疗位置之间往返的后装机，且放射源为 β、γ 或中子密封放射源。主要检测 / 校准项目和方法如下：

（一）贮源器辐射泄漏

贮源器泄漏辐射检测，主要用于评估放射源在贮存状态下，泄漏辐射对周围环境的影响，用以防护工作人员与患者。使用 X、γ 辐射周围剂量当量率仪进行测量。

贮源器分为通用贮源器和用于限制人员进入治疗室内的贮源器两种。目前绝大多数后装机均为通用贮源器，要求距贮源器表面或永久固定在贮源器上物体的任何表面 50mm 处任何位置的剂量当量率不超过 0.01mSv/h，和距以上表面 1m 处任何位置的剂量当量率不超过 1μSv/h。对于用于限制人员进入治疗室的贮源器也需满足以上要求，只是相应的剂量当量率限值分别为 0.1mSv/h 和 0.01mSv/h。

距表面 50mm 处或 1m 处检测时，分别取面积不大于但接近于 $10cm^2$ 或 $100cm^2$ 的剂量当量率测量值的平均值，各取平均值最大者为检测结果。在测量面积内，每个测量点至少测 10 次，测量值 <20μSv/h 时，每个测量点至少测 20 次。

（二）控制计时器计时误差

控制计时器计时误差检测，是通过测量治疗时放射源驻留时间误差，以保证临床治疗时后装机输出吸收剂量的准确度。要求驻留时间误差不超过 ±1% 或 ±100 毫秒中绝对值较大者。使用 0.01 秒分度的计时器检测。

在覆盖控制计时器允许范围内选择 5 个预置时间值（不小于最大预置时间 1%）进行测量，每个预置时间测量 10 次，测量时间为放射源在预置位置的时间和（或）完成设定运动的时间，每次测量结果均需满足计时误差要求。

（三）剂量重复性

剂量重复性，主要用于评估后装机每次完成输出设定照射剂量的一致性。使用治疗水平电离室剂量计、模体及测量支架进行测量。

根据选定的放射源或设定的源组合（组合源），将电离室和施用器固定在模体中，电离室几何中心与放射源中心或组合源的等效中心处于同一水平面上，该平面与电离室轴线、放射源轴线或组合源轴线垂直。电离室与施用器轴线间距不小于 5cm，选一组照射参数，分别出源照射 10 次，从电离室剂量计中读出 10 次测量值，按公式（6-12）计算重复性 s。

$$s=\frac{1}{\overline{D}}\sqrt{\frac{\sum_{i=1}^{n}(D_i-\overline{D})^2}{9}} \tag{6-12}$$

式中：D_i 为第 i 次测量值，$\overline{D}$ 为 10 次测量值的算术平均值。

对于源可单独选择的多源系统后装机，测量出每个源的剂量重复性，取最大值者为测量结果。对于放射源随机选择的多源系统，测量出常用源组合的重复性。

（四）剂量误差

剂量误差，主要用于评估后装机每次完成输出设定照射剂量的准确性。使用治疗水平电离室剂量计、模体及测量支架进行测量。

根据选定的放射源或设定的源组合，参照上述“剂量重复性”的操作要求，将电离室和施用器固定在模体中，然后将电离室分别放在模体中距施用器等距离的四个相互垂直的方位上，施用器与电离室轴线间距设定不小于 5cm。选定一组照射参数，将源传送到施用器中照射。对每一测量位置，分别测量 5 次，对四个方位的全部读数计算得到算术平均值，按公式（6-13）计算吸收剂量 D_w。

$$D_w=\overline{M}_w\cdot N_k\cdot k_{TP}\cdot C_{\lambda k}\cdot C_g \tag{6-13}$$

式中：D_w 为水中的吸收剂量，单位 cGy；$\overline{M}_w$ 为电离室剂量计读数的平均值，单位 cGy；N_k 为电离室剂量计空气比释动能校准因子；k_{TP} 为空气密度修正因子，对于非密封电离室，$k_{TP}=\frac{273.2+T}{293.2}\cdot\frac{101.3}{P}$，$T$ 为模体温度（℃），P 为气压（kPa），对于密封电离室，k_{TP}=1.000；C_{lk} 为水中吸收剂量与空气比释动能的转换因子，具体数值见 JJG 733-2013 的附录 B；C_g 为电离室线度修正因子（又称为梯度修正因子），具体数值见 JJG 733-2013 的附录 A。

在设定测量位置处，后装机辐照剂量设定值 D_m 与水中实测的吸收剂量 D_w 的相对误差 δ_D 为：

$$\delta_D=\frac{D_m-D_w}{D_w}\times 100\% \tag{6-14}$$

对源可单独选择的多（放射）源系统后装机，应测量每个放射源辐照时的吸收剂量，计算得到相对误差；对单（放射）源或放射源随机选择的多（放射）源后装机，取最少的源组合，进行吸收剂量测量计算得到相对误差即可。

测量时必须考虑施用器的差异性，尤其是金属施用器。因此，检测和校准时必须至少包括软管施用器和一种金属施用器，无软管施用器者选用常用施用器。

（五）源的等效活度

源的等效活度，又称表观活度、显活度，主要用于评估后装机所用放射源活度，也有人利用表观活度（或空气比释动能强度）推算得到参考空气比释动能率［K_{air}（d_{eff}）］$_{air}$，进而推算至放射源附近的空气比释动能率。据资料，^{192}Ir 后装机在水中放射源附近（r<5cm）的吸收剂量近似符合反平方定律，空气比释动能与组织剂量比值接近 1（这是个特例），由此可推算放射源周围的吸收剂量。源的等效活度使用治疗水平电离室剂量计、模体及测量支架进行测量。

对于单源及源可单独选择的多源系统，选用软管施用器（无软管施用器者选常用施用器），按上述“剂量误差”部分的方法在一定距离处对每个放射源分别进行吸收剂量 D_W 的测量。然后按公式（6-15）计算每个放射源的等效活度 A_{app}。

$$A_{app}=\frac{D_w\cdot r^2}{\tau_k\cdot C_{\lambda x}\cdot S(r)} \tag{6-15}$$

式中：A_{app} 为源的等效活度，单位 MBq；D_w 为源传输到位后测得的水中吸收剂量率，单位 cGy/min，D_w 计算见公式（6-14）；$C_{\lambda k}$ 为水中吸收剂量与空气比释动能的转换因子，具体数值见 JJG 773-2013 之附录 B；r 为施用器与电离室轴线的间距，单位 cm；τ_k 为空气比释动能率常数，单位 $cGy\cdot cm^2\cdot MBq^{-1}\cdot min^{-1}$，具体数值见 JJG 773-2013 之附录 C；S（r）为水介质衰减和散射修正因子，具体数值见 JJG 773-2013 的附录 D。

源等效活度也可以用井型电离室测量放射源空气比释动能强度得到。经过衰变修正后放射源厂商提供的源活度 A_m 与测得的源等效活度 A_{app} 相对误差 δ_A 为：

$$\delta_A=\frac{A_m-A_{app}}{A_{app}}\times 100\% \tag{6-16}$$

注：^{192}Ir 核素的半衰期为：（73.831±0.008）d；^{137}Cs 核素的半衰期为：（30.1±0.2）a；^{60}Co 核素的半衰期为：（5.2714±0.0005）a。

对源可单独选择的多（放射）源的后装机，分别测量每个放射源的等效活度计算得到相对误差。

（六）辐射方向性

辐射方向性用于评估后装机完成输出后在治疗位置放射源（或源组合）形成等剂量曲线的各向异性。对于使用 ^{192}Ir、^{60}Co 放射源的后装机，造成等剂量曲线的各向异性，主要是施用器中心位置的偏差，尤其是金属施用器。使用治疗水平电离室剂量计、模体及测量支架进行测量。

检测/校准方法同“剂量误差”部分。对四个相互垂直的方位上各测量点进行5次照射，计算测得的吸收剂量平均值的差异，即为辐射方向性 U，按公式（6-17）计算。

$$U=\frac{D_{max}-D_{min}}{D_0} \tag{6-17}$$

式中：D_{max} 为四个测量点中 5 次照射的吸收剂量平均值的最大值；D_{min} 为四个测量点中 5 次照射的吸收剂量平均值的最小值；D_0 为四个相互垂直的方位上 5 次照射的全部吸收剂量测量平均值。

测量期间，环境气压、模体温度若无变化，辐射方向性计算可用电离室剂量计读数的平均值代替吸收剂量测量平均值。检测/校准时，施用器必须至少包括软管施用器和一种金属施用器，无软管施用器者选用常用施用器。

【注意事项】

进行剂量误差和辐射方向性检测/校准时，对于单（放射）源系统的后装机及源可单独选择的多（放射）源系统后装机，需要保持测量段的施用器部分的轴线与电离室轴线平行，电离室灵敏几何中心处在依据治疗计划系统（treatment planning system，TPS）产生的等效源中心或源中心（对于使用一颗源时）为中心且垂直源（或等效源）轴线的平面上。

对于放射源随机选择的多（放射）源系统的后装机，需要依据剂量大小和分布估计所选择的放射源，再根据所估计的放射源保持测量段的施用器部分的轴线与电离室轴线平行，电离室灵敏几何中心处在放射源中心为中心且垂直源轴线的平面上。

（七）源传输到位偏差

源传输到位偏差，直接关系到临床剂量的准确以及器官的防护。其测量方法可采用以下两种方法之一。

方法1：使用卡尺及感光胶片测量。将施用器（最好是透明施用器）紧贴在感光胶片上，并在胶片上标记好相对起点位置O点，如在施用器轴线上标记施用器顶端位置。在后装机上设置5个驻留点，相邻驻留点的间距大于2.0cm，然后将放射源送到施用器中一个规定的驻留点上，选择合适的照射时间照射，使胶片感光，感光形成的影像（黑斑）尽可能小（也就是曝光时间尽可能短）。

同样分别将放射源送到同一施用器中其余 4 个驻留点，照射另外 4 张胶片。

用卡尺测量 5 张胶片上各驻留点影像中心至相对起点位置 O 点标志的距离，计算出各驻留点的间距，并与后装辐射源的设定值进行比较，其最大差值为到位偏差。

放射源在某一驻留点照射成像对其他驻留点成像影响不大时，也可以采用一张胶片对 5 个驻留点同时照射成像，然后用卡尺测量胶片上 5 个驻留点影像中心间的距离，并与后装辐射源的设定值进行比较，其最大差值为到位偏差。

方法 2：使用源到位检查直尺测量。将用于源传输到位误差测量的透明施用器固定在源到位检查直尺上，取 5 个驻留点位置测量，相邻驻留点的间距大于 2.0cm，将放射源或模拟源传输到检查尺上的某一个预定位置（驻留点），作为相对起点位置 O 点。再分别将放射源或模拟源送到其余 4 个驻留点，观测这 4 个驻留点至相对起点位置 O 点的距离，并与设定值进行比较，其最大差值为到位偏差。可以借助高清摄像机观测，为减小视觉误差，摄像机至源到位检查直尺的距离一般不低于 2m。

（李名兆　何文胜）

第四节　立体定向设备

一、立体定向放射治疗设备概述

立体定向放射手术（stereotactic radiosurgery，SRS）技术是从 20 世纪中期发展起来的一种用于颅内病变的特殊照射方法。经过 50 多年的发展，尤其近十余年来随着计算机技术和医学影像学的高速发展，立体定向技术被广泛用于治疗神经外科疾病，并发展成为神经外科的重要组成部分，为神经外科医生提供了一种成熟、可靠的治疗手段。与传统的神经外科开颅手术相比，立体定向治疗具有无创伤、不出血、不需全麻、治疗时间短、定位精确、对颅内重要功能区损伤小、术后并发症少等特点。

（一）立体定向放射治疗设备基本原理

随着 SRS 技术在肿瘤放射治疗的推广，立体定向技术与加速器适形多野照射技术相结合，逐渐发展成可用于全身各部位治疗的三维集束立体定向分次照射技术，称为立体定向放射治疗（stereotactic radiation therapy，SRT）。使用 γ 射线源的多个小照射野三维集束立体定向单次大剂量照射，一次性给予照射的病变靶区致死剂量，而周围的正常组织剂量很小，起到类似于外科手术的作用。SRT 可以使用多个照射野聚集照射或多弧非共面旋转聚焦照射。

SRT 或 SRS 治疗靶区边缘处剂量下降迅速，剂量梯度很大，因此对照射的定位要求非常高，必须采用专门的定位框架做计划和实施治疗。SRT 或 SRS 主要应用于接近于刚性的颅脑部和头颈部的治疗。近年来随着在线图像引导技术的加入，SRT 也开始应用于人体其他部位肿瘤的治疗。

由于 SRS 或 SRT 的分次剂量很高，通常即使是靶区内最高剂量的 50% 水平也达到肿瘤细胞的致死剂量，因此它在计划与治疗的剂量分布要求上与常规放射治疗有很大差异。其剂量分布的主要特点为：

1. 高剂量区集中分布在靶区内。
2. 靶区周边剂量梯度变化较大，即从高剂量线到低剂量线的距离很短。
3. 靶区内及靶区附近的剂量分布不均匀。
4. 靶周边的正常组织剂量很少。

立体定向治疗剂量分布的这些特点反映在临床计划和执行的质量控制上，表现为靶区位置与体积确定的准确性比计划剂量的计算精度更加重要。临床实践证明，SRS 靶区定位的误差仅为 1mm 时即可导致周边剂量的改变超过 10% 数量级。因此，SRT 或 SRS 治疗的靶区界定与定位是治疗成功的关键因素。

（二）立体定向放射治疗的临床应用

目前应用于临床治疗的 SRT 或 SRS 治疗方式主要包括：

1. γ 射线放射源聚集照射（γ 刀治疗）。
2. 电子直线加速器多弧旋转照射（X 刀治疗）。
3. 智能机器人加速器追踪聚集照射（CyberKnife 系统）。

前两种方式需要有专门的靶区定位装置（框架）和一系列不同大小的准直器，分别以多点聚集或多弧聚集方法照射，治疗时靶区准确定位于聚集中心。第三种方式是目前最先进的 SRT 方法，无需定位框架而改为由影像引导实时跟踪靶区，可以得到比框架定位更好的治疗精度。

1. γ 射线立体定向放射治疗设备（又称 γ 刀） 在治疗机体部中心装备有 201 个 ^{60}Co 放射源，其产生的 201 个线束经准直后聚焦到焦点并形成一个球形剂量分布（照射野），放射源到焦点的距离约为 40cm。γ 刀圆形照射野大小最终由 4 种不同的规格的准直器头盔决定，在焦点平面处提供的射野直径通常为（4~18）mm。

2. 电子直线加速器立体定向放射治疗设备（又称 X 刀） 可以使用目前的标准等中心型直线加速器，对其部分装置进行改进使其机械和电子性能达到 SRT 要求的精度，并增加一些相对简单的附件来进行。这些改进和附件主要有：

（1）一套附加的准直器，包括放射手术用的小圆形准直器或窄叶片的小多叶准直器（miniMLC）。

（2）能够遥控操作的自动治疗床或旋转治疗椅。

（3）可以固定立体定位框架的床、托架或地面支架。

（4）治疗床角度和高度的显示及连锁。

（5）特殊的制动装置，用以固定治疗床的升降和移动。

X 刀治疗技术目前主要分为三类：多弧非共面聚焦技术、动态立体放射手术以及锥形旋转聚焦技术。这些技术的划分主要依据加速器机架和患者治疗床从起始角度到中止角度的旋转运动方式来决定。

3. 智能机械臂直线加速器 SRT 系统 也称机器人加速器 SRT 系统，是近年发展起来的新技术。系统主要由两套安装在治疗室内的数字式 X 线影像设备和一套安装在由计算机控制的智能机械臂上的小型 X 波段直线加速器组成。治疗时由 X 线影像实时引导智能机械臂和加速器移动到 201 个不同的方位，对治疗靶区做跟踪式聚集照射。其聚集照射的原理与 γ 刀 SRT 类似，只是将 γ 刀的 201 个源同时照射改成了单个放射源在 201 个方位依次照射。由于该系统引入了实时影像引导技术，不再需要借助定位框架和执行复杂严格的靶区定位，改由计算机根据实时影像信息自动调节加速器输出射线对准靶区，具有非常高的治疗精度。其缺点是设备昂贵，而且采用单源多点照射的效率比多个放射源同时照射要差（治疗时间长）。

二、立体定向放射治疗设备常用检测与校准装置

目前有国家标准、行业标准或检定规程的立体定向放射治疗设备，主要有 γ 刀和 X 刀。其中，γ 刀主要分为 γ 射束头部立体定向放疗设备和 γ 射束体部立体定向放疗设备。X 刀分为 X 辐射头部立体定向放疗设备和 X 辐射体部立体定向放疗设备。其常用检测校准设备主要有：

1. 治疗水平电离室剂量计（以下简称电离室剂量计） 主要用于测量射束输出的吸收剂量。由石墨或空气等效材料制成，采用电离室做辐射传感器，空气比释动能率测量范围（0.01~10）Gy/min，其校准因子测量不确定度不超过 5.0%（k=2）。电离室有效探测体积的外形尺寸必须小于所测量辐射野尺寸的 1/2。

2. 胶片及胶片光密度扫描仪 用于 γ 刀聚焦辐射野及半影区、定位参考点偏差和 X 刀辐射尺寸及半影区的检测校准。胶片用于辐射感光及剂量测量。在检测校准的剂量范围内，胶片的光密度与照射剂量成线性。胶片光密度扫描仪，用于胶片光密度的扫描测量。要求实行透射扫描和平面扫描，以避免滚筒式扫描而影响相对定位。定位精度 <0.1mm，空间分辨率≤10lp/mm，至少能分辨 512 级灰度。

3. γ 射束立体定向模体 分为 γ 射束立体定向头部模体（简称 γ 刀头模）和 γ 射束立体定向体部模体（简称 γ 刀体模），以下统称 γ 刀模体。主要用于聚焦辐射野、聚焦辐射野半影区、焦点吸收剂量率、剂量计算综合误差及输出剂量的符合等参数的测量。

γ 刀模体由聚苯乙烯或有机玻璃制成。γ 刀头模尺寸及外形示意图如图 6-5、图 6-6 所示，γ 刀体模示意图如图 6-7 所示。中间都有空槽，用于插入胶片暗盒或电离室插板（统称为中间插板）。利用更换中间插板的方法，可以将不同体积的电离室或胶片暗盒（或

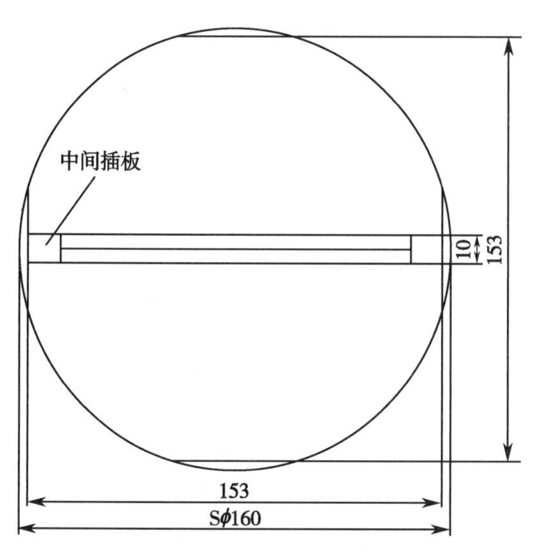

图 6-5　γ 刀头模尺寸示意图

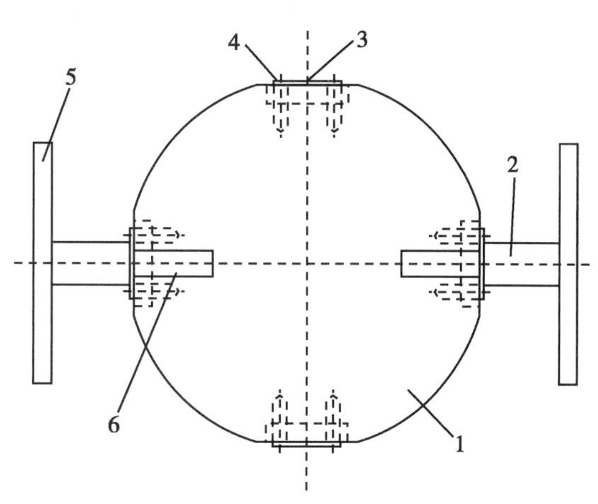

图 6-6　γ 刀头模外形示意图

1. 球体；2. 耳轴连接杆；3. 侧面连接杆堵头；4. 定位销；5. 耳轴连接板；6. 中间插板

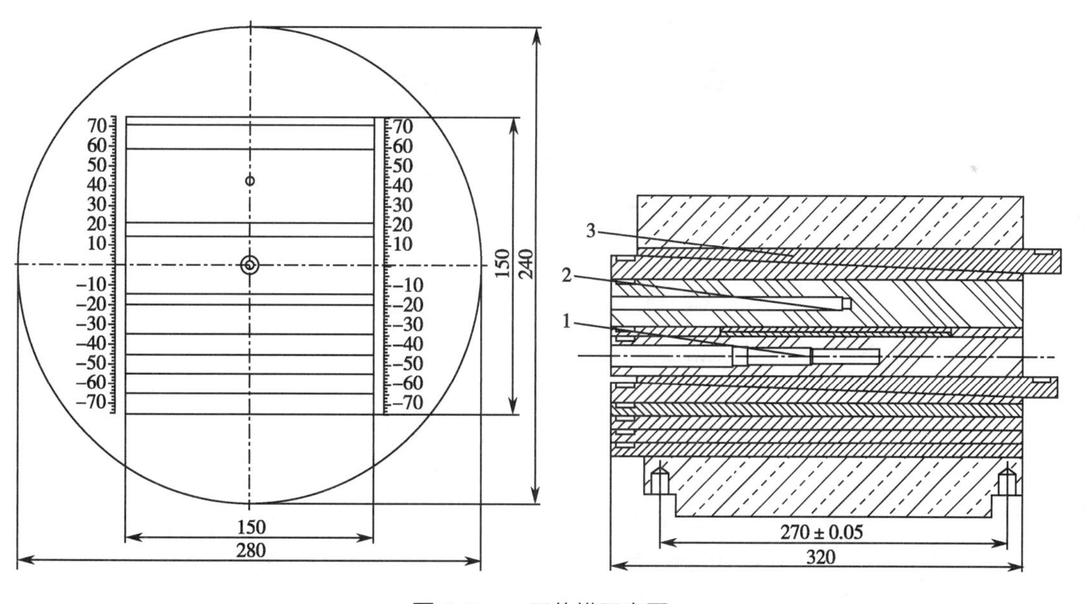

图 6-7　γ 刀体模示意图

参考点 1 位于体模中心，参考点 2 距体模中心 30mm，参考点 3 距体模中心 50mm

带凹槽的插板）插入模体，使其几何中心与球体中心完全重合。对于 γ 刀头模，球形模体左右两边有耳柱，利用耳柱将模体固定在 γ 刀的耳轴上进行 γ 刀剂量学参数的测量。

4. 焦点测量棒　用于 γ 刀定位参考点偏差的校准和检测。由铝合金或其他轻质材料制成。其结构示意图如图 6-8 所示。

5. X 辐射立体定向模体　分为 X 辐射立体定向头部模体（简称 X 头模）和 X 辐射立体定向体部模体（简称 X 体模），以下统称 X 刀模体。X 刀模体由等效水材料制成，

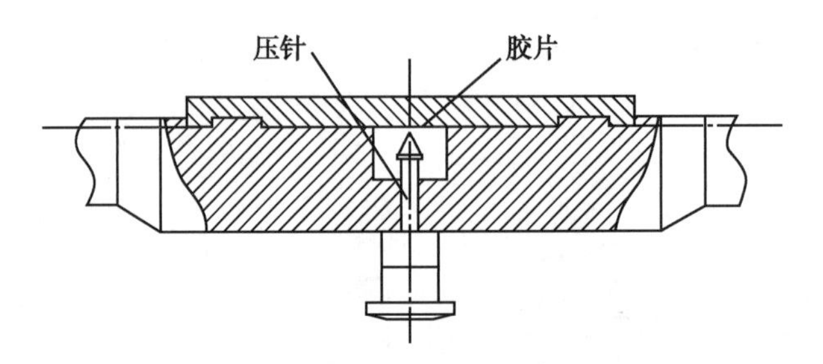

图 6-8　焦点测量棒的结构示意图

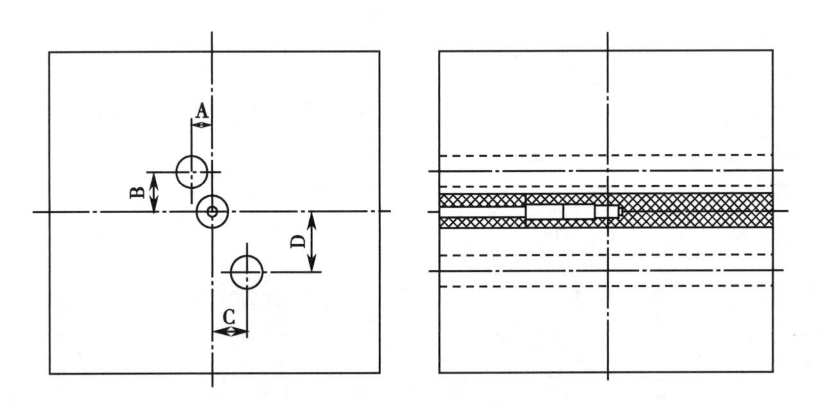

图 6-9　X 辐射立体定向模体示意图

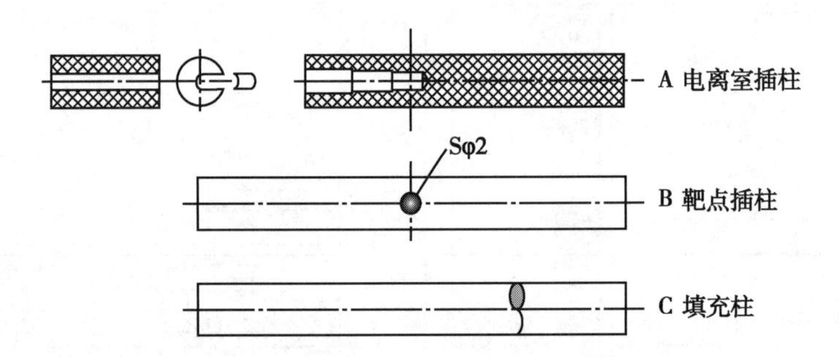

图 6-10　X 辐射立体定向模体插柱示意图

其外形为立方体，有三个插孔，用于插入电离室、靶点柱和填充柱（统称插柱）。利用更换插柱的方法，可以将电离室、靶点插入模体，实现重复定位偏差、治疗计划软件剂量计算误差、治疗计划软件靶点位置计量误差等参数的检测。X 头模与 X 体模类似，只是尺寸有所差异，其外形示意图如图 6-9 所示，插柱示意图如图 6-10 所示。X 头模与体模参考尺寸见表 6-3。

表 6-3　X 辐射立体定向头模与体模参考尺寸（cm）

类别	外形尺寸	A	B	C	D
X 辐射立体定向头部模体	16 × 16 × 16	1.0	2.0	1.5	3.0
X 辐射立体定向体部模体	24 × 24 × 24	1.0	3.0	2.0	5.0

三、主要参数检测与校准方法

立体定向设备检测与校准主要依据计量检定规程 JJG 1013-2006《头部立体定向放射外科 γ 辐射治疗源检定规程》，以及标准 YY 0831.1-2011《γ 射束立体定向放射治疗系统第 1 部分：头部多源 γ 射束立体定向放射治疗系统》、YY 0831.2-2015《γ 射束立体定向放射治疗系统第 2 部分：体部多源 γ 射束立体定向放射治疗系统》、YY 0832.1-2011《X 射线放射治疗立体定向及计划系统第 1 部分：头部 X 射线放射治疗立体定向及计划系统》和 YY 0832.2-2015《X 辐射放射治疗立体定向及计划系统第 2 部分：体部 X 辐射放射治疗立体定向及计划系统》。JJG 1013-2006 适用于头部 γ 刀的校准。其他四个标准则分别用于 γ 刀和 X 刀（包括头部和体部）的检测。主要检测 / 校准项目和方法如下：

（一）γ 射线立体定向放射治疗设备（γ 刀）

1. 焦点吸收剂量率 是指 γ 刀输出的实际吸收剂量率，用来评估和修正作用于人体的临床剂量。使用电离室剂量计及 γ 刀模体检测校准，对于头部 γ 刀使用头模，体部 γ 刀使用体模。选取最大辐射野（头部 γ 刀也可选 Φ18mm 辐射野）。将 γ 刀模体安装在定位支架上，模体中心位于定位参考点，插入电离室剂量计，使其有效测量点与模体中心重合。将模体随治疗床送入预定辐照位置，开启辐照系统进行辐照，照射 t 分钟，读取电离室剂量计读数。重复测量 3~5 次，取平均值，经温度气压及电离室校准因子等修正后，计算得到焦点处相应于水中的吸收剂量 D。则焦点处在水中吸收剂量率 $\dot{D}=D/t$，单位为 Gy/min。

将吸收剂量率 $\dot{D}$ 转换到初装源日期的剂量率，比较二者差异。用同样方法在相同时间段测量最小辐射野的吸收剂量率，与最大辐射野下的测量结果进行比较。由此可得 YY 0831.1-2011、YY 0831.2-2015 要求的检测结果。

2. 聚焦辐射野及半影区 聚焦辐射野又称为叠加辐射野，主要用于检测和校准标称辐射野的偏差，评估临床应用时辐射野的准确性。聚焦辐射野半影区，在 YY 0831.1-2011 和 YY 0831.2-2015 中称为聚焦野剂量梯度，表示聚焦辐射野边缘内外的宽度，临床应用上用来评估对辐照区域外器官的伤害和防护。使用胶片、胶片光密度扫描仪、γ 刀模体检测校准。

依据标准或检定规程，选择一待测聚焦辐射野。将适合聚焦野尺寸的胶片放入模体暗盒中，插入中间插板，然后将模体安装在定位支架上。模体中心位于定位参考点，胶片位于 X-Y 面。再将模体随治疗床送入焦点位置，选取待测尺寸的聚焦辐射野，进行照射。辐照剂量应在胶片剂量 - 灰度线性区域内。方向定义如图 6-11 所示。辐照完毕更换胶片，置胶片位于 X-Z 平面，

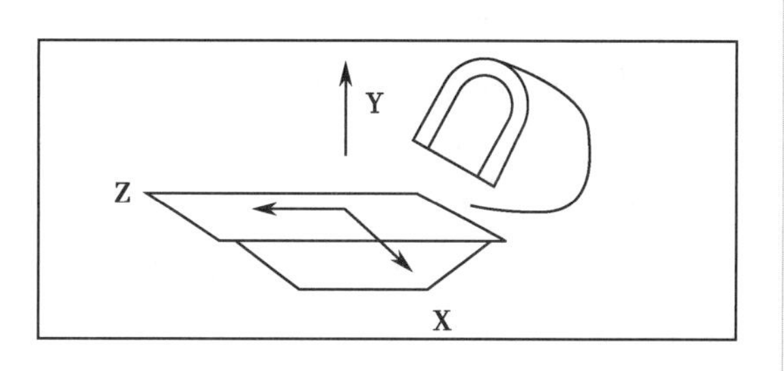

图 6-11 γ 刀测量方向定义参考图

重复上述过程，进行照射成像。

胶片显影处理后，用胶片光密度扫描仪扫描，分别可以得出两张胶片上 50% 最大吸收剂量点位置之间的宽度，即为聚焦辐射野尺寸。该值与其标称值之间差值的绝对值，即为聚焦辐射野偏差。对于头部 γ 刀和体部 γ 刀，检测时不同的辐射野要求也不一样。

用胶片光密度扫描仪扫描胶片，测量出吸收剂量分布曲线 20%~80% 位置之间的距离，即为聚焦辐射野半影区，或聚焦辐射野剂量梯度。

3. 定位参考点偏差 在 JJG 1013-2006 中又称为辐射等中心与机械等中心的一致性，用来评估 γ 刀系统的辐射定位中心（机械等中心）与辐射焦点（辐射等中心）的偏差，即实际辐照定位偏差，以保证临床应用对病灶辐照的定位准确。使用 γ 刀模体、焦点测量棒、胶片及胶片光密度扫描仪检测和校准。

依据标准或检定规程，选择一待测聚焦辐射野，将剪裁好的胶片装入焦点测量棒的暗盒中，盖好暗盒。把焦点测量棒安装在立体定位框架的定位销（体部 γ 刀）或定位支架的耳轴（头部 γ 刀）上，并使其中心处于定位参考点处，使胶片处在 X-Y 平面上。按压细针，在胶片上扎一个小孔（即为定位参考点）。随治疗床将焦点测量棒送入辐射野中，进行照射。辐照剂量应在胶片剂量 - 灰度线性区域内。方向定义参考图 6-11。辐照完毕更换胶片，置胶片位于 X-Z 面，重复上述过程，进行照射成像。

胶片显影处理后，用胶片光密度扫描仪扫描，分别沿 3 个坐标轴方向测量 50% 吸收剂量线的中心点到定位参考点之间的距离 ΔX、ΔY、ΔZ，按公式（6-18）计算聚焦辐射野中心与定位参考点之间的距离 Δr，单位 mm，即为定位参考点偏差。

$$\Delta r=\sqrt{\Delta X^2+\Delta Y^2+\Delta Z^2} \tag{6-18}$$

4. 剂量计算综合误差及输出剂量的符合 两者均是校准或验证治疗计划系统（Treatment Planning System，TPS）计算给出的吸收剂量值与实测吸收剂量值的一致性，以保证临床应用时靶区剂量的准确性，达到预期治疗效果。使用 γ 刀模体、电离室剂量计检测和校准。

使用 γ 刀模体，在 TPS 上分别完成将模体中心点和两个偏中心参考点作为治疗靶点的三个治疗计划。选择满足测量要求的电离室剂量计，将其插入模体，使其有效测量点与参考点重合。将模体送入预定辐照位置，采用治疗计划中所采用的准直器和照射条件，执行治疗计划进行辐照。分别读取电离室剂量计读数，重复辐照 3~5 次，取读数平均值，经温度气压及电离室校准因子等修正后，得到三个参考点处的吸收剂量，计算治疗计划给出的吸收剂量值与实测吸收剂量值之间的误差及相对百分偏差。

对于体部 γ 刀检测，除了上述检测，还需测量面积重合率。具体操作参照 YY 8031.2-2015 相关部分。

对于校准而言，仅需校准各聚焦辐射野下模体中心点的吸收剂量。

（二）电子直线加速器立体定向放射治疗设备（X 刀）

1. 辐射野尺寸及半影区 辐射野尺寸主要用于检测 X 刀标称辐射野与实际辐射野的偏差，评估临床应用时辐射野的准确性。半影区表示辐射野边缘内外的宽度，临床应用上用来评估对辐照区域外器官的伤害和防护。使用胶片、胶片光密度扫描仪、等效水模体检测。

选取安装一个待测辐射野对应的治疗准直器，在过等中心并与辐射束轴垂直的平面内放置胶片，胶片上面等效水模体厚度至少为 5cm，胶片下面等效水模体厚度为 5cm。将加速器机架和限束系统的角度置于 0°，选择配合使用加速器适用的能量和适当的剂量，辐照剂量应在胶片剂量 - 灰度线性区域内，对胶片曝光。

使用胶片光密度扫描仪对冲洗后的胶片进行扫描，找出胶片中辐射束轴位置附近的吸收剂量，定义该剂量值为该张胶片的 100% 吸收剂量值。测量胶片沿辐射野两主轴方向上 50% 吸收剂量点之间的距离，即为实测辐射野。标称辐射野与实测辐射野差值的绝对值，即为辐射野尺寸偏差。测量胶片沿辐射野两主轴方向上 20% 吸收剂量点和 80% 吸收剂量点之间的距离，即为半影区。

2. 重复定位偏差 由于治疗时 X 刀需要多次对靶区照射，重复定位偏差用来评估靶区重复定位时，X 刀定位指示装置指示靶点位置的一致性。使用 X 刀模体和分次重复定位装置检测。

将靶点插柱插入 X 刀模体，固定 X 刀模体和分次重复定位装置在立体定向框架上，再安装到加速器治疗床上，使靶点位于加速器等中心处。读取靶点相对于框架位置的坐标值（X_0，Y_0，Z_0），然后拆下框架，取出 X 刀模体和分次重复定位装置。重复上述过程，共 4 次，分别读取每次靶点相对于框架的坐标值（X_i，Y_i，Z_i）。将每次重复定位测量的靶点坐标值与第 1 次测得的坐标值（X_0，Y_0，Z_0）相比较，按公式（6-19）计算每次重复定位偏差△ R_i，单位 mm，取最大值为检测结果。

$$\Delta R_i=\sqrt{(X_i-X_0)^2+(Y_i-Y_0)^2+(Z_i-Z_0)} \qquad (6\text{-}19)$$

3. 治疗计划软件剂量计算误差 是验证治疗计划系统计算给出的吸收剂量值与实测吸收剂量值的符合性，以保证临床应用时靶区剂量的准确性，达到预期治疗效果。使用 X 模体、电离室剂量计检测。

分别检测圆形准直器和其他准直器。使用 X 刀模体，在 TPS 上分别完成将模体中心点和两个偏中心参考点作为治疗靶点的三个治疗计划。三个靶点的辐照剂量需在辐射野高剂量、低梯度区域内设定。选择满足测量要求的电离室剂量计，将其插入模体，使其有效测量点与参考点重合。将模体送入预定辐照位置，使用治疗计划中所采用的准直器和照射条件，执行治疗计划进行辐照。分别读取电离室剂量计读数，重复辐照 3~5 次，取读数平均值。经温度气压及电离室校准因子等修正后，得到三个参考点处的吸收剂量，计算治疗计划给出的吸收剂量值与实测吸收剂量值之间的相对百分偏差。绝对值最大值即为检测结果。

4. 治疗计划软件靶点位置计算误差 用来评估 X 刀 TPS 软件系统进行三维重建并计算出靶点的位置与实际靶点位置的偏离，以保证临床应用时 TPS 给出的靶区剂量的准确性和病灶辐照的定位准确性。使用 X 刀模体检测。

将装有 3 个靶点的 X 刀模体固定到立体定向框架上，并一起装在影像扫描设备上，根据 X 刀系统随行文件给出的影像参数和成像方法进行扫描，获得满足要求的影像。输入影像数据至治疗计划软件，分别对 3 个靶点进行三维重建并计算出靶点的坐标。再分别将 3 个已知靶点置于加速器等中心处，读取靶点相对于框架的坐标，按公式（6-20）计算治疗计划靶点的位置误差 ΔL_i，i=1~3，单位为 mm，ΔL_i 最大误差者为检测结果。

$$\Delta L_i = \sqrt{\Delta X_i^2 + \Delta Y_i^2 + \Delta Z_i^2} \tag{6-20}$$

式中，ΔX_i 为 x 轴方向实际靶点与治疗计划重建靶点之间的位置偏差（mm）；ΔY_i 为 y 轴方向实际靶点与治疗计划重建靶点之间的位置偏差（mm）；ΔZ_i 为 z 轴方向实际靶点与治疗计划重建靶点之间的位置偏差，单位为 mm。

【注意事项】

1. 检测校准时，无论对于 X 刀还是 γ 刀，使用胶片光密度扫描仪前必须先了解所使用的胶片。胶片照射的剂量选择，必须要使辐照剂量在胶片剂量 - 灰度线性区域内。辐照胶片的剂量过低或过高，胶片的光密度（黑度）将与胶片所接受的剂量不成正比。这种胶片常称为“慢感光胶片”，如 Kodak EDR2 胶片、GAFCHROMIC RTQA2 胶片等。如果对所使用胶片的性能未知，即不知其剂量 - 灰度线性区域，则需要测量出胶片的剂量 - 灰度曲线，然后取其线性段用于检测使用。

测量方法：选择合适的辐射野，将胶片至于某一辐射场中心，对胶片从较低的剂量到较高的剂量依次曝光，同时也依次用电离室剂量计测出辐照剂量，绘制出胶片剂量 - 灰度曲线，用以标定不同的吸收剂量所对应的胶片灰度值。注意要扣除本底灰度值，有些胶片密度扫描仪具有自动扣除本底灰度值的功能。

2. 评估检测结果时，需要考虑到胶片光密度扫描仪的测量误差、重复性等带来的测量不确定度。同时，对于胶片光密度扫描仪，由于透射式测量受胶片散射影响，因此其光源应该有红光和紫光选择功能。检测校准中采用两种波长光扫描，以确定胶片散射影响。

3. 为保证胶片的洗片质量和一致性，建议使用自动洗片机洗片。人工洗片难以保证测量对胶片灰度值的一致性要求。

4. 射束输出的吸收剂量的测量，只能使用电离室剂量计测量。电离室剂量计测得的读数，还需经模体温度、气压和校准因子、水中吸收剂量与空气比释动能的转换、离子复合等修正后，才得到测量点的吸收剂量。

5. 对于小辐射野（如 Φ4.0mm）的吸收剂量测量，只能通过射野输出因子，参比较大辐射野（如 Φ18mm）测得的吸收剂量而得到。可使用半导体探测器，采用相对测量法，相对测量得到 X 辐射或 γ 射束立体定向的射野输出因子。由于半导体探测器体积更小，且灵敏度高，在测量X辐射或γ射束立体定向的小辐射野时极具优势。但半导体探测器存在因辐射损伤而导致探测灵敏度下降、能量响应不佳等问题，因此不能用于测量γ刀的吸收剂量或参考输出剂量。

6. 无论是吸收剂量还是重复定位等哪种参数的测量，必须有效重复多次取平均值作为测量结果，以去除测量的偶然误差，提高测量结果的可信度。从统计学上讲，多次等精度测量结果的平均值，是测量结果的最佳估计。用某一次测量读数计算的测量结果，其测量不确定度会很大，并且置信度不高。

（何文胜　李名兆）

思考题

1. 为什么需要对加速器进行检定？
2. 测量后装机辐射方向性的意义是什么？
3. 简述γ刀定位参考点偏差的测量过程。

第七章

医用超声设备

医用超声是声学中的超声学与医学应用相结合形成的综合性科学，涉及声学、生物医学、电子学、材料学、传感技术、计算机技术、数字图像处理技术等多个学科。目前，通过研究超声波在生物组织中的传播特性及规律，结合生物医学工程技术设计制造的医用超声诊断设备、超声治疗设备和超声手术设备等已广泛应用于临床。在临床应用过程中，要确保医用超声设备质量始终满足临床需求，必须对该类设备进行系统规范的安全有效性检测和校准。

第一节 医用超声设备概述

一、医用超声设备基础与分类

（一）医用超声基础知识

1. 医用超声波产生原理 医用超声波的频率范围多在（0.8~15）MHz，其中眼科方面所使用的超声频率甚至在几十 MHz。它是一种机械波，必须具备有做机械振动的波源和能传播机械振动的弹性介质才能产生。医用超声波主要应用振态，是纵波，可由压电晶体（压电陶瓷）等产生，压电晶体在交变电场的作用下发生厚度的交替改变，即机械振动，其振动频率与交变电场的变化频率相同，当电场交变电频率等于压电晶片的固有频率时其电能转换为声能（电 - 声）效率最高，即振幅最大。在晶体特定方向上加上电压，晶体会发生形变，反过来当晶体发生形变时，对应方向上就会产生电压，可实现电信号与超声波的转换。

2. 医用超声波特性 由于超声波波长短、频率高，具有方向性好、能量高、穿透力强和几何光学传播特性等，可有效获得人体组织的生物信息。医用超声特性与声学的基本物理基础密切相关，声学基本物理量是波长（λ）、频率（f）和声速（c）。声速取决于介质的密度（ρ）和弹性模量（K）。在某一特定介质中，c 等于波长与频率的乘积，见公式（7-1）。

$$c=\lambda\cdot f \tag{7-1}$$

声速是指声波在介质中单位时间内传播的距离，用符号 c 表示，单位为 m/s（米 / 秒）。在不同介质中，声速有很大差别〔空气（20℃）344m/s、水（37℃）1524m/s、肝组织 1570m/s、脂肪组织 1476m/s、颅骨 3360m/s〕，人体软组织的声速平均为 1540m/s，与水的声速相近，骨骼的声速最高相当于软组织平均声速的 2 倍以上。声速具有温度系数，即温度变化与声速变化存在对应关系。

频率指在 1 秒的时间内质点完成振动的次数称为频率，用 f 表示，单位 Hz。频率决定了可成像的组织深度。

波长指在一个周期内声波所传播的距离，用 λ 表示。频率和波长在超声成像中是 2 个极为重要的参数，波长决定了成像的极限分辨率。

医用超声波的传播符合几何光学定律，存在衰减、反射、折射、聚焦、散焦等特性。声波反射时，经过密度和声速不同的两种介质构成的大界面（大界面是指长度大于声束波长的界面，人体许多器官如肝、脾以及皮肤层等都是典型的大界面），会发生反射和折射。超声遇到肝、脾等实质器官或软组织内的细胞，会发生微弱的散射波，朝向探头方向的微弱散射信号才能被检测到（后散射）。医用超声正是利用大界面反射原理，清楚显示体表和内部器官的表面形态和轮廓，利用后散射原理，清楚显示人体表层和内部器官、组织复杂而细微的结构。

（二）医用超声设备分类

按照国家食品药品监督管理部门对医用超声设备及有关设备的分类管理要求，医用超声设备主要分为超声诊断设备、超声监护设备、超声治疗设备和其他超声设备。分类如图 7-1 所示。

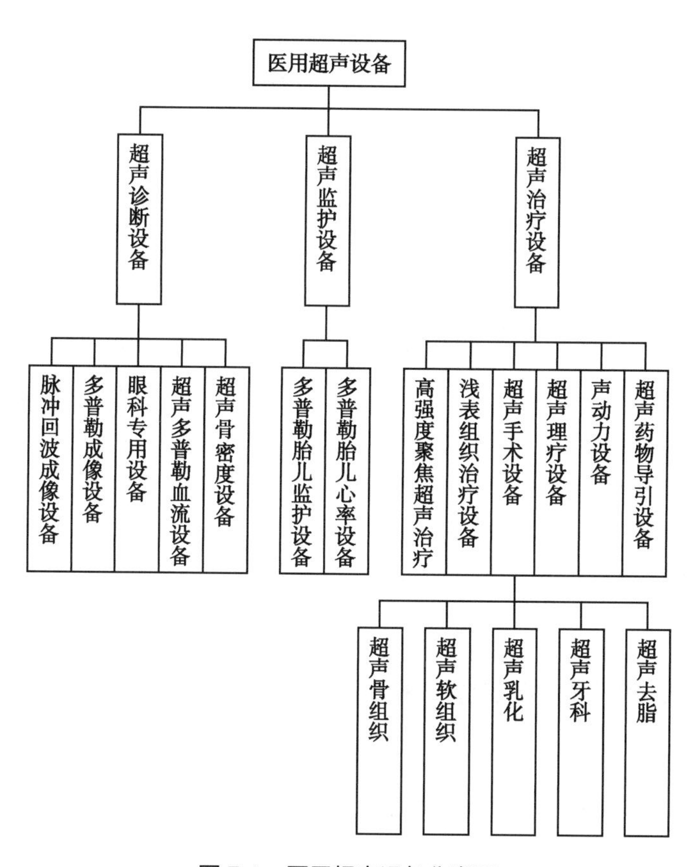

图 7-1　医用超声设备分类图

1. 超声诊断设备　包括超声脉冲回波成像设备、超声脉冲多普勒成像设备、眼科专用超声脉冲回波设备、超声多普勒血流分析设备和超声骨密度仪等。主要是利用超声多普勒技术和超声脉冲回波原理以及超声波传导速度的差异和振幅的衰减，同时采集血流运动信息和进行人体器官组织成像，或检测人体骨矿含量、骨结构以及骨强度的情况来实现人体器官、血流动力学和骨密度的诊断。通常由探头（相控阵、线阵、凸阵、机械扇扫、三维探头、内镜探头等）、超声波发射/接收电路、信号处理和图像显示等部分组成。

2. 超声监护设备　包括超声多普勒胎儿监护仪和超声多普勒胎儿心率仪等，主要利用超声多普勒原理对胎儿进行监护。通常由超声探头（一般采用梅花式探头和单元探头）、宫缩压力传感器、超声波发射/接收电路、信号输出部分组成。由于该类设备与超声诊断设备的检测校准技术指标与超声诊断设备基本一致，本章将不单独介绍该设备的检测与校准。

3. 超声治疗设备 包括超声手术设备、超声洁牙设备、高强度聚焦超声治疗设备、超声理疗设备和非理疗超声治疗设备，主要原理是通过由单元换能器或多元换能器阵列构成的超声声源发出的超声通过传声媒质后，将能量聚集在靶组织上进行治疗。通常由治疗头、超声功率发生器、控制装置等组成。超声手术设备由于有其特殊性，本章将单独介绍该设备的检测与校准。

4. 其他超声设备 包括超声雾化器及其他辅助类设备等，超声雾化器主要利用超声波对液态药物进行雾化，用于患者吸入治疗。由超声波发生器，药液容器，导管等部分组成。超声雾化设备的检测与校准在本章第三节中介绍。

二、医用超声设备的标准体系概述

医用超声设备涉及的标准化组织包括全国医用电器标准化技术委员会医用超声设备分技术委员会和全国声学标准化技术委员会超声-水声分技术委员会。前者主要负责国内医用超声产品国家标准和行业标准的制定与修订，后者主要负责国内超声（包括医用超声）、水声领域基础标准的制定和修订。两者对口的国际标准化组织为IEC的“TC87”超声。另外，全国声学计量技术委员会负责声学（含超声）计量领域内国家计量技术法规的制定、修订和宣贯，声学量值的国内比对等。

现行有效的医用超声设备相关标准约60多个，由于篇幅限制，仅简单介绍以下主要标准。

（一）医用超声设备主要基础标准和安全标准

1. GB/T 7966-2009《声学 超声功率测量 辐射力天平法及性能要求》 该标准规定了基于使用辐射力天平测定超声换能器总的辐射声功率的方法；建立了由靶获取待测声场并使用辐射力天平进行测量的原理；明确了辐射力方法在发生空化和温升情况下的使用限制；确定了辐射力方法在存在发散和聚焦波束情况下的定量使用限制；提供了评估所有测量不确定度的信息。

2. GB 9706.7-2008《医用电气设备 第2-5部分：超声理疗设备安全专用要求》 该标准规定了在医学实践中使用单元换能器的超声理疗设备的安全专用要求，该专用标准不适用于由超声驱动的用做工具的设备（例如用于外科和牙科的设备）；利用聚焦超声脉冲波粉碎凝聚物诸如肾脏或膀胱结石的设备（碎石机）；利用聚焦超声波的超声理疗设备。该标准所指超声理疗设备（ultrasonic physiotherapy equipment）是指用于治疗目的，产生超声并作用于患者的设备。

3. GB 9706.9 -2008《医用电气设备 第2-37部分：超声诊断和监护设备安全专

用要求》 该标准规定了超声诊断设备的专用安全要求，标准不包括超声治疗设备，但是与超声治疗装置连接在一起，使用超声对人体组织成像的设备包括在内。该标准的目的是规定超声诊断设备和安全直接相关各方面的专用要求。该标准所指超声诊断设备（ultrasonic diagnostic equipment）是指为了进行医学诊断，使用超声对人体监测检查的医用电气设备。

4. GB/T l6846-2008《医用超声诊断设备声输出公布要求（idt IEC 61157：1992）》 该标准确定了声输出资料公布的要求，包括制造商在技术数据表格中向设备的潜在购买者所提供的资料、在随机文件 / 手册中所公布的资料以及在有关单位提出请求后，而提供的背景资料。对于产生低值声输出水平的设备，给出了免予公布的条件。

5. YY/T 1084-2007《医用超声诊断设备声输出功率的测量方法》 该标准规定了医用超声诊断设备声输出功率的测量方法，其中辐射力天平法为首选方法。当采用辐射力天平法存在技术难度时，在能够确保测量准确度的前提下，也可以采用水听器法导出超声功率。该标准适用于（0.5~25）MHz 频率范围内医用超声诊断设备声输出功率的测量。

6. YY/T 1142-2003《医用超声设备与探头频率特性的测试方法》 该标准规定了频率范围在（0.5~15）MHz 内的医用超声设备与探头频率特性的测试方法与相关参数的计算方法。该标准适用于工作在连续波、准连续波或脉冲波状态的各类医用超声设备与探头。

（二）医用超声设备主要产品标准

1. GB 10152-2009《B 型超声诊断设备》 该标准适用于标称频率在（2~15）MHz 范围内的 B 型超声诊断设备，包括彩色多普勒超声诊断设备（彩超）中的二维灰阶成像部分。不包括血流测量成像部分。该标准不适用于眼科专业超声诊断设备和血管内超声诊断设备。

2. YY 0767-2009《超声彩色血流成像系统》 该标准适用于工作频率在 2MHz 到 15MHz 范围内、基于多普勒效应的超声彩色血流成像系统。该标准规定了超声彩色血流成像系统的术语和定义、要求、试验方法、检验规则以及标志和使用说明。

3. YY 0593-2005《超声经颅多普勒血流分析仪》 该标准规定了超声经颅多普勒血流分析仪的术语和定义、产品分类、要求、试验方法、检验规则以及标志和使用说明。

4. YY 0408-2009《超声多普勒胎儿心率仪》 该标准适用于根据多普勒原理从孕妇腹部获取胎儿心脏运动信息的超声多普勒胎儿心率检测仪。不适用于系附在孕妇腹部、采用多元扁平超声多普勒换能器的连续胎儿心率监护装置。该标准规定了超声工作频率、综合灵敏度、空间峰值、时间峰值声压、输出超声功率等性能要求。该产品不涉及超声彩色血流成像。

5. YY 0449-2009《超声多普勒胎儿监护仪》 该标准所指超声多普勒胎儿监护仪是采用连续波或脉冲波超声多普勒原理，在围生期对胎儿进行连续监护，并在出现异常时及时提供报警信息的设备。该标准规定了超声多普勒胎儿监护仪的术语和定义、要求、试验方法、检验规则。

6. YY 0107-2005《眼科A型超声测量仪》 该标准适用于采用A型显示的超声眼科测量仪，该产品主要用于眼科角膜厚度和眼轴长度的测量。

7. YY 0773-2010《眼科B型超声诊断仪通用技术条件》 该标准适用于超声工作频率在（10~25）MHz范围内的眼科B型超声诊断仪。

8. YY 1090-2009《超声理疗设备》 该标准规定了超声理疗设备的术语和定义、要求、试验方法、检验规则。该标准适用于频率范围0.5MHz至5MHz、由平面圆形超声换能器产生连续波或准连续波超声能量的超声理疗设备，不适用于有效声强大于3W/cm^{2}以上或采用聚焦超声波的设备。

9. YY 0109-2013《医用超声雾化器》 该标准规定了医用超声雾化器的技术要求、试验方法、检验规则以及标志、使用说明书。

10. YY 0830-2011《浅表组织超声治疗设备》 该标准规定了浅表组织超声治疗设备的术语和定义、要求、组成与基本参数、试验方法、检验规则。

11. YY 0592-2016《高强度聚焦超声（HIFU）治疗系统》 该标准规定了高强度聚焦超声（HIFU）治疗系统的术语和定义、分类、要求、试验方法、检验规则以及标志、包装、运输和贮存。适用于体外聚焦的高强度聚焦超声（HIFU）治疗系统，系统用于体外高强度聚焦超声消融治疗。

12. YY/T 0644-2008《超声外科手术系统基本输出特性的测量和公布》 该标准规定了超声外科手术系统的主要非热输出特性，输出特性的测量方法；该标准所适用的设备须同时满足工作在20kHz至60kHz频率范围内，用于对人体组织的破碎或切割（不管这些作用是否与组织的去除或凝固相关）。

13. YY 0766-2009《眼科晶状体超声摘除和玻璃体切除设备》 该标准规定了眼科晶状体超声摘除和玻璃体切除设备的术语与定义、产品分类、要求及试验方法。适用于应用超声波能量来进行眼科晶状体摘除手术的设备，此类设备一般同时具备玻璃体切除功能。

14. YY 0460-2009《超声洁牙设备》 该标准规定了超声洁牙设备的术语和定义、要求、试验方法和检验规则。适用于在18kHz至60kHz频率范围内、由超声换能器产生连续或准连续波超声能量的超声洁牙设备。

（三）医用超声设备计量检定规程和校准规范

1. JJG 639-1998《医用超声诊断仪超声源检定规程》 该规程适用于新制造、使用中和修理后（包括更换探头）的，标准频率不高于7.5MHz的，通用B型脉冲反射超声诊断仪超声源的检定。

2. JJF 1438-2013《彩色多普勒超声诊断仪（血流测量部分）校准规范》 本规范适用于标称频率不高于15MHz的彩色多普勒超声诊断仪血流部分的校准。

3. JJG 394-1997《超声多普勒胎儿监护仪超声源检定规程》 本规程适用于新制造、

使用中和修理后的超声多普勒胎儿监护仪超声源的检定。

4. JJG 806-1993《医用超声治疗机超声源检定规程》 本规程适用于新制造、使用中和修理（含更换治疗头）后的使用圆片形单元换能器的医用超声治疗机超声源的检定。

（李晓亮　崔 涛）

第二节 医用超声诊断设备

一、医用超声诊断设备概述

医用超声诊断设备主要通过超声波在人体内不同界面反射形成的图像判断人体是否有病变。1942 年，奥地利学者首先把工业超声探伤原理用于医学诊断。1967 年，B 型超声诊断仪问世并成为使用最广泛的诊断工具之一。20 世纪 90 年代以来，随着计算机技术、电子信息技术的发展，超声诊断设备检查范围逐步从单一器官到全身，检查方式逐步从静态到动态，显示空间逐步从一维到三维，声束扫查处理逐步由模拟到数字化，大大增加了超声诊断的信息量和清晰度，也越来越广泛的应用于医学领域。

（一）A 型超声波诊断仪

A 型超声诊断仪（以下简称“A 超”）采用幅度调制显示法，利用探头向人体发射的超声脉冲波，将接收的反射脉冲回声以波幅的形式显示出来，根据回波出现位置和幅度高低对人体组织进行诊断。A 超属于一维超声检查，最早出现于 1947 年。

1. 基本原理 A 超的同步电路产生数百 Hz 到 2kHz 的正负电脉冲，使发射电路产生持续（1.5~5）微秒的高频电脉冲。探头在高频电脉冲的激励下，产生超声振动，发射超声波。超声波在人体内传播，遇到不同组织的界面时，产生反射波——回波。探头接收反射波后，将其转换成电脉冲，进入接收电路，再通过检波和放大等电路，送到示波器的垂直偏转板上，而示波器的水平偏转板上加载的是时基锯齿波，即扫描电压。因此，示波器的荧光屏上的横坐标代表超声波的传播时间，纵坐标显示的是回波的幅度与形状。

同步电路（主控振荡器）产生同步脉冲来同时触发发射电路和扫描电路，使两者同时工作。发射电路在同步电路发出的触发脉冲作用下，产生高频振荡波，一方面将此波送入放大电路进行放大，加至示波器的垂直偏转板上显示发射波；另一方面激励探头产生一次超声振荡，并进入人体。人体组织反射回来的微弱的回波信号经探头接收并转换成电脉冲后，由接收电路放大、检波后，送至示波器的垂直偏转板上并显示出来。另外，在同步脉冲作用下，在示波器的水平偏转板上加时基锯齿波电压——扫描电压，使荧光屏上显现出回波的波形与变化。工作原理如图 7-2 所示。

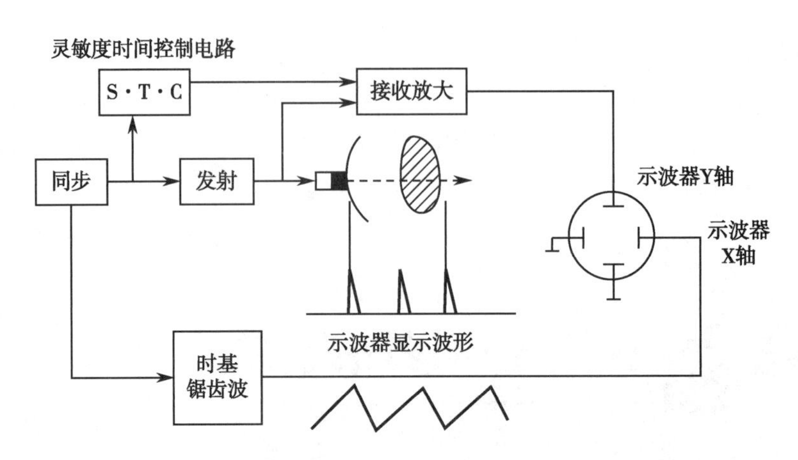

图 7-2　A 型超声仪器工作原理方框图

2. 临床应用　A 超应用于医学诊断中最早，也是最基本的超声诊断仪，其对组织判别和确定、生物测量等方面都具有很高的准确性和特异性。目前主要应用于眼科和脑科疾病诊断。在眼科中，可用于眼轴长度、角膜厚度等测量（图 7-3），白内障等眼科疾病术前辅助诊断和术后效果评估，屈光性角膜手术术前检查等。在脑科中，主要用于脑中线的测量，通过测量脑中位线偏移，评估占位性病变情况，查无痛苦、准确性高。

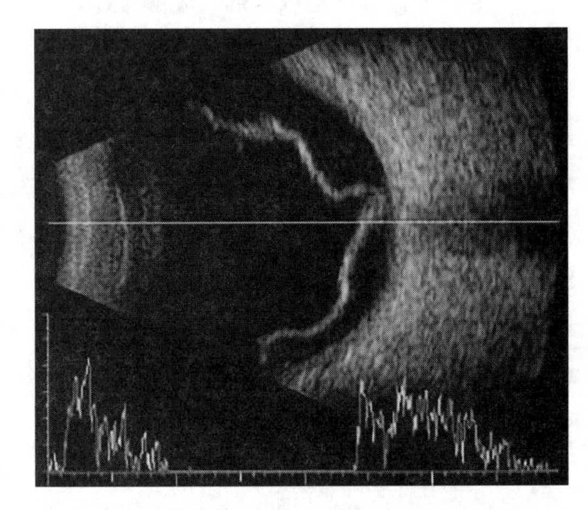

图 7-3　眼科 A 型超声图像

（二）M 型超声波诊断仪

M 型超声波诊断仪（以下简称“M 超”）采用灰度调制显示法，利用探头向人体发射的超声脉冲波，将接收的反射脉冲回声以光电的明暗，即灰度调制显示出来，适用于运动脏器的探查。M 超属于一维超声检查，最早出现于 1954 年。

1. 工作原理　示波器的水平和垂直偏转板都被加入锯齿波电压，垂直偏转板上的锯齿波与发射脉冲同步，水平偏转板上的锯齿波频率要低于它。因此荧光屏上光点在垂直方向的距离表示探测深度，在水平方向的移动表示时间的进行，光点的亮度表示回波信号的强弱。M 超常用于检测心脏疾病，当心脏收缩和舒张时，其各层组织的界面与固定放置于人体表面的探头之间的距离随时改变，导致光点随之移动，在水平扫描电压下，光点水平展开，描绘出各层组织结构的活动曲线图。

目前，M 超基本作为一项功能集成于多功能的超声诊断仪中，采用数字扫描变换技术，即利用标准电视光栅扫描格式显示信号。使用此仪器一般先用 B 超和多普勒仪定位，然后用 M 超将图像“冻结”在一个需要的位置上，用仪器中的测量光标或计算机自动测量功能获得各种参数。工作原理如图 7-4 所示。

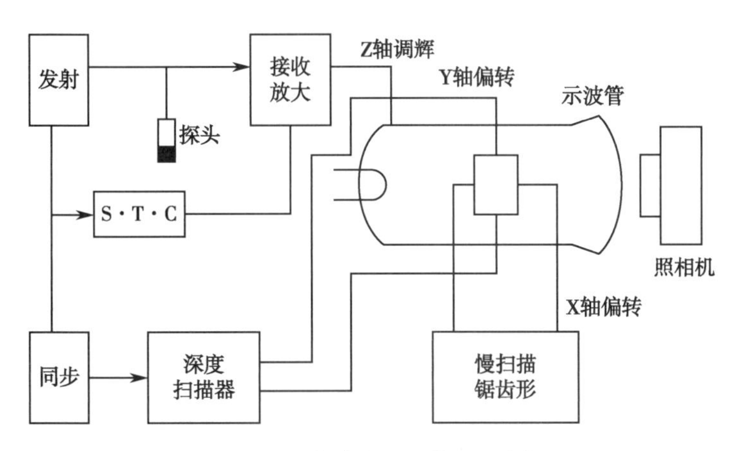

图 7-4　M 型超声仪器工作原理方框图

2. 临床应用　M 超临床主要应用于检查心脏活动情况，其曲线的动态改变称为超声心动图，如图 7-5 所示，主要应用于心脏、胎儿胎心、动脉血管等功能检查，可用来观察心脏各部分结构的活动情况、动态变化、心室排血量以及可以得出室间隔、动脉等结构的定量数据等，其最大优势是可显示运动瓣膜及室壁的细微活动，并能准确检测局部心肌运动的幅度、室壁厚度、心脏内径等，在心脏功能定量评估中有重要的应用价值。是临床心脏疾病诊断中比较准确实用的工具。此外，还可以用于测量声学造影剂流线速度和心音产生机制、心律失常诊断研究等。

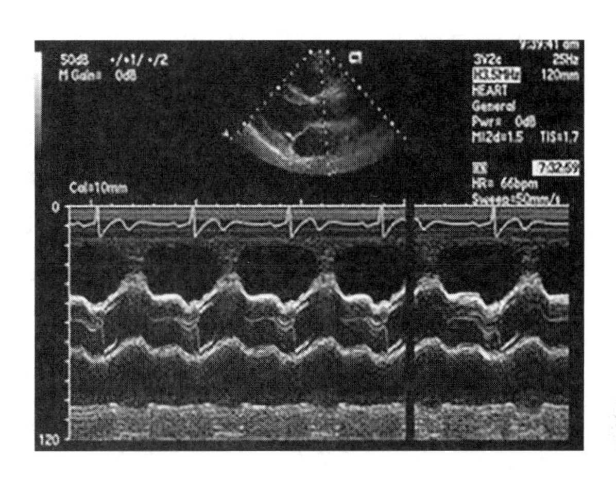

图 7-5　M 超声心动图

（三）B 型超声诊断仪

B 型超声诊断仪（以下简称“B 超”）与 M 超一样都是灰度调制式仪器。但 M 超的探头是固定不变的，而 B 超的探头是连续移动的或是发射的超声波束不断变动发射方向。B 超显示的正是探头移动线和声束方向构成的平面上人体组织的二维断层图像，即超声影像图。最早出现于 1967 年。

1. 工作原理　按扫描方式分类，B 超已经发展了四代，包括手动直线扫描、机械扫描、电子直线扫描和电子扇形扫描。

（1）手动直线扫描：由医务人员掌握探头的移动方向，探头的直线移动导致显示器在 X 方向上出现与之对应的光点，y 轴仍为深度轴，回波幅度由图像灰度表示。图像就是探头移动所经过直线方向上的二维切面图，但只能用于观察静止的脏器（如肝脏等），此种仪器现已淘汰。

（2）机械扫描：由电机带动探头作直线移动、往复摆动或旋转，从而产生机械直线扫描、机械扇形扫描和机械圆形扫描三种扫描图像。其中，直线扫描多用于腹部疾病诊断；扇形扫描适用于心脏和腹部；圆形扫描时，将探头置于人体体腔（如食管、胃肠、阴道及泌尿道等）或血管内，从而获得某个腔道的圆周扫描断层图像。此种仪器已基本淘汰。

（3）电子直线扫描：电子扫描仪的探头是由许多小换能器（小探头）排列而成，每个小探头称为阵元，各阵元的距离相等。用电子开关按一定时序激励各阵元组发射与接收超声脉冲，回波信号经处理后，到达显示器进行灰度调制，扫描过程中探头静止不动，而超声波束的发射与接收是沿一定方向匀速移动的，移动线和声束方向构成的断面就是所得图像。在探头长度一定的情况下，图像的质量主要决定于阵元的数量。阵元的数量越多，垂直扫描线就越多，图像就越清晰，有的探头可包括 256 个小探头。

（4）电子扇形扫描（电子相控阵扇形扫描）：如果对探头各阵元加上依次延迟一定时间的激励脉冲，则各阵元所产生的脉冲也相应延迟，这样，总的叠加波束方向出现相位改变而产生扇形图像。此种探头体积小，无噪声和振动，寿命比较长，但价格相对较高。

为了提高检测功能和图像质量，B 超中应用了许多先进的技术。应用数字图像技术，可以随时冻结超声断层图像并进行观察、分析、测量及拍照等，还可以将有意义的图像存储下来；应用数字扫描技术，可以使用电视监视器显示图像与文字；采用电子聚焦、声聚焦和动态聚焦可变孔技术，能使图像分辨率提高。

2. 临床应用 B 超可以清晰地显示各脏器及周围器官的各种断面像，由于图像富于实体感，接近于解剖的真实结构，所以应用超声可以早期明确诊断。对心脏的先天性心脏病、风湿性心脏病、黏液病的非侵入探测有特异性，可代替大部分心导管检查。还可清楚地显示胆囊胆总管、肝管、肝外胆管、胰腺、肾上腺、前列腺等。B 超检查能检出有否占位性病变，尤其对积液与囊肿的物理定性和数量、体积等相当准确。对各种管腔内结石的检出率高出传统的检查法。对产科更解决了过去许多难以检出的疑难问题。如既能对胎盘定位、羊水测量，又能对单胎多胎、胎儿发育情况及有否畸形和葡萄胎等作出早期诊断。总之，通过 B 超的图像能较清晰地观察到人体多种器官的动态变化，是心脏、腹部器官、妇产科临床诊断的首选辅助工具。B 超超声影像图如图 7-6 所示。

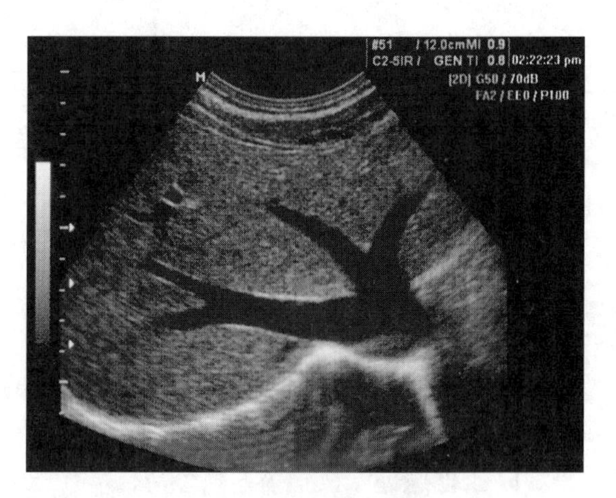

图 7-6 B 超超声影像图

（四）超声多普勒诊断仪

超声多普勒技术是研究和应用超声波由运动物体反射或散射所产生的多普勒效应的

一种技术。多普勒频偏与物体运动的速度成正比，如果用电子学的方法检测出多普勒频偏，就能够得出运动器官或血流的运动速度，而超声多普勒频偏的正负可以反映出运动的方向。

1. 工作原理 超声多普勒诊断仪利用多普勒原理检测活动界面或粒子，在医用超声多普勒技术中，发射和接收换能器固定，由人体内运动目标，如运动中的血细胞和运动界面等，产生多普勒频移。由此可以确定运动速度大小及方向及其在断层上的分布。包括连续波多普勒（CW）、脉冲波多普勒（PW）和彩色多普勒血流显像等。

用连续多普勒仪器构成的血管二维扫描基本上是一个平面图，它代表血管在皮肤上的投影。脉冲超声多普勒血流仪的采样距离、采样体积都可以调节，所以可以得到某一深度某一范围内的血流信息，既能显示被测血流的深度，又能产生血管腔的横断面像和纵断面像。显示方式有波形显示和动态声谱图显示。波形显示有正向血流、反向血流和正反向血流，幅度代表速度大小，水平方向代表时间。还可监听多普勒血流声，声调高表示血流速度快，声调低表示血流速度慢。

彩色多普勒超声诊断仪（简称彩超），一般具有 B 型、M 型及多普勒三种功能，它以 B 型图像进行定位，采用多普勒精确测量人体某一位置的血流频谱图。其血流测量部分的工作时，探头向人体发射超声并接收来自人体内部目标的回波，再对回波信号的幅度信息按 B 型模式对人体器官进行二维显示；而对运动目标的多普勒频移信息，则利用自相关技术经彩色编码后叠加在二维图像上，形成彩色血流图像（红色代表正向血流，蓝色代表反向血流），可以计算反映出血流速度、方向等动态参数。由于脉冲超声多普勒血流仪可以得到不同深度的信息，因而可得到血流速度在血管（或心脏）内的分布，临产上可诊断血管斑块是否形成，血管是否阻断，可显示血管（或心脏）的二维截面像，大大提高了临床诊断的水平。工作原理如图 7-7 所示。

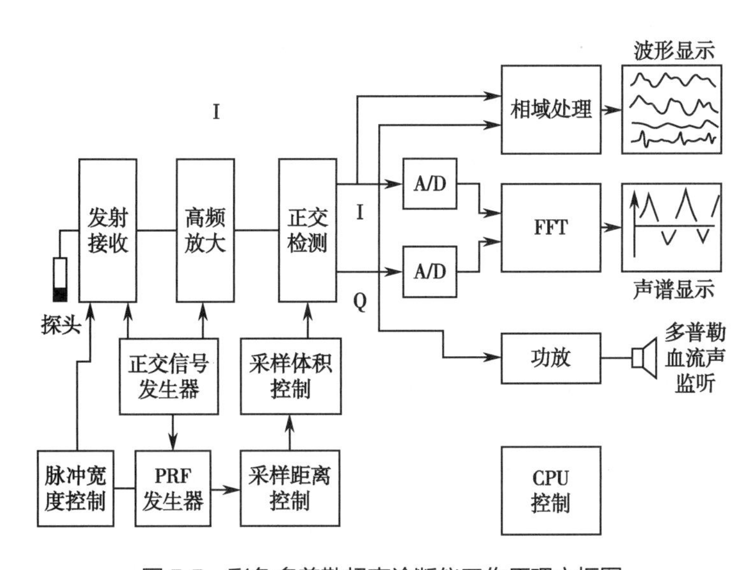

图 7-7　彩色多普勒超声诊断仪工作原理方框图

2. 临床应用 彩超在血管疾病方面，可运用10MHz高频探头发现血管内小于1mm的钙化点，对于颈动脉硬化性闭塞病有较好的诊断价值，还可利用血流探查局部放大判断管腔狭窄程度，栓子是否有脱落可能，是否产生了溃疡，预防脑栓塞的发生。在腹腔脏器疾病方面，主要运用于肝脏与肾脏，对于腹腔内良恶性病变鉴别，胆囊癌与大的息肉、慢性较重的炎症鉴别，胆总管、肝动脉的区别等疾病有一定的辅助诊断价值。在小器官疾病方面，主要运用于甲状腺、乳腺等，对甲状腺病变主要根据甲状腺内部血供情况作出诊断及鉴别诊断，其中甲亢图像最为典型，具有特异性即“火海征”。在妇产科疾病方面，主要在于良恶性肿瘤鉴别及脐带疾病、胎儿先天性心脏病及胎盘功能的评估，对于滋养细胞疾病有较佳的辅助诊断价值。彩色多普勒超声影像图如图7-8所示。

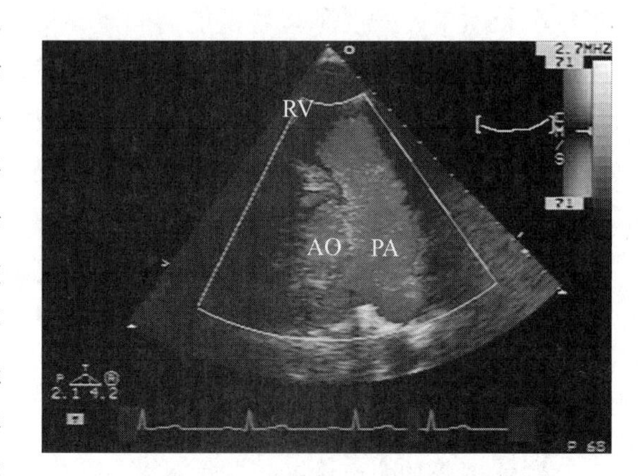

图7-8 彩色多普勒超声影像图

（五）超声骨密度仪

超声骨密度仪主要是通过被测物体对超声波的吸收（或衰减），以及超声波的反射来反映被测物体。超声速度（SOS）是指超声波通过被测骨的直径或长度所经过的时间，可反映骨的密度和骨的弹性因素。

1. 工作原理 工作时超声波由发射探头发出，通过水或耦合剂，穿过被测组织，由接收探头接收信号，然后由电脑计算超声速度（SOS）和（或）振幅衰减系数（BUA）。目前超声测量仪所测量的部位不同，它们工作频率不同，耦合方式有差别，工作原理也有些不同。就耦合剂而言，多数采用水做耦合剂。因超声测量受到温度的影响，所以多数采用恒温35℃，与人体温度接近，其缺点是使用不方便。另外一些采用胶做耦合剂，胶使用方便，缺点是随室温不同而异。多数超声骨密度仪没有图像，这样测量点取决于探头和被测部位的相对位置。在跟骨过大或过小时，有可能探头的位置超出跟骨的范围。为了克服这一问题，已有机器采用对被测部位进行扫描，形成图像，然后在图像上确定感兴趣区域，这样可提高精度，并避免测量到跟骨外。目前以跟骨测量仪最为常用，这主要是根据跟骨以松质骨为主，后跟部位比较适合超声测量。每人的跟骨宽度不同，而且不易被测量，外面有跟部软组织也影响结果。多数测量仪是除以一个固定的值，如25mm，来计算超声速度的。

2. 临床应用 超声骨密度测量具有无放射性、便携、廉价等优点，并能在一定程度上反映骨小梁结构。所有这些优点使得超声测量非常适宜做普查筛选，在骨质疏松的诊断中具有很大的潜力。

（六）超声多普勒胎儿监护仪

超声多普勒胎儿监护仪利用超声多普勒和胎儿心动电流变化原理，连续动态监测胎心，显示胎心与宫缩的关系和分辨瞬时胎心变化，能够客观反映胎儿心动情况，已成为监护胎儿宫内状况最常用、最有效的方法之一。

1. 工作原理 超声多普勒胎儿监护仪采用超声非聚焦连续波多普勒原理。工作时，超声换能器产生的超声束通过水或耦合剂，穿过被测组织对准胎儿，入射声束的一部分到胎心运动表面，由于多普勒效应，超声波频率发生频移，由接收换能器检测，经信号处理可将与胎心有关的低频信号中分离出来，加以放大，用于胎心检测。该类设备的超声频率一般为（1.0~5.0）MHz，换能器有效辐射面半径小于 50mm。

2. 临床应用 主要用于产妇孕后期、产前及产时对胎儿心率、宫缩压力以及胎动进行监护，可监测和记录胎儿心率、母体宫缩，常在高危妊娠产前或产时应用，可以连续监测胎心率的变化及其与子宫收缩的关系，了解胎儿宫内情况，早期发现胎儿窘迫。

二、医用超声诊断设备常用检测与校准装置

（一）通用检测与校准设备

1. 声场测量系统 包括测试水槽、水听器（包括前置放大器）、数字示波器、计算机及软件等，如图 7-9 所示。

图 7-9 声场测量系统

测试水槽内应尽可能有低的反射系数，要求在测试水槽内建立一种近似自由声场的条件，测试水槽的空间几何尺寸，近似地与声源波长成正比，并与脉冲宽度、重复频率、被测换能器的尺寸以及水听器间距离等参数有关；要求吸声材料的衰减尽可能大，吸声材料的声阻抗特性应尽可能与水的声阻抗相匹配，这样可使超声波由媒质无反射地传播到吸声材料中去；水槽中的水应使用除气蒸馏水，还要有让水听器和超声换能器的相对位置进行三维空间移动和二维转动的机械系统。

测量水听器（包括前置放大器）一般有针状水听器和薄膜水听器，针状水听器有较小的反射面积，适用于连续波、近距离测量，而薄膜水听器有比较平坦的频率特性，适用于常规的、宽频的脉冲测量。前置放大器是水听器和示波器之间的缓冲级，它对水听

器是一个恒定的电负载，提高了灵敏度，克服了高频时的电缆共振效应。

计算机及软件，载体为普通计算机，软件系统具备必要的声学计算功能，即对示波器上的波形能进行离散的傅里叶变换，对一个完整的波形进行积分以及后续计算，根据数据进行平面作图等。

2. 毫瓦级超声功率计 是一种高灵敏度、精确的超声波微功率测量仪器，主要用于测量各种医用超声诊断仪的超声输出功率。分辨力优于2mW，准确度优于15%，如图7-10所示。

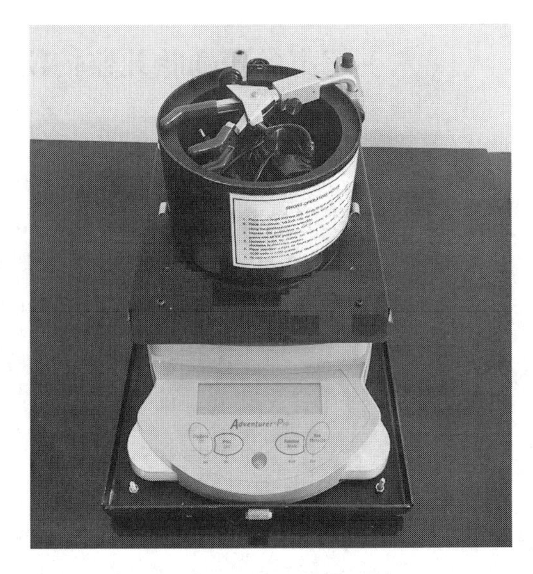

图7-10 毫瓦级超声功率计

（二）专用检测与校准设备

1. 仿组织超声体模 是评估医用超声诊断设备的专用检测与校准设备，是在超声传播特性方面模仿软组织的人体物理模型，由超声仿组织材料和嵌埋于其中的多种测试靶标以及声窗、外壳、指示性装饰面板等构成的无源式测试装置。根据超声频率不同，设计了低频模块（图7-11）和高频模块（图7-12）。

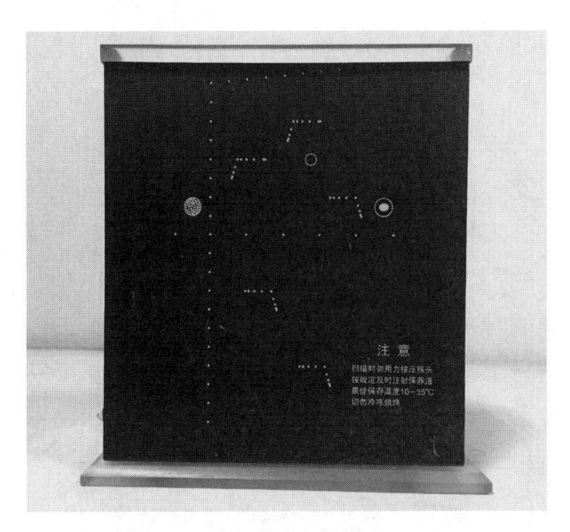

图7-11 低频模块

图7-12 高频模块

技术指标主要有超声仿人体组织材料声速：（1540±10）m/s，（23±3）℃；超声仿人体组织材料声衰减系数斜率：（0.70±0.05）dB/（cm·MHz），（23±3）℃；尼龙靶线直径：（0.3±0.05）mm；尼龙靶线位置偏差：±0.1mm。

线靶系统：在超声仿人体组织材料内嵌埋有尼龙线靶群，包括深度靶群、横纵向分辨力靶群、盲区靶群等。其分布如图 7-13 所示。

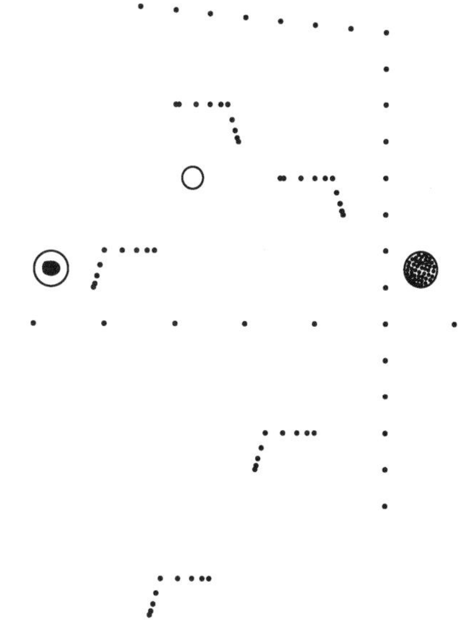

图 7-13　仿组织超声体模线靶系统

模拟病灶：在超声仿人体组织材料内嵌埋有仿肿瘤、仿结石与仿囊结构等。其分布如图 7-14 所示。

图 7-14　仿组织超声体模模拟病灶

2. 多普勒血流标准器（图 7-15）　主要用于彩色多普勒超声诊断仪血流测量部分检测与校准，其主要包括 4 部分。

（1）血流多普勒试件：其超声仿组织材料应满足：声速为（1540±15）m/s，衰减系数（0.5±0.05）×10^{-4}dB$m^{-1}$$Hz^{-1}$。

（2）流量计：准确度等级优于 2.5 级。

（3）仿血液：应与活体血液有相似的声学特性，散射微粒数足够多，流动时应呈现牛顿液体的流变学特征，声速为（1570±30）m/s，密度为（1.05±0.04）g/cm^3，黏度为（4±0.4）mPa·s。

（4）驱动器：用以驱动仿血液在闭合的管路中循环流动，如蠕动泵，连同血流多普勒试件一起产生的血流速度范围至少应满足（0~100）cm/s。

3. 胎儿心率模拟器　该套装置由胎心模拟器和“人工胎儿心脏”两部分组成，设备如图 7-16 所示。

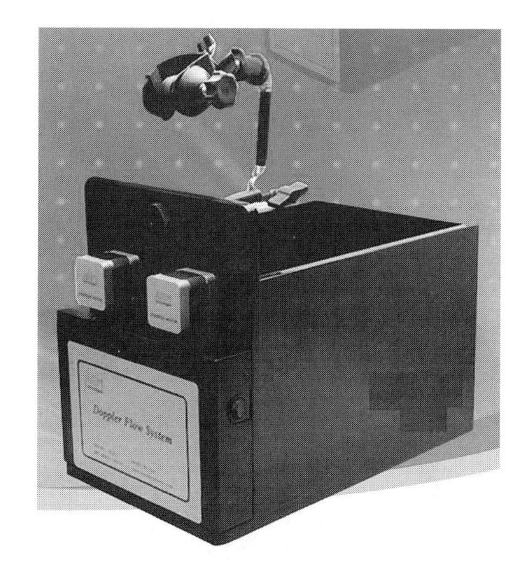

图 7-15　多普勒血流标准器

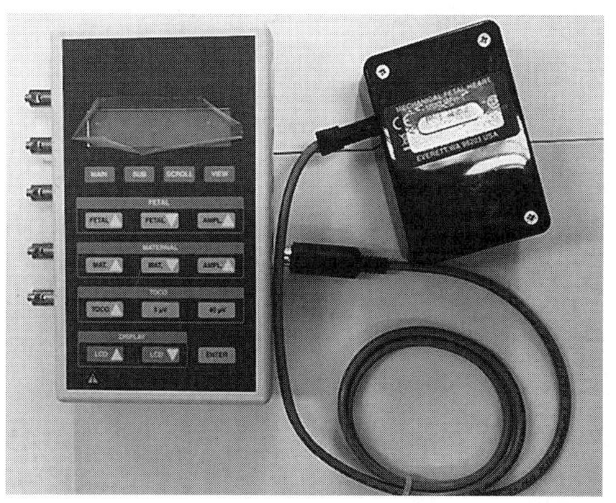

图 7-16　胎儿监护仪检定装置

三、主要参数检测方法

（一）医用超声诊断仪超声源的检测与校准

医用超声诊断仪超声源检测与校准主要依据 GB 10152-2009《B 型超声诊断设备》和 JJG 639-1998《医用超声诊断仪超声源检定规程》，主要检测项目与检测方法如下：

1. 输出声强 是指在声场某一点处，一个与指定方向垂直的单位面积上在单位时间内通过的平均声能。主要用于评估医用超声诊断仪超声强度对人体的损害，从文献来看诊断级别的超声强度未发现对人体的损害。输出声场使用毫瓦级超声功率计测量，需对同一探头进行不少于 3 次声功率测量，取其测量结果的算术平均值作为被检仪器配用该探头时的输出声功率 P。采用公式（7-2）计算。

$$I_{SAPA}=P/S \tag{7-2}$$

式中：I_{SAPA} 为被检仪器的输出声强（mW/cm^2）；P 为被检仪器的输出声功率（mW）；S 为配用探头的有效辐射面积（cm^2）。

2. 探测深度 主要用于评估医用超声诊断设备探头对人体组织的有效穿透能力，探测深度与超声探头频率密切相关，频率越高探测深度越浅，频率越低探测深度越深。选用与探头频率相匹配的仿组织超声体模，将探头顶端对准深度靶群，在医用超声诊断仪屏幕上读取相应靶群图像中可见的最大深度靶线，其所在深度即为被检设备配用该探头时的探测深度。

3. 侧向（横向）分辨力 是指在与超声波声束垂直的平面上，能够在超声诊断仪显示器上分辨两个回波目标相邻两点间的最小距离，该两点距离越小，声像图横向界面的层理越清晰。选用与探头频率相匹配的仿组织超声体模，将探头顶端对准侧向分辨力靶群，读取侧向分辨力靶群图像中可以分辨的最小靶线间距，即为被检仪器配用该探头时在所测深度处的侧向分辨力（mm）。在有效探测深度范围内，由浅至深，对各侧向分辨力靶群重复以上操作。

4. 轴向（纵向）分辨力 是指超声波声束沿轴线方向穿过介质，能够在超声诊断仪显示器上分辨两个回波目标相邻两点间的最小距离，该两点距离越小，声像图纵向界面的层理越清晰。按照侧向分辨力检定方法，选用相应超声体模，将探头置于某一轴向分辨力靶群上方，读取轴向分辨力靶群中可以分辨的最小靶线间距，即为被检仪器配用该探头时在所测深度处的轴向分辨力（mm）。在有效探测深度范围内，由浅至深，对各轴向分辨力靶群重复以上操作。

5. 盲区 其检定只针对低频探头，如腹部探头和心脏探头。目的就是看探头最浅可以看到什么程度。选用设有盲区靶群的超声体模。读取盲区靶群图像中可见的最小深度靶线所在深度，即为该仪器配用该探头时的盲区（mm）。对近场视野小的探头，应将其横向平移，将盲区靶线陆续显示和判读。

6. 纵向 / 横向几何位置示值误差 通过测量出体模横向、纵向标尺的示值，再与体模标准值进行比较得出的比值就是示值误差。这个指标可以反映超声诊断仪的测量准确度。选用相应超声体模，将探头置于某一纵向 / 横向几何位置示值误差靶群上方，将图像冻结，用电子游标依次测量两靶线图像中心间距，并计算测量值与实际值的相对误差，取其中最大者作为被检仪器配用该探头时的纵向 / 横向几何位置示值误差。

7. 囊性病灶直径误差 囊肿直径示值误差检测时，也是鉴于部分超声诊断仪的分辨力问题。在性能较差的超声诊断仪上，体模中囊肿的成像边缘往往不清晰，造成囊肿边缘切点的位置难以确定，这时就要使用超声诊断仪的局部放大功能，将囊肿部位局部放大，这样可以比较容易地确定边缘切点，使得测量数据更为准确。选用相应超声体模，将探头对准靶群上方，令其在该囊所在深度附近聚焦。其中，4MHz 以下、5MHz、7.5MHz 探头分别对应直径 10mm、6mm、4mm 囊。若可见表示囊性特征的无回波区，观察其形状有无偏离圆形的畸变。观察无回波区内有无可见的噪声干扰和充入现象。观察该囊图像后方有无增强现象。用电子游标测量该囊图像的纵向和横向直径，并与实际值比较，求其直径误差。

【注意事项】

医用超声诊断仪检测与校准时，应及时调整被检仪器的总增益、时间增益补偿或灵敏度时间控制或近场、远场增益、对比度、亮度适中，在屏幕上显示出由 TM 材料背向散射光点组成的均匀声像图，且无光晕和散焦。对具有动态聚焦功能的机型，令其置远场聚焦状态，直至仿组织超声体模成像达到最优，方可读数。如被检仪器临床配备多个探头，需对所有适用探头进行检测与校准。

（二）彩色多普勒超声诊断仪（血流测量部分）的检测与校准

1. 多普勒血流速度测量 在平整、固定的检查床上，将血流多普勒试件、驱动器、储液器、流量计等各部分连接成一个闭合的通道，在测量过程中要确保这个闭合的通道内没有气泡出现。调节被校仪器的总增益、对比度和亮度，使模拟血管在图像上清晰显示，将彩色多普勒超声诊断仪置于血流速度测量状态，在血管内选择适当的取样区，并使用多普勒角度校正功能，测量 3 次血流速度，取平均值按公式（7-3）计算相对误差。血流速度测量时，一般选择 50cm/s 和 100cm/s 两个测量点，多普勒角一般选择小于 30°。

$$\Delta=\frac{\bar{\nu}-\nu}{\nu}\times 100\% \tag{7-3}$$

式中：Δ——血流速度测量误差；

ν——血流速度设置值，cm/s；

$\bar{\nu}$——血流速度测量平均值，cm/s。

2. 血流方向识别能力 将彩色多普勒超声诊断仪置于血流速度测量状态，使模拟血管在图像上清晰显示，在图像上观察是否能清晰显示两个距离为 2mm 的颜色不同的血液流向。改变相对于探头的血流方向，观察血流图是否变为另一种颜色（红变蓝或蓝变红）。

3. 多普勒血流探测深度 使彩超显示模拟血管的图像，调节彩超的相关控制键以获得清晰的血流图。测量时，将探头向较深的模拟血管移动，直到彩色信号消失，此后将探头回退到彩色消失前的位置，将图像冻结后以电子游标测量此时模拟血管内壁最远端的深度，即为血流探测深度。在频谱多普勒模式下，测量方法一致。

（三）超声多普勒胎儿监护仪超声源的检测与校准

通过电缆将“人工胎儿心脏”连接到模拟器上的端口。可通过调节模拟器上的相应输出端设置人工心脏的标准心率，将模拟器的标准心率分别设置，从被检仪器心率显示器上读出相应的显示值，每个心率值最少应重复检定 3 次。按公式（7-4）计算各测点 n（$n \geqslant 3$）次重复监测点的平均心率值。

$$\overline{\gamma}_i = (\gamma_{i1}+\gamma_{i2}+\cdots+\gamma_{in})/n \qquad (7\text{-}4)$$

按公式（7-5）计算心率测量误差，测量误差应不超过 ±2 次 / 分。

$$\Delta\gamma_i = \overline{\gamma}_i - \gamma_{i0} \qquad (7\text{-}5)$$

（四）医用超声诊断设备电气安全检测

除通用安全标准要求外，医用超声诊断设备还应该满足 GB 9706.9-2008《医用电气设备第 2-37 部分：超声诊断和监护设备安全专用要求》，主要对电击危险的防护、对不需要的或过量辐射危险的防护、对超温和其他安全方面危险的防护、工作数据的准确性和危险输出的防止等 4 个方面进行了特殊规定。电气安全检测一般为上市前检查项目，检查方法在标准中有详细描述，下面就部分检测项目进行说明。

1. 连续漏电流和患者漏电流以及电介质强度测试 针对换能器组件试验，应采用盐溶液，将应用部分浸入其中。

2. 电磁兼容性测试 相关测试依据 YY 0505-2012《医用电气设备第 1-2 部分：安全通用要求并列标准：电磁兼容要求》标准执行，应采用能产生最不利条件的 2kHz 或 1kHz（生理信号模拟频率）调制频率进行试验。针对换能器组件试验，应采用盐溶液，将应用部分浸入其中。

3. 超温 主要针对超声换能器开展试验，试验在模拟实际使用条件时，必须使超声换能器与试验体模进行声学和热学耦合等，当超声诊断仪预期体外使用时，两者接触界面材料表面温度不应低于 33℃，环境温度应为（23±3）℃，试验期间，换能器组件表面温度应不超过 43℃，实际温升应不超过 10℃。当超声诊断仪预期非体外使用时，两者接触界面材料表面温度不应低于 37℃，环境温度应为（23±3）℃，试验期间，换能器组件表面温度应不超过 43℃，实际温升应不超过 6℃。温度测量一般采用辐射法和热电偶法。

（李晓亮　崔 涛）

第三节 超声治疗设备

一、医用超声治疗设备概述

治疗超声作用于人体，可产生空化现象、触变作用、弥散作用（药物渗透）、改变氢离子浓度、加速新陈代谢、分裂高分子化合物、对活性物质和细胞的作用、光和电化学以及氧化作用等，对皮肤、肌肉和结缔组织、骨骼和骨髓、心脏、血管、血液、肝、脾、肾、胃、肠道、眼、生殖系统、神经系统、肺循环、内分泌等产生生理或病理的变化，从而达到治疗疾病和促进机体康复的目的。超声治疗一般利用超声的机械效应，热效应和空化效应的一种或多种。

本节所指的超声治疗设备，一般对人体不造成损伤，从医疗器械监管的角度来区分，指不造成人体组织变性。至于以手术为目的，造成组织变性的设备在第四节介绍。目前的超声治疗设备依据其治疗目的，一般分为理疗（声强 $3W/cm^2$ 以下），小功率治疗、针灸、穴位、导药、降脂，雾化等，采用能量辐射方式，利用超声能量辐射人体。通常由超声功率发生器、控制装置和治疗头等组成。用于理疗目的，采用非聚焦超声波，超声输出强度一般在 $3W/cm^2$ 以下，频率范围在 0.5MHz 至 5MHz，具体产品有超声理疗仪、超声穴位治疗机、超声按摩仪等；用于疾病治疗目的，一般采用聚焦或弱聚焦超声波（不发生组织变性），具体产品有热疗设备、前列腺超声治疗仪、脑血管超声治疗仪、电疗超声组合治疗仪等。

雾化治疗的设备由超声波发生器，药液容器，导管等部分组成，利用的是超声能量使含药液体雾化，形成气溶胶，使患者吸入治疗，也可用于环境的空气加湿。

二、医用超声治疗设备常用检测与校准装置

随着人类文明的发展，人们对于医疗安全的意识不断增强，合理使用医用超声治疗设备越来越受到重视，医疗机构也在不断加强该设备的质量控制。其通用检测与校准设备主要为声场测量系统。其专用检测与校准设备主要为瓦级超声功率测量系统，如图 7-17 所示。

图 7-17 瓦级超声功率测量系统

三、主要参数检测方法

（一）医用超声治疗设备超声源的检测与校准

医用超声治疗设备的检测与校准主要依据 YY 1090-2009《超声理疗设备》、YY/T 0750-2009《超声理疗设备 0.5MHz~5MHz 频率范围内声场要求和测量方法》和 JJG806-1993《医用超声治疗机超声源检定规程》。主要检测项目和方法如下：

1. 超声输出功率 采用辐射力天平法测量，使用瓦级超声功率计。将超声治疗头置于测量水槽中，并对准吸收靶。需要指出的是，由于测量装置的反射靶不可能做得太大，在测量时又要保证反射靶的直径大于超声换能器辐射面直径的 1.5 倍，在超声换能器辐射面直径比较大的时候，例如，在扫描模式下，在这种情况下，可以用吸声材料做一个单位面积的透声窗口，测量单位面积上的声功率，再按发射面积折算成总的声功率。

2. 有效辐射面积 治疗头的有效辐射面积应使用水听器，在距治疗头输出端面 0.3cm 的平面上，对声场采用格栅式扫描法来确定。格栅扫描应是方形栅格，扫描应不是连续的运动，但应以离散的步距在每一点上进行电压有效值或峰值的测量。格栅式扫描的测量采用声场测量系统。

3. 超声输出声强 通过超声功率与有效辐射面积计算而出。即超声输出功率除以有效辐射面积。

4. 声工作频率 使用声场测量系统测量，采用水听器法直接测量声频率，而不是电激励频率。

（二）医用超声雾化设备的检测与校准

医用超声雾化设备检测与校准主要依据 YY 0109-2013《医用超声雾化器》，主要检测项目和方法如下：

1. 超声振荡频率 频率是超声雾化器的一个重要指标，基本上决定了液体雾化后的液滴直径。通常测量电激励频率。

2. 雾化粒径 即等效体积粒径，指与实际颗粒具有相同体积的同物质的球形颗粒的直径。一般用激光散射法测量。测量时，激光光束通过超声雾化器产生的雾场。测量的结果是等效体积粒径分布的曲线，如图 7-18 所示。横轴是粒径，纵轴是粒径所占的百分比，取正态分布的中值作为等效体积粒径的中位粒径值。

3. 最大雾化率 即单位时间可以雾化的最大的液体体积。通过测量容积和时间来得到结果。

（三）医用超声治疗设备电气安全检测

医疗器械除了安全通用要求外，针对具体类别的产品，还定出了若干专用安全要求。

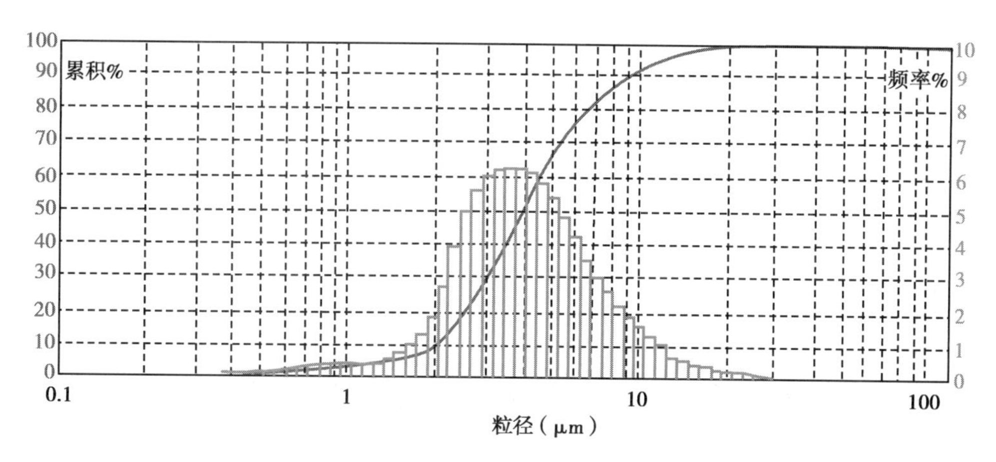

图 7-18　等效体积粒径分布曲线

针对特定的超声理疗设备，即采用非聚焦超声，声强在 3W/cm^2 以下的设备，有专用安全标准：GB 9706.7-2008《医用电气设备　第 2-5 部分：超声理疗设备安全专用要求》，其条款号与安全通用要求一致，但根据该类产品的特点，对具体条款做了删除、修改和（或）代替。专用安全的标准要求的执行优先于安全通用要求和并列要求。

（蒋时霖　崔 涛）

第四节　超声手术设备

一、医用超声手术设备概述

从超声手术设备的设计原理看，大致可分为两类设备，一类使用能量辐射方式，一类使用附有外科尖端的变幅杆。前者包括高强度聚焦超声治疗系统，浅表组织超声治疗设备等；后者包括软组织超声手术设备（超声手术刀，参见第七章第四节），骨组织超声手术设备（超声骨刀），眼科超声乳化设备（摘除白内障），超声去脂设备（减肥），超声碎石设备，超声洁牙设备等。

使用变幅杆的设备，其工作频率在（20~60）kHz，通常由发生器和带有外科尖端的手持部件（声学振动器）组成，每一个手持部件由一个换能器、一个连接构件和一个治疗头尖端组成。换能器将电能转变为机械能，驱动变幅杆，使外科尖端高频振动。有些设备还带有负压吸引装置，用于引流。

高强度聚焦超声治疗系统通常由治疗头、声耦合装置、超声功率发生器、测位装置、定位装置、控制装置、患者承载装置和水处理及水温控制装置组成。由单元换能器或多元换能器阵列构成的聚焦超声声源，发出的超声通过传声媒质后，以人体正常组织可接受的声强透过患者体表，将能量聚集在靶组织上，致其凝固性坏死（或瞬间灭活）的治疗系统。超声强度超过 1000W/cm²。

一般浅表组织超声治疗设备的通常由治疗头、超声功率发生器、控制装置等组成，一般采用聚焦或弱聚焦超声波。超声强度一般不超过 1000W/cm²。用于人体组织变性坏死的目的。

二、主要参数检测方法

（一）能量辐射类医用超声手术设备的检测与校准

能量辐射类医用超声手术设备的检测与校准主要依据 YY 0830-2011《浅表组织超声治疗设备》和 YY 0592-2016《高强度聚焦超声（HIFU）治疗系统》。主要检测项目和方法如下：

1. 额定输出声功率 和第三节超声治疗设备的输出超声功率类似，但功率的范围有所扩大。

2. 声工作频率 同第三节，要求频率的偏差应在 ±15% 的范围内。

3. 治疗头焦平面距离 治疗头焦平面距离其偏差应在 ±15% 的范围内（对非聚焦超声换能器，本条不适用）。测量时，使用声场测量系统，采用水听器法，扫描治疗头发射的超声声场，确定焦平面的位置，找到声场中声压最大位置为焦点位置，然后测量焦点到治疗头超声波发射窗口的距离为焦平面距离。

4. 治疗头侧壁不需要的超声辐射 手持式治疗头侧壁手持部位上，不需要的超声辐射的空间峰值时间平均声强应小于 100mW/cm²。测量时，治疗头的前端面浸入水温为（23±3）℃的脱气水中，设备工作在治疗头的额定输出功率下，水听器经由耦合剂与治疗头侧壁直接耦合，手动逐点测量。100mW/cm² 参的数值考了诊断设备声输出参数免于公布的数值，该指标的目的是限制不需要的超声辐射，以确保使用时的安全。

5. 治疗头超温 治疗头辐射表面的温度应不超过 41℃。

高强度聚焦超声治疗系统除了满足上述适用的指标外，还需满足下列指标：

6. 焦域的横纵向尺寸 焦域的尺寸测试由于只需要获得声压相对值，可使用未校准灵敏度但非线性失真小于 10% 的水听器。在焦域所在的几何空间处，采用声场扫描的方法测试，超声输出功率应设置在水听器不损坏前提下的较大值，以可能真实地反映声场的分布。

7. 最大旁瓣级与轴向次极大级 在声压焦平面上的旁瓣幅度以及轴向次极大声压应比焦点声压低 8dB 以上。检测方法同上。

8. 焦域最大声强 允许使用 2 种方法测量，采用声场扫描法，由于空间峰值时间平均声强的测量受到水听器量程的限制，故焦域最大声强规定应不小于 1000W/cm²。也可以采用先测量最大输出声功率，再通过声场扫描计算出 –6dB 声束面积通过的超声功率除以对应的焦域横截面积来计算。

9. 定位精度 目标标记与实际焦点的偏差在X-Y平面上，应不大于3mm；在z（纵向）轴上应不大于5mm。通过实际的聚焦点与目标标记是否重合来验证。

10. 水处理装置 高强度聚集超声治疗系统对介质水的温控、除气装置也提出了要求，即：除气水的氧溶量不大于4mg/L。这是为了保证治疗效果不受水中气泡等的影响。

（二）采用变幅杆的医用超声手术设备的检测与校准

采用变幅杆的医用超声手术设备的检测与校准主要依据YY/T 0644-2008《超声外科手术系统基本输出特性的测量和公布》，主要包括外科吸引器、体内碎石机、末端切割装置等。主要检测项目和方法如下，详细的术语解释及试验方法可参考标准文本。

1. 尖端主振幅和横向振幅 尖端振幅有纵向（即主振幅）和横向两个分量。采用光学显微镜法、激光测振仪法和（或）反馈电压法来测量，如图7-19所示。

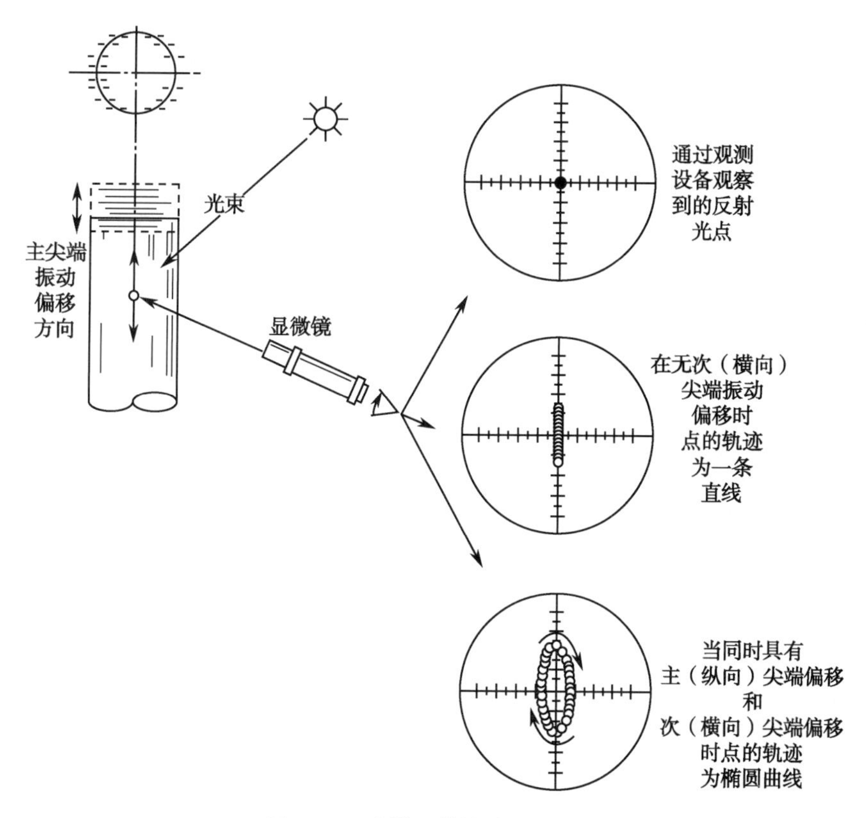

图7-19 光学显微镜法测量振幅

2. 激励频率 采用频率计法和频谱分析仪法。

3. 尖端振动频率 采用测振仪法和水听器法。

4. 导出的输出声功率和输出声功率 导出的输出声功率采用水听器法，输出声功率也可以采用量热器法近似测量。

5. 静态电功率和最大电功率以及功率储备指数 功率储备指数指最大电功率与静态

电功率比值。

对带有液体抽吸功能的设备，还考核下列指标：

6. 静态灌注压力 最大值与设置值之间的偏差应不超过 ±20% 或 ±1.3kPa（±10mmHg），百分比和压力值二者取最不利者。

7. 抽吸真空度及准确度 抽吸真空度（负压）与设备设置值之间的偏差应不超过 ±20% 或 ±4kPa（±30mmHg），百分比和真空度二者取最不利者。

对带有玻璃体切割的设备，考核以下指标：

8. 玻璃体切割尖端速率的准确性 实际切割速率与设置切割速率之间的偏差应不超过 ±20%。玻璃体切割尖端在水中的速率应不小于 10 次 / 分（单次切割模式除外）。

9. 电凝 输出频率与标称频率之间的偏差应不超过 ±20%，频率范围应在（0.01~15）MHz 之间。用于晶状体摘除和玻璃体切除的电凝输出总功率应不超过 40W。

10. 照明 实际照明输出与设备显示的照明值或设置值之间的偏差应不超过 ±25%。在距离光纤出口 5mm 处测试时，照明光强度应符合：①波长范围（305~400）nm 的光强度应不超过 0.05mW/cm^2，此波段的照明强度宜尽量小；②波长范围（700~1100）nm 的光强度应不超过 100mW/cm^2。

超声洁牙设备也采用变幅杆，但由于其使用目的的差异，考核的技术指标也有所不同，故单独列出。其检测与校准主要依据 YY 0460-2009《超声洁牙设备》和 YY/T 0751-2009《超声 - 洁牙设备 - 输出特性的测量和公布》，主要检测项目和方法如下：

1. 尖端振动偏移 和手术设备类似，洁牙设备也有尖端振幅的指标，但允许用载玻片法测量。即：作用头尖端与载玻片接触，用载玻片来记载尖端振幅。

2. 尖端振动频率 和超声手术设备类。

3. 半偏移力 指尖端与载玻片接触，所施加的力，使得（0.15±0.02）N 接触力条件下的尖端主振动偏移降低 50%。是考核工作能量储备的一个指标。用力学的方法测量。

4. 冲洗水量应能调节。

（蒋时霖　崔　涛）

思考题

1. 简述超声波的基本参数及参数特性。

2. 医用超声诊断仪图像质量表征的技术参数有哪些?

3. 医用超声诊断仪安全性能标准主要有哪些要求?

4. GB 9706.7-2008《医用电气设备　第 2-5 部分：超声理疗设备安全专用要求》和《医用电气设备　第 2-62 部分：高强度超声治疗（HITU）设备基本安全和基本性能的专用要求》的适用范围是什么?

5. 超声治疗设备和超声手术设备其能量作用于人体的方式有哪些?

6. 从医疗器械监管的角度来区分，超声治疗设备和超声手术设备的区别是什么?

第八章

外科手术器械

许多外科手术器械在外观上与普通家用工具十分相似，诸如剪刀、镊子、电钻等。但是，外科手术器械的使用方法与普通家用工具的使用方法却相距甚远。外科手术器械有非常多的种类，通常它们都根据其用途直接得名，或者根据最基本的样式变化加以区分。另外，外科手术器械也随着时代以及科学技术的进步而发生着日新月异的变化。外科手术器械除去传统意义上的刀、剪、钳、镊、线外，也出现了分工更加细化的专科手术器械以及附加激光、超声、微波等技术的手术设备。

外科手术器械概述

一、外科手术器械基础与分类

（一）外科手术器械简介

外科手术器械通常是指在进行手术时需要用到的各种医疗器械的总称。手术器械虽然是一种基本的医疗工具，但由于它是一种直接与人体接触或深入人体组织的器械，所以有着十分严格的质量要求。而且其含义也不仅仅局限于过去的刀、剪、钳、镊、线等的概念。随着外科分支越来越细，相应的也产生了大量各分支所需的专科手术器械，再加上生物工程学科发展而兴起和涌现的设备手术器械，当前外科手术器械的定义有了进一步的丰富。

（二）外科手术器械分类

根据国家食品药品监督管理总局关于医疗器械的分类原则，外科手术器械通常分为有源手术器械与无源手术器械。有源手术器械是指任何依靠电能或者其他能源，而不是直接由人体或者重力产生的能量，发挥其功能的手术器械，比如，电动骨钻、高频电刀、射频消融系统等；无源手术器械是指不依靠电能或者其他能源，但是可以通过由人体或者重力产生的能量，发挥其功能的手术器械，比如止血钳、手术刀等。表 8-1 中整理了外科手术器械中所涉及的产品分类和产品举例。

表 8-1　有源手术器械与无源手术器械的分类与用途

有源手术器械

序号	类别	产品举例
01	超声手术设备及附件	软组织超声手术仪、软组织超声手术系统、磁共振引导高强度聚焦超声治疗系统、腔内前列腺高强度聚焦超声治疗仪用配件
02	激光手术设备	半导体激光治疗机、二氧化碳激光治疗机
03	高频 / 射频手术设备及附件	高频电刀、高频手术器、高频治疗仪、射频治疗仪
04	微波手术设备	微波手术刀、微波消融仪、微波消融治疗仪
05	冷冻手术设备	低温手术设备、低温冷冻治疗系统、冷冻手术治疗机
06	手术导航、控制系统	手术导航系统、外科手术导航系统、脑立体定向仪

续表

序号	类别	产品举例
07	手术照明设备	手术无影灯、移动式 LED 手术照明灯、卤素手术灯
08	内镜下用有源手术设备及器械	宫腔镜组织切除系统、电动子宫切除器、内镜电凝手术剪
09	冲击波手术设备	体外引发碎石设备、体外冲击波碎石机、液电式碎石设备
10	其他手术设备	手术动力系统、水刀、电动植皮刀

无源手术器械

序号	类别	产品举例
01	手术器械 - 刀	手术刀、血管刀、备皮刀、纳米包皮环切器
02	手术器械 - 凿	鼻骨凿、指骨凿、鼻骨锤
03	手术器械 - 剪	手术剪、组织剪、血管剪、敷料剪、拆线剪、纱布绷带剪
04	手术器械 - 钳	组织钳、血管钳、皮肤钳、夹持钳、肠钳、显微钳
05	手术器械 - 镊	组织镊、血管镊、眼睑镊、显微镊、持针镊、敷料镊
06	手术器械 - 夹	腹腔用金属夹、阴茎夹、止血夹、显微血管夹
07	手术器械 - 针	缝合针、荷包针、探针、刺探针、钩针
08	手术器械 - 钩	拉钩、皮肤拉钩、组织拉钩、静脉拉钩、扁桃体拉钩
09	手术器械 - 刮匙	刮匙、皮肤刮匙、内镜刮匙、鼻窦镜手术刮匙
10	手术器械 - 剥离器	剥离器、肌腱剥离器、乳房分离器、鼻剥离器
11	手术器械 - 牵开器	牵开器、甲状腺牵开器、腹部牵开器
12	手术器械 - 穿刺导引器	腹部穿刺器、鼻打孔器、皮肤组织穿孔器、耳钻
13	手术器械 - 吻（缝）合器械及材料	血管吻合器、切割吻合器、血管缝合器、显微合拢器、合成可吸收缝合线、天然不可吸收缝合线、外科用封合剂
14	手术器械 - 冲吸器	显微血管扩张冲洗器、显微冲洗管、抽脂管、吸引管
15	手术器械 - 其他器械	肌腱套取器、息肉圈断器、打结器、气管插管固定器、护胸板、电刀清洁片、人工鼓环

二、外科手术器械的标准体系概述

外科手术器械涉及的标准化组织是全国外科手术器械标准化委员会（SAC/TC94），该组织承担了相关专业领域的标准化归口管理工作，主要负责包括向国家标准化管理委员会和国家食品药品监督管理局提出本专业标准化工作的方针、发展规划和技术措施；申请国家、行业标准制修订计划、项目经费等；组织国家、行业标准的制修订和审查、复审、宣贯、调研分析等工作；承担本专业标准化范围内产品质量标准水平评价等技术工作；对口国际标准化组织IEC/ISO170相关技术委员会的国内归口管理工作；负责国际标准（草案）文件投票表决、国际标准归档管理、申请、组织国际技术交流等工作。

（一）外科手术器械主要基础标准和安全标准

1. GB 9706.1-2007/IEC60601-1：1988《医用电气设备 第1部分：安全通用要求》 该标准规定了医用电气设备的安全通用要求，并作为医用电气设备安全专用要求标准的基础。虽然该标准主要涉及安全问题，但它也包括一些与安全有关的可靠运行的要求。该标准涉及的设备预期生理效应所导致的安全方面危险未被考虑。

2. YY/T 1084-2007《医用超声诊断设备声输出功率的测量方法》 该标准规定了医用超声诊断设备声输出功率的测量方法，其中辐射力天平法为首选方法。当采用辐射力天平法存在技术难度时，在能够确保测量准确度的前提下，也可以采用水听器法导出超声功率。该标准适用于（0.5~25）MHz频率范围内医用超声诊断设备声输出功率的测量。

3. YY/T 1142-2003《医用超声设备与探头频率特性的测试方法》 该标准规定了频率范围在（0.5~15）MHz内的医用超声设备与探头频率特性的测试方法与相关参数的计算方法。该标准适用于工作在连续波、准连续波或脉冲波状态的各类医用超声设备与探头。

4. YY/T 0644-2008《超声外科手术系统基本输出特性的测量和公布》 该标准规定了超声外科手术系统的主要非热输出特性，输出特性的测量方法；该标准所适用的设备须同时满足工作在20kHz至60kHz频率范围内，用于对人体组织的破碎或切割（不管这些作用是否与组织的去除或凝固相关）。

5. GB/T 16886.5-2003《医疗器械生物学评价 第5部分：体外细胞毒性试验》 GB16886的本部分阐述了评价医疗器械体外细胞毒性的试验方法。这些方法规定了下列供试品〔用器械的浸提液和（或）与器械接触〕以直接或通过扩散方式与培养细胞接触和进行孵育。这些方法是用相应的生物参数测定哺乳动物细胞的体外生物学反应。试验分成三类：浸提液试验、直接接触试验、间接接触试验。根据被评价样品的性质、使用部位和使用特性选择这些试验的一类或几类。

6. GB/T 14233.2-2005《医用输液、输血、注射器具检验方法 第2部分：生物学试验方法》 GB/T 14233.2本部分是在GB/T 16886《医疗器械生物学评价》和《中国药典（二部）》的基础上，并根据医用输液、输血、注射器具的特性制定而成，因此本部分是与GB/T 16886《医疗器械生物学评价》和《中国药典（二部）》方法具有方法学等同性，本部分对GB/T 16886中未给出详细试验步骤的试验项目进行了细化。

7. GB/T 16886.10-2005《医疗器械生物学评价 第10部分：刺激与迟发型超敏反应试验》 GB/T 16886.10的本部分描述了医疗器械及其组成材料潜在刺激和迟发型超敏反应的评价步骤，用于评价从医疗器械中释放出的化学物质可能引起的接触性危害，包括导致皮肤与黏膜刺激、眼刺激和迟发型超敏反应。GB/T 16886 的本部分包括了试验前的考虑、试验步骤及结果解释的关键因素。

8.《中华人民共和国药典》2015年版 无菌检查法系用于检查药典要求无菌的药品、生物制品、医疗器具、原料、辅料及其他品种是否无菌的一种方法。若供试品符合无菌检查法的规定，仅表明了供试品在该检验条件下未发现微生物污染。

（二）外科手术器械主要产品标准

1. YY 0043-2005《医用缝合针》 该标准适用于医用圆、三角普通孔及弹性孔缝合针，该类产品供缝合内脏、软硬组织、皮肤等用。该标准规定了医用缝合针的产品分类与命名、要求、试验方法、检验规则、标志、使用说明书、包装、运输、贮存等要求。

2. YY 0174-2005《手术刀片》 该标准适用于手术刀片，该产品安装于手术刀柄上，作切割软组织用。该标准规定了手术刀片的分类、要求、试验方法、检验规则、标志、包装、运输与贮存等要求。

3. YY 0175-2005《手术刀柄》 该标准适用于安装手术刀片后切割人体软组织的手术刀柄。该标准规定了手术刀柄的分类与命名、要求、试验方法、检验规则、标志、包装、运输与贮存等要求。

4. YY/T 0176.1-1994《医用剪通用技术条件》 该标准适用于点接触剪切、迭鳃式、指圈型剪类产品。该标准规定了医用剪的技术要求、试验方法、检验规则、标志、包装、运输与贮存等要求。

5. YY/T 0176.2-1994《普通手术剪》 该标准适用于普通手术剪，该产品供剪切敷料和人体表皮组织用。该标准规定了普通手术剪的产品分类和技术要求。

6. YY/T 0176.3-1994《综合组织剪》 该标准适用于综合组织剪，该产品供剪切软组织用。该标准规定了综合组织剪的产品分类和技术要求。

7. YY/T 0176.6-1997《拆线剪》 该标准适用于拆线剪，该产品供剪拆缝合线用。该标准规定了拆线剪的产品分类和技术要求。

8. YY/T 0178-2005《组织钳》 该标准适用于组织钳，该产品供手术中夹持皮肤、筋膜等组织用。该标准规定了组织钳产品的分类、要求、试验方法、检验规则、标志、包装、运输、贮存等要求。

9. YY/T 0179-2005《丁字式开口器》 该标准适用于开口器，该产品供急救时撑开口腔用。该标准规定了丁字式开口器产品的分类与命名、要求、试验方法、检验规则、标志、包装、运输、贮存等要求。

10. YY/T 0191-2001《腹腔吸引管》 该标准适用于腹腔吸引管，该产品装于吸引器上供腹部手术时吸液用。该标准规定了腹腔吸引管产品的分类、技术要求、试验方法、检验规则、标志、包装、运输、贮存等要求。

11. YY/T 0295.1-2005《医用镊通用技术条件》 该标准适用于两片叠合式医用镊。该标准规定了医用镊产品的材料、要求、试验方法、检验规则、标志、包装、运输、贮存等要求。

12. YY/T 0295.2-1997《整形镊》 该标准适用于整形镊。该标准规定了整形镊的产品分类和技术要求。

13. YY/T 0295.3-1997《组织镊》 该标准适用于组织镊，该产品供夹持组织和敷料用。该标准规定了组织镊的产品分类和技术要求。

14. YY/T 0295.4-1997《牙用镊》 该标准适用于牙用镊，该产品供口腔科检查和治疗时夹持敷料或试摇牙冠用。该标准规定了牙用镊的产品分类和技术要求。

15. YY/T 0295.5-1997《解剖镊》 该标准适用于解剖镊，该产品供解剖人体或动物时分离皮肤筋膜、肌肉、血管、神经及夹持组织用。该标准规定了解剖镊的产品分类和技术要求。

16. YY/T 0295.6-1997《眼用镊》 该标准适用于眼用镊，该产品夹持眼部软组织用。该标准规定了眼用镊的产品分类和技术要求。

17. YY/T 1031-2004《夹持钳》 该标准适用于夹持缝合针缝合皮肤、微（小）血管或组织用的夹持钳。该标准规定了夹持钳产品的分类与命名、要求、试验方法、检验规则、标志和使用说明书、包装、运输、贮存等要求。

18. GB/T 15812.1-2005《非血管内导管　第1部分：一般性能试验方法》 该标准规定了在临床使用状态下导管的一般性能试验方法，目的是确保在评价导管性能中的一致性。该标准不适用于血管内导管。

19. YY 0285.1-2004/ISO 10555-1：1995《一次性使用无菌血管内导管　第1部分：通用要求》 该标准规定了以无菌状态供应并一次性使用的各种用途的血管内导管的通用要求。该标准不适用于血管内导管辅件。

20. YY 0285.2-1999/ISO 10555-2：1996《一次性使用无菌血管内导管　第2部分：造影导管》 该标准规定了以无菌状态供应并一次性使用的造影导管的要求。应注意 ISO 11070 中规定了与血管内导管一起使用的附件的要求。

21. YY 0285.3-1999/ISO 10555-3：1996《一次性使用无菌血管内导管　第3部分：中心静脉导管》 该标准规定了以无菌状态供应并一次性使用的中心静脉导管的要求。应注意 ISO 11070 中规定了与血管内导管一起使用的附件的要求。

22. YY 0285.4-1999/ISO 10555-4：1996《一次性使用无菌血管内导管　第4部分：球囊扩张导管》 该标准规定了以无菌状态供应并一次性使用的球囊扩张导管的要求。应注意 ISO 11070 中规定了与血管内导管一起使用的附件的要求。

23. YY 0285.5-1999/ISO 10555-5：1996《一次性使用无菌血管内导管　第5部分：套针外周导管》 该标准规定了以无菌状态供应并一次性使用的用于插入外周血管系统内的套针式血管内导管的要求。应注意 YY 0450.1 中规定了与血管内导管一起使用的附件的要求和 YY 0450.2 规定了用于套针外周导管的管塞。

24. YY 0450.1-2003/ISO 11070：1998《一次性使用无菌血管内导管辅件　第1部分：导引器械》 该标准规定了与符合 YY 0285 标准要求的血管内导管一起使用、以无菌状态供应并的一次性使用穿刺针、导引套管、导管鞘、导丝和扩张器的要求。附录A给出了这些辅助器械的材料和设计指南。

25. YY 0450.2-2003/ISO 14972：1998《一次性使用无菌血管内导管辅件　第2部分：套针外周导管管塞》　该标准规定了以无菌状态供应、用于充塞套管针外周导管的一次性使用管塞的要求。

26. YY 0488-2004《一次性使用无菌直肠导管》　该标准规定了插入患者直肠用于排空、冲洗或灌注的一次性使用直肠导管的要求。

27. YY 0489-2004《一次性使用无菌引流导管及辅助器械》　该标准规定了无菌、一次性使用、设计成以重力或负压的方式将液体引流到体外的引流导管、伤口引流系统和有关组件的要求，不适用于外径小于2mm的导管、呼吸道用吸引导管、气管插管、尿道导管。

28. YY 0778-2010《射频消融导管》　该标准规定了射频消融导管的术语、要求、试验方法、检验规则、标志、包装、运输与贮存等要求。

（丁　军）

第二节　常规手术器械

常规手术器械是应用于各个临床科别的通用、常规器械。一般为无源医疗器械，在临床上主要分为刀、剪、钳、镊、拉钩和牵开器等。

一、常规手术器械概述及临床应用

1. 外科手术刀柄与刀片　多数外科手术刀都由两部分组成，包括一次性使用的刀片和可以长期使用的刀柄。最常用的3、4号刀柄通常采用简单的平坦式设计，其一般情况下握持的方法与普通餐刀十分相似。而在一些有更高要求的手术中，外科医生有可能会使用到7号刀柄。7号刀柄的截面呈六边形，其外形以及握持方法都与铅笔十分相似，如图8-1所示。刀柄根据长短及大小分型号，其末端刻有号码。

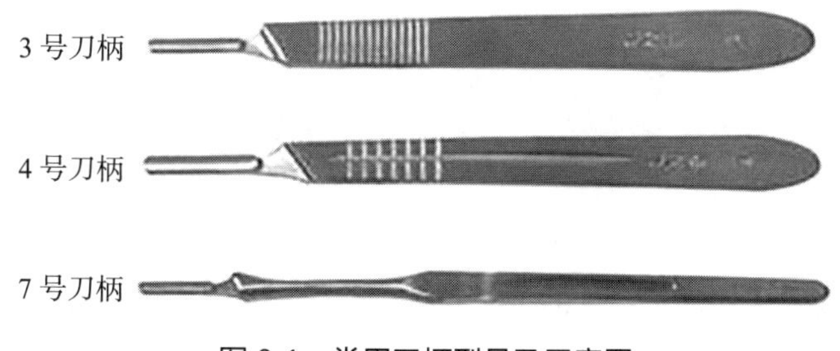

图8-1　常用刀柄型号及示意图

刀片的形状种类繁多，其中常用型号为：20~26 号属大刀片，适用于大创口切割；6~15 号属于小刀片，适用于眼科及耳鼻咽喉科等，如图 8-2 所示。刀片的末端刻有号码，一把刀柄可以安装几种不同型号的刀片。宜用止血钳(或持针钳)夹持安装，避免割伤手指。

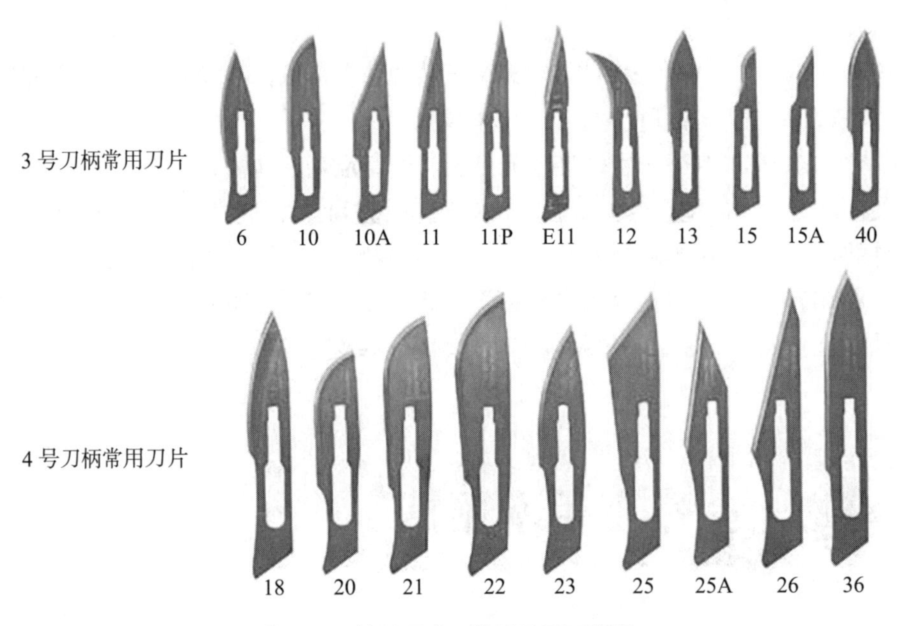

图 8-2　外科手术刀片型号及示意图

2. 外科手术剪　有非常多种类的设计和尺寸，它们可以长至小臂的长度以方便外科医生在手术时深入到非常深层的组织，也可以精细至非常小以便医生进行一些显微外科手术，如图 8-3 所示。

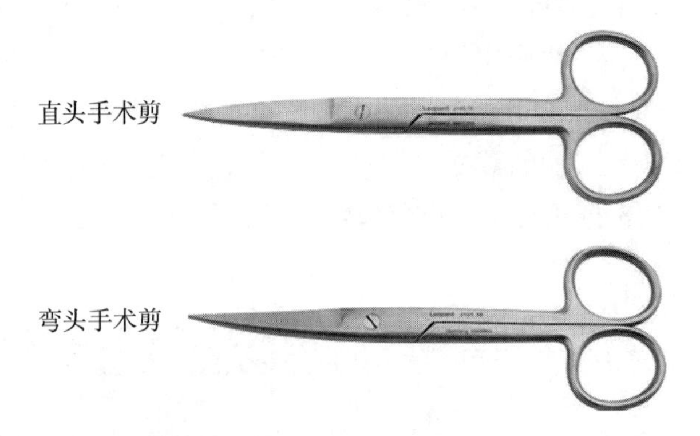

图 8-3　直头手术剪和弯头手术剪

3. 外科手术钳　常用的外科手术钳包括止血钳、组织钳、海绵钳、帕巾钳、持针钳、肠钳和肠夹持钳等。

（1）止血钳：也被医生称为血管钳，主要用于钳夹有出血点的组织器官以止血。它的唇头齿有利于组织器官的夹持，大部分唇头齿为横齿（半齿或全齿），极少部分为直齿或其他形式。主要可分为直/弯止血钳、有钩止血钳、蚊式止血钳三种，如图 8-4 所示。

（2）组织钳：被医生称为“皮钳”“鼠齿钳”或“爱丽丝钳”（Allis forceps），一般用于夹持皮肤、筋膜、肌肉、腹膜或肿瘤被膜等作牵拉或固定，如图 8-5 所示。

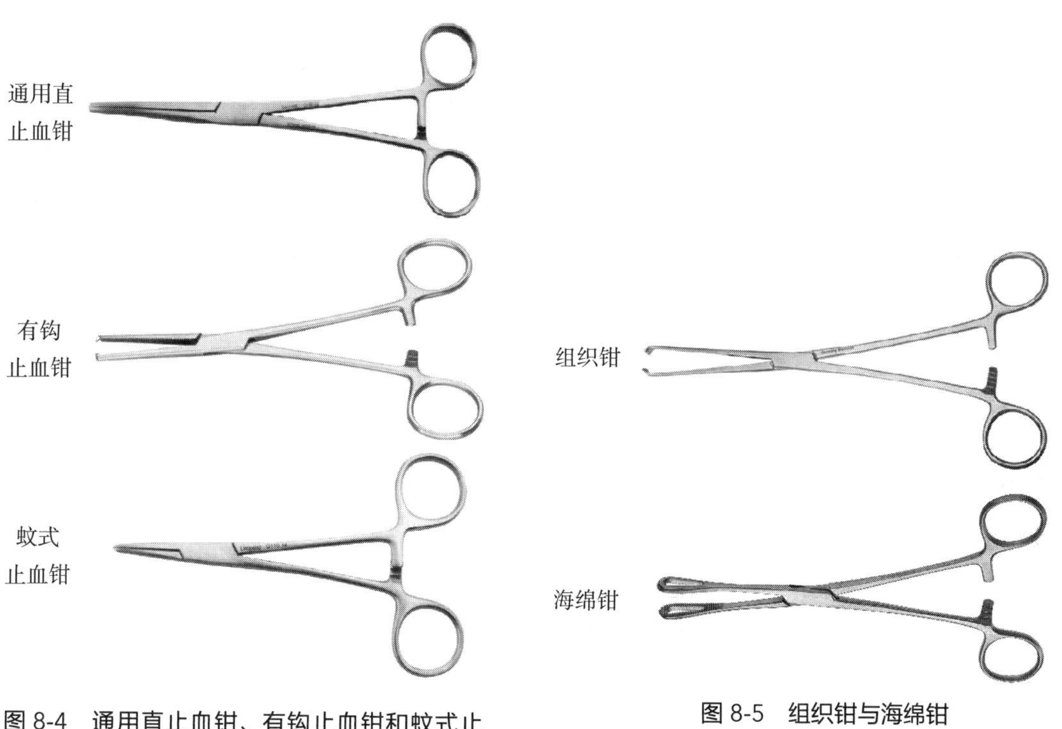

图 8-4　通用直止血钳、有钩止血钳和蚊式止血钳

图 8-5　组织钳与海绵钳

（3）海绵钳：被医生称为“卵圆钳”“持物钳”“圈钳”或“环钳”。分有齿、无齿两种，有齿的牢靠，无齿的损伤较小，如图 8-5 所示。

（4）帕巾钳：被医生称为布巾钳或巾钳，主要用于固定手术巾，并夹住皮肤，以防手术中布巾移动或松开，如图 8-6 所示。

（5）持针钳：被医生称为持针器，主要用于夹持缝针，缝合各种组织，有时也用于器械打结。持针钳分粗针、细针两种，粗针多应用于普外科、妇产科等；细针多应用于心血管外科、显微外科等，如图 8-6 所示。

（6）肠钳：又称肠吻合钳，用于肠切断或吻合时夹持肠组织以防止肠内物流出（图 8-7）。

（7）肠夹持钳：最先用于夹持阑尾，所以医生称之“阑尾钳”，现更多用于夹持其他组织器官，如图 8-7 所示。

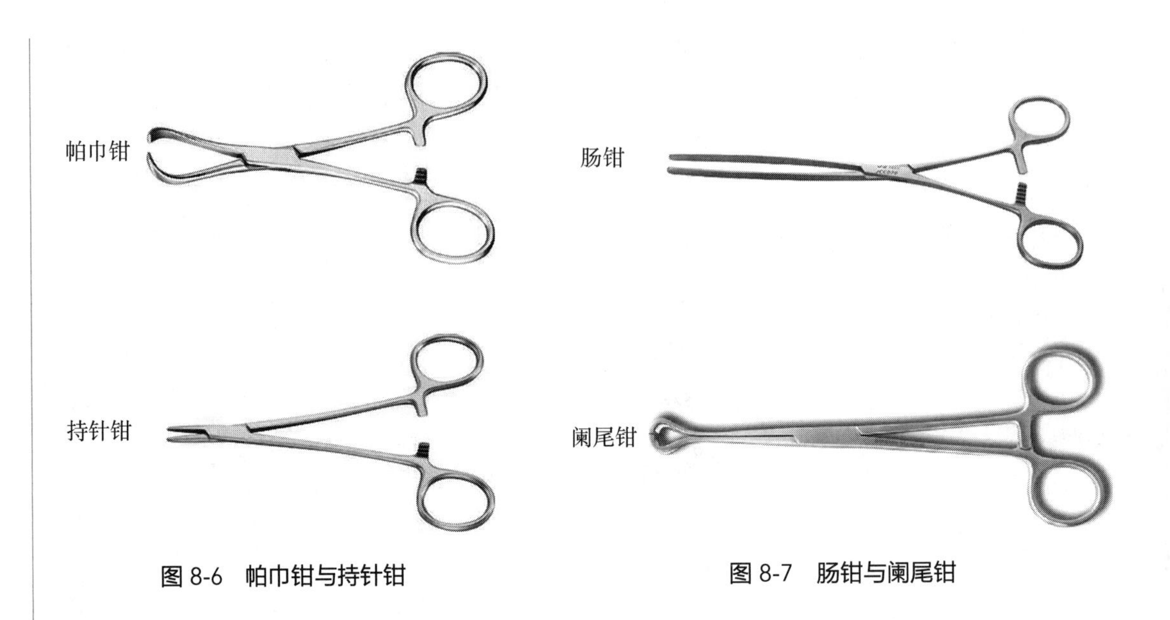

图 8-6　帕巾钳与持针钳

图 8-7　肠钳与阑尾钳

4. 外科手术镊　手术镊应用原理类似手术钳，既可以用于夹持或提起组织，便于剪切、分离及缝合等，也可以直接用于剥离等操作，还可以夹持缝针及敷料。一般分为组织镊、敷料镊、无损伤镊、爱迪生镊、胸腔镊、枪状镊，如图 8-8 所示。

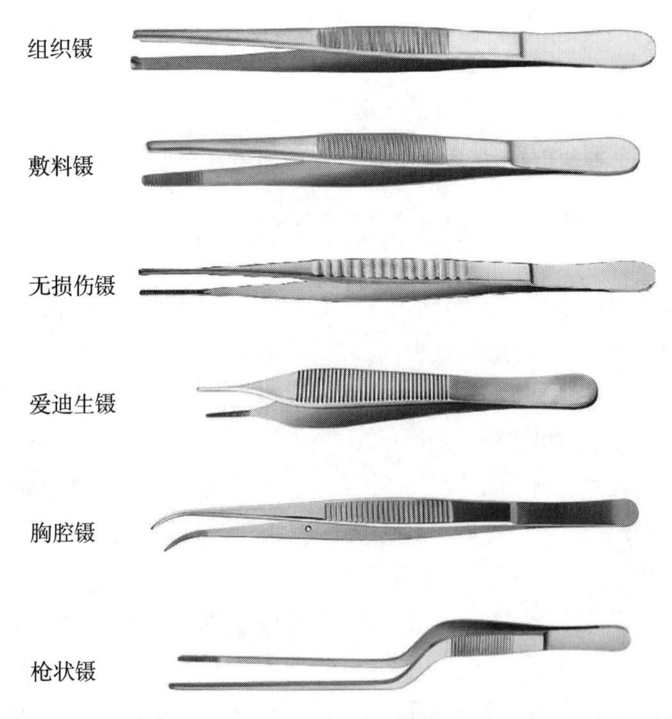

图 8-8　组织镊、敷料镊、无损伤镊、爱迪生镊、胸腔镊和枪状镊

5. **拉钩和牵开器** 是显露手术视野、建立手术通道的必要器械。两者的主要区别在于：拉钩为单一结构；牵开器为组合结构。常用的几种手动拉钩包括甲状腺拉钩、S状拉钩、腹部拉钩、皮肤拉钩和静脉拉钩，如图8-9所示。常用的牵开器包括小牵开器、椎板牵开器、乳突牵开器和全方位牵开器等，如图8-10所示。

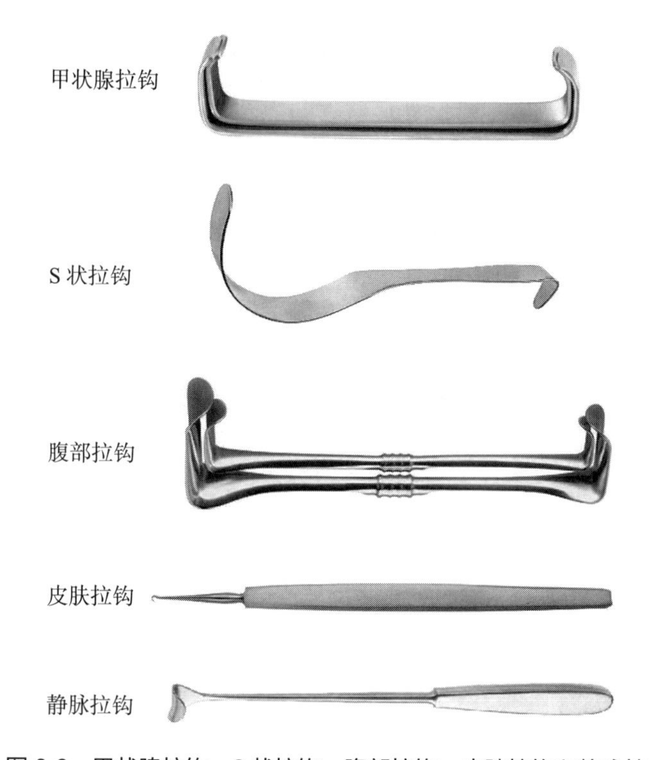

图8-9 甲状腺拉钩、S状拉钩、腹部拉钩、皮肤拉钩和静脉拉钩

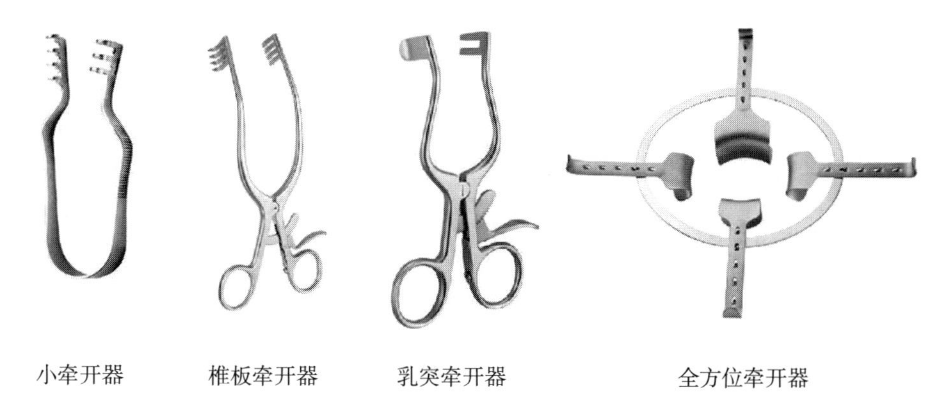

图8-10 小牵开器、椎板牵开器、乳突牵开器和全方位牵开器

6. 吸引器 也称吸引管，用于吸除手术野中出血、渗出物、脓液、空腔脏器中的内容物，使手术野清楚，减少污染机会。吸引器由吸引头、橡皮管组成，分单管吸引头（用以吸除手术野的血液及胸腹内液体等）和套管吸引头（主要用于吸除腹腔内的液体，其外套管有多个侧孔及进气孔，可避免大网膜、肠壁等被吸住、堵塞吸引头），有弯和直之分，如图 8-11 所示。

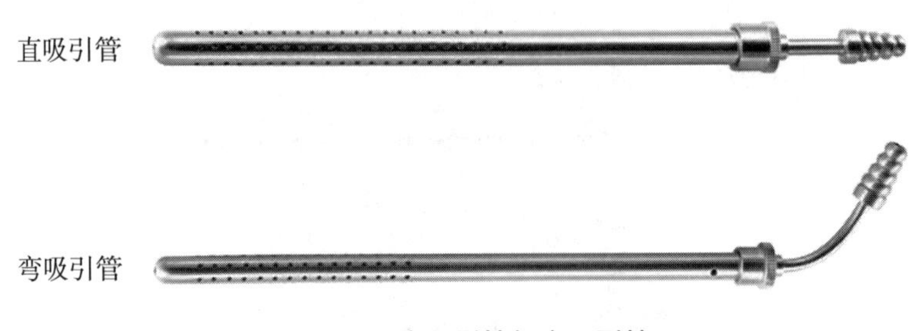

图 8-11 直吸引管与弯吸引管

7. 缝合针与手术用线 缝合针简称缝针，是用于各种组织缝合的器械，它由针尖、针体和针尾三部分组成。针尖形状有圆头、三角头及铲头三种；针体的形状有近圆形、三角形及铲形三种，一般针体前半部分为三角形或圆形，后半部分为扁形，以便于持针钳牢固夹紧；针尾的针眼是供引线所用的孔，分普通孔和弹机孔（图 8-12）。

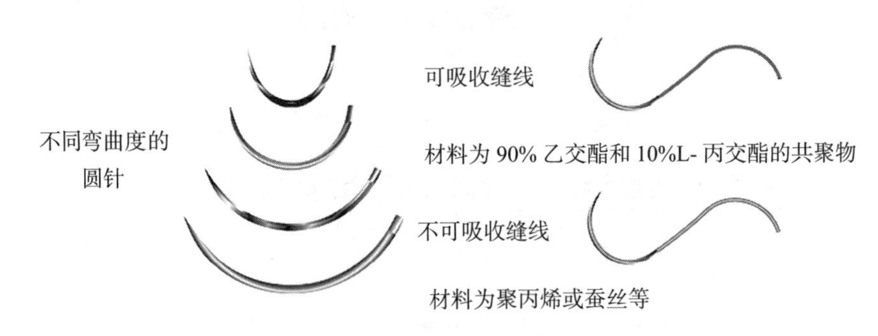

图 8-12 常见手术用针和手术用线

手术用线用于缝合组织和结扎血管。手术所用的线应具有下列条件：有一定的张力，易打结、组织反应小，无毒，不致敏，无致癌性，易灭菌和保存。手术用线分为可吸收线和不吸收线两大类（图 8-12）。

二、常规手术器械的通用检测与生物学安全检测要求

（一）通用检测要求

常规手术器械产品通常应选择耐高温、无毒、不易生锈的材料，包括金属和非金属

材料。如：咬骨钳（剪）的头部可选符合 GB/T 1220 规定的 32Cr13Mo、30Cr13、40Cr13 等材料，也可选用性能优于上述材料的材料；钛合金材料应符合 GB/T 13810 或 GB/T 2965 或 GB/T 3621 或 GB/T 3623 的要求。非金属材料包括聚乙烯、硅胶、聚甲醛、聚四氟乙烯、夹布胶木等。其他材料适用于手术器械的非主体部分时，应能满足高温高压灭菌要求。

1. 硬度要求 常见的外科手术器械硬度应符合国家及行业标准要求，如：YY 1122、YY/T 1127、YY/T 1135、YY 1137 等。如无相应标准要求，制造者可根据产品实际情况明确硬度要求，但应满足临床使用要求。如：咬骨钳（剪）热处理后的头部硬度，30Cr13 材料一般为（47~53）HRC，32Cr13Mo 材料一般为（48~56）HRC，40Cr13 材料一般为（50~58）HRC，左、右两片头部硬度之差应不大于 4HRC；片锯齿部表面硬度应不低于 30HRC。

2. 表面粗糙度要求 常见的外科手术器械产品表面粗糙度应符合国家及行业标准要求；如无相应标准要求，制造者可根据产品实际情况明确表面粗糙度要求，但应满足临床使用要求。如：咬骨钳（剪）的表面粗糙度，头部凹槽 $Ra \leqslant 0.8\mu m$，光亮外表面 $Ra \leqslant 0.4\mu m$，无光亮外表面 $Ra \leqslant 0.8\mu m$；骨锯的锯片 $Ra \leqslant 0.8\mu m$，齿部 $Ra \leqslant 6.3\mu m$，手柄 $Ra \leqslant 1.6\mu m$。

3. 无菌要求 与黏膜、血液接触或植入到体内的一次性使用医疗器械一般应为无菌产品。无菌是指产品中不含任何活的微生物（包括细菌、真菌、病毒），其主要灭菌方法为湿热灭菌、干热灭菌、环氧乙烷灭菌、辐射灭菌、低温等离子体灭菌等。如采用环氧乙烷灭菌还应考虑环氧乙烷残留量。

4. 其他物理化学性能要求

（1）耐腐蚀性：采用马氏体或奥氏体不锈钢材料制成的外科手术器械产品，其耐腐蚀性应能达到 YY/T 0149 中沸水试验法规定的 b 级要求；若采用其他材料制成的外科手术器械产品，其耐腐蚀性应满足在常规条件下，经消毒灭菌不得产生锈蚀现象。

（2）外观：表面应洁净、光滑，无锋棱、毛刺、附着物等缺陷。

（3）规格尺寸：应明确产品规格尺寸和公差（可采用图表明示）。

（4）使用性能：各活动部件应活动自如，并应能满足使用要求。

（二）生物学评价项目检测要求

依据 GB/T 16886.1-2011《医疗器械生物学评价 第 1 部分：风险管理过程中的评价与试验》，医疗器械应按与人体接触性质和时间分类。按人体接触性质分为表面接触器械（皮肤、黏膜、损伤表面）、外部接入器械（血路间接、组织 / 骨 / 牙本质、循环血液）和植入器械（组织 / 骨、血液）；按接触时间分为短期接触（在 24 小时以内一次、多次或重复使用或接触的器械）、长期接触（在 24 小时以上 30 天以内一次、多次或重复长期使用或接触的器械）和持久接触（超过 30 天以上一次、多次或重复长期使用或接触的器械）。

常规手术器械（如剪、钳、镊等）属于表面接触器械，根据 GB/T 16886.1-2011 附录 A 生物学评价试验中的规定，按接触时间不同应考虑以下评价试验：细胞毒性、致敏、皮内反应、急性全身毒性、亚慢性毒性、遗传毒性等（表 8-2）。

表 8-2　要考虑的评价试验

器械分类			生物学作用							
人体接触性质		接触时间								
分类	接触	A- 短期 B- 长期 C- 持久	细胞毒性	致敏	刺激或皮内反应	全身毒性（急性）	亚慢性毒性	遗传毒性	植入	血液相容性
表面器械	皮肤	A	×	×	×					
		B	×	×	×					
		C	×	×	×					
	黏膜	A	×	×	×					
		B	×	×	×					
		C	×	×	×		×	×		
	损伤表面	A	×	×	×					
		B	×	×	×					
		C	×	×	×		×	×		

三、主要参数检测方法及其影响因素

1. 尺寸　通常用游标卡尺或投影仪来检测。用卡尺测量时，数值的影响主要体现在测量时试样是否摆放平稳，卡尺卡住的边缘是否相切，用力平稳，不可过大，否则数值偏小或损坏测量工具，如图 8-13 所示。用投影仪（图 8-14）测量时由于是采用光线垂直照射投影，测量投影的尺寸，所以测量面必须与光线照射面垂直，也就是说样品放置时需要测量的部位与载物台相平行，此时测量出的数值才准确。

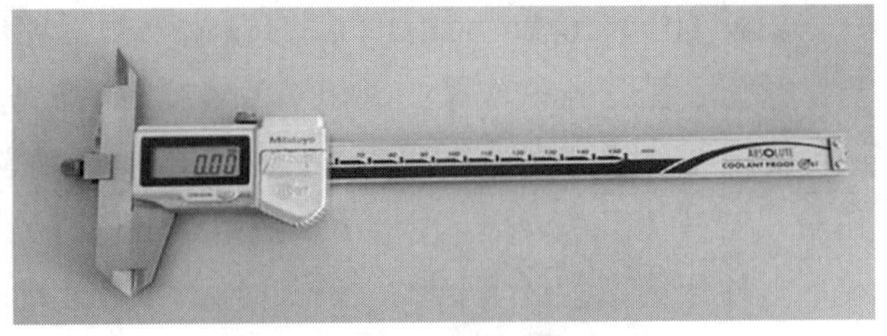

图 8-13　数显游标卡尺

2. 硬度　外科手术器械产品对材料的洛氏硬度提出了要求，该要求是保证手术器械产品能够帮助医生顺利完成夹剪、卡拉、旋转切割等手术操作的基本要求。检测时通常使用洛氏硬度计，如图 8-15 所示，

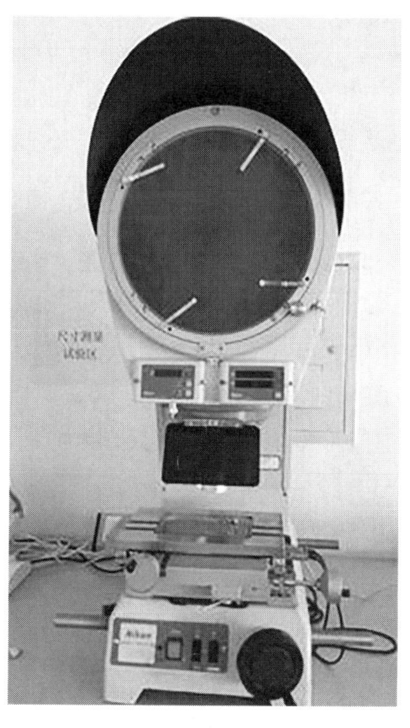

图 8-14　测量用投影仪

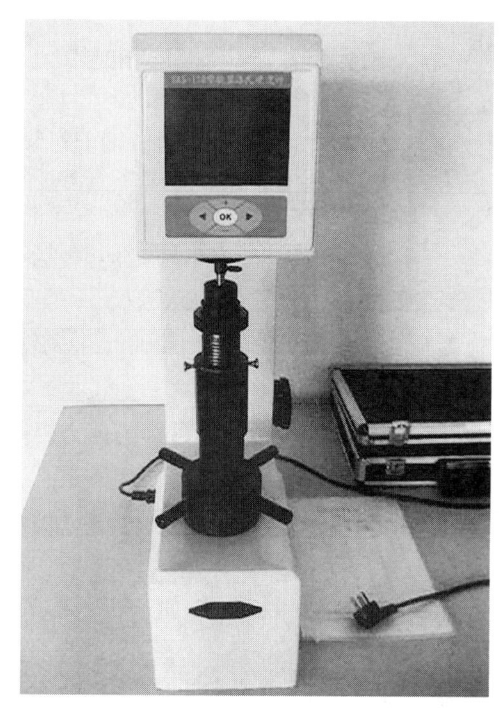

图 8-15　HRS-150 数显洛氏硬度计

其特点是试验操作简单，测量迅速，可在仪器的指示表上直接读取硬度值，工作效率高，是最常用的硬度试验方法之一。由于试验力较小，压痕也小，特别是表面洛氏硬度试验的压痕更小，对大多数工件的使用无影响，可直接测试成品工件，初试验力的采用，使得试样表面轻微的不平度对硬度值的影响较小，因此对于外科手术器械而言只规定了表面洛氏硬度的数值要求。

表面洛氏硬度试验通常采用 120°金刚石圆锥压头，采用 15kg、30kg、45kg 三种试验力，对应于表面洛氏的三个标尺，即 HR15N、HR30N、HR45N，洛氏硬度试验条件如表 8-3 所示，各标尺的使用范围表 8-4 所示。

表 8-3　表面洛氏硬度试验条件

表面洛氏硬度标尺	硬度符号	压头类型	初试验力 F0（N）	主试验力 F1（N）	总试验力 F0+F1（N）
15N	HR15N	120° 金刚石圆锥	29.42	117.7	147.1
30N	HR30N			264.8	294.2
45N	HR45N			411.9	441.3

表 8-4　各标尺的使用范围

表面洛氏硬度标尺	压头类型	适用范围	应用举例
15N	120°金刚石圆锥	（70~95）HR15N	硬质合金、氮化钢、渗碳钢、各种钢板等
30N		（42~86）HR30N	表面淬火钢、渗碳钢、刀子及薄钢板等
45N		（20~77）HR45N	淬火钢、调质钢、硬铸铁及零件边缘等

试验参照的标准为GBT 230.1-2009《金属材料洛氏硬度试验 第1部分：试验方法（A、B、C、D、E、F、G、H、K、N、T标尺）》（修改采用ISO 6508-1：2005）。

影响硬度检测因素包括初始试验力压入时间、主试验力施加时间、总试验力保持时间、温度、振动、试样制备方法以及操作误差等。

3. 粗糙度　测试方法有两种：样块比较法和电测法。样块比较法方法简单，排除测量者自身因素外主要影响因素就是试验时样块试样应该在并列无间距且光源稳定。电测法是排除受试验者主观因素或环境光线限制的一种非常稳定的测试方法，主要用于仲裁检验，是一种比较科学、准确的测试方法，其数值精准度特别高，在国家监督抽验中常常作为最终判定的一种测试方法，如图8-16所示。采用电测法测量时试样待测面应有足够的有效测试面积，保证仪器探头能够采集到所需的测试长度。在测试时，试验者应该用脱脂棉对试样进行简单的清洁，试验者应保持手部清洁，最好带纱线手套，以保证试样外表面整洁。同时测试部位应该与测试探头探针移动面保持平行，以保证测试数据的准确性。

图 8-16　表面粗糙度测试仪

4. 外观　测试主要靠目测，必要时可借助10倍的放大镜来观测。观测时实验室光线应该充足，必要时可以在台灯下观测。实验室正常光线要求为（300~1000）lx，太亮或太暗都会影响检验结果。

5. 耐腐蚀　采用马氏体或奥氏体不锈钢材料制成的外科手术器械产品，其耐腐蚀性应能达到YY/T 0149中沸水试验法规定的b级要求；若采用其他材料制成的外科手术器械产品，其耐腐蚀性应满足在常规条件下，经消毒灭菌不得产生锈蚀现象。实验时手术器械在沸水中浸泡的时间、从沸水中取出后静置冷却时长是该实验必须严格遵守的。否则时间太短，不会产生锈蚀现象；若时间太长，会导致出现锈蚀的概率大幅增加，两者结果都偏离标准要求，不能作为准确的结果进行判定。

6. 使用性能 外科手术器械的使用性能的测试方法就是模仿使用性能，观测各部件是否活动自如，是否能够满足使用要求。影响因素主要是模拟操作时的环境和替代物品是否与临床实际操作相贴近，实验人员操作是否按照产品的使用说明书规定的步骤进行，反之试验达不到预期效果。

7. 生物学性能

（1）细胞毒性试验（MTT 法）简述：供试品制备：根据供试品情况制备材料浸提液，浸提介质一般为细胞培养液（即含 10% 胎牛血清 1 × MEM 培养基），在无菌条件下操作，按 0.2g/ml 比例，置于 37℃下浸提 24 小时（可按 GB/T 16886.12 的要求选择适宜的浸提介质、浸提条件和浸提比例）。同条件制备阴性对照样品浸提液和阳性对照样品浸提液。

试验过程：试验采用 L929 传代培养 48~72 小时生长旺盛的细胞，将一定浓度的细胞悬液接种于 96 孔培养板，每孔接种 0.1ml。设空白对照组、阴性对照组、阳性对照组和试验样品浸提原液组（每组各接种 6 孔），置 5% CO_2、37℃培养箱，培养 24 小时后，弃去原培养液。空白对照组加入细胞培养液，阴性对照组加入阴性对照品浸提液，阳性对照组加入阳性对照溶液，试验样品浸提原液组加入试验样品浸提原液，每孔 0.1ml，于 5% CO_2、37℃条件下继续培养 72 小时后，置显微镜下观察细胞形态。每孔加入 0.02ml 质量浓度为 5g/L 的 MTT 溶液，继续培养 4 小时后弃去孔内液体，再加入 0.15ml DMSO，置振荡器上振荡 10 分组，在酶标仪 570nm 和 630nm 波长下测定吸光度，计算每组相对增殖率，见公式（8-1）：

$$\mathrm{RGR}=\frac{A_{570\mathrm{nm}}-A_{630\mathrm{nm}}}{A_{0\ 570\mathrm{nm}}-A_{0\ 630\mathrm{nm}}}\times 100\% \qquad (8\text{-}1)$$

式中：RGR——相对增殖率（%）；A——试验样品浸提液组、阴性对照组、阳性对照组各自的吸光度；A_0——空白对照组吸光度。

结果评定：细胞毒性反应分级参见表 8-5。根据分级标准，阴性对照组的反应应不大于 1 级，阳性对照组至少为 3 级。

表 8-5　细胞毒性反应分级

级别	相对增殖率（%）	级别	相对增殖率（%）
0	≥100	3	30~49
1	80~99	4	0~29
2	50~79		

（2）致敏试验（最大剂量法）简述：供试品制备：根据供试品情况制备材料浸提液，浸提介质一般为极性介质（如生理盐水）和非极性介质（如棉籽油），按 0.2g/ml 比例，置于 37℃下浸提 72 小时（可按 GB/T 16886.12 的要求选择适宜的浸提介质、浸提条件和浸提比例）。同条件制备阴性对照品和阳性对照品。

试验过程：选择健康白化豚鼠，试验组每组至少 10 只动物，对照组每组至少 5 只动物。第一步进行皮内诱导：剪去豚鼠背部区域毛发，常规消毒后在脊柱两侧从头向尾成对的进行 3 对（6 个点）皮内注射，每点注射 0.10ml。第一对 A 液：弗氏完全佐剂与阴性对照等体积混合稳定乳液。第二对 B 液：试验样品浸提液，对照组为阴性或阳性对照液。第三对 C 液：A 液与 B 液等体积混合乳液。第二步进行局部诱导：皮内诱导（7 ± 1）天，按组贴敷 B 液浸泡至饱和的滤纸片至每只动物肩胛骨内侧部位，固定并留置 4 小时。在局部贴敷应用前（24 ± 2）小时，各注射部位用 10% 十二烷基硫酸钠按摩导入。第三步进行激发：局部诱导阶段后 14 天（ ± 1 天），剪去豚鼠腹部毛发，常规消毒后，按组贴敷于 C 液中浸泡至饱和的滤纸片，固定并留置 24 小时。除去贴敷物后 24、48 小时观察贴敷区皮肤的红斑、水肿等反应，按表 8-6 记录观察时间和激发部位红斑和水肿反应分级。

表 8-6　Magnusson 和 Kligman 分级

敷贴试验反应	等级	敷贴试验反应	等级
无明显改变	0	中度融合性红斑	2
散发性或斑点状红斑	1	重度红斑和水肿	3

结果评定：阴性对照组动物等级小于 1，而试验组中动物等级大于或等于 1 时认为致敏；阴性对照组动物等级大于或等于 1 时，试验组中动物反应超过对照组中最严重的反应认为致敏。

偶尔，试验组中出现反应的动物数量多于对照组，但反应强度不超过对照组，在此情况下，可能有必要进行再次激发以明确判定其反应。

（3）皮内反应试验简述：供试品制备：根据供试品情况制备材料浸提液，浸提介质一般为极性介质（如生理盐水）和非极性介质（如棉籽油），按 0.2g/ml 比例，置于 37℃下浸提 72 小时（可按 GB/T 16886.12 的要求选择适宜的浸提介质、浸提条件和浸提比例）。同条件制备阴性对照品和阳性对照品。

试验过程：选择新西兰白兔 2 只，剪剃家兔背部脊柱两侧被毛备皮。75% 乙醇消毒皮肤，于脊柱两侧各选择 10 个点，每点间隔 2cm，每点皮内注射 0.2ml。左侧前后 5 点分别注射试验样品生理盐水浸提液和阴性对照生理盐水；右侧前后 5 点分别注射试验样品棉籽油浸提液和阴性对照棉籽油。于注射后 24、48、72 小时观察注射局部及周围皮肤组织反应，按表 8-7 记录包括红斑、水肿和坏死等。

表 8-7　皮肤反应记分标准

红斑反应	记分	水肿反应	记分
无红斑	0	无水肿	0
极轻微红斑（勉强可见）	1	极轻微水肿（勉强可见）	1
清晰红斑	2	清晰水肿（肿起，不超出区域边缘）	2
中度红斑	3	中度水肿（肿起约 1mm）	3
严重红斑（紫红色，至焦痂形成）	4	严重水肿（肿起超过 1mm，并超出接触区）	4

结果评定：每一试验样品和对照的全部红斑与水肿记分相加，再除以 12［2（动物数）×3（观察期）×2（即分类型）］，计算出每一试验样品和每一对应溶剂对照的综合平均记分。如试验样品和溶剂对照平均记分之差不大于 1.0，则符合试验要求。

在任何观察期，如试验样品一般反应疑似大于溶剂对照反应，应另取家兔重新进行试验，试验样品与溶剂对照平均积分之差不大于 1.0 符合试验要求。

8. 无菌性能　无菌检查试验是通过将医疗器械或其浸提液接种于培养基内的方法来评价灭菌后的医疗器械是否有未杀死的微生物。依据《中国药典》，无菌检查试验主要有直接接种法和薄膜过滤法两种。

（1）直接接种法：是将产品或其有代表性的部分分别等量接种至营养培养基内。药典推荐两种培养基：①硫乙醇酸盐流体培养基内含有葡萄糖和硫乙醇酸钠，在（30~35）℃温度下培养，适宜于需氧细菌和厌氧性微生物的生长；②胰酪大豆胨液体培养基在（20~25）℃培养，适宜于真菌的生长。

（2）薄膜过滤法：当产品不适宜直接投放或产品有抑菌成分就要采用薄膜过滤法。具体做法是先进行方法适用性试验，然后用 0.9% 无菌氯化钠溶液或其他适宜溶剂浸提产品，使浸提液通过装有孔径不大于 0.45μm 的薄膜过滤器，然后用 0.9% 无菌氯化钠溶液或其他适宜的溶液冲洗滤膜。之后将硫乙醇酸盐流体培养基与胰酪大豆胨液体培养基分别加至薄膜过滤器内（封闭式过滤器），或取出滤膜，分别加入上述 2 种培养基中，按药典规定的温度和时间培养。

（丁　军）

高频电刀

一、高频电刀概述

高频手术设备俗称高频电刀，它不但像传统手术刀一样具有切割功能，还具有止血凝固功能。高频电刀主要用在手术室中对组织进行切割和凝血，归属于手术器械类，是一种取代原始手术刀切割功能的现代电子手术器械设备。自1926年第一台高频电刀被研制出来，至今已有90余年的历史，其工作原理经历了火花塞放电式、大功率电子管、大功率半导体晶体管（MOS管）的变迁。随着计算机技术的普及、应用、发展，目前高频电刀普遍采用了高性能的单片机控制技术，实施了对各种功能下功率、波形、电压、电流的自动控制调节，各种安全指标的监测，以及程序化控制和故障的监测指示等，大大提高了设备本身的安全性和可靠性，简化了医生的操作过程，因此越来越广泛应用于手术过程中。

二、高频电刀校准的技术依据

高频电刀校准的技术依据为JJF 1218-2009《高频电刀校准规范》，该规范适用于工作频率范围在（0.3~5.0）MHz的单极、双极医用高频电刀的校准，不适用于单极工作模式下最大输出功率小50W的医用高频电刀、双极工作模式下的齿科、妇科及皮肤科等专高频电刀。

三、高频电刀校准所使用的设备

1. 高频电刀功率检测装置 技术要求参见表8-8。

表8-8 高频电刀技术要求

序号	设备名称	测量范围	最大允许误差
1	高频电流表 ［频率：（0.3~5.0）MHz］	（0.001~5）A	±2.5%
2	高频功率表 ［频率：（0.3~5.0）MHz］	（1~500）W	≤50W：±（5.0%×F+1）W； >50W：±5.0%
3	无感电阻箱 （步进值不大于50Ω）	（10~2000）Ω	±2.5%

注：F为当前量程

2. 泄漏电流测试仪 测量范围：（1~1000）μA，准确度等级：2级。

3. 可调变压器 单相交流（0~250）V，容量不小于400VA。

四、主要参数及其校准方法

依据JJF 1218-2009《高频电刀校准规范》，高频电刀的主要参数为高频漏电流、输出功率设定值误差、最大输出功率和外壳漏电流。具体校准方法如下：

（一）高频漏电流

1. 中性电极高频漏电流

（1）中性电极在正常工作状态下的高频漏电流：被校仪器与高频电刀检测装置（以下简称检测装置）连接如图 8-17 所示，被校仪器处于开机状态，输出控制器设定为最大，测量自中性电极流经 200Ω 无感电阻到地的高频漏电流，连续测量 3 次，取其最大值为中性电极在正常工作状态下的高频漏电流 I_1。

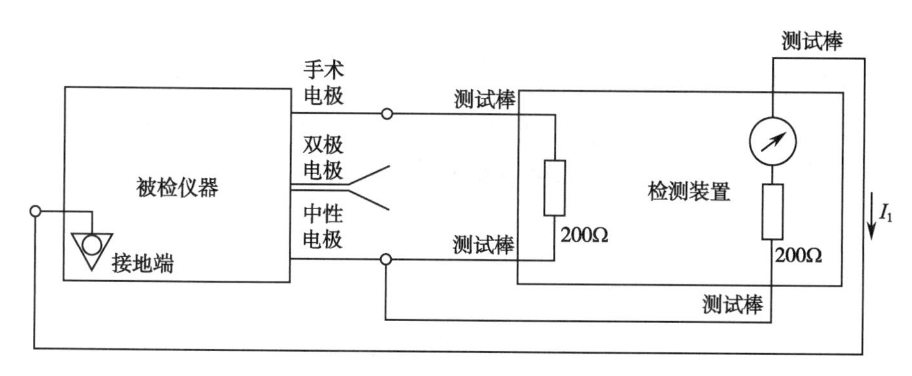

图 8-17　中性电极以地为基准的高频漏电流

（2）中性电极（当手术电极对地隔离时）的高频漏电流：被校仪器与检测装置连接如图 8-18 所示，被校仪器处于开机状态，输出控制器设定为最大，测量被校仪器手术电极对地隔离时，自中性电极流经 200Ω 无感电阻到地的高频漏电流，连续测量 3 次，取其最大值为中性电极对地隔离时的高频漏电流 I_2。

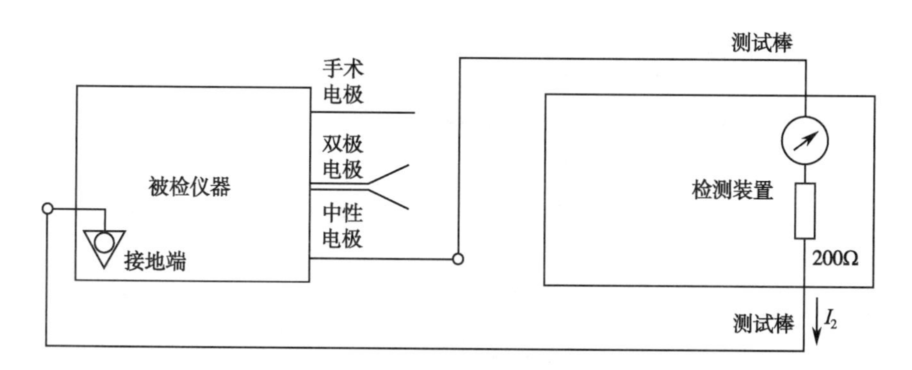

图 8-18　中性电极对地隔离的高频漏电流

2. 手术电极的高频漏电流　被校仪器与检测装置连接如图 8-19 所示，被校仪器处于开机状态，输出控制器设定为最大，测量直接从手术电极端流经 200Ω 无感电阻到地的高频漏电流，连续测量 3 次，取其最大值为手术电极的高频漏电流 I_3。

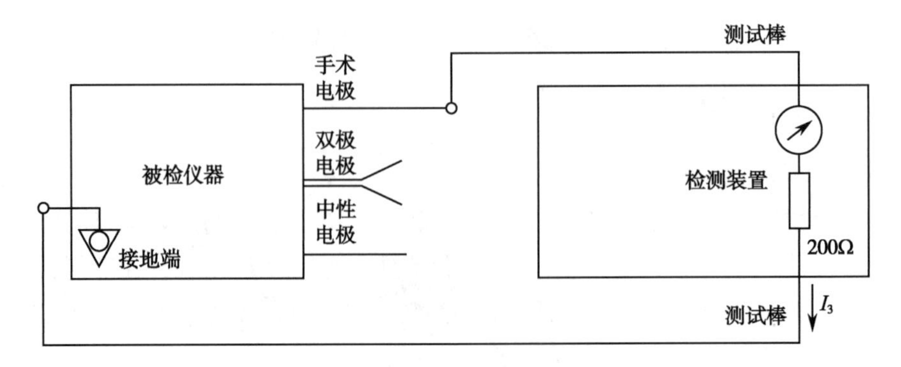

图 8-19　手术电极的高频漏电流

3. 双极电极高频漏电流　被校仪器与检测装置连接如图 8-20 所示，被校仪器处于开机状态，输出控制器设定为最大，分别测量从双极电极各输出电极对地的高频漏电流，各连续测量 3 次，取其最大值为双极电极高频漏电流 I_4。

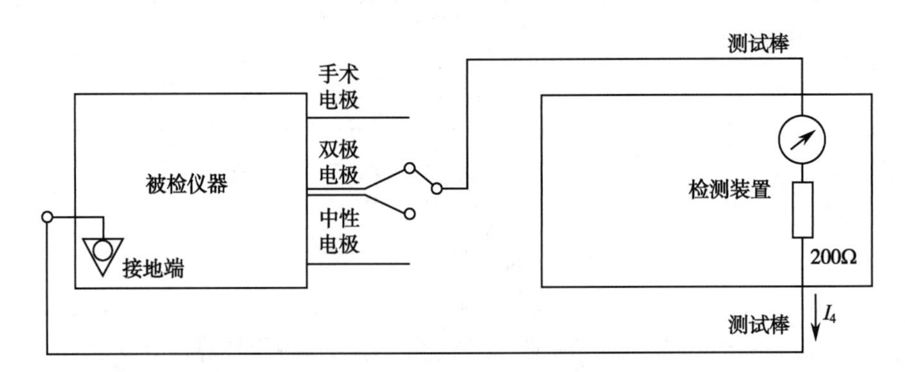

图 8-20　双极电极的高频漏电流

（二）输出功率设定值误差

1. 单极模式下输出功率设定值误差的校准

（1）将被校仪器与检测装置连接如图 8-21 所示。

（2）依据被校仪器单极模式下的切割、凝血、混用工作状态时额定负载电阻要求，

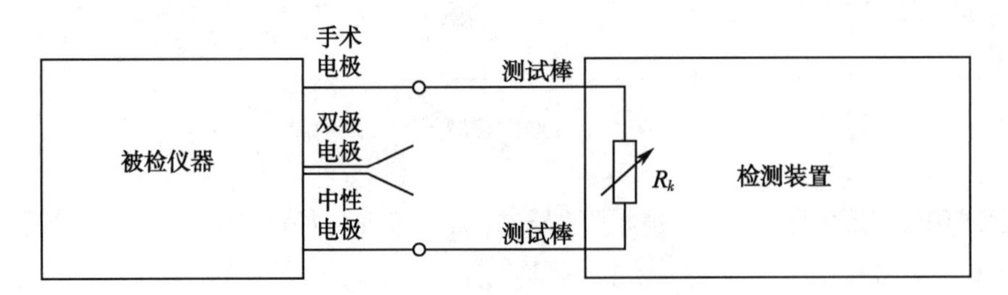

图 8-21　单极模式输出功率测量

设定检测装置的无感电阻值 R_k。在被校仪器额输出功率的 10%~100% 范围内均匀选取 5 个点，各测量 3 次，取其平均值$\overline{P_{ij}}$，按公式（8-2）计算单极模式下输出功率设定值误差δ_{ij}：

$$\delta_{ij}=\frac{P_{ij}-\overline{P_{ij}}}{\overline{P_{ij}}}\times 100\% \tag{8-2}$$

式中：δ_{ij}——单极模式下输出功率设定值误差，%；

P_{ij}——被校仪器输出功率设定值，W；

$\overline{P_{ij}}$——检测装置功率显示平均值，W；

i——被校仪器工作状态，i=1、2、3，分别代表切割、凝血、混用工作状态；

j——被校仪器输出功率设定值点，j=1、2、3、4、5。

2. 双极模式下输出功率设定值误差的校准

（1）被校仪器与检测装置连接如图 8-22 所示。

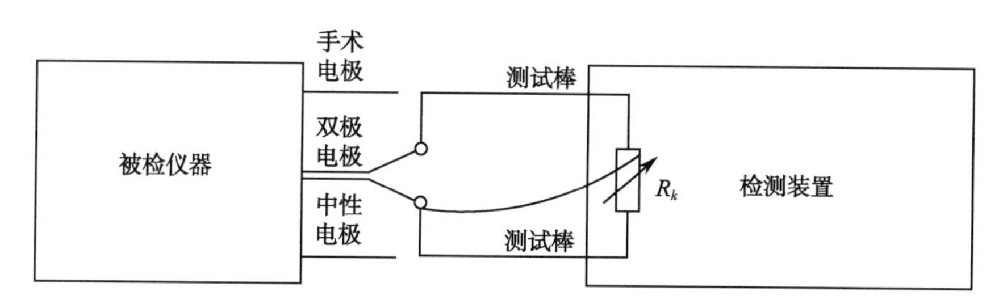

图 8-22　双极模式输出功率测量

（2）依据被校仪器的双极模式时额定负载电阻的要求，设定检测装置的无感电阻 R_k。在被校仪器额定输出功率的 10%~100% 范围内均匀选取 5 个点，各测量 3 次，取其平均值$\overline{P_j}$，按公式（8-3）计算双极模式下输出功率设定值误差δ_j：

$$\delta_j=\frac{P_j-\overline{P_j}}{\overline{P_j}}\times 100\% \tag{8-3}$$

式中：δ_j——双极模式下输出功率设定值误差，%；

P_j——被校仪器输出功率设定值，W；

$\overline{P_j}$——检测装置功率显示平均值，W；

j——被校仪器输出功率设定值点，j=1、2、3、4、5。

（三）最大输出功率的校准

1. 电极模式下最大输出功率的校准

（1）被校仪器与检测装置连接如图 8-21 所示，被校仪器处于单极模式，输出功率设置为最大。

（2）被校仪器外接检测装置的无感电阻箱〔无感电阻范围为（50~2000）Ω〕，调节检测装置的无感电阻值 R_j（在被校准仪器额定负载阻值得 0.5~2 倍范围内无感电阻的步进值不大于 50Ω），测量 R_j 不同阻值时检测装置在单极模式下的切割、凝血、混用的功率输出显示值 P_{ij}。

（3）分别取所有阻值时 P_{ij} 中的最大值为被校仪器切割、凝血、混用最大输出功率 $P_{ij\max}$（注：i 为切割、混血、混用三种工作状态，j 为 R_j 的不同阻值点）。

2. 双极模式下最大输出功率的校准

（1）被校仪器与检测装置连接如图 8-22 所示，被校仪器处于双极模式，输出功率设定为最大。

（2）被校仪器外接检测装置的无感电阻箱〔无感电阻范围为（50~2000）Ω〕，调节检测装置的无感电阻值 R_j（在被校准仪器额定负载阻值得 0.5~2 倍范围内无感电阻的步进值不大于 50Ω），测量 R_j 不同阻值时检测装置在双极模式下的功率输出显示值 P_j。最后取所有阻值时 P_j 中的最大值最大输出功率 $P_{j\max}$。

（四）外壳漏电流的测量

1. 将被检仪器与检测装置如图 8-23 所示连接，调节可调变压器的输出电压调至 242V。

2. 被检仪器供电电源处于正常连接状态（正常连接供电电源的接地线），泄漏电流测试仪的一根测试棒接至被检仪器主机外壳各可触及的金属部件，另一根接至被检仪器接地端，在泄漏电流测试仪上读取最大测量值为被检仪器正常工作状态外壳漏电流 I_5。

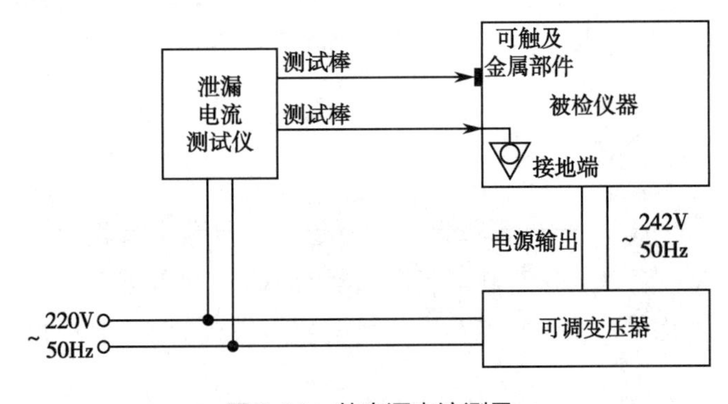

图 8-23　外壳漏电流测量

3. 被检仪器供电电源处于单一故障　①断开供电电缆的接地线；②供电电缆的相线与中线反接。

泄漏电流测试仪的一根测试棒接至被检仪器主机外壳各可触及的金属部件，另一根接至被检仪器接地端，在泄漏电流测试仪上读取①、②两种状态下最大测量值为被检仪器单一故障状态外壳漏电流 I_6。

五、检定注意事项

以上指标不用于合格性判别，仅供参考。被检仪器的校准周期建议为 1 年。

（卓　越　许照乾）

第四节 超声外科手术系统

一、超声外科手术系统概述

20 世纪 90 年代以来，超声外科手术系统首次被应用于腹腔外科，在生物医学领域中的应用越来越广泛，显示出其强大的生命力，已成为临床手术中的重要设备，能提高临床效率，减轻患者痛苦。以超声的各种特性为基础的超声外科手术系统具有精度高、出血少、无灼伤、术后恢复快等优点，已经有取代高频电刀、机械夹钳等的趋势，大大拓宽了超声治疗的应用领域。目前超声外科手术系统主要应用在组织切割凝血、白内障乳化、肝胆肿瘤吸引、切骨等。

在 YY/T 0644-2008/IEC 61847：1998《超声外科手术系统基本输出特性的测量和公布》中，定义了 20kHz 至 60kHz 工作频率内的超声外科手术系统的主要非热输出特性指标，适用于对人体组织的破碎或切割（不管这些作用是否与组织的去处或凝固有关），是声波通过专门设计的波导将能力传递到外科手术部位，此类设备包括外科吸引器、体内碎石机、末端切割装置等。

（一）超声外科手术系统基本原理

超声外科手术系统的基本原理是利用电致伸缩效应或磁致伸缩效应，将超声电能转换为机械能，通过变幅杆的放大和耦合作用，推动刀头工作并向人体局部组织辐射能量，从而进行手术治疗。

利用超声频率发生器，使刀头以 20kHz 至 60kHz 的超声频率进行机械震荡，使组织内的蛋白氢键断裂，细胞崩解，组织在被切开的同时因刀头震动产生 100℃左右的高温引起蛋白凝固，从而达到切割组织、封闭管道和止血的目的。因其能量向周围传播远远小于单极高频电刀，对周围组织损伤极少，可靠近重要的器官和组织进行分离，不会造成损伤，而且，由于没有电流通过机体，不产生大量的烟雾，使手术视野更为清晰与安全。

（二）超声外科手术系统临床应用

超声外科手术系统在临床上最常用的有超声手术刀、超声骨刀、超声吸引器，每种设备在临床上具有不提的临床应用价值，具有精度高、出血少、无灼伤、术后恢复快等优点，可提高临床手术效率，把医生从之前传统的手术方式中解放出来；减轻患者痛苦，推动着人民生活质量的改善和提高。

超声手术刀在临床应用中具有明显的优势：

1. 只产生小水滴而不产生烟雾，手术视野清晰。

2. 热效应小，作用热度为（80~100）℃；热损伤小，损伤周围 3mm 范围。

3. 兼有组织切割、凝固和分离的作用，且可精确控制切割和凝固范围，缩短了手术时间，减少了术中出血。

4. 无电损伤的可能。

5. 组织粘连少，焦痂形成少，术后并发症少。

6. 术后粘连少，切口愈合快。

7. 快速振荡有自净作用，不会发生刀与组织的黏合。

8. 适用于安装了心脏起搏器的患者。

9. 适用于妊娠期腹腔镜手术。

10. 可用来处理大网膜广泛粘连的手术，网膜脂肪断离无电凝挛缩现象，切口整齐，网膜血管凝固完全。

超声骨刀又称为“超声骨治疗仪”，超声骨刀自 1988 年引入口腔颌面外科领域以来，在医院应用中逐步推广。与其他的切割设备相比，超声骨刀进行去骨时具有以下优势。首先，超声骨刀可以最大限度保护软组织进而有利于周围软组织重建；其次，由于其切割端振幅较小，为微米级，切割精度更高，可以有效地避免不必要的骨损伤；最后，超声震荡造成空化作用可限制血液渗出且利于从工作区清除骨屑，使医师能非常清楚地看到手术区，最大限度避免损伤黏膜、血管、神经等软组织。由于超声骨刀在安全性上有着无法比拟的优势，对于拔除与神经管密贴的患牙，可有效预防神经损伤，特殊病例、特殊人群可优先考虑。

超声吸引器广泛应用于肿瘤外科，它依靠超声波产生的强大瞬时冲击加速度和声微流的共同作用，使以肝脏肿瘤为代表的固态肿瘤组织细胞破碎、乳化，同时吸引至体外，达到手术的目的。超声吸引器手柄结构与其他超声刀基本相同，只是刀头是逐渐变细的中空金属管，用来对肝胆、肿瘤等软组织的乳化碎片进行吸引。

二、超声外科手术系统常用检测与校准装置

（一）激光测振仪

激光测振仪是基于光学干涉原理，采用非接触式的测量方式，可以应用在许多其他测振方式无法测量的任务中。频率和相位响应都十分出色，足以满足高精度、高速测量的应用。使用非接触测量方式，还可以检测液体表面或者非常小物体的振动，同时，还可以弥补接触式测量方式无法测量大幅度振动的缺陷。

（二）水听器

水听器又称水下传声器（hydrophone），是把水下声信号转换为电信号的换能器。

标准水听器用于液体中作声学测量的电声接收换能器，它的灵敏度经过准确校准的，其声学性能应符合所规定的要求。目前在各种水听器中只有用压电晶体或压电陶瓷作敏感元件的压电型水听器适合作标准水听器。

国际电工委员会（IEC）制定的国际标准 IEC-500（1974）《标准水听器》对压电型标准水听器的声学性能作出规定，国家标准 GB 4128-84《标准水听器》也作出了相应的规定，规定了用于 1Hz~100kHz 的压电型标准水听器的主要性能参量和技术指标。

根据作用原理、换能原理、特性及构造等的不同，有声压、振速、无向、指向、压电、磁致伸缩、电动（动圈）等水听器之分。水听器与传声器在原理、性能上有很多相似之处，但由于传声媒质的区别，水听器必须有坚固的水密结构，且须采用抗腐蚀材料的不透水电缆等。

声压水听器探测水下声信号以及噪声声压变化并产生和声压成比例的电压输出。声压水听器是水声测量中不可少的设备，是被动声呐系统中的核心部分。根据所用灵敏材料的不同，声压水听器可以分为：压电陶瓷声压水听器、PVDF 声压水听器、压电复合材料声压水听器和光纤声压水听器。

（三）频谱分析仪

频谱分析仪是研究电信号频谱结构的仪器，用于信号失真度、调制度、谱纯度、频率稳定度和交调失真等信号参数的测量，可用以测量放大器和滤波器等电路系统的某些参数，是一种多用途的电子测量仪器。它又可称为频域示波器、跟踪示波器、分析示波器、谐波分析器、频率特性分析仪或傅里叶分析仪等。现代频谱分析仪能以模拟方式或数字方式显示分析结果，能分析 1Hz 以下的甚至低频到亚毫米波段的全部无线电频段的电信号。仪器内部若采用数字电路和微处理器，具有存储和运算功能；配置标准接口，就容易构成自动测试系统。

频谱分析仪分为实时分析式和扫频式两类。前者能在被测信号发生的实际时间内取得所需要的全部频谱信息并进行分析和显示分析结果；后者需通过多次取样过程来完成重复信息分析。实时式频谱分析仪主要用于非重复性、持续期很短的信号分析。非实时式频谱分析仪主要用于从声频直到亚毫米波段的某一段连续射频信号和周期信号的分析。

三、主要参数检测方法及其影响因素

（一）尖端主振幅和横向振幅

超声手术治疗系统将声能转换为机械能，经过变幅杆传递到治疗头尖端，因此治疗头尖端主要运动方向的振幅是评估产品性能最主要参数。治疗头尖端除了在主要运动方向形成主振幅外，也会发生与主振幅垂直的横向运动，形成尖端横向振幅，对临床工作同样会产生很大影响。

尖端主振幅和横向振幅可以通过多种直接或间接的方法来测量，YY/T 0644-2008/IEC 61847：1998《超声外科手术系统基本输出特性的测量和公布》中建议可以使用 3 种方法来进行测量，即光学显微镜法、激光测振仪法和反馈电压法。

1. 光学显微镜法 是用光学显微镜来直接观察治疗头尖端在各方向的运动。测试前，需在治疗头尖端 1.0mm 的范围进行标记（YY/T 0644-2008 采用光束照亮的方法），通过显微镜在系统运动的时候观察标记的运动轨迹。通过调整显微镜的观察角度，可以观察到系统运动时标记的运动状态，调整治疗头尖端和显微镜的相对方位，所观察到的标记最长直线，即为尖端的主振幅。如系统存在横向振幅，则可以观察到描绘的椭圆轨迹，则尖端主振幅为椭圆的长轴长度，如图 8-24 所示。

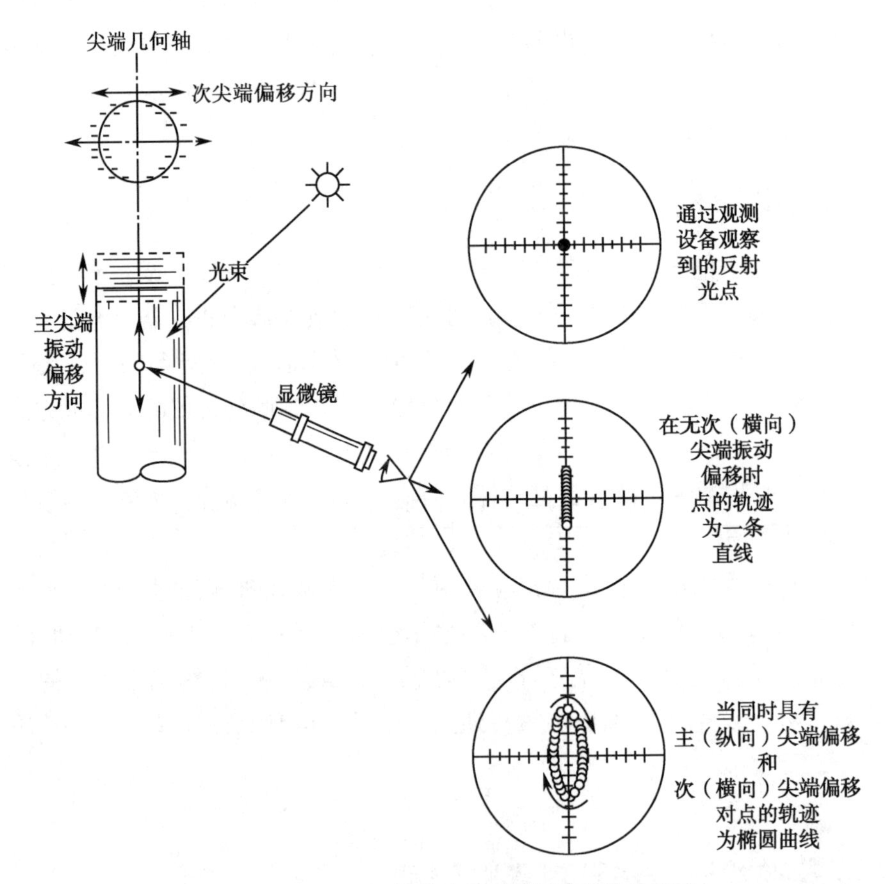

图 8-24 尖端主振幅偏移和刺激振动偏移的测量

光学显微镜法同样适用于尖端横向振幅的测定，方法与尖端主振幅的测量类似，标记的轨迹为椭圆形，测得的椭圆形短轴的最大长度即为尖端横向振幅，如图 8-24 所示。

2. 激光测振仪法 使用输出波束光斑尺寸足够小的激光测振仪，使其能聚焦在治疗头尖端的末端上，波束应直接平行于尖端振动的纵轴，即与所测的尖端振幅的方向成一线。

在设备工作时由激光测振仪直接读出振幅数值。

3. 反馈电压法 通过反馈系统装置来间接测定尖端主振幅，该反馈装置与机械尖端相耦合，这样当机械尖端运动时，反馈电压与尖端主振幅成正比，因此可以通过对反馈电压的测定来间接测量尖端主振幅。需要注意的是，通过此方法进行检测时，需要首先用光学显微镜法，针对尖端的振幅变化来校准反馈电压。

（二）激励频率

激励频率指激励电压或电流的平均频率，通过激励频率的测定并结合治疗尖端部分的振动位移测定，即可以计算出治疗头尖端振动的平均速度。激励频率的测定可以采用频率计法或频谱分析仪法来测定。

1. 频率计法 使用频率计来确定作用在超声手持部件上的激励电压或电流的频率。有2种信号获取方式：一种是将合适的屏蔽电缆直接连接到制造商规定的电路负载端口，另一种是在超声手持部件上缠绕线圈，再将感应信号馈送至频率计。

2. 频谱分析仪法 应使用范围频率不小于（10~100）kHz的频谱分析仪来确定激励电压或电流的频率。信号的获取方式按制造商规定的负载与电路连接。

（三）尖端振动频率

治疗头尖端在进行手术治疗过程中会发生振动，该振动频率对组织的切割效果有一定的影响。尖端振动频率一般采用测振仪进行测量即可，也可以采用符合IEC 60500的水听器，通过测量治疗头尖端的辐射声压频率来进行测量。

1. 测振仪法 采用非接触式测振仪来获得治疗头尖端振荡的频率，用电子频率计、频谱分析仪或示波器来测量测振仪的输出信号。

2. 水听器法 用符合IEC 60500的水听器来测量治疗头尖端辐射声压的频率。水听器应置于治疗头尖端（30~100）mm距离范围，以减小非线性传播的影响。用电子频率计，频谱分析仪或示波器来测量水听器的输出的频率。

（四）导出的输出声功率和输出声功率

声功率指声源在单位时间内向外辐射的声能。声源声功率有时指的是某个频带的声功率，此时需要注明所指的频率范围。

1. 导出输出声功率 指采用水听器法测量并导出的治疗头尖端向水中发射的声功率。治疗头尖端在水中运动时，会产生一定的声压，水听器在距离治疗头尖端一定的距离内，通过对声压的测定并使用单机或偶极模型，对尖端振幅进行计算，导出输出声功率的数值。

测量中，水听器需要经过校准，并且治疗头尖端主振幅的对称轴与水听器导轨的平面几何轴线相重合。

2. 输出声功率 指采用量热法测得的治疗头尖端向水中发射的声功率。治疗头尖端在具有吸声特性的液体中发射具有一定声功率的声波后，该吸声液体会发生温度的变化，通过测定该吸声液体的温度升高的速率，则可以计算出治疗头发射的功率。由于该方法受多方面因素（如尖端插入的深度）的影响，在测量的重复性上较水听器发要差，因此在测量中要注意这些问题。

（五）指向性图案

指向性图案指治疗头尖端恒定的距离上，声压随角度的归一化变化，即治疗头尖端的声场分布。临床上，应用超声手术治疗系统时，在进行一些微小部位的精细操作时，尤其是靠近对压力和运动敏感的人体结构，如角膜和听觉神经内的内壁细胞附近时，该参数的性能测试尤其重要。

指向性图案通过水听器进行测量，水听器应安装在圆形轨道，呈 180° 扇形移动，治疗头尖端主振幅的对称轴与水听器轨道几何轴相重合，如图 8-25 所示。

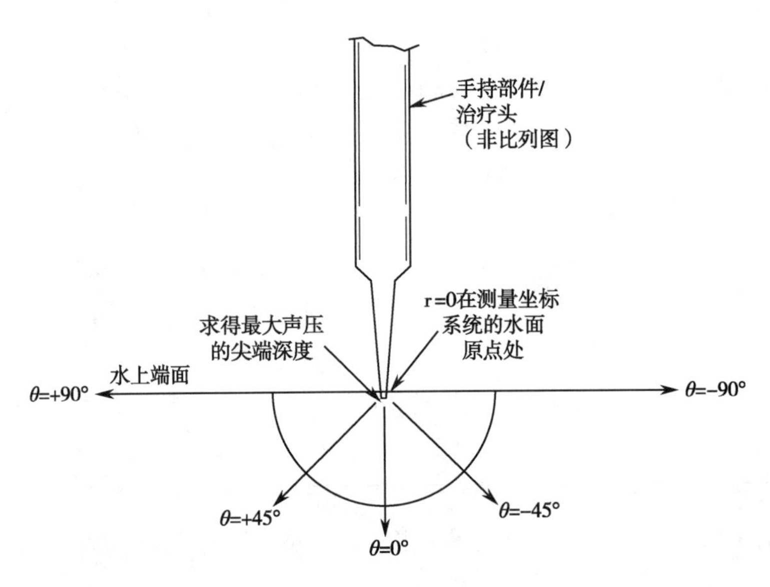

图 8-25　声场的测量

（六）占空比

对于调制电激励的系统，占空比由下述方法确定。用示波器测量激励电压或电流，确定最大和最小的峰峰值激励电平。最小的激励电压或电流加上最大和最小激励电压或电流之差的 10% 作为基准电平。在示波器扫描轨迹上，测量电激励信号第一次超过基准电平时的 t_1 到电激励信号最后一次回到基准电平时的 t_2 的时间间隔，即为脉冲持续时间 t_p，若 t_3 是下一个脉冲周期电激励信号超过基准电平的开始时间，则占空比为 $t_p/(t_3-t_1)$。

（七）静态（空载）电功率和最大功率

静态空载电功率为在无负载状态下，将尖端主振幅设定到其最大的水平，然后使用为超声设计的已作相位修正的电功率计，直接测量输入超声手持部件的电功率。

最大功率的测量在加入模拟负载的状态下测得。在尖端主振幅方向上加上模拟外壳的尖端负载，加载应使用不会损坏治疗头尖端的材料，如开孔泡沫塑料或其他含水的介质。加载材料的密度应足以驱使输入超声手持部件的电功率达到最大值并降低基准尖端主振幅。随着负载的增大测量电激励功率，并注意最大功率值正好出现在尖端主振幅从最大幅值开始减小之前。

（冯庆宇）

第五节 介入消融手术设备

一、介入消融手术设备概述

介入消融设备是在医学影像诊断设备（如X线、CT、MRI、B超等）的引导下，利用穿刺针经皮或经人体自然孔道穿刺，将特制的介入器械送至病变部位，对疾病进行诊断或通过药物灌注、扩张成形、血管栓塞等技术对疾病进行治疗，具有创伤小、简便、安全、有效、并发症少等优势。

（一）介入手术设备原理

介入治疗分为血管性介入和非血管性介入。血管性介入是指在影像监视设备〔主要包括数字剪影血管造影系统（DSA）、超声、CR、MRI〕引导下，穿刺针及导管通过人体浅表动静脉将介入器械送入病变部位，通过注射造影剂，显示病灶血管情况，进而在血管内对病变进行诊疗的方法。非血管性介入是指在影像设备的监测下，经皮肤或人体自然管道到达病变部位进行诊疗的方法。

（二）消融手术设备原理

消融设备按其原理可分为化学消融治疗和物理消融治疗。化学消融是指用化学的方法（病灶内注入化学物质如无水酒精、乙酸等），使局部组织细胞脱水、坏死、崩解，从而达到灭活病灶的目的。物理消融则是通过加热或冷冻局部组织来灭活病灶的治疗方法，包括射频消融术、微波固化术、冷冻治疗、激光消融治疗等。目前临床较为常用的物理消融是射频消融术，射频是一种特殊频率的交流电，依据射频能量、电压及电流的不同而发挥电切、电凝及电脱水等不同的物理学效应，对病变靶组织进行切割、消融以达到治疗目的。

（三）介入消融手术设备临床应用

在临床疾病的诊疗中，血管性介入设备的临床应用包括：药物灌注，可准确地将药物（如化疗药物、溶栓药物及止血药物等）注入病变部位，对病变以外组织影响不大，副作用相对较小；血管栓塞：如动静脉畸形、血管瘤等疾病的栓塞治疗，避免手术带来的出血多、创伤大等问题；其他应用包括血管成形术、静脉滤器置入、血管内异物和血栓取出等。

非血管性介入性诊疗设备的应用包括以下方面：经皮穿刺活检术，对实性脏器病变穿刺获取病理学标本达到诊断疾病的目的；经皮穿刺抽吸、引流术，如阻塞性黄疸的经皮经肝穿刺胆汁引流术、肾盂积水的经皮穿刺引流术及囊性病变（囊肿、脓肿等）的穿刺引流等；各种生理腔道（食管、胃肠道、气管支气管、胆道、输尿管、尿道、输卵管）狭窄的扩张成形术及支架置入术；生理腔道异物和结石取出术，包括泌尿系、胆管及消化道异物。

在外科疾病治疗中，射频消融主要用于实性肿瘤的治疗。

二、介入消融设备标准体系概述

现行介入消融设备的国内标准约17种，本节详细介绍以下10种主要标准。

1. YY 0285.1-2004《一次性使用无菌血管内导管　第1部分：通用要求》　该标准规定了以无菌状态供应的一次性使用的各种用途的血管内导管的通用要求。

2. YY 0285.2-1999《一次性使用无菌血管内导管　第2部分：造影导管》　该标准规定了以无菌状态供应并一次性使用的造影导管的要求。

3. YY 0285.3-1999《一次性使用无菌血管内导管　第3部分：中心静脉导管》　该标准规定了以无菌状态供应并一次性使用的中心静脉导管的要求。

4. YY 0285.4-1999《一次性使用无菌血管内导管　第4部分：球囊扩张导管》　该标准规定了以无菌状态供应并一次性使用的球囊扩张导管的要求。

5. YY 0285.5-2004《一次性使用无菌血管内导管　第5部分：套针外周导管》　该标准规定了以无菌状态供应并一次性使用的用于插入外周血管系统内的套针式血管内导管的要求。

6. YY 0778-2010《射频消融导管》　本标准规定了射频消融导管的术语、要求、试验方法、检验规则、标志、包装、运输和贮存。

7. YY 0450.1-2003《一次性使用无菌血管内导管辅件　第1部分：导引器械》　该标准规定了与血管内导管一起使用的、以无菌状态供应的一次性使用穿刺针、导引套管、导管鞘、导丝和扩张器的要求。

8. YY 0450.2-2003《一次性使用无菌血管内导管辅件　第2部分：套针外周导管管塞》　该标准规定了以无菌状态供应、应用于充塞套针外周导管的一次性使用管塞的要求。

9. YY 0450.3-2007《一次性使用无菌血管内导管辅件　第3部分：球囊扩张导管》　该部分规定了血管内球囊扩张导管用一次性使用手动式冲压装置的要求，对于YY 0285.4所规定的球囊扩张导管的球囊打压，使其膨胀从而达到扩张血管或释放支架的目的。本标准不适用于血管内栓塞释放装置和球囊阻断导管的冲压装置。

10. YY 0776-2010《肝脏射频消融治疗设备》 本标准规定了肝脏射频消融治疗设备的定义、组成、要求、试验方法、检验规则、标志、包装、运输及储存。适用于肝脏实体肿瘤消融治疗的肝脏射频消融治疗设备。

三、介入消融设备常用检测与校准装置

常用参数检测与校准设备

1. 耐腐蚀试验 硅酸硼玻璃烧杯。

2. 断裂力测定 拉伸试验装置，能施加大于15N的力。

3. 液体泄漏试验 无泄漏连接器，10ml注射器（器身密合性和锥头密合性符合GB 15810的规定）。闭合试样出口的装置如夹子、塞子。

4. 导丝破裂试验 圆柱体，支架，夹具。

5. 导丝的抗弯曲破坏试验 试验专用装置由两个刚性圆柱体组成，其直径为导丝最大外径的20倍，两四柱体之间有一为导丝最大外径1~3倍的缝隙。

6. 导丝的绕丝与芯丝、绕丝与安全丝间的连结强度试验 拉伸试验装置能施加10N的力；楔形开口夹具。

四、介入消融常用设备主要参数检测方法

（一）介入导引设备通用参数检测与校准

1. 灭菌 应通过已经确认过的方法对器械进行灭菌。

2. 生物相容性 器械应无生物学危害。

3. 表面 当用正常视力或矫正视力在扩大2.5倍的条件下检查时，器械有效长度的外表面应无杂质（注1：器械有效长度的外表面，包括头端，宜无加工缺陷和表面缺陷，且在使用过程中对血管造成的损伤宜最小。注2：如果导引器械涂有润滑剂，当用正常或矫正视力检查时，器械有效长度的外表面不宜看到汇聚的润滑剂液滴）。

4. 耐腐蚀性 先将器械浸人盛有（22±5）℃生理盐水的烧杯中持续5小时。再将试验样品移入沸腾的蒸馏水或去离子水中持续30分钟，然后使水和试验样品冷却至（37±2）℃，并使其保持在此温度下达48小时。最后将试验样品取出，让其在室温下干燥。具有两个或多个部件且使用时要分开的样品，需熔样品拆开，但不要剥去或割开金属组件的任何涂层。目力检查试验样品的腐蚀痕迹，导引器械的金属件不应有会影响使用性能和生物相容性试验结果腐蚀痕迹。

5. 射线可探测性 除扩张器外，所有导引器械都应能被射线探测到。

（二）穿刺针主要参数检测与校准

穿刺针除应符合通用性能要求外，其他参数包括：

1. 穿刺针尺寸 公称尺寸应用如表 8-9 所示的外径、内径和有效长度进行标识。

表 8-9 穿刺针和导引管公称尺寸的标识（mm）

器械直径	外径上入到	内径下舍到	有效长度修约到
≥ 0.6	0.1	0.1	1.0
<0.6	0.05	0.05	1.0

2. 针尖 应无毛边、毛刺和弯钩，且应避免受损的保护手段。

3. 针管和针座的连接强度 公称外径小于 0.6mm 的针管施以 10N 力，公称外径等于或大于 0.6mm 的针管施以 20N 力，针管和针座的连接不应松动。

（三）导管鞘的主要参数检测与校准

导管鞘除应符合通用性能要求外，其他参数包括：

1. 规格标识 导管鞘的公称尺寸按以下所述进行标识：①鞘的最小内径，以毫米表示，下舍到 0.1mm；②有效长度，以毫米或厘米表示，精确度为 ±5%。

2. 导管鞘无泄漏 应用导管鞘压力下的液体泄漏试验检测。通过无泄漏连接器将导管鞘的尖端连接到注射器上。用（22±2）℃的水充满注射器并排出空气，调节注射器中水的体积到公称刻度容量。关闭器械的所有出口，包括止血阀、侧支等（如果有）。放置试验装置，使注射器与导管鞘连接的轴线呈水平状态。向注射器施加一轴向力，通过活塞与外套的相对运动产生（300~320）kPa 的压力，保持此压力 30 秒。检查试样液体泄漏（即形成一个或多个水滴）并记录是否有泄漏发生。当试验时，在 300kPa 压力下泄漏不应足以形成液滴。

3. 止血阀无泄漏 通过导管鞘止血阀的液体泄漏试验检测。通过无泄漏连接器将导管鞘的尖端连接到注射器上。用（22±2）℃的水充满注射器并排出空气，调节注射器中水的体积到公称刻度容量．关闭器械除外止血阀的所有出口，包括侧支等（如果有）。放置试验装置，使注射器与导管鞘连接的轴线呈水平状态。向注射器施加一轴向力，通过活塞与外套的相对运动产生（38~42）kPa 的压力。保持此压力 30 秒。检查试样液体泄漏（即形成一个或多个水滴）并记录是否有泄漏发生。如果导管鞘带有一个一体式止血阀，当按导管鞘止血阀的液体泄漏试验时，止血阀不应产生泄漏。

4. 断裂力 从被测导引套管上选择试验段。试验段上包括座（如果有）。使所选试验段处在相对湿度为 100%（或水中）、温度为（37±2）℃条件下 2 小时，处理后立即进行试验。将试验段安装在拉伸试验装置上，如果有座，使用适宜的夹具，以防止其变形。测量试验段的标距，（即试验段在拉伸试验装置夹具间的距离，或适宜时，座与夹持试验段另一端的夹具间的距离）。以每毫米标距 20mm/min 的应变速率施加拉伸应力，直到试验段分离成两段或多段（注：施加的拉力值以牛顿为单位，发生分离时的力值记录为断裂力）。当行断裂力测定试验时，导管鞘以及导管鞘与座连接处的断裂力应符合表8-10规定。

表 8-10　导管鞘试验段最小断裂力

导管最小外径 /mm	最小断裂力 /N	导管最小外径 /mm	最小断裂力 /N
≥0.55~<0.75	3	≥1.15~<1.85	10
≥0.75~<1.15	5	≥1.85	15

（四）导丝主要参数检测及校准

1. 规格标识　导丝的直径应按以下所述进行标识：①最大外径：以毫米表示，上入到 0.01mm；②长度，以毫米或厘米表示，精确度为 ±5%。

2. 安全丝　如果芯丝没有固定于导丝的尖端，导丝应带有安全丝。

3. 破裂试验　将圆柱体装入支架内将导丝紧紧地在圆柱体上缠绕至少 8 整圈。把导丝的一端固定在离圆柱体 10mm 的夹具中，展开导丝并检查由此引起的破裂。在固定处和第一圈上产生的破裂不算。当测试有涂层的导丝时，还要检查涂层剥落的现象。固定处和第一圈上的涂层剥落不算。导丝破裂试验时，除试验时固定部分和第一圈外，其余应无破裂痕迹，有涂层的导丝应无涂层剥落。

4. 弯曲试验　头端试验：选择导丝头端部分作为试验段，试验段包括离芯丝端部约 5mm 的芯丝部分。将导丝头端的这部分弯曲绕在试验装置的一个圆柱体上，并沿相反方向绕在第二个圆柱体上。将导丝从圆柱体上取下，使其伸直，重复弯曲与伸直步骤，共 20 个循环。检查由弯曲过程产生的缺陷和损坏。另外检查涂层导丝涂层的剥落痕迹。中间段导丝试验：选择导丝上不包括尾端或头端的部分，进行上述试验步骤。进行导丝的抗弯曲破坏试验时，导丝的头端和其余部分均应无缺陷或损坏的痕迹，有涂层的导丝应无涂层剥落。

5. 安全丝与绕丝、芯丝与绕丝连结处强度试验　将楔形开口夹具连接到拉伸试验装置的移动头上，将气动夹具连接到拉伸试验装置的固定头上。把导丝的一端固定在楔形开口夹具上，确保夹具只对端部加力，在导丝中点位置将其夹紧在充气夹具中，确保夹紧点离楔形开口夹具至少 150mm。以 10mm/min 的速度施加拉伸力，直到沿导丝轴线方向所施加力为表 8-11 给出的值或直到安全丝或芯丝断裂，取先发生者。当进行连结强度试验时，安全丝与绕丝、导丝的芯丝与绕丝在导丝尖端和尾端的连接不应松动。

表 8-11　连接强度试验力

导丝直径 /mm	试验力 /N	导丝直径 /mm	试验力 /N
<0.55	不试验	≥0.75	10
≥0.55~0.75	5		

（五）导管主要参数及检测

1. 无菌血管内导管 应使用确认过的方法对导管进行灭菌，导管在无菌状态下符合以下要求：①生物相容性：导管无生物学危害；②外表面：当正常视力或矫正视力在放大2.5倍的条件下检查时，导管有效长度的外表面应清洁无杂质；③导管有效长度的外表面，包括末端，不应有加工缺陷和表面缺陷，且在使用过程中对血管造成的伤害最小；④如果导管涂有润滑剂，当用正常或矫正视力检查时，导管外面不应看到汇聚的润滑剂液滴；⑤耐腐蚀性、断裂力、无泄漏；⑥座：如果导管有一个一体或分离的座，应是内圆锥座；⑦外径：应用毫米表示，对于外径小于2mm的导管，向上修约到最近的0.05mm处，对外径大于或等于2mm的导管，向上修约到最近的0.1mm处；⑧有效长度：小于99mm，应以整数毫米表示；大于或等于99mm，应以整数毫米或整数厘米表示。

2. 造影导管 主要参数包括：①射线可探测性；②尖端钩形：在使用过程中为减少对血管的损伤，末端的尖端应圆滑且有一定锥度或类似的加工处理；③侧孔：设计、数量和位置应将对导管的不利影响和对组织的损伤减小到最低程度；④在高静压条件下无泄漏和损坏：通过导管座或邻近端将导管与液压源相连接，施加压力达一定的时间，检查压力下试样是否破裂和泄漏以及取消压力后，试样是否有泄漏、损坏或变形痕迹。

3. 中心静脉导管 ①射线可探测性；②尖端钩形：在使用过程中为减少对血管的损伤，末端的尖端应圆滑且有一定锥度或类似的加工处理；③长度标识：标识方式应从末端顶部开始指示，各标记间的长度不应大于5cm；④管腔标识：关于多腔导管，各腔应用明显标识，使用者容易辨识；⑤流速：进行流速试验时公称外径小于1.0mm的导管，其各腔流速应是制造商标注值的80%~125%；公称外径大于1.0mm的导管，其各腔流速应是制造商标注值的90%~115%；⑥断裂力：对于尖端材料较软或尖端构形与导管轴结构不同且尖部长度不大于20mm的导管，进行断裂力试验时，尖端最小断裂力应符合表8-12的规定。

表8-12 长度不大于20mm的软尖端的最小断裂力

导管最小公称外径/mm	最小断裂力/N	导管最小公称外径/mm	最小断裂力/N
≥0.55，<0.75	3	≥1.85	5
≥0.75，<1.85	4		

4. 球囊扩张导管

（1）射线可探测性。

（2）公称尺寸的标识：①充气后球囊的直径；对有多个直径的球囊，则标注各部分的直径；②球囊的有效长度；③导管的有效长度；④如果与导引钢丝配套使用，应标注能与导管一起使用的最粗导引钢丝的直径。

（3）尖端钩形：在使用过程中为减少对血管的损伤，末端的尖端应圆滑且有一定锥度或类似的加工处理。

（4）充气时无泄漏和损坏：模拟导管在体内的使用，充、放气数次，检查导管在充气状态下是否泄漏、破裂或突出。

（5）侧孔：设计、数量和位置应将对导管的不利影响和对组织的损伤减小到最低程度；在球囊扩张导管使用的过程中，如果球囊万一发生破裂，应是纵向破裂且不应产生碎片。

5. 针套外周导管 ①射线可探测性；②多腔导管，各腔的标识应明显，使用者容易辨识；③物理要求：色标见表 8-13；④导管组件：导管的末端应形成一锥度以便于插入，并与针配合严密。当针全部插入导管组件时，导管的末端既不应超越出针尖的根部，也不应离开它 1mm 以上；⑤针管材料：针管应由刚性材料制造，应平直，并且截面和壁厚应均匀，针管的液体通道应通畅，不影响回血；⑥针尖：用正常视力或矫正后视力在放大 2.5 倍的条件下检查时，针尖应锋利且无毛边、毛刺和弯钩，针尖应设计成穿刺不落屑的几何形状；⑦针座：和其他组件应便于检查回血，应设计成与导引针座的内孔相通；⑧针管和针座的连接强度：进行强度试验时，针管和针座中不应松动；⑨流速：进行流速试验时公称外径小于 1.0mm 的导管，其各腔流速应是制造商标注值的 80%~125%；⑩公称外径大于 1.0mm 的导管，其各腔流速应是制造商标注值的 90%~115%。

表 8-13　色标及相应的导管尺寸

导管管路公称尺寸 /mm	外径范围 /mm	颜色	规格
0.6	0.550~0.649	紫色	26
0.7	0.650~0.749	黄色	24
0.8；0.9	0.750~0.949	深蓝色	22
1.0；1.1	0.950~1.149	粉红色	20
1.2；1.3	1.150~1.349	深绿色	18
1.4；1.5	1.350~1.549	白色	17
1.6；1.7；1.8	1.550~1.849	中灰色	16
1.9；2.0；2.1；2.2	1.850~2.249	橙色	14
2.3；2.4；2.5	2.250~2.549	红色	13
2.6；2.7；2.8	2.550~2.849	淡蓝色	12
3.3；3.4	2.850~3.549	浅褐色	10

颜色可以是不透明或者半透明的。色标通常应用在导管座或连为一体的接头上。规格号码的使用是推荐性的

6. 射频消融导管 射频消融导管物理性能参数包括：

（1）外表面：产品外表面应至少满足如下要求：当用正常视力或矫正视力在放大 2.5 倍的条件下检查时，导管有效长度的外表面应清洁无杂质；导管有效长度外表面，包括

末端，不应有加工和表面缺陷，且在使用过程中对血管或腔道造成的损伤最小；如果导管涂有润滑剂，当用正常或矫正视力检查时，导管外表面不应看到汇聚的润滑剂液滴。

（2）断裂力：当按规定方法试验时，各试验段的断裂力应符合表 8-14 的规定。

（3）调节机构的操控性：如果导管具有可调节机构，则应满足制造商规定的操控性要求。

（4）弯曲疲劳：将导管放在弯曲模型中，反复推拉 10 次及旋转 180°后推拉 10 次，显微镜下放大 20 倍观察导管，导管外观应无明显脱胶、开裂、断裂等不良现象。

（5）射线可探测性：导管应能被射线探测。

射频消融导管化学性能参数及检验包括：①耐腐蚀性；②还原物质：检验液与同体积的同批空白对照液相比，高锰酸钾溶液［$c(KMnO_4)$=0.002mol/L］消耗量之差不应超过 2.0ml；③重金属：试验液呈现的颜色应不超过质量浓度为 $\rho(Pb^{2+})$=1μg/ml 的标准对照液；④酸碱度：检验液 pH 值与同批空白对照液对照，pH 值之差应不超过 1.5；⑤蒸发残渣：在 50ml 检验液中，不挥发物总质量应不超过 2mg；⑥环氧乙烷残留量：如用环氧乙烷灭菌，残留量应不大于 10μg/g；⑦紫外吸光度：检验液在波长范围（250~320）nm 内，吸光度应不大于 0.1。

射频消融导管电学性能参数及检验包括：①直流电阻：各电极与手柄插孔中对应芯脚之间的导丝的直流电阻值应符合制造商规定；②导管绝缘电阻、电极间绝缘电阻：多芯（极）导管任一电极与其他电极对应尾线插孔芯脚之间，及与温度感应器对应尾线插孔芯脚之间的绝缘电阻应大于 5MΩ；③电极与外管间绝缘电阻：导管外管与手柄插孔芯脚之间的绝缘电阻应大于 5MΩ；④温度感应精度：导管如果具有温度感应器，则在制造商规定的温度范围内，温度感应器温度感应值与温度实际值的误差不大于 ±3℃。

表 8-14　导管试验断裂力

试验段直径 /mm	最小断裂力 /N	试验段直径 /mm	最小断裂力 /N
≥0.55，<0.75	3	≥1.15，<1.85	10
≥0.75，<1.15	5	≥1.85	15

注：本标准未规定外径（水合性血管内导管水合后的外径）小于 0.55mm 的导管的断裂力

7. 介入导管通用的检测方法

（1）耐腐蚀性试验：先将导管浸入氯化钠溶液内，再浸入沸腾的蒸馏水中，然后用目力检查腐蚀痕迹的方法。

（2）断裂力测定方法：选定导管试验段，以便各管状部分、导管座或链接器与管路之间的每个连接点及各管状部分之间连接点都被检测到。向各试验段施加一拉力直到管路断裂或结点分离。需要拉力试验仪。

（3）压力下液体泄漏的试验方法：通过防泄漏连接件将导管接到注射器上，向导管和导管座装配处（如果有）以及导管管路内施加一定的水压，检查是否泄漏。

（4）抽吸过程中空气进入座装配处的试验方法：通过标准外圆锥接头，将导管座与一个部分充水的注射器相连接。抽拉注射器的芯杆，在座与标准锥头的连接处形成负压。用目力检查是否有气泡进入注射器。

（5）针管和针座的连接强度试验：向针管和针座依次施加拉伸和压缩力，然后检查针管与针座间的连接是否松动。

（6）导管流速测定：让水流经导管，测定流出水的体积或重量。

（7）排气接头液体泄漏的测定：在静水压下的导管连接于一个模拟的血液源。使液体流入针头，测量液体通过排气接头泄漏所用的时间。

（六）射频消融设备的主要参数检测与校准

射频消融设备在医疗器械分类目录中属于医用高频仪器设备，以下射频消融设备的检测与校准主要依据 YY 0776-2010《肝脏射频消融治疗设备》。

射频消融设备常用参数包括：

1. 工作频率 利用无感负载电阻形成模拟工作系统，接通电源，设置基本参数，设备进入工作状态，用示波器测量正常工作状态下无感负载电阻上的工作频率，设备的工作频率范围在（100kHz~5MHz）〔其中（500±5）kHz 不得用做设备的工作频率〕。工作频率误差不大于标称值的 ±10%。

2. 输出功率 开机经过规定的预热时间后，依次在各模式下，输出回路中接入额定负载，调节输出，使输出功率达到个模式的最大值，用高频电流测量其电流值 I，按照公式 $P=I^2R$ 计算出输出功率值，设备输出功率设定范围由制造商规定，应符合最大输出功率不超过 400W，在制造商规定的额定负载下，最大输出功率误差不大于标称值的 ±20%。

3. 温度测量与控制范围与误差 将适宜测温装置的温度传感器与射频消融电极的感温元件置于同一水平面后捆在一起，在放置于恒温水浴或油浴中。将恒温水浴或油浴温度分别调整至 $T_{温控上限}$−3℃、$T_{温控下限}$+3℃、（$T_{温控上限}$+$T_{温控下限}$）/2 三个预置温度，开启设备但不使射频有输出，当各点温度稳定后，测温装置上显示的温度值与设备显示的温度值之差应不大于 ±3℃。测温范围上限至少比控温范围上限值高 5℃。控温范围由制造商规定，控温误差不大于 ±3℃。

4. 负载阻抗检测 将标准的无感负载电阻，阻抗为 $R_{下限值}$、$R_{上限值}$、（$R_{下限值}$+$R_{上限值}$）/2 分别接入设备的输出电极上，实际操作并观察设备上显示的负载阻抗值 R 显示，与标准的无感负载电阻值的误差应符合负载阻抗显示误差不超过 ±20Ω 或 ±20%，两者取大值。

5. 射频消融电极 细胞毒性应≤1 级，无迟发型超敏反应和皮内反应，与设备配合使用的中性电极的总面积不小于 350cm^2。

【注意事项】本文中介绍的标准随时间变化有可能被修订，使用时请务必参阅适用的标准版本。

（张澍田　许照乾）

思考题

1. 无菌医疗器械的灭菌方式一般分为哪几种?

2. 校准中检测高频漏电流与测定功率值误差时设定检测装置的无感电阻值有什么不同?

3. 简述输出功率设定值误差的校准过程。

4. 使用激光测振仪器进行测试的主要难点是什么?

5. 介入导引设备通用参数包括哪些?

第九章

医用光学器具及内镜设备

随着现代医疗技术的发展，光学在医学上的应用越来越广泛。许多疾病的诊断和治疗都离不开光学，比如直接进行成像的眼科光学仪器和观察人体内部组织病变的内镜设备等。经过几十年的发展，医用光学器具及内镜设备的质量检测与校准技术得到了不断完善，同时也促进了其在临床的可靠应用和推广。本章主要针对医用光学器具中以视觉检查、诊断治疗和镜片参数测量为主的眼科光学仪器以及光学、电子内镜设备的质量检测与校准进行介绍，包括基本原理、临床应用、常用检测与校准装置和主要参数检测校准方法等。

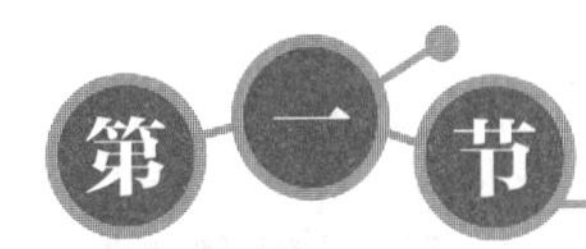

第一节 医用光学器具及内镜设备概述

一、医用光学器具及内镜设备的基础与分类

（一）光学基础知识

本质上来讲，光属于电磁波，而且是一种频率较高的电磁波，因此它具有电磁波的一般性质，既具有粒子性又具有波动性，存在几何光学和波动光学两种理论。在波动光学范畴，会出现光的干涉、衍射和偏振等物理现象。几何光学可以认为是波动光学的近似，是当光波的波长与物体尺寸相比很小时的近似情况。在几何光学中，我们只考虑光的粒子性，把光源或物体看作是由许多几何点组成，把它们所发出的光束看作是无数几何光线的集合，光线的方向代表光能的传播方向。在几何光学范畴里，光线的传播遵循三条基本定律：光的直线传播定律、反射定律和折射定律。内镜和眼科光学仪器中的验光仪、焦度计、眼底照相机、裂隙灯显微镜等诸多设备都是基于传统几何光学原理进行设计和研制的。透镜是几何光学仪器最常用的元件，透镜焦距的长短反映了它的折光能力，焦距越长，它会聚或发散光线的本领越弱；焦距越短，使光线偏折的本领就越强。因此，我们用焦距的倒数来表征透镜的折光能力，称为透镜的焦度。在眼科光学领域，常用到的是透镜的后顶焦度（back vertex power），其定义为以米为单位测得的镜片近轴后顶焦距的倒数，如图 9-1 所示。

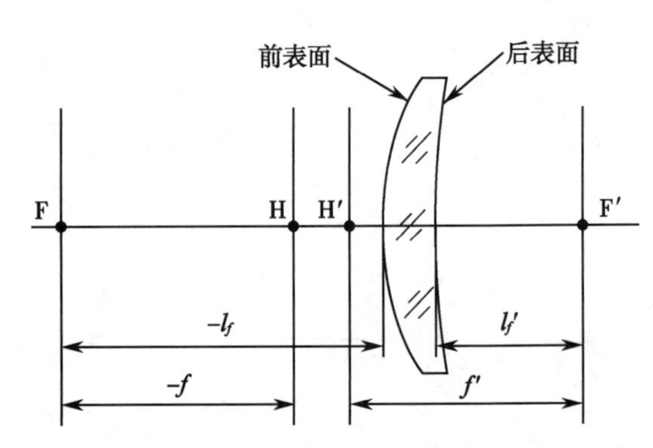

F- 物方焦点；F′- 像方焦点；H- 物方主点；H′- 像方主点；f- 物方焦距；f'- 像方焦距；l_f- 前顶焦距；l_f'- 后顶焦距

图 9-1 透镜后顶焦度示意

镜片后顶点到近轴后焦点的距离称为近轴后顶焦距，以 l_f' 表示，它的倒数称为后顶焦度，即 $1/l_f'$，单位是米的倒数（m^{-1}），单位名称为屈光度（D）。验配眼镜时人们常常将透镜的后顶焦度以“度”为单位，它们的关系可近似地认为 1 个屈光度≈ 100 度。会聚透镜的后顶焦度为正，发散透镜的后顶焦度为负。

折射率大的物质称为光密介质，折射率小的物质称为光疏介质。根据光的折射定律，当入射角大于一定的临界角时，光从光密介质入射到光疏介质时可发生全反射，即入射光全部被反射回原介质中。光的全反射现象只发生在光密介质内部，光纤就是利用全反射原理进行光的传输，现代意义的内镜检查就是伴随着光纤内镜的发明而逐渐形成的。

（二）医用光学器具的分类

医用光学器具（medical optical apparatus）主要包括眼科光学仪器、医用手术及诊断用显微设备、医用放大器具和植入人体或长期接触体内的眼科光学器具四大类。眼科光学仪器是用于人眼检查和治疗的仪器设备，涉及眼屈光参数、眼科镜片测量、人眼视觉疾病诊断和治疗的方方面面。根据检查部位或功能的不同，可以分为眼前节、眼后节、眼压、屈光度、视野等多种检查仪器，包括焦度计、验光仪、综合验光仪、角膜曲率计、视觉电生理仪、眼压计、角膜地形图仪、瞳距测量仪、视野机、裂隙灯、检影镜等。医用手术及诊断用显微设备包括各类手术显微镜、生物显微镜、阴道显微镜、微循环显微镜和显微图像采集分析系统等。医用放大器具由光学系统和镜架组成，利用透镜放大原理或显微放大原理增大操作者视角，便于观察物体细节。植入人体或长期接触体内的眼科光学器具主要包括眼人工晶状体、角膜接触镜（软性、硬性、塑形角膜接触镜）及护理用液、眼内充填物等。

（三）内镜的分类

现代医用内镜诞生于19世纪初，在两百年左右的发展历程中，出现了多种形式的医用内镜。医用内镜按照成像原理可分为光学内镜、电子内镜、纤维内镜、超声内镜、胶囊内镜、激光共焦显微内镜，其中光学内镜、纤维内镜、电子内镜是目前临床上应用较多的三种内镜，而超声内镜、胶囊内镜、激光共焦显微内镜则代表了较为前沿的技术。根据内镜镜体可变形程度，可分为硬管内镜（rigid endoscope）和软管内镜（flexible endoscope）。软管内镜的插入部可较自由地进行弯曲，而硬管内镜则不能。根据成像方式不同，医用内镜可分为光学镜和电子镜。硬管内镜和光纤内镜属于光学镜，其成像特点是完全依靠光学系统进行成像。电子镜就是指电子内镜，其成像方式是采用CCD和相应的电子线路进行成像，因此其电子成像部件会在较大程度上影响内镜的光学计量性能。根据临床使用时的观察方式不同，医用内镜可分为目视镜和非目视镜。在使用时，如果医生直接用眼睛通过内镜的目镜进行观察，那么该内镜则被用作目视镜使用。非目视镜通常是将图像通过显示器呈现出来，因此非目视镜也可称作视频或电视内镜（video endoscope）。目视镜和非目视镜的划分并非是绝对的，而是由内镜的使用状态决定的。内镜根据医疗区域和功能上的不同又可以分为耳鼻喉内镜、口腔内镜、神经镜、关节镜、腹腔镜、等离子电切镜（前列腺膀胱肿瘤）、血管内腔镜、尿道膀胱镜、妇科内镜（阴道镜和宫腔镜）、消化系统内镜等。

二、医用光学器具及内镜设备的标准体系概述

医用光学器具及内镜设备涉及的标准化组织包括全国光学和光子学标准化技术委员会医用光学和仪器分技术委员会（SAC/TC103/SC1）、全国光学和光子学标准化技术委

员会眼镜光学分技术委员会（SAC/TC103/SC3）。前者负责全国医用光学和仪器包括眼科光学、医用激光、医用内镜、医用显微镜、医用光谱诊断及治疗设备等专业领域的GB国家标准和YY行业标准的制修订等标准化工作，后者主要负责全国眼镜光学等专业领域的标准化工作。两者对口的国际标准化组织都是ISO/TC172光学和光子学技术委员会。此外，全国医学计量技术委员会负责全国医学计量领域内国家计量技术法规的制定、修订、宣贯以及量值国内比对等工作。

（一）医用光学器具及内镜设备的主要产品标准

1. GB 17341-1998《光学和光学仪器焦度计》 该标准规定了焦度计的通用规范，适用于连续显示式和数字显示式焦度计。

2. YY 0673-2008《眼科仪器验光仪》 该标准规定了验光仪的要求和试验方法。

3. YY 0674-2008《眼科仪器验光头》 该标准给出了用于测量人眼双眼视功能和屈光不正的验光头的要求和测试方法。

4. YY 0579-2005《角膜曲率计》 该标准规定了角膜曲率计的定义、分类、要求、试验方法、检验规则、标志、标签、说明书及包装、运输、贮存。标准适用于角膜曲率计。角膜曲率计用于测量球面形和环曲面形的角膜前表面和角膜接触镜中心区域的曲率半径。

5. YY 1036-2004《压陷式眼压计》 该标准规定了压陷式眼压计的分类、要求、试验方法、检验规则、标志、使用说明书、包装、运输和贮存。

6. ISO 8600《光学和光学仪器医用内窥镜及其附件》系列标准 该系列目前共有7个标准。其中第1部分ISO 8600-1是医用内镜及其附件的通用要求；第2部分ISO 8600-2是硬气管镜的特殊要求；第3部分ISO 8600-3是医用内镜观察方向和观察区域的测定；第4部分ISO 8600-4规定了医用内镜插入部分的最大宽度测定；第5部分ISO 8600-5硬性光学内镜的光学分辨率测定；第6部分ISO 8600-6是词汇；第7部分ISO 8600-7耐水型医用内镜用基本要求。

7. GB 11244-2005《医用内窥镜及附件通用要求》 该国家标准给出了医疗临床中使用的内镜和内镜附件的名词术语、通用技术要求、通用试验方法、检验规则、标志、使用说明书、包装、运输及贮存。该标准主要参照ISO 8600的第1、3、4部分，其规定是最为基本的要求。试验方法也只测试了视场角、视向角、照明的最低照度等最基本的要求。

8. GB 9706.19-2000《医用电气设备第2部分：内窥镜设备安全专用要求》 本专用标准规定了内镜设备和内镜附件互连条件的安全要求。

9. YY 0068《医用内窥镜硬性内窥镜》系列行业标准 该系列目前共有7个行业标准。其中第1部分YY 0068-1规定了医用硬性内镜的光学性能及测试方法；第2部分YY 0068-2规定了医用硬性内镜机械性能及测试方法；第3部分YY 0068.3规定了医用硬性内镜的标签和随附资料；第4部分YY 0068.4规定了医用硬性内镜基本要求。该系列标准参考了ISO 8600系列标准以及GB 11244-2005，并增加了照明光效、色彩还原性、单位相对畸变等系列要求和测试方法。

（二）医用光学器具计量检定规程和校准规范

1. JJG 580-2005《焦度计》 该规程适用于测量眼镜镜片和测量角膜接触镜两种用途的焦度计的首次检定、后续检定和使用中检验。

2. JJG 892-2011《验光仪》 该规程适用于各类主、客观式验光仪的首次检定、后续检定和使用中检查。

3. JJG 1097-2014《综合验光仪（含视力表）》 该规程适用于综合验光仪和远视力表（不包括内读式视力表）的首次检定、后续检定和使用中检查。

4. JJG 1011-2006《角膜曲率计》 该规程适用于角膜曲率计的首次检定、后续检定和使用中检查。也适用于带有曲率测量功能的验光仪的单项检定。

5. JJG 574-2004《压陷式眼压计》 该规程适用于压陷式眼压计的首次检定、后续检定和使用中检验。

6. JJF1417-2013《压陷式眼压计型式评价大纲》 该规范适用于压陷式眼压计的型式评价。

7. JJF 1543-2015《视觉电生理仪》 适用于临床使用的视觉电生理仪的校准。

8. 《接触式压平眼压计》（报批中） 适用于光学 - 机械结构、测量头作用力范围至少包括（0~49）mN 的接触式压平眼压计的首次检定、后续检定和使用中检查。

9. 《非接触式眼压计》（报批中） 适用于经过临床试验合格的喷气测量方式非接触式眼压计的首次检定、后续检定和使用中检查。

（刘文丽）

第二节 眼科光学仪器

随着科技发展和社会进步，应运而生了许多眼科仪器，其中绝大多数是基于光学原理的眼科仪器。眼科光学仪器（ophthalmic optical instrument）是用于人眼检查和治疗的仪器设备，在眼科临床上应用十分广泛。按实际临床使用分为参数测量设备、疾病诊断和检查设备、手术治疗设备。参数测量设备又分为眼屈光参数测量设备和眼科镜片参数测量设备，如眼压计、超声测厚仪、验光仪、焦度计、综合验光仪、直接检眼镜、间接检眼镜、角膜地形图仪、角膜曲率计、角膜接触镜检测仪等，可用于眼科临床的人眼屈光度数、框架眼镜镜片和接触镜片的顶焦度、轴位、棱镜度，以及人眼眼压、眼轴长度、眼角膜曲率形态等各项参数的测量；疾病诊断和检查设备如视网膜镜、裂隙灯显微镜、视野计、眼底照相机、眼前节分析系统、光学 OCT、波前像差仪、视觉电生理仪、角膜内皮细胞仪等，可用于人眼的视网膜检查、周边和中心视野检查、前房深度检查、黄斑检查、眼像差检查等，涵盖了整个眼球系统的疾病诊断和检查，即从眼外到眼内，直到眼底，从而对各类眼疾病进行诊断和术前、术后治疗方案及效果评估；手术治疗设备又分为屈光手术治疗设备和眼疾病手术治疗设备，如 LASIC 激光系统、超声乳化和玻璃体切割设备等，可进行角膜切削的激光手术、人工晶状体植入手术等，用于人眼屈光不正和白内障等疾病的治疗。

本节将围绕眼科临床常用的眼科光学仪器，如：焦度计、验光仪、综合验光仪、角膜曲率计、视觉电生理和眼压计等，从基本原理、临床应用、常用检测与校准装置、主要参数检测校准方法等方面进行介绍。

一、焦度计（focimeter）

（一）基本原理

焦度计根据工作原理分为自动对焦式焦度计和调焦成像式焦度计，基于调焦成像原理的焦度计根据观察方式的不同又分为目视式与投影式两种，目视式焦度计利用读数望远系统进行观察，而投影式焦度计则利用投影物镜和投影屏进行观察。

1. 自动对焦原理 平行光经被测镜片后发生偏转，经过带孔光阑，落在光电位置探测器上，如图 9-2 所示。根据顶焦度的定义和三角函数位置关系，通过测量光线落在光电位置探测器上的位置，即可得到被测镜片的顶焦度值。

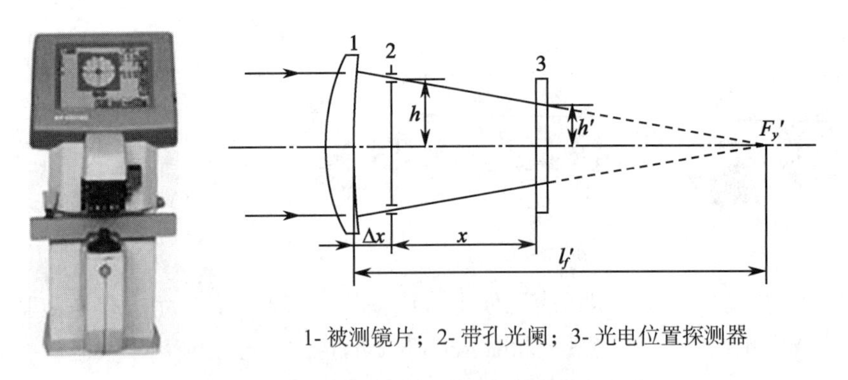

1- 被测镜片；2- 带孔光阑；3- 光电位置探测器

图 9-2 自动对焦原理焦度计及测量原理示意

2. 调焦成像原理 在焦度计未放被测镜片时，标记分划板 T 位于准直光管物镜的焦平面上，可在读数望远镜中获得清晰的标记分划板 T 的像。在焦度计上放置被测镜片后，则需沿光轴方向移动标记分划板 T 一段距离 z_1，才能再次在读数望远镜中获得清晰的标记分化板 T 的像，如图 9-3 所示。根据顶焦度的定义和物像位置关系公式，通过测量标记分划板 T 的轴向移动距离 z_1，便可得到被测镜片的顶焦度。

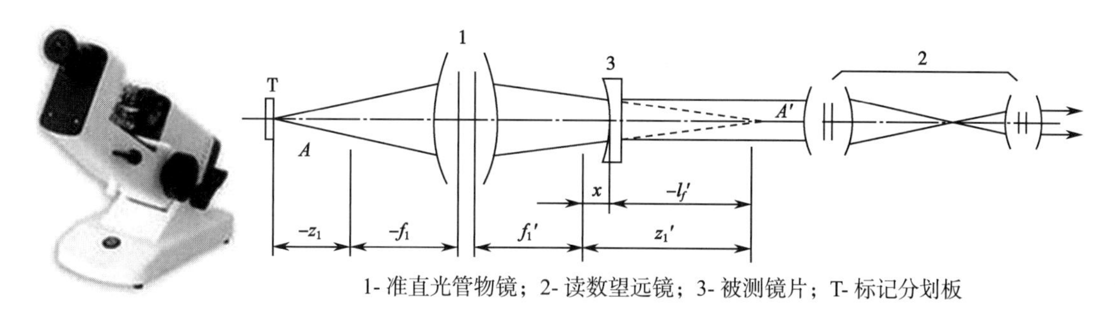

1- 准直光管物镜；2- 读数望远镜；3- 被测镜片；T- 标记分划板

图 9-3　目视调焦成像原理焦度计及测量原理示意

（二）临床应用

焦度计是用于测量眼镜镜片（含角膜接触镜片）的顶焦度和棱镜度，确定镜片的光学中心、轴位和打印标记，检查镜片是否正确安装在镜架中的测量仪器，属于眼科镜片参数测量类设备，在验光配镜、质量监督和镜片生产领域应用非常广泛，直接用于各类眼科镜片，如：毛坯眼镜镜片、软性接触镜片、硬性接触镜片和框架眼镜等参数的测量与质量控制。

（三）常用检测与校准装置

焦度计根据测量对象可分为测量眼镜镜片用焦度计和测量角膜接触镜用焦度计两种，对应的检测与校准装置也分为两种：

1. 眼镜片用顶焦度标准镜片（standard test lenses for calibration of focimeters used for measuring spectacle lenses） 专门用于检测和校准测量眼镜镜片用的焦度计。由球镜标准镜片、柱镜标准镜片和棱镜标准镜片三种组成。

（1）球镜标准镜片（standard spherical test lens）：使近轴平行光会聚于单一焦点的标准镜片，由 ±2.5m^{-1}、±5m^{-1}、±10m^{-1}、±15m^{-1}、±20m^{-1} 和 ±25m^{-1} 共 12 片组成，球镜度实际值与标称值之差不得超过 ±0.05m^{-1}，球镜度实际值的扩展不确定度为（0.02~0.03）m^{-1}（k=3）；球镜度量值的年变化量不得超过 ±0.02m^{-1}；球镜标准镜片所携带的柱镜度不得超过 ±0.03m^{-1}。

（2）柱镜标准镜片（standard cylindrical test lens）：使近轴平行光会聚于两条相互分离且相互正交焦线的标准镜片，由 ±1.5m^{-1} 和 +5m^{-1} 共三片组成。±1.5m^{-1} 柱镜标准镜片柱镜度的实际值与标称值之差不得超过 ±0.05m^{-1}，柱镜度实际值的扩展不确定度为 0.015m^{-1}（k=2），所携带的球镜度不得超过 ±0.03m^{-1}；+5m^{-1} 柱镜标准镜片轴线与中心标记线之间的角度不得超过 ±10′，轴线与中心标记线之间的偏离不得超过 ±0.1mm，中心标记线与参考面（非刻字面）之间的角度不得超过 ±14′。

（3）棱镜标准镜片（standard prismatic test lens）：由 2cm/m、5cm/m、10cm/m、15cm/m 和 20cm/m 共五片组成，棱镜度实际值与标称值之差应分别满足 ±0.02cm/m、±0.03cm/m、±0.05cm/m、±0.10cm/m 和 ±0.15cm/m，棱镜度实际值的扩展不确定度为

0.01cm/m（k=3）。

2. 接触镜专用顶焦度标准镜片（standard test lenses for calibration of focimeters used for measuring contact lenses） 专门用于检测和校准测量角膜接触镜片用的焦度计，由八片接触镜专用球镜标准镜片组成，顶焦度分别为 $\pm 5m^{-1}$、$\pm 10m^{-1}$、$\pm 15m^{-1}$ 和 $\pm 20m^{-1}$，球镜度实际值与标称值之差不得超过 $\pm 0.05m^{-1}$，球镜度实际值的扩展不确定度为 $0.04m^{-1}$（k=3），球镜度量值的年变化量不得超过 $\pm 0.03m^{-1}$。

（四）主要参数检测校准方法

焦度计的检测主要依据 GB 17341-1998《光学和光学仪器焦度计》国家标准来进行，计量检定或校准主要依据 JJG 580-2005《焦度计》计量检定规程来进行。主要检测校准项目和方法如下：

1. 测量眼镜镜片用焦度计的检测与校准

（1）零位误差：焦度计的测量支座上不放任何镜片时，目测观察或调焦至目标像清晰，此时所对应的顶焦度示值即为零位误差，要求不得大于 $\pm 0.03m^{-1}$。其中一级标准焦度计在规定的预热时间后，取（–10~+10）m^{-1} 区间内的任意一个球镜标准镜片放在支座上对中，所显示的柱镜度示值不应超过 $\pm 0.02m^{-1}$。

（2）顶焦度示值误差：包括球镜度（spherical power）示值误差和柱镜度（cylindrical power）示值误差。球镜度是指球镜片的后顶焦度，或是散光镜片两个主子午线中所选用的基准主子午线的顶焦度。柱镜度的绝对值等于散光镜片第二主子午线（代数值高）的顶焦度减去第一主子午线（代数值低）的顶焦度，柱镜度的正负取决于所选用的参考主子午面。对于球镜度示值误差的检定，要求使用眼镜片用球镜标准镜片，逐个放在焦度计上进行测量，目测观察或调焦至目标像清晰，得到的实测值与该标准镜片的标准值之差即为该点的球镜度示值误差，应满足表 9-1 要求；对于柱镜度示值误差检定，要求使用 $+1.50m^{-1}$ 和 $-1.50m^{-1}$ 的眼镜片用柱镜标准镜片，分别放在焦度计上进行测量，得到的实测值与标准值之间的偏差即为柱镜度示值误差，要求为 $\pm 0.06m^{-1}$。

表 9-1 顶焦度示值误差

顶焦度测量范围 /m^{-1}		示值误差 /m^{-1}
[–5，0]	[0，+5]	±0.06
[–10，–5)	(+5，+10]	±0.09
[–15，–10)	(+10，+15]	±0.12
[–20，–15)	(+15，+20]	±0.18
(–∞，–20)	(+20，+∞)	±0.25

（3）非线性误差：将 $+1.50m^{-1}$ 和 $-1.50m^{-1}$ 眼镜片用柱镜标准镜片分别置于焦度计支座上，使其任意一角的工作面紧靠可调挡板，柱镜标准镜片与可调挡板一起移动，同

时调焦使镜片所成的亮线通过度盘分划板的中心，并读取相应的顶焦度示值。然后顺时针旋转柱镜标准镜片，将与其相邻的工作面再次紧靠可调挡板，重复上面的操作，再次读取相应的顶焦度示值。依此类推，分别得到八个工作面的顶焦度测量值后，选取其中最大值与最小值之间的偏差作为非线性误差。一级标准焦度计的非线性误差不得超过 $\pm 0.06m^{-1}$；二级标准焦度计及工作用焦度计的非线性误差不得超过 $\pm 0.09m^{-1}$。

（4）棱镜度示值误差：棱镜度（prismatic power）是指光线通过镜片某一特定的点后所产生的偏离，体现的是镜片对光线的偏转能力。首先使焦度计的顶焦度示值为零，然后将棱镜标准镜片逐片放在支座上，旋转棱镜片使之分别落在 0°和 180°方向上各一次，并读取相应的棱镜度示值，选取两个数据之间与标准值偏差最大的数据作为其实际测量值，该值与标准镜片的标准值之差即为该点的棱镜度示值误差，应满足表 9-2。

表 9-2 棱镜度示值误差

棱镜度测量范围 /（cm/m）	示值误差 /（cm/m）	棱镜度测量范围 /（cm/m）	示值误差 /（cm/m）
（0，5]	±0.1	（15，20]	±0.4
（5，10]	±0.2	（20，+∞）	±0.5
（10，15]	±0.3		

（5）一级标准焦度计的测量重复性：将眼镜片用球镜标准镜片逐个放在焦度计上进行测量，每个镜片至少独立测量三次并读数，取其最大和最小两个读数值之差作为被测一级标准焦度计的测量重复性，应符合在 $0.03m^{-1}$ 以内。

（6）中心误差：将手动调焦原理焦度计的读数手轮快速调至零位处。在不放镜片的情况下精细调焦后，观测焦度计的目标像与十字分划板的中心是否重合，两者之间的偏差即为中心误差，不得超过 0.1cm/m。

（7）镜片光学中心的轴位标记与焦度计光轴间的偏差：使用 $+15m^{-1}$ 的球镜标准镜片，首先对好中心，使棱镜度为零，然后打下中心轴位标记。再将该镜片旋转 180°，再次对中至棱镜度为零，然后再打下中心轴位标记。两次所打中心点轴位标记之间距离的一半不得大于 0.4mm。

（8）轴位度盘 0°~180°方向与轴位标记间的偏差：将 $+5m^{-1}$ 柱镜标准镜片放在支座上，调整其位置，并调焦使柱镜轴线所成的亮线与轴位度盘 0°~180°方向重合；使用打印机构，在柱镜标准镜片上打下轴位标记。标记连线与柱镜标准镜片中心线的夹角不得大于 1°。

（9）可调挡板与轴位度盘 0°~180°方向的平行度偏差：将 $+5m^{-1}$ 柱镜标准镜片置于支座上，使其参考边紧靠可调挡板。对柱镜标准镜片调焦，使其在 0°~180°方向成像。把柱镜标准镜片与可调挡板一起移动，使该水平亮线通过轴位度盘中心。此时该水平亮线与轴位度盘 0°~180°方向的角偏差不得大于 1°。

2. 测量角膜接触镜用焦度计的检测与校准

（1）顶焦度示值误差：将角膜接触镜专用顶焦度标准镜片逐个放在焦度计接触镜专用支座上，调焦清晰且调整到柱镜度为零，实测值与接触镜标准镜片的标准值之差即为该点的顶焦度示值误差，应满足表 9-1 要求。

（2）其他：接触镜用焦度计如需进行其他参数的检定，可参照眼镜片用焦度计的项目和方法进行。

二、验光仪（eye refractometer）

（一）基本原理

验光仪按照测量原理分为主观式验光仪和客观式验光仪。主观式验光仪依赖被检查者对目标成像清晰与否的主观判断，来确定被检查者的屈光状态，近年来在验光配镜领域应用很少。而客观式验光仪则是利用其光电系统对被检查者视网膜上反射回来的光斑进行测量，客观确定被检查者的屈光状态，无需被检查者的主观判断，在验光配镜领域应用广泛。

1. 主观式验光仪 由分划板发出的光线，经准直镜、中继透镜和接目镜后，进入被检查者的眼睛，如图 9-4 所示。若是正视眼，中继透镜位于零位置无需前后移动（图 9-4 虚线所示），光线经接目镜后呈平行光，进入被检查者的眼睛，被检查者就可看清分划板像。若是非正视眼，就必须前后移动中继透镜，使进入人眼的光线或发散或会聚，才能使被检查者看清分划板像。仪器根据中继透镜的位移量，即可得出被检查者的屈光状态。

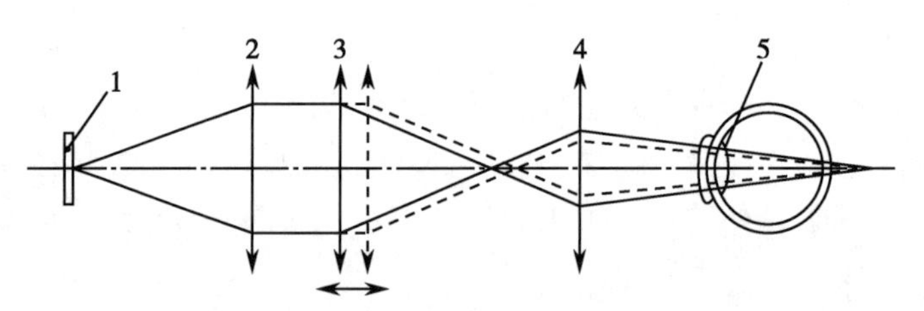

1- 分划板；2- 准直镜；3- 中继透镜；4- 接目镜；5- 人眼

图 9-4 主观式验光仪测量原理示意

2. 客观式验光仪 光源发出的光线，经准直镜、分束系统和物镜后，投射到被检查者的眼底，从眼底反射回来的光线，经原路返回，再经分束系统进入成像透镜，最终成像在探测器上（图 9-5）。仪器通过测量分析探测器上接收到的光斑形状，客观确定被检查者的屈光状态。

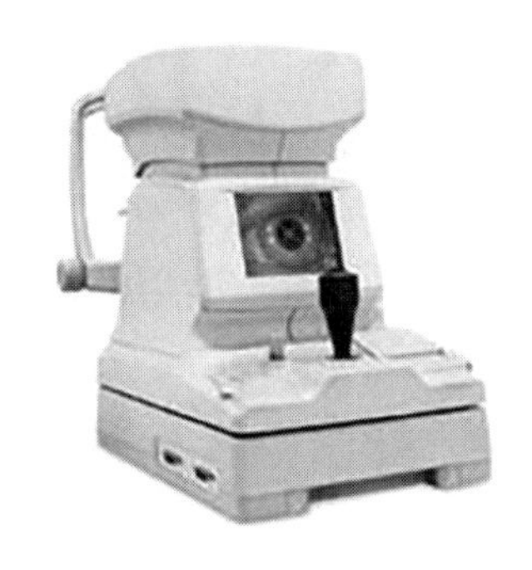

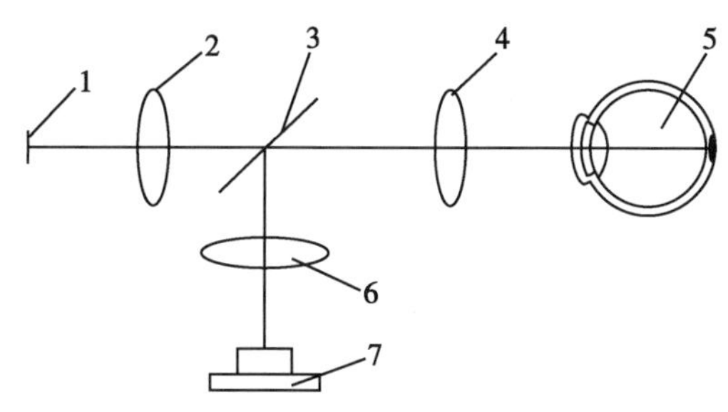

1- 光源；2- 准直镜；3- 分束系统；4- 物镜；5- 人眼；
6- 成像透镜；7- 探测器

图 9-5　客观式验光仪及测量原理示意

（二）临床应用

验光仪是用于检查人眼屈光状态的一种常用眼科光学仪器，属于眼屈光参数测量设备，可用于测量人眼球镜度、柱镜度、柱镜轴位等屈光参数，有些验光仪还可用于人眼瞳距、人眼角膜前表面曲率半径、角膜屈光度和角膜散光轴位等参数测量，测量结果可为临床的验光配镜提供参考处方，在验光配镜领域应用十分广泛。

（三）常用检测与校准装置

1. 验光仪顶焦度标准器（standard devices of vertex power for eye refractometers） 用于检定各类验光仪的球镜度、柱镜度、柱镜轴位、瞳距等技术指标的计量标准器。验光仪顶焦度标准器分为主观式标准器和客观式标准器。

（1）主观式标准器（subjective standard devices）：用于检定主观式验光仪的球镜度的标准器。由 $\pm 2.5m^{-1}$、$\pm 5m^{-1}$、$\pm 10m^{-1}$、$\pm 15m^{-1}$ 一套共八个主观式标准器用顶焦度标准镜片通过专用接口与视度筒配接而成。球镜度实际值与标称值之差不得超过 $\pm 0.06m^{-1}$，其扩展不确定度为 $0.04m^{-1}$（k=3）。球镜度量值的年变化量不得超过 $\pm 0.02m^{-1}$。视度筒的零视度误差不得超过 $\pm 0.02m^{-1}$。

（2）客观式标准器（objective standard devices）：用于检定客观式验光仪的球镜度、柱镜度、柱镜轴位、瞳距等技术指标的标准器。包括客观式标准模拟眼、柱镜标准器、验光仪瞳距标准器。

1）客观式标准模拟眼（objective standard model Eyes）：用于检定客观式验光仪的球镜度，由 $0m^{-1}$、$\pm 2.5m^{-1}$、$\pm 5m^{-1}$、$\pm 10m^{-1}$、$\pm 15m^{-1}$、$\pm 20m^{-1}$ 一套共 11 个客观式模拟眼和一个客观式模拟眼支架组成。球镜度实际值与标称值之差不得超过 $\pm 0.12m^{-1}$，其扩展不确定度为（0.07~0.10）m^{-1}（k=3）。（−10~+10）m^{-1} 范围的客观式模拟眼的球镜度量值的年变化量不得超过 $\pm 0.06m^{-1}$。绝对值大于 $10m^{-1}$ 范围的客观式模拟眼的球镜度量值的年变化量不得超过 $\pm 0.10m^{-1}$。

2）柱镜标准器（cylindrical standard devices）：用于检定客观式验光仪的柱镜度和

柱镜轴位，由柱镜模拟眼和轴位控制器组成。柱镜度标称值为 $-3m^{-1}$ 的两个柱镜模拟眼，安装在提供 0°和 90°两个固定角度的轴位控制器上。轴位控制器与柱镜模拟眼精确配装，轴位控制器支架带有放置水准器的平台。柱镜度实际值与标称值之差不得超过 $\pm 0.12m^{-1}$，其扩展不确定度为 $0.08m^{-1}$（k=3）。柱镜度量值的年变化量不得超过 $\pm 0.06m^{-1}$。轴位控制器 0°和 90°轴位方位允许误差为 ±1°。

3）验光仪瞳距标准器（pupil distance standard devices）：用于检定客观式验光仪的瞳距测量功能，由三个标称瞳距值为 55mm、65mm 和 75mm 的标准套筒组成，标准套筒内可固定安装 $0m^{-1}$ 客观模拟眼，提供 55mm、65mm 和 75mm 三个标准瞳距，允差为 ±0.5mm。

2. 光照度计 探头光敏面的尺寸应小于被检验光仪出瞳光斑的直径，数显分辨力至少为 0.1lx；光照度计应在（0.1~10）lx 范围内经计量检定合格。

3. 角膜曲率计用计量标准器（standard devices for calibration of ophthalmometers） 专用于检定或校准角膜曲率计的计量标准器，具体参见角膜曲率计常用检测与校准装置。

（四）主要参数检测校准方法

目前，国内还没有制定颁布验光仪的国家标准，检测可以依据中华人民共和国医药行业标准 YY 0673-2008《眼科仪器验光仪》进行，计量检定或校准应依据 JJG 892-2011《验光仪》计量检定规程来进行。主要检测校准项目和方法如下：

1. 零位示值误差 将 $0m^{-1}$ 客观式标准模拟眼放入测量支架中，摇动机身操作柄，使验光仪前后左右移动调焦，同时调整模拟眼支架的位置，使模拟眼的反射光斑按照仪器说明书的要求对焦成像在验光机显示屏的中心。试读数一次，若发现有较大柱镜度出现，应再调整模拟眼的位置，使柱镜度示值为最小，以减少由于模拟眼光轴与验光仪光轴不一致所引入的柱镜误差。至少测量三次，取平均值作为该点的测量结果。测量结果与 $0m^{-1}$ 模拟眼的标准值之间的偏差即为客观式验光仪零位示值误差，应满足 $\pm 0.25m^{-1}$ 的要求。将视度筒的视度调到指零处。换上主观式标准器的接口，将验光仪的示值调到零位附近，并把视度筒的物方端紧靠在验光仪的出瞳处，使视度筒的光轴与验光仪的光轴尽量重合。通过目镜观察验光仪内的目标，同时对验光仪进行前后调焦，直到看清验光仪内的目标为止。至少测量三次，取其平均值作为该点的测量结果，即为主观式验光仪零位示值误差，应满足 $\pm 0.25m^{-1}$ 的要求。

2. 球镜度示值误差 分别利用客观式标准模拟眼和主观式标准器对客观式验光仪和主观式验光仪的球镜度示值误差进行检定，在（-10~+10）m^{-1} 范围内，最大允许误差为 $\pm 0.25m^{-1}$，在其他范围内最大允许误差为 $\pm 0.50m^{-1}$。

3. 客观式验光仪球镜度测量重复性 分别使用 $\pm 20m^{-1}$ 的客观式模拟眼，调焦清晰后，在模拟眼和仪器机头位置均不动的情况下连续测量并读数五次，五次测量值之间的最大值与最小值之差即为测量重复性，应不大于 $0.13m^{-1}$。如果被检验光仪的明示测量范围小于（-20~+20）m^{-1}，应选用与其最大测量范围接近的客观式模拟眼进行检定。

4. 客观式验光仪柱镜轴位示值误差 将柱镜标准器安放在专用支架上，并将支架调整水平。调整柱镜标准器与验光仪的相对位置，使模拟眼的反射光斑清晰地成像在验光仪显示屏的中心。柱镜轴位示值的检定应在 0°（180°）和 90°两个轴位方向进行，实测值与轴位标准值之间的偏差，即为验光仪柱镜轴位的示值误差，应满足 ±5°的要求。

5. 客观式验光仪柱镜度示值误差 在柱镜轴位示值误差检定的同时，读取柱镜度测量值，实测值与柱镜模拟眼标准值之间的偏差即为柱镜度示值误差，在绝对值 $6.00m^{-1}$ 范围内，最大允许误差为 $\pm 0.25m^{-1}$。

6. 客观式验光仪瞳距示值误差 将瞳距标准器安放在专用支架上，调整瞳距标准器使两个瞳距测量专用 $0m^{-1}$ 模拟眼的反射光斑均可清晰成像在验光仪显示屏的中心。对三个标准瞳距分别进行测量，实测值与瞳距标准值之间的偏差，即为验光仪的瞳距示值误差，应满足 ±1mm 的要求。

7. 出瞳光照度 将光照度计的探头紧扣在验光仪的出瞳处，以避免杂光干扰。可见光照度值应不大于 3lx。

8. 角膜曲率示值误差 具体参见角膜曲率计主要参数检测校准方法。

三、综合验光仪（phoropter）

综合验光仪又称验光头（refractor head），俗称肺头或牛眼，其功能是提供验光检查用的各类镜片，配合视力表提供的各种远、近视标，完成人眼的常规屈光状态检查和各种视觉功能测试。

（一）基本原理

综合验光仪的测量原理是依据后顶焦度和棱镜度的定义，来自无穷远处的平行光依次通过综合验光仪中的各类镜片，最后到达被检者的眼睛，配合视力表，实现被检者的屈光状态检查和各种视觉功能测试（图 9-6）。综合验光仪按照操作方式分为手动机械式和自动电脑式两类。手动机械式综合验光仪需要操作者手动控制轮盘来实现不同验光度数的组合，而自动电脑式综合验光仪则由多个步进电机控制，通过操作盘上的拨轮、按键或液晶触摸屏来电动控制各种镜片的组合，以完成相应的检查功能。

（二）临床应用

综合验光仪是将验光检查用的球镜片、柱镜片、棱镜片及各类辅助镜片和各调整部件集成在一体的视力检查设备，一般由视窗、球镜片、柱镜片、棱镜片、辅助镜片以及各调整部件组成，配合视力表提供的各种远、近视标，可用于人眼的常规屈光状态检查和各种视觉功能测试（图 9-7），检查全面，操作方便，在验光配镜领域应用十分广泛。

（三）常用检测与校准装置

1. 综合验光仪顶焦度测量装置 是专门用于检测和校准综合验光仪的球镜度示值误

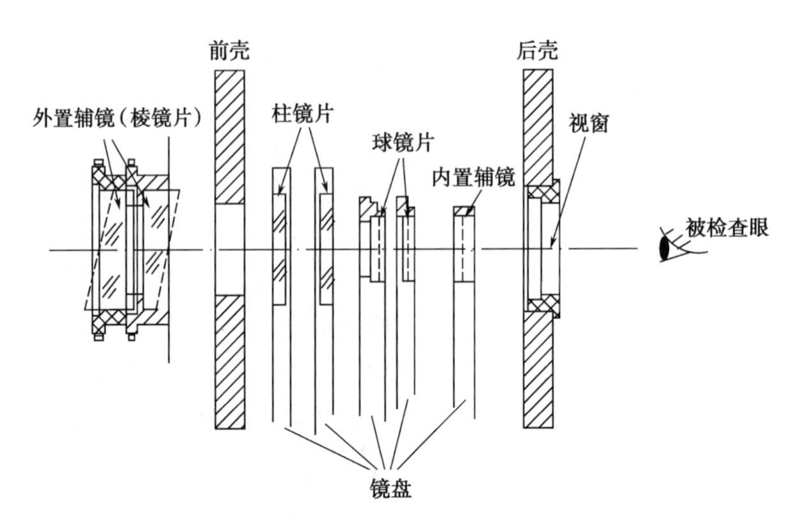

图 9-6　综合验光仪内部结构示意

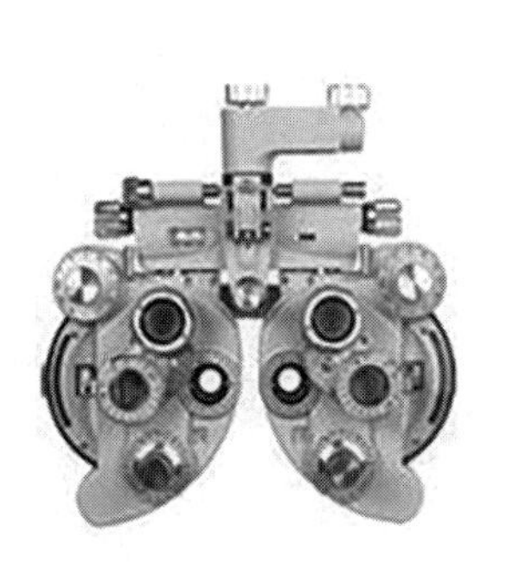

图 9-7　手动机械式综合验光仪临床应用示意

差、柱镜度示值误差、光学中心误差以及柱镜轴位误差等性能的标准装置（图 9-8）。顶焦度测量范围应满足（−20~20）m^{-1}，读数分辨力 0.01m^{-1}，扩展不确定度 U=（0.04~0.08）m^{-1}（k=2）。参考波长一般选用绿色汞线（λ_e=546.07nm）。

目标分化板 T 位于物镜 L_1 的物方焦平面上，物镜 L_1 和目镜构成自准直望远系统。测量时要求被检综合验光仪的参考面与物镜 L_2 的物方焦平面重合，并且被检综合验光仪远离被检者眼睛的一面应朝向自准直望远系统。当测量光路中不放入被检综合验光仪或被测顶焦度为零时，目标分化板 T 通过分束棱镜经过物镜 L_1 后成像于无穷远，再经过物镜 L_2，成像于 L_2 的像方焦点上，此时凹面反射镜的中心与物镜 L_2 的像方焦点重合，所以光线沿原路返回，依次再经过物镜 L_2 和 L_1，经分束棱镜反射后，通过目镜可以清晰地看到目标分化板 T 的成像 T_s'。当在光路中放入综合验光仪并且被测顶焦度不为零时，由于平行光经过被检综合验光仪后将发生偏折（会聚或发散），此时通过物镜 L_2 后的成像不再位于原凹面反射镜的曲率半径中心上，所以通过目镜也观察不到清晰的目标分化板像，此时则需要沿光轴方向相对参考零位移动凹面反射镜一段距离 z 来重新实现光路的

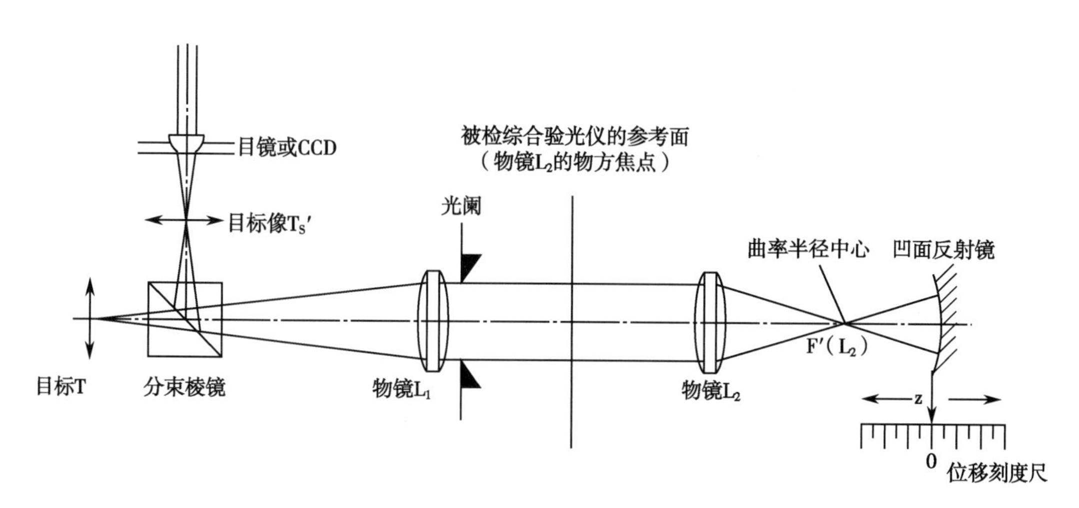

图 9-8　综合验光仪顶焦度测量装置原理示意

自准直，再次在目镜中观察到目标分化板的清晰成像 T_s'。被检综合验光仪的顶焦度与凹面反射镜的轴向移动距离 z 有关，因此，只需测量凹面反射镜的移动距离 z，即可得到被检综合验光仪的顶焦度。

2. 棱镜度和基底测量装置　可采用激光束通过镜片进行测量的方法，通过测量激光束的偏转角度来测量相应的棱镜度及基底取向。

（四）主要参数检测校准方法

目前还没有制定颁布综合验光仪的国家标准，因此检测主要依据中华人民共和国医药行业标准 YY 0674-2008《眼科仪器验光头》进行。计量检定或校准应依据 JJG 1097-2014《综合验光仪（含视力表）》国家计量检定规程。主要检测校准项目和方法如下：

1. 准备工作　开展综合验光仪的检定或校准之前，首先要确定综合验光仪的参考面。JJG 1097-2014 中给出了综合验光仪参考面的确定方法，具体如下：将被检综合验光仪放入综合验光仪顶焦度测量装置的光路中，保证综合验光仪远离被检者眼睛的一面朝向自准直望远系统。在进行综合验光仪的检定和校准中，最关键的一步就是参考面的确定。如果厂家有特殊说明，则按照厂家给出的参考面确定方法进行调整；如果厂家没有特殊说明，则以综合验光仪左 / 右验光盘中 $+15.00m^{-1}$ 球镜片作为参考点来确定被检综合验光仪的参考面。通过调整综合验光仪测量装置和被检综合验光仪的相互位置，当被检综合验光仪沿垂直于光轴方向横向移动，左 / 右验光盘在 $+15.00m^{-1}$ 的球镜度测量值与名义值之差的绝对值均不超过 $0.03m^{-1}$ 且棱镜度测量值不超过 0.05cm/m 时，则认为参考面调整准确，此时通过锁紧机构固定被检综合验光仪，从而保证以后各项计量性能的检定或校准均在此参考面上进行。

2. 测量范围　目测和手动相结合，对综合验光仪的球镜度、柱镜度及轴位、棱镜度及基底测量范围进行检测。球镜度测量范围（–15~+15）m^{-1}，步距 0.25m^{-1}；柱镜度测量范围（0~5）m^{-1}，步距 0.25m^{-1}，正或负柱镜度形式均可；柱镜轴位 0°~180°，每 5°有读数，应能直读或估读到 1°；棱镜度测量范围（0~10）cm/m，步距 1cm/m 或连续；棱镜基底 0°~360°，每 5°有读数，应能直读或估读到 1°。

3. 球镜度示值误差、光学中心误差 将被检综合验光仪的柱镜度和棱镜度均归零，柱镜轴位取 0°（180°）方向，棱镜基底取 0°方向，参照表 9-3 给出的区间范围，在每个区间内选取单片球镜、球镜组合各一种进行测量，对左 / 右验光盘分别记录每一种形式下的球镜度和棱镜度测量值。球镜度测量值与名义值之差即为综合验光仪在该点的球镜度示值误差，应满足表 9-3；棱镜度测量值即为综合验光仪在该点的光学中心误差，应满足表 9-4。

表 9-3 球镜度示值误差

球镜度标称值的绝对值 /m^{-1}	示值误差 /m^{-1}	球镜度标称值的绝对值 /m^{-1}	示值误差 /m^{-1}
[0.00，3.00]	±0.06	(9.00，12.00]	±0.15
(3.00，6.00]	±0.09	(12.00，15.00]	±0.18
(6.00，9.00]	±0.12	(15.00，20.00]	±0.25

表 9-4 光学中心误差

M 值 /m^{-1}	光学中心误差 /（cm/m）	M 值 /m^{-1}	光学中心误差 /（cm/m）
0.00	±0.12	(6.00，12.00]	±0.37
(0.00，6.00]	±0.25	(12.00，+∞)	±0.62

注：对于单片球镜、多片球镜组合，M 取球镜度的绝对值；
对于单片柱镜、多片柱镜组合，M 取柱镜度的绝对值；
对于球镜和柱镜组合，M 取球镜度绝对值和柱镜度绝对值中的最大值

4. 柱镜度示值误差、光学中心误差 将被检综合验光仪的球镜度和棱镜度均归零，柱镜轴位取 0°（180°）方向，棱镜基底取 0°方向，参照表 9-5 给出的区间范围，在每个区间内选取单片柱镜、柱镜组合各一种进行测量。对左 / 右验光盘分别记录每一种形式下的柱镜度和棱镜度测量值。柱镜度测量值与名义值之差即为综合验光仪在该点的柱镜度示值误差，应满足表 9-5 要求；棱镜度测量值即为综合验光仪在该点的光学中心误差，应符合表 9-4。对于球镜和柱镜组合，其球镜度、柱镜度和光学中心误差均要分别满足表 9-3、表 9-5 和表 9-4 要求。

表 9-5 柱镜度示值误差

柱镜度标称值的绝对值 /m^{-1}	示值误差 /m^{-1}	柱镜度标称值的绝对值 /m^{-1}	示值误差 /m^{-1}
[0.00，0.50]	±0.06	(3.00，6.00]	±0.18
(0.50，1.00]	±0.09	(6.00，+∞)	±0.25
(1.00，3.00]	±0.12		

5. 柱镜轴位误差 将被检综合验光仪的球镜度和棱镜度均归零，棱镜基底取0°方向，参照表9-6给出的区间范围，选取单片柱镜和柱镜组合进行测量。对于每一种形式，分别将轴位设置在0°（180°）和90°两个方向上进行测量，柱镜轴位的测量值与0°（180°）或90°之差即为综合验光仪在该点的柱镜轴位误差，应满足表9-6要求。

表9-6 柱镜轴位误差

柱镜度标称值的绝对值 /m^{-1}	轴位误差	柱镜度标称值的绝对值 /m^{-1}	轴位误差
（0.00，0.25］	±5°	（1.00，+∞）	±2°
（0.25，1.00］	±3°		

四、角膜曲率计（ophthalmometer）

角膜曲率计是测量人眼角膜曲率半径、角膜屈光度和轴位的眼科光学仪器，广泛应用于眼科临床的接触镜验配和角膜形态评估领域。

（一）基本原理

角膜曲率计多采用目视手动调焦的测量原理，通过人眼角膜前表面的反射成像，实现人眼角膜曲率半径、角膜屈光度和轴位测量（图9-9）。根据不同测量原理，分为固定双像法和可变双像法。固定双像法即在测量时，固定两像的分像距离，通过改变物体的大小使像的大小发生变化，从而两两相切，由分像距离读取像的大小。可变双像法即在测量时，固定物体的大小不变，通过改变分像距离，使像两两相切，由分像距离读取像的大小。

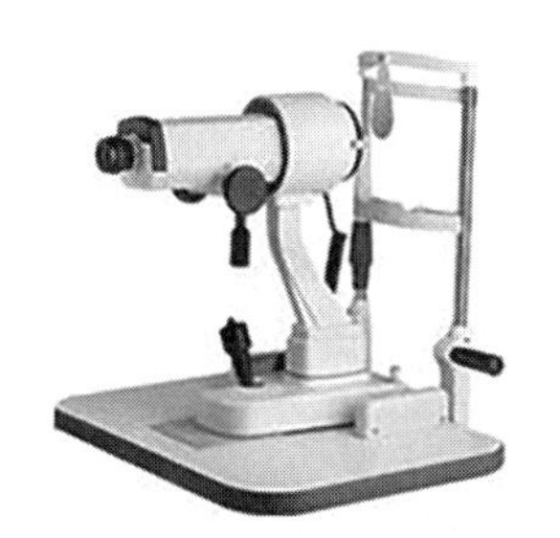
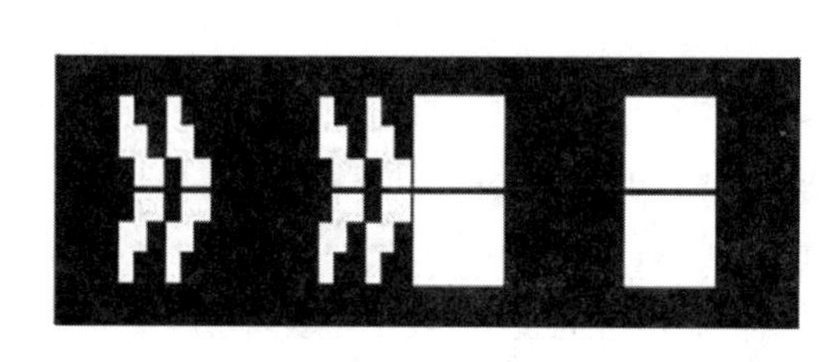

图9-9 角膜曲率计及测量原理示意

近年来，越来越多的客观式验光仪也增加了角膜曲率的测量功能。利用CCD接收探测角膜表面的反射成像，通过计算得到被测角膜的曲率半径和轴位等参数。

（二）临床应用

角膜位于整个眼屈光系统的前表面，对眼屈光系统的屈光力影响较为显著。了解分析角膜形态，在眼科临床具有重要意义。角膜曲率计利用角膜反射原理，可以测量人眼角膜在两个相互垂直方向上的曲率半径和角膜屈光度，并给出角膜散光度和轴位，广泛应用于眼科临床的接触镜验配、角膜准分子激光手术和白内障患者的人工晶状体植入术中，用于角膜形态的测量分析和术前术后评估。同时，有些角膜曲率计还可测量接触镜的前、后表面曲率半径。

（三）常用检测与校准装置

角膜曲率计用计量标准器（standard device for calibration of ophthalmometers）是专用于检测与校准角膜曲率计的计量标准器，包括曲率半径用标准器、轴位标准器和测量支架。

1. 曲率半径用标准器 具有凸球面和凹球面两种表面形状，三种半径规格共计六个标准器。曲率半径的标称值分别为：6.668mm、7.943mm 和 9.320mm，曲率半径不确定度 U=0.002mm（k=2），有效光学区域直径为 8mm。若取人眼角膜折射率（包括泪液层）n=1.3375，对应角膜屈光度标称值分别为 50.61m^{-1}、42.49m^{-1} 和 36.21m^{-1}。

2. 轴位标准器 前表面为环曲面，具有两种规格。Ⅰ型：R_1=（8.00 ± 0.2）mm，R_2<R_1，R_1–R_2=（0.2 ± 0.07）mm；Ⅱ型：R_1=（8.00 ± 0.2）mm，R_2<R_1，R_1–R_2=（0.4 ± 0.07）mm。轴位标称值：0°/180°、45°、90°和 135°，轴位不确定度 U=1°（k=2）。

3. 测量支架 包括曲率半径用标准器测量支架和轴位标准器测量支架，分别用于方便连接标准器与角膜曲率计的下颌托架，保证曲率半径用标准器和轴位标准器能正确定位于角膜曲率计预定的测量基点上，并与角膜曲率计的光轴保持一致。

（四）主要参数检测校准方法

目前还没有制定颁布角膜曲率计的国家标准，检测可以依据中华人民共和国医药行业标准 YY 0579-2005《角膜曲率计》。计量检定或校准应依据 JJG 1001-2006《角膜曲率计》国家计量检定规程。主要检测校准项目和方法如下：

1. 准备工作 对目视调焦原理的角膜曲率计进行检定时，应首先消除视差。对带有人眼角膜曲率测量功能的验光仪进行检定时，应首先对仪器的各项参数进行正确设置，如：将测量步长选择在最小间隔处，对曲率半径和角膜屈光度两种示值表达方式进行正确切换，注意将显示屏亮度和对比度等参数调整到最佳位置等。

2. 测量能力 角膜曲率计的曲率半径测量范围至少应满足（6.5~9.4）mm；角膜屈光度测量范围至少应满足（35~50）m^{-1}；轴位测量范围至少应满足 0°~180°。角膜曲率计的实际测量范围应与生产厂家明示的测量范围一致。对于连续显示式角膜曲率计，其曲率半径刻度间隔最大不应超过 0.1mm，角膜屈光度的刻度间隔最大不应超过 0.25m^{-1}，轴位刻度间隔最大不应超过 5°；对于数字显示式角膜曲率计，其曲率半径刻度间隔最大不应超过 0.02mm，角膜屈光度的刻度间隔最大不应超过 0.13m^{-1}，轴位刻度间隔最大不应超过 1°。

3. 曲率半径示值误差 使用曲率半径用标准器在对应的测量支架上进行检定。首先，调整标准器的测量位置；然后，按照仪器的操作说明进行调焦测试；最后，单向旋转或按动读数手柄，进行读数并记录测量值。每次测量都应分别给出两个相互垂直方向上的测量值，并记录读数。一般地，对于球面曲率半径用标准器，分别取0°和90°两个方向进行测量。实测值的总平均值与曲率半径标准器的标准值之差即为角膜曲率计在该点的曲率半径示值误差。当曲率半径小于等于8mm时，示值误差为 ±0.02mm，当曲率半径大于8mm时，示值误差为 ±0.03mm；两个相互垂直方向上的曲率半径测量平均值之差应不超过 ±0.02mm。对手动调焦原理的角膜曲率计进行调焦读数时，应单向旋转套线旋钮，避免来回旋转引入误差。

4. 曲率半径测量重复性 分别使用标称值为9.320mm和6.668mm、前表面为凸球面的两个曲率半径用标准器进行检定。在标准器位置不动的情况下连续测量并读数至少六次。六次曲率半径测量值之间的最大值与最小值之差即为测量重复性，不应超过0.02mm。

5. 角膜屈光度示值误差 角膜屈光度（keratometric dioptres）通常是指角膜前表面的屈光度，定义如公式（9-1）：

$$F=\frac{(n-1)\times 1000}{r} \tag{9-1}$$

式中：F——角膜屈光度，m^{-1}；r——角膜前表面曲率半径，mm；n——角膜折射率（包括泪液层），取n=1.3375。

分别使用标称值为50.61m^{-1}、42.49m^{-1}和36.21m^{-1}，前表面为凸球面的三个曲率半径用标准器进行检定。实测值的总平均值与标准器的角膜屈光度标准值之差即为角膜曲率计在该点的角膜屈光度示值误差。当角膜屈光度小于等于43m^{-1}时，示值误差为 ±0.13m^{-1}，当角膜屈光度大于43m^{-1}时，示值误差为 ±0.25m^{-1}；两个相互垂直方向上的角膜屈光度测量平均值之差应满足 ±0.13m^{-1}。

6. 轴位示值误差 使用轴位标准器在对应的测量支架上进行检定。分别使轴位标准器的0°、45°、90°和135°基面与测量支架的梯形平面重合，进行调焦和轴位测量，得到每个轴位测量点的测量结果，并记录读数。轴位实测值的平均值与轴位标准器的标准值之差即为角膜曲率计在该点的轴位示值误差。当两个相互垂直方向的主子午面曲率半径之差不大于0.3mm时，轴位示值误差为 ±4°，当两个相互垂直方向的主子午面曲率半径之差大于0.3mm时，轴位示值误差为 ±2°。

五、眼压计（tonometer）

人眼球内部的压力叫做眼内压（intraocular pressure，IOP），简称眼压。正常眼压的范围为（1.33~2.80）kPa，对人眼具有十分重要的作用：维持眼球的正常近球形的稳定形状，使眼球各个屈光介质界面保持良好的屈光状态；同时它也是房水循环的动力源泉，使房水得以完成营养眼内组织的重要生理功能。眼压计是用于测量眼压的专用仪器。

（一）基本原理

根据测量原理的不同，眼压计可分为压陷式、压平式和非接触式三大类。

压陷式眼压计（impression tonometer）的测量原理是以一定质量的砝码压陷角膜中央，根据角膜被压陷的深度及压针和砝码的质量，查眼压换算表可获得眼压值（图 9-10）。

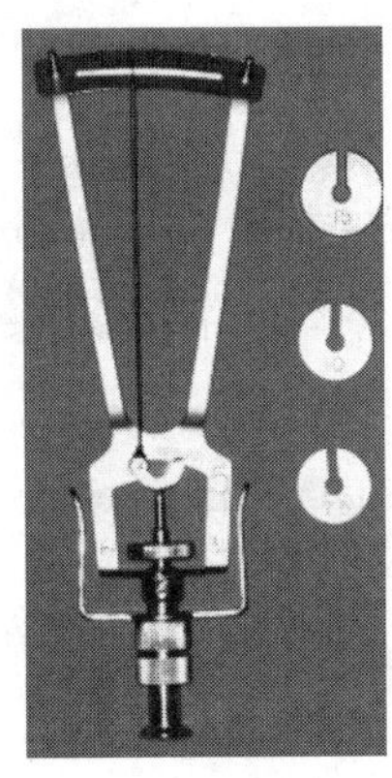
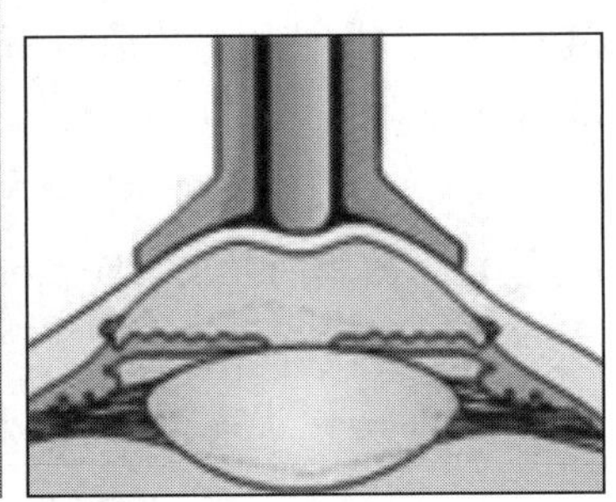

图 9-10 压陷式眼压计及测量示意

随着技术的发展，出现了测量精度更高的压平式眼压计（图 9-11）。压平式眼压计（applanation tonometer）利用 Imbert-Fick 原理：眼压与施加的外力成正比，与压平的角膜面积成反比。测量时，以可变的重量压平一定面积的角膜，根据所需的重量确定眼压值；或以一定的重量压平角膜，根据所压平的角膜面积确定眼压值。压平式眼压计目前在临床诊断上常被视作标准眼压计。

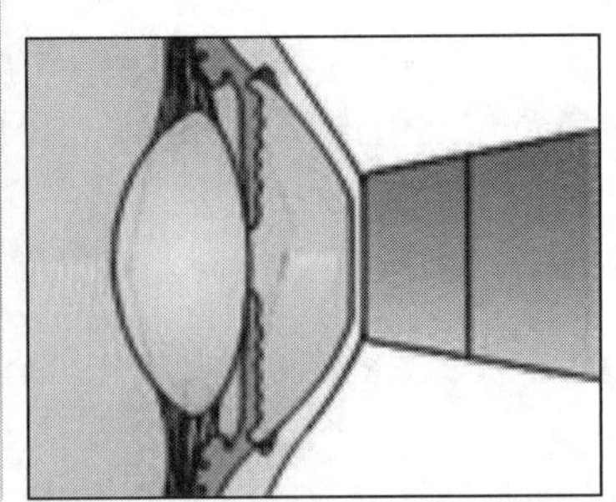

图 9-11 压平式眼压计及测量示意

非接触式眼压计（non-Contact tonometer）的测量原理是利用气体脉冲压平角膜，同时记录角膜反射光能量的时间变化曲线，通过时间与眼压的对应关系来得到眼压值（图

9-12）。非接触式眼压计的测量准确性虽不及压平式眼压计，但由于在测量中不接触人眼角膜，无需消毒和麻醉，减少了患者交叉感染的危险，目前在临床上得到广泛使用。

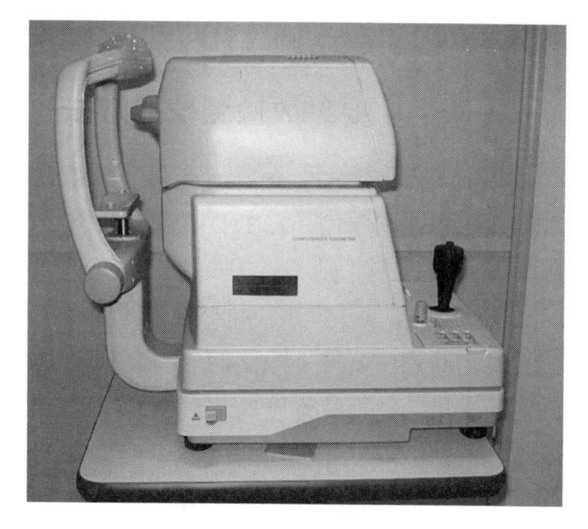

图 9-12 非接触式眼压计

（二）临床应用

临床研究表明：很多眼科疾病都与眼压有关。眼压越高，对眼的危害性也越大，其中最典型的就是青光眼。青光眼是目前首要致盲眼病之一，可发生于各种年龄的人群，严重威胁着人们的视力健康。大多数情况下它的致病原因就是当间断或持续性升高的眼压，超过了眼球内部组织，尤其是视神经所能承受的限度时，将对眼内组织和视神经造成永久性的破坏，引起视神经萎缩和视野受损，最终导致失明。目前，眼压测量在临床上是诊断眼科疾病、观察病情、估测预后和评价疗效的重要手段之一。

（三）常用检测与校准装置

1. 压陷式眼压计常用检测与校准装置

（1）专用天平：最大称量不小于 20g，分辨力不低于 0.002g。

（2）专用测微计：量程不小于 1.5mm，最大允许误差为 ±0.004mm。

（3）倾斜仪：测量范围 ±40°，角度允许误差不超过 ±0.5°。

（4）零位校验台：曲率（凸）半径（16±0.04）mm。

2. 压平式眼压计常用检测与校准装置

（1）作用力检测装置：应保证能在水平方向进行力值测量，测量范围（0~80）mN，最大允许误差不超过被测作用力最大允许误差的五分之一。

（2）光学极限量规：左边垂线与右边两条垂线的间距（图 9-13）分别为 3.04mm 和 3.08mm，最大允许误差为 ±0.005mm。

（3）平晶及辅助设备：平晶的平面度误差小于 λ/8（λ=589nm）。辅助设备包括波长 589nm 的低压钠灯和 10 倍放大镜。

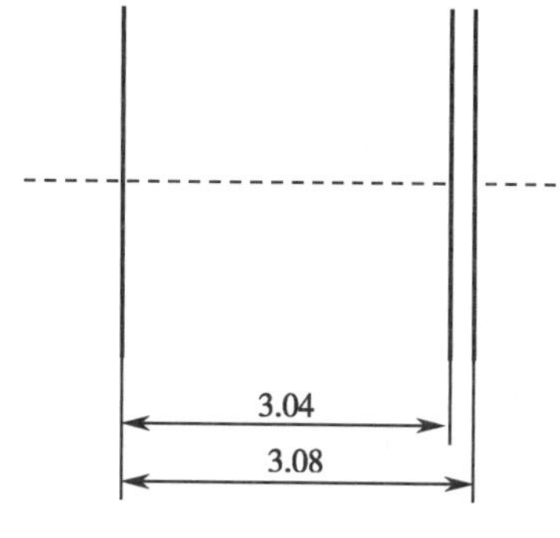

图 9-13 光学极限量规（单位 mm）

3. 非接触式眼压计常用检测与校准装置 目前最常用的是标准模拟人眼，测量范围不小于

（0.93~6.65）kPa，示值稳定性优于 ±0.22kPa。

（四）主要参数检测校准方法

1. 压陷式眼压计 检测与校准主要依据 YY 1036-2004《压陷式眼压计》和 JJG 574-2004《压陷式眼压计》，主要参数检测校准项目和方法如下：

（1）零位对正偏差：将眼压计垂直置于零位校验台上，指针应指在刻度的 0±0.2 格。

（2）质量偏差：眼压计的各项质量偏差使用专用天平进行测量，在眼压计处于垂直位置时，其总体质量（除持柄外）应满足（16.5±0.5）g；固定砝码、压针、锤弓和指针的装配质量，在指针刻度为“5”和“10”处均应满足（5.5±0.2）g；附加砝码允许偏差不超过 ±0.02g。

（3）示值偏差：用零位校验台调整好眼压计指针零位后，使用测微计分别在刻度 5、10、15 和 18 处测量眼压计压针位移量，压针对应各刻度的理论位移值与测微计实际测量值之差即为眼压计的示值偏差，应满足（±0.01~±0.05）mm 的要求。

（4）压针在脚板管内滑动性能：将眼压计脚板管固定在倾斜仪支架上，眼压计分别从水平 0°位置和 180°位置转向 90°位置，当转动角度不超过 28°时，眼压计压针在脚板管内就应能自动滑下，不应有卡住或粘住现象。

（5）基本尺寸：压陷式眼压计基本尺寸如表 9-7 所示，以通用量具进行测量。

表 9-7 眼压计基本尺寸

零件名称	基本尺寸 /mm	允差 /mm
脚板管底面曲率半径	15	±0.25
脚板管底面直径	10.1	±0.20
压针底面曲率半径	15	±0.75
压针直径	3	±0.03
压针底面边缘曲率半径	0.25	±0.015

注：脚板管底面的压针伸出长度≤3mm

（6）表面粗糙度：眼压计表面粗糙度 R_a 如表 9-8 所示，用比较块或电测法进行测量。

表 9-8 眼压计表面粗糙度

零件名称	部位	R_a/μm
锤弓	外表面	0.4
压针	外表面	0.8
	压针底面曲率半径	0.2
脚板管	外表面	0.8
	脚板管底面曲率半径	0.2

（7）线宽允差：眼压计刻度标尺的线宽不超过两线间距的四分之一，且不应大于0.25mm，线宽误差用万能工具显微镜进行测量。

2. 压平式眼压计 检测与校准可依据新制定的检定规程《接触式压平眼压计》，该规程已通过专家审定并报批。主要检测项目与检测方法如下：

（1）作用力误差：将压平眼压计与作用力检测装置安装好后，按眼压计的标称值从小到大依次调节作用力旋钮，同时记录作用力检测装置的测量值。三次测量的平均值与对应的作用力标称值之差即为作用力误差，应满足表9-9的要求。

表9-9　作用力允许误差

作用力刻度	作用力标称值/mN	最大允许误差/mN	作用力刻度	作用力标称值/mN	最大允许误差/mN
1	9.81	±0.98	5	49.03	±1.47
2	19.61	±0.98	6	58.84	±1.77
3	29.42	±0.98	7	68.65	±2.06
4	39.23	±1.18	8	78.45	±2.35

注：标尺式的按作用力刻度检定，数显式的按作用力标称值检定

（2）压平圆直径：将光学极限量规紧贴在测量头前表面并中心对齐，通过显微成像系统（如投影仪）进行检查（图9-14）。

调节测量头双棱镜分割线与光学极限量规水平虚线重合后，观察图像，并根据图9-15判断是否超差。

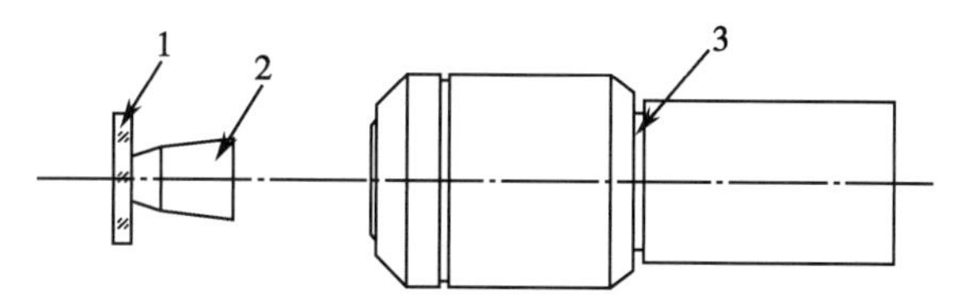

1-光学极限量规；2-眼压计测量头；3-显微成像系统

图9-14　光学极限量规测量压平圆直径示意图

（3）测量头前表面平面度：将平晶工作面以微小角度逐渐与测量头前表面相贴合，低压钠灯直接照射在平晶上（图9-16）。用放大镜观察干涉条纹，在直径4mm中心区域内环形干涉带数不应超过10。

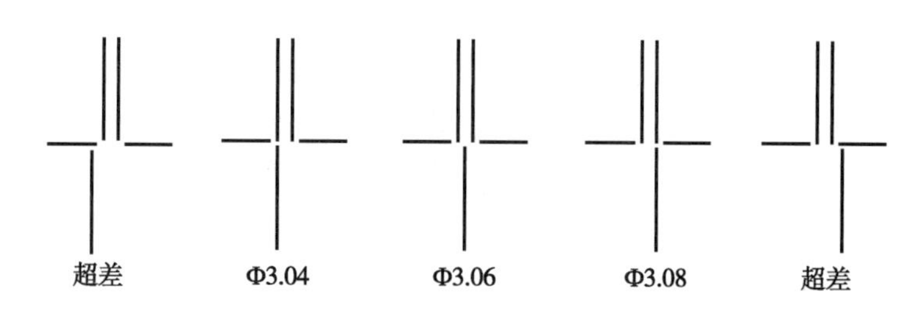

图9-15　压平圆直径误差判定图

3. 非接触式眼压计 检测与校准可依据新制定的检定规程《非接触式眼压计》，该规程已通过专家审定并报批。主要检测项目与检测方法如下：

（1）示值误差：将标准模拟人眼的参考压力值调整到（0.93~6.65）kPa 范围内的均匀五点（包括压力范围上限点），用非接触式眼压计进行测量，测量平均值与模拟眼参考压力值之差即为示值误差，应不超过 ±0.67kPa。

（2）重复性：调节标准模拟人眼参考压力值为 2.66kPa，用非接触眼压计重复测量六次，采用极差法公式 $S=R/2.53$ 计算重复性（R 是六次测量值中的最大值和最小值之差），应不超过 0.13kPa。

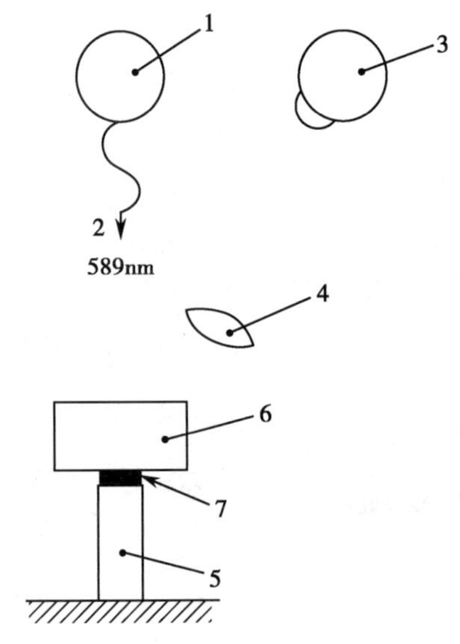

1. 低压钠灯；2. 589nm 的照射光；3. 观察者；4. 10× 放大镜；5. 眼压计测量头；6. 平晶；7. 干涉条纹

图 9-16 测量头前表面平面度误差测量示意图

六、视觉电生理（visual electrophysiology）仪

视觉电生理仪是通过测量人的视觉系统经光刺激后产生的电生理信号，从而诊断视功能的仪器，具有客观、无创和定量的特点，尤其适用于婴幼儿、老年人、智力低下等不合作人群，在法医鉴定中的客观视功能评估、新生儿视功能筛查中都有广泛应用。

（一）基本原理

临床视觉电生理检查主要包括视网膜电图（electro retino gram，ERG）、视诱发电位（visual evoked potential，VEP）和眼电图（electro oculo gram，EOG）等检查类别。图 9-17 所示为视觉电生理仪及临床检查原理示意。在不同检查项目中，分别对人眼施加视标诱导、闪光、图形翻转或图形给撤等视觉刺激，同时用电极记录视觉系统对光刺激的响应电信号。通过分析电信号的波形、幅值和潜伏期的变化，即可得到视觉疾病诊断信息。

视觉电生理仪通常由闪光刺激器、图形刺激器、电极、电信号采集器、数据处理系统和显示操作系统组成。闪光刺激器的结构与积分球类似，内置光源为氙灯或 LED，用于产生均匀的闪光和背景照明。图形刺激器一般为 CRT 显示器或液晶显示器，用于产生黑白棋盘格图形。视觉电生理信号的幅值通常在数微伏到数百微伏之间，持续时间为数十毫秒到两百毫秒，潜伏期为数十毫秒。

视觉电生理仪的主要技术参数包括闪光刺激参数、图形刺激（pattern stimulus）参数和电记录系统参数，具体包括闪光强度（flash intensity）、闪光持续时间（flash

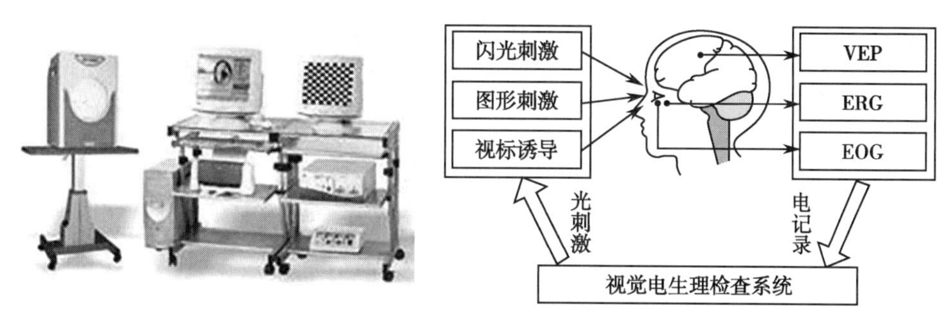

图 9-17 视觉电生理仪及临床检查原理示意图

duration）、闪光刺激器背景亮度、图形对比度、图形平均亮度、图形刺激器亮度均匀性、幅值、频率和潜伏期（latency）等。

（二）临床应用

视觉电生理通过检测人眼静止和诱发电位特征的变化来完成视觉功能的检测对眼科多种疾病均能进行全面系统的检查。视觉电生理检查项目包括视网膜电图、眼电图和视觉诱发电位。视网膜电图又分为闪光视网膜电图和图形视网膜电图。闪光视网膜电图来源于视网膜光感受器细胞，以及继它以后的神经元细胞（但不包括神经节细胞），它反映各种视网膜疾病，包括遗传性视网膜病、视网膜循环障碍、视网膜脱离、糖尿病视网膜病变、眼内金属异物或其他原因所致的视网膜中毒等。图形视网膜电图是以方格转换图形的形觉刺激代替单纯的光刺激，它的波形决定于视网膜内层的功能状态，所以主要用于探测青光眼等眼病所造成的神经节细胞层损害。眼电图就是使眼球依一定的角度转动，导致静息电位发生变化，在明适应和暗适应下记录静息电位的变化，测定变化中的谷值与峰值，进行对比。产生眼电图的重要前提是光感受器细胞与色素上皮的接触及离子交换，所以眼电图异常可以反映视网膜色素上皮病、光感受器细胞疾病、中毒性视网膜疾病及脉络膜疾病。视诱发电位是由大脑皮质枕区对视觉刺激发生的一簇电信号，代表神经节细胞以上的视信息传递状况。故临床上可用于黄斑病变、视神经疾患、青光眼的诊断及客观视力的测定。

（三）常用检测与校准装置

1. 闪光测量工具 闪光分析仪可用于测量闪光强度和闪光持续时间。通过测量闪光的实时动态亮度变化获得完整的闪光波形，计算得到闪光强度和闪光持续时间。此外，带积分测量模式的亮度计也可以用于测量闪光强度。有些亮度计带有闪光波形的模拟输出接口，可利用示波器显示闪光波形从而进一步测量闪光持续时间。为了满足测量要求，闪光强度示值误差不超过 ±5%，闪光持续时间示值误差不超过 ±0.2 毫秒。

2. 亮度测量工具 亮度计可用于直接测量闪光刺激器背景亮度。图形对比度、图形平均亮度和图形刺激器亮度均匀性都是亮度的导出量，用亮度计测量图形刺激器不同位置的亮度值后计算即可得到结果。常见的亮度计如成像亮度计、屏幕亮度计、瞄点式亮度计均可用于视觉电生理仪的检测与校准。为了满足测量要求，亮度测量示值误差不超过 ±5%。

3. 电记录系统参数测量工具 电记录系统参数包括幅值、频率和潜伏期，需使用专用的电记录系统测量装置对其进行检测与校准。电记录系统测量装置由光电探头、同步模块和弱信号发生器组成。该装置可探测视觉电生理仪发出的闪光和图形刺激，经过一定时间延迟后发出标准正弦波或方波信号，输入至视觉电生理仪的电记录系统，从而对其幅值、频率和潜伏期测量结果进行检测与校准。为了满足测量要求，幅值示值误差不超过 ±10%，频率示值误差不超过 ±3%，潜伏期示值误差不超过 ±0.3 毫秒。

（四）主要参数检测校准方法

目前，国内还没有制定颁布关于视觉电生理的任何国家标准和行业标准，仅于 2015 年制定颁布了 JJF 1543《视觉电生理仪》计量校准规范，所以，在实际操作中，视觉电生理仪各项参数的检测和校准可以参照 JJF 1543 计量校准规范进行。

1. 闪光强度设定值误差和闪光持续时间 将闪光测量装置的测量探头固定于闪光刺激器正前方，使探头轴线方向与闪光刺激器出光面垂直。在被校仪器闪光强度设定范围内至少选择三个点测量闪光强度和闪光持续时间，重复三次，取其平均值，计算闪光强度设定值误差和闪光持续时间。要求闪光强度设定值误差不超过 ±10%，闪光持续时间不大于 5 毫秒。

2. 闪光刺激器背景亮度设定值误差 将亮度测量装置的测量探头固定于闪光刺激器正前方，使探头轴线方向与闪光刺激器出光面垂直。在被校仪器的背景亮度设定范围内至少选择三个点，重复测量三次，取其平均值，计算背景亮度设定值误差。要求闪光刺激器背景亮度设定值误差不超过 ±10%。

3. 图形对比度和图形平均亮度设定值误差 设定图形刺激器产生黑白棋盘格图形，平均亮度不小于 $50cd/m^2$，将亮度测量装置的测量探头固定于图形刺激器正前方，使测量区域完全进入所测量的图形格内。分别测量图形中的三个亮格和三个暗格的亮度，分别取平均值作为亮格亮度和暗格亮度，计算图形对比度和图形平均亮度设定值误差。要求图形对比度不小于 80%，图形平均亮度设定值误差不超过 ±10%。

4. 图形刺激器亮度均匀性 设定图形刺激器产生均匀白色图形或黑白棋盘格图形。将亮度测量装置的测量探头固定于图形刺激器正前方，使测量区域完全进入所测量的图形格内。均匀选取图形中心和四周十个白色区域测量，计算图形刺激器亮度均匀性，要求均匀性不小于 70%。

5. 电信号幅值示值误差和频率示值误差 用电缆将电记录系统测量装置信号输出端的正极与负极分别与视觉电生理仪电信号采集器其中一个通道的输入端的正极与负极连接。设定测量装置输出正弦波，在（5~200）Hz 频率范围内至少选择三个点，每个频率下在（0.01~1）mV 幅值范围内至少选择五个点进行校准，记录视觉电生理仪测量得到的信号幅值，重复测量三次，取平均值，计算幅值示值误差，要求不超过 ±10%；设定测量装置输出正弦波或方波，在（0.01~1）mV 幅值范围内至少选择三个点，每个幅值下在（5~200）Hz 频率范围内至少选择五个点进行校准，记录视觉电生理仪测量得到的信号频率，重复测量三次，取平均值，计算频率示值误差，要求不超过 ±3%。

6. 潜伏期示值误差 将电记录系统测量装置的光测量探头以测量亮度的方式固定于闪光刺激器或图形刺激器正前方，将探头的信号输出电缆与电记录系统测量装置的同步信号输入端连接，用电缆将电记录系统测量装置信号输出端的正极与负极分别与视觉电生理仪电信号采集器其中一个通道的输入端的正极与负极连接。操作视觉电生理仪发出闪光或图形刺激，测量装置检测到刺激信号后输出幅值为 100μV、宽度为 30 毫秒、潜伏期为 30 毫秒的单脉冲方波信号，记录视觉电生理仪测量得到的方波在 30 毫秒处上升沿对应的时间，重复测量三次，取平均值，计算潜伏期示值误差，要求不超过 ±1 毫秒。

（刘文丽）

第三节 光学内镜

医用内镜（medical endoscope）是可通过自然孔道或者外科切口进入人体内部，用于进行观察、诊断或辅助治疗的一种常用医疗器械。它由可弯曲部分、光源及一组镜头组成。使用时将内镜导入预检查的器官，可直接窥视有关部位的变化。内镜检查的特点是对人体自然孔道检查时无创伤，内镜引导下手术时创伤小、可减轻患者痛苦、术后恢复快、有利于降低医疗成本。因此它是进行无创、微创手术和癌症诊断的重要医疗设备。

医用内镜的临床应用非常广泛，其诊疗范围几乎包括了所有的内脏器官。据统计，全国临床医学有超过 100 万名人员使用内镜进行临床诊断和治疗工作，90% 以上的医疗机构已经开展了内镜下临床诊疗项目。平均每 30 位住院病人或 70 个门诊病人中就有 1 人接受内镜检查或治疗。在临床上，应用于消化道的内镜检查最为广泛，有食管内镜检查、胃镜检查、十二指肠镜检查、小肠镜检查、结肠镜检查、直肠镜检查、胆道内镜检查；呼吸科有喉镜检查、支气管镜检查、胸腔镜检查和纵隔镜检查；泌尿科有膀胱镜检查、输尿管镜检查、肾镜检查、等离子电切镜（前列腺膀胱肿瘤）检查；妇科有阴道镜检查和宫腔镜检查；另外还有耳鼻内镜检查、口腔内镜检查、神经镜检查、关节镜检查、血管内腔镜检查，内镜的应用广泛可见一斑。

医用内镜分为两种，医用光学内镜和医用电子内镜。这里首先介绍医用光学内镜。

内镜图像的清楚与否、变形与否，有效观察范围是否宽广、深远，分辨细节的能力如何、照明强弱及效果、操作简便性等直接影响着内镜的使用效果，也标志着内镜技术的质量和发展水平。国内外对内镜的检测进行了越来越广泛的研究，并提出了相关的检测方法，出台了很多的技术标准。目前国际标准和国家标准也对内镜的性能和测试方法有了必要的描述，但这些描述多在安全性和功能性要求，对光学系统成像的性能没有太多要求。2008 年我国出台了 YY 0068 系列行业标准，该系列标准是非等效采用国际标准 ISO 8600，但是在对光学系统的要求上增加了有效景深、颜色分辨能力和色彩还原性、照明镜体光效、成像镜体光效、综合光效和单位相对畸变等要求和试验方法。本节主要依据 YY 0068 对光学内镜的常见指标的检测进行介绍。这些指标主要包括：视场角、景深、放大倍率、分辨力、光学传递函数、畸变、色彩还原能力，光能传递效率及照明光效等。其中视场角、视向角和景深是医用内镜的三个基本特征参数，决定了医用内镜的有效观察范围。分辨率、畸变、光学传递函数是反映内镜光学系统成像质量的常见参数。色彩还原能力是反映内镜对不同颜色光的传输、成像和分辨能力。光能传递效率反映了传输过程中光能的损耗程度，照明及成像光效反映内镜的照明均匀性以及成像系统透射比的边缘中心比。

一、视场角（field angle）和视向角（direction of view）测试

对于物面处于无限远的望远镜系统来说，其视场是以物方角度表示的，对于物面为有限远且焦深较短的显微镜系统来说，视场通常是以线视场表示。内镜的景深较大，工作距离（working distance）通常是从（3~100）mm，此种情况下若用物方线视场定义视场需明确物面距离。因而内镜视场仍旧采用角度表示，单位是度。通常外径在（2.7~3.0）mm 的内镜视场角在（60~80）度之间，外径在 4.0mm 的内镜视场角在（70~100）度之间，其他外径的内镜视场角介于（50~70）度之间，一些超广角内镜的视场角可达（100~120）度之间。

内镜的视场角有两种定义方法，一个是入瞳视场角（object pupil field angle），一个是顶点视场角（vertex field angle）。入瞳视场角的定义是物体到光学镜成像系统入瞳中心的主光线与视轴夹角的绝对值，用弧度或度表示。入瞳视场角是光学系统的实际视场角，由于其入瞳中心通常不在内镜的顶端，因此无法直接用测量物高和物距的方法直接测量。在 YY 0068-1992 中，内镜的视场角可采用带旋转台的平行光管测量，但是该测量方法装置过大，给检测带来了一些不必要的麻烦。

由于入瞳无法到顶端距离未知，因此入瞳视场角的测试原理借用同心圆环的方法，实现内镜视场角的测量。具体方法是两个圆环直径大小已知而且设计合适，如图 9-18 所示。

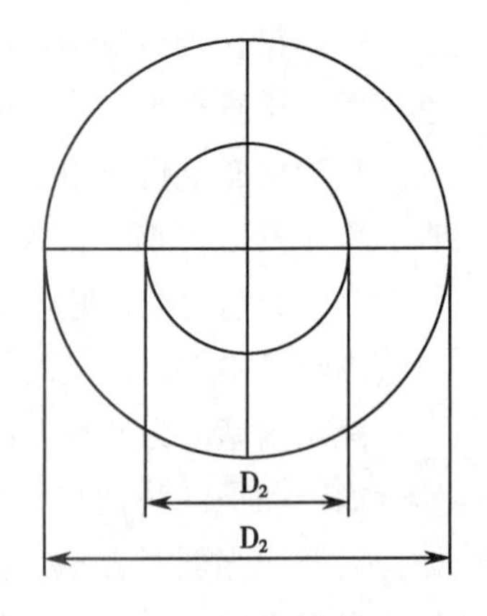

图 9-18　双同心圆环入瞳视场角测标

在测量时，通过内镜观察测标，调节内镜和靶板，使靶板与视场同心并垂直视轴，靶板与内镜末端距离 50mm。测量时，同样采用光具座或类似设备夹持内镜，并调节视场中心轴与测标中心重合，移动测标使测标的小圆环与视场重合，测量并记录测量靶标中心与内镜端部中心的距离为 d_1；继续

移动测标使测标的大圆环与视场重合，测量并记录，此时测标中心与内镜头端部中心的距离为 d_2，根据同心圆直径和 d_1、d_2 读数可计算内镜入瞳视场角，见公式（9-2）：

$$2W_p = 2\arctan[(D_2-D_1)/2/(d_2-d_1)] \tag{9-2}$$

入瞳中心与内镜末端之间的距离 a 由公式（9-3）计算：

$$a = (D_1d_2-D_2d_1)/(D_2-D_1) \tag{9-3}$$

式中：$2W_p$——入瞳视场角；D_1、D_2——分别为测标小圆环和大圆环直径，单位为 mm；a——内镜头端部到入瞳的距离，单位为 mm。

通常同心圆环直径分别取为 D_1=25mm，D_2=50mm。

由于入瞳视场角测量的麻烦，国际标准 ISO 8600-3：1997 和国家标准 GB 11244-2005 对内镜视场引入了顶点视场角。顶点视场角的定义是物体到光学镜末端中心的连线与视轴夹角的绝对值（图 9-19），用弧度或度表示。

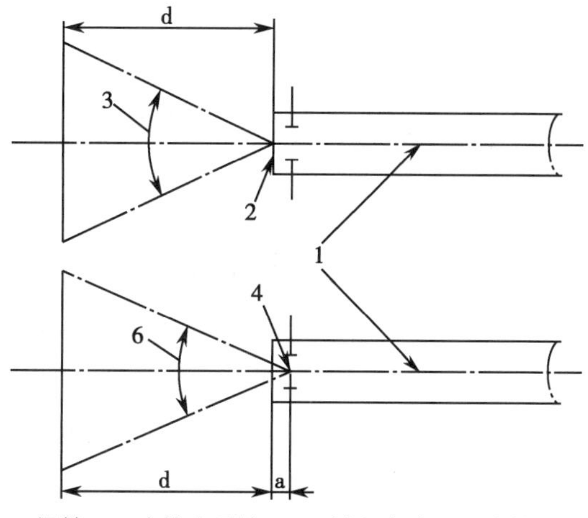

1- 视轴；2- 内镜头顶端；3- 顶点视场角；4- 内镜入瞳中心；5- 入瞳视场角；d- 被观察物体到内镜头顶端的距离；a- 内镜头端部到入瞳的距离

图 9-19　内镜视场角示意图

顶点视场角的测量原理相对简单，在确定内镜顶点到物面距离的情况下可以通过直接测量物高测量。在国际标准和 GB 11244-2005《医用内窥镜及附件通用要求》推荐方法中采用一组以“度”为单位，标明视场角在 50mm 处测量的同心圆分划环作为测标，测标每隔 10°标有分划主环，并注有相应度数，每两主环间细分有表示 2°的分划次环，如图 9-20 所示。分划环直径 D 计算如公式（9-4）：

$$D = 100\tan(\beta/2) \tag{9-4}$$

式中：β——视场角；

D——视场角 β 所对应同心圆分划环直径，单位为 mm。

测量时，采用光具座或类似设备夹持内镜，调节视场中心轴与测标中心重合，并使内镜头端部中心与测标中心的距离为（50 ± 0.2）mm，读出最大可见圆环并记录为以“度”为单位的视场角。若视场非圆形，则读取可见部分最大圆环的读数。应采用白光照明测标，其最低照明不低于

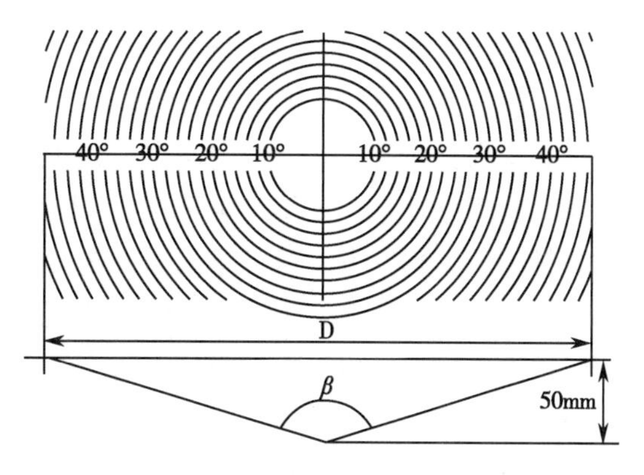

图 9-20　顶点视场角测标示意图

500lx，可以用内镜或外部光源。

这种方法的缺点是非连续的，同时分划板只能在规定工作距离下使用。当视场处于两个最小分辨圆环之间时，其测量需要估读。

视向角的定义：内镜的视轴（axis of view）对内镜主轴所构成的夹角，单位为度，如图 9-21 所示。

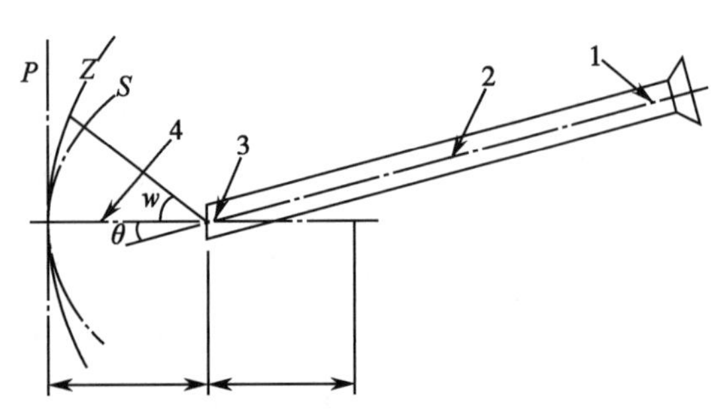

1. 内镜；2. 镜体机械主轴；3. 内镜成像端面；4. 视轴；5. 垂直于视轴的参考平面 P

图 9-21　视向角的定义

视向角的测量依赖于检测装置的测角功能，最小分辨力为 1 度的分度盘即可实现测量。测量方法是当检测装置夹持内镜机械主轴时为内镜视场的零位，当视场分划板转至视轴中心，即可获得内镜的视向角。

二、分辨力（resolution）及景深（depth of field）的测试

（一）分辨力的测试

分辨力反映光学系统分辨物体细节的能力。按照定义，光学系统的分辨力是衍射产生的最小点尺寸，其评价标准有瑞利判据、爱里斑直径和弥散圆直径。瑞利判据是分辨两个点源的能力，第一暗环衍射方向角为 $\theta=1.22\lambda/D$mrad。瑞利指出：“能分辨的两个等亮度点间的距离对应艾里斑的半径”，即一个亮点的衍射图案中心与另一个亮点的衍射图案的第一暗环重合时，这两个亮点则能被分辨，如图 9-22 中的中间部分所示。这时在两个衍射图案光强分布的叠加曲线中有两个极大值和一个极小值，其极大值与极小值之比为 1∶0.735，这与光能接收器（如眼睛或照相底板）能分辨的亮度差别相当。若两亮点更靠近时（图 9-22 中的右部分），则光能接收器就不能再分辨出它们是分离开的两点了。艾里斑直径是点光源产生的衍射限直径 $2.44\lambda f/D$。光学系统的像差、离焦误差以及衍射直径的综合影响就是弥散圆直径。弥散圆直径通常可以用光线追迹的方法获得，也可以用平方功率的方法实现测量。

对于内镜而言，其分辨力通常由光学系统的衍射、像差、电子内镜显示器的分辨力决定。实际分辨力定义和判据是极限分辨力，它通常对应着调制传递函数为 0.02~0.05 时空间频率。其测试方法通常是采用标定过的分辨力板进行测试，这些分辨力板主要包括栅格状、线性、扫频、条形目标板，星形目标板，带有基准标的楔形目标板以及条形板。实际检测中应根据应用需求设计分辨力范围及分辨力板。而测试内镜的分辨力通常是指内镜的物方分辨力。

在 ISO 8600-5：2005《光学和光电技术医用内窥镜和内治疗设备第 5 部分：硬性光学内窥镜光学分辨力的测定》中，角分辨力（angular resolution）的定义为光学镜的末

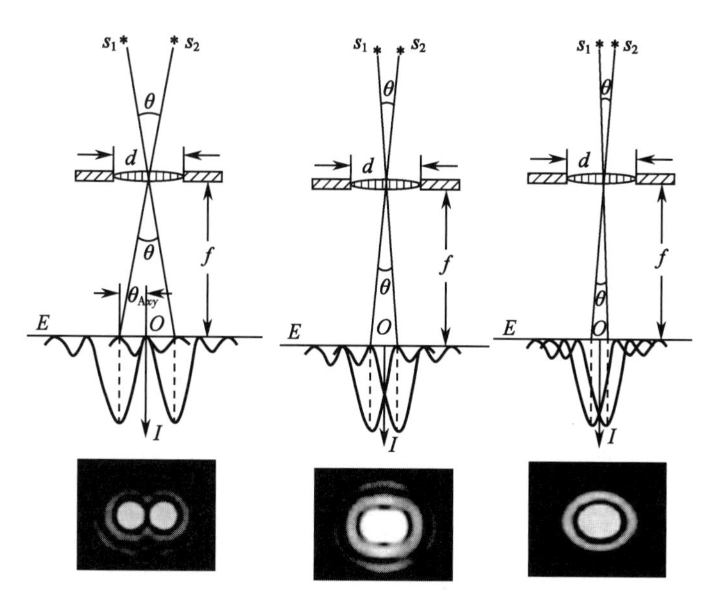

图 9-22　两个点物的衍射像的分辨率

端对给定的光学工作距 d 处的最小可辨等距条纹宽的极限分辨角，以度（°）表示。

计算参见公式（9-5）。

$$\alpha=\arctan\frac{1}{d\cdot r(d)} \qquad (9\text{-}5)$$

式中，$r(d)$——每毫米极限可辨线对数，单位为线对数每毫米（lp/mm）；

d——内镜顶点到物面距离，单位为毫米（mm）。

行业标准采用入瞳视场角的概念，在 YY 0068.1-2008《医用内窥镜硬性内窥镜第 1 部分：光学性能及测试方法》中对角分辨力的定义为光学镜的入瞳中心对给定的光学工作距处的最小可辨等距条纹宽的极限分辨角的倒数，以周 / 度［C/（°）］表示。中心位置的角分辨力由公式（9-6）计算得到：

$$\mathrm{r_a}(d)=1/\arctan\left[\frac{1}{(d+a)\cdot \mathrm{r}(d)}\right] \qquad (9\text{-}6)$$

其中 a——顶点距，d——内镜顶点到物面距离，OR——每毫米极限可辨线对数，单位为线对数每毫米（lp/mm）。

YY 0068.1-2008 中要求以设计光学工作距 d 处的垂直视轴的平面作视场，视场中心角分辨力标称值允差 −10%。

除了测试视场中心点角分辨力外，YY 0068.1-2008 中还规定在最大视场高度的 70% 位置上任选四个正交方位测量角分辨力（图 9-23 的 B1 至 B4 位置）。轴外角分辨力按照相应视场角的二次余弦修正。

四个正交平均角分辨力应不低于实测的视场中心角分辨力的 90%。

由于在内镜的焦深范围内角分辨力和工作距离无关，若随附资料中未指定光学工作距 d，则测量可在有效景深最远端，但不超过 150mm 处进行。

分辨力标准板符合 J8/T 9328-1999 分辨力板中 A 型的分辨力试验线对图案，每组线对至少有两个方向，例如水平方向和垂直方向，范围为 1lp/mm 至 100lp/mm。

分辨力测试最为重要的是保证测量条件，测量条件主要包括：①照明条件，分辨力板应在照度 100lx；②测量分辨力应保证物镜良好的聚焦。

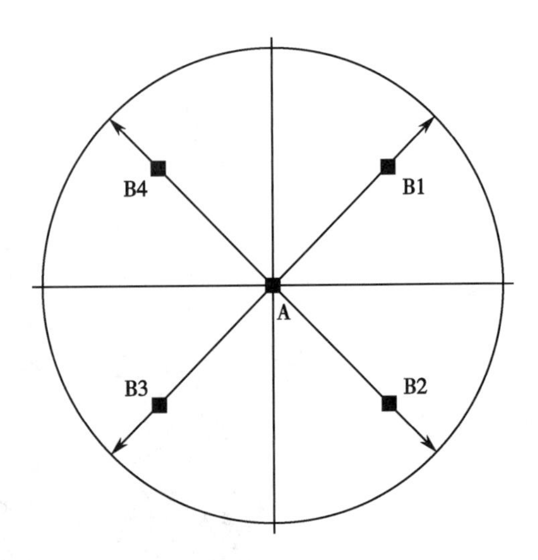

图 9-23　角分辨力测量点分布示意图

（二）景深的测试

YY 0068.1 规定，如果制造商声称内镜有景深效果，那么在随附资料中应给出内镜的有效景深范围，内镜在其景深范围内，视场中心的角分辨力应不低于设计工作距处测量值的 80%。测量应至少包括有效景深的最远端。对于有效景深超过 150mm 的内镜，其景深范围最远端仅需在工作距离 150mm 处进行测试。

三、单位相对畸变（unit relative distortion）的测试

畸变是由于光学系统的放大率随主光线和主轴间所成角度改变而引起。光线离主轴越远，畸变越大。放大率随入射角度增加而增大时称正畸变；放大率随入射角度增加而减小时负畸变。换句话说，若物点离开光轴越远，放大率越大，就产生正畸变，也称枕形畸变，如果物点离开光轴越远，放大率越小则产生负畸变，也称桶形畸变。由于畸变，看物体，像失去了原来的正确形状。

内镜是一个大视场光学系统，大视场系统通常存在较大的畸变，光学系统设计的目的就是要尽可能地降低畸变。内镜下无体视感觉，操作依赖医生经验。人体腔内形状类同、方位识别困难，边缘过大变形易导致方位混淆、视觉错误，丢失经验，诊察或手术可能失去把握，过大变形也可能产生心理影响，引起烦躁或失去耐心。因此对内镜的畸变的控制是重要的，也是必须的。由于内镜的畸变是不同视场放大倍率的不一致引起的。因此，测量几何畸变的基本思路是测量视场边缘的几何图形相对于视场中心相同形状几何图形的几何尺寸变化。由于光学系统的畸变是唯一不影响光学系统成像质量的像差，因此畸变的测量应该是内镜的首次检测中检定项目，在后续检测或者医院质控中评测的该指标不必再继续检测。

由于内镜成像系统的特殊结构以及临床应用的特殊视场特征，ISO 9039：1994“光

学和光学仪器——光学系统质量评价——畸变的测定”的定义和方法不能直接适用，而现有 ISO 8600“光学和光电技术——医用内窥镜和内治疗设备”系列标准中尚没有畸变方面的内容。在 YY 0068.1-2008 中补充了内镜相对畸变的具体要求、测量方法。

YY 0068.1-2008 规定制造商在设计光学工作距处的内镜工作视场形状应表述为视轴对称的球面，定义为球面 Z 视场（见图 9-21）。如果可能，在随附资料中应同时给出该球面 Z 视场的形状参数 z。光学内镜的畸变应以垂直视轴的参考平面 P 视场上最大视场高度的 70% 位置所对应的球面 Z 视场上的单位相对畸变。制造厂商应给出设计工作视场形状下的相对畸变，其畸变一致性要求见表 9-10，表中绝对差表示单位相对畸变最大值和最小值相减的结果；相对差表示单位相对畸变的绝对差与单位相对畸变均值的之比的结果。

表 9-10　畸变一致性要求

单位相对畸变范围	一致性差，U_V
$\lvert V_{U-z}\rvert \leqslant 25\%$	≤4%（绝对差）
$25\% < \lvert V_{U-z}\rvert$	≤16%（相对差）

畸变测量靶标刻有直径 50mm 的分划圆，在距圆心 17.5mm 为半径的圆周上，均布有 4 个黑色不透明圆斑，圆斑直径不大于 4mm，如图 9-24 所示。

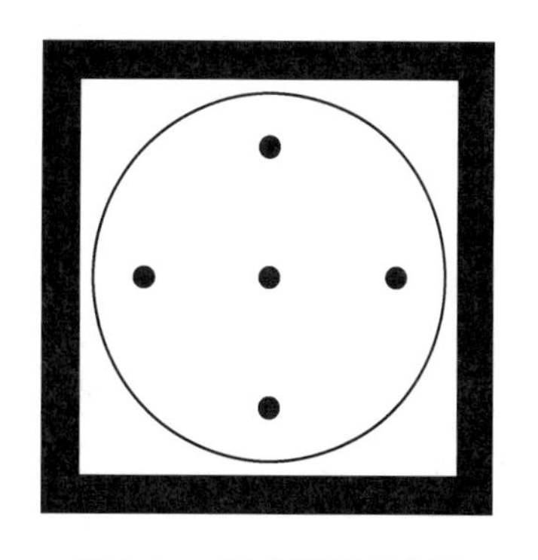

图 9-24　畸变靶标示意图

测量时将内镜安放在光具座上，将畸变测量靶标安装在内镜的成像物面上，并使测量靶标面垂直视轴固定于内镜末端前。通过内镜目镜或电子内镜的显示器观察，横向和（或）纵向位移调节内镜或测量靶标，使测量靶标的分划圆与内镜视场中心重合，同样调焦至清晰，用视频采集系统或其他测量设备测量出视场中心的圆斑尺寸 h_o，视频摄像系统的物镜应无畸变，如果有畸变应对校正，最后再测周边 4 个圆斑像的径向尺寸 h_{ti} 并记录。

平面视场相对畸变 $V_{U-\infty}$的测量值：

$$V_{U-\infty,i}=\frac{h_{ti}-h_o}{h_o} \tag{9-7}$$

球面 Z 视场单位相对畸变 $V_{U-Z,\ i}$ 可以通过平面视场相对畸变换算得到。具体换算可参阅 YY 0068.1-2008。

四、光学调制传递函数（optical transfer function，OTF）测量

在检验内镜光学系统的成像质量时，采用的是分辨力板，我们知道它是一组黑白相

间的按一定方向伸展的线条，黑是均匀的黑，白是均匀的白，而且黑白线条的宽度相同，这种分辨力板是一个一定空间频率的矩形波。

传递函数的概念来自于傅里叶分析，最初应用于电路系统，将电路的看作一个低通滤波器，考察系统对于高频时间信号的传递能力。由于光学系统的物像空间可以用频谱的概念描述，因此，光学系统也可以看作一个低通滤波器。在光学传递函数的定义和测量中，正弦信号是光学系统在空间频谱处理中的基元。一个典型的正弦光栅信号空间周期分布如图 9-25 所示。

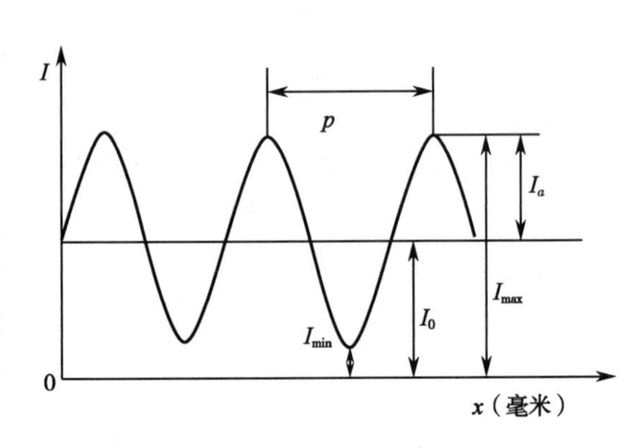

图 9-25　正弦光栅的空间周期分布

在正弦波的分划板上，空间周期为每个线对的宽度 p，其单位为毫米。空间频率为在单位距离内所包含的空间周期数，也可以看成每个毫米内包含的线对数。因此，空间频率的单位可以用“线对 / 毫米”表示。

为了表达一幅图像的明暗反差程度，通用的一种定量表示方法叫做调制度（或反衬度），其定义为：

$$M=\frac{I_{max}-I_{min}}{I_{max}+I_{min}} \tag{9-8}$$

其中，I_{max} 和 I_{min} 分别表示图像亮度的最大值和最小值。

由图 9-25 可以看到，各亮度值间有如下关系：

$$\begin{aligned} I_{max}&=I_0+I_a \\ I_{min}&=I_0-I_a \end{aligned} \tag{9-9}$$

正弦波光栅成像后，其仍然表现为正弦波。但是在实际情况中，由于衍射和像差等作用，实际成像的调制度会有所降低。如图 9-26 所示，实线波形为理想成像的亮度分布，而虚线波形表示实际成像的亮度分布曲线：调制传递函数是成像系统输出图像与输入图像光强度分布函数的傅里叶变换之比。当物方为正弦光栅时，调制传递函数（modulation transfer function，MTF）可表示为输出图像的调制度与输入图像的调制度之比，即

$$MTF(f_x)=\frac{M_o}{M_i} \tag{9-10}$$

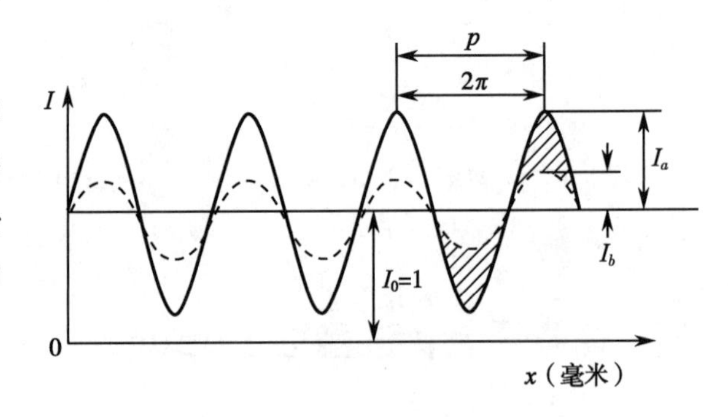

图 9-26　物像亮度波形变化示意图

其中，M_o 和 M_i 分别为输出图像和输入图像的调制度，f_x 为空间频率。

如果正弦信号在相位上产生平移，则存在相位传递函数（phase transfer function，PTF）。PTF 和 MTF 共同构成了光学传递函数 OTF。光学传递函数可以写为：

$$OTF(f_x)=MTF(f_x)\exp[-jPTF(f_x)] \quad (9\text{-}11)$$

MTF 代表了物像的频谱对比度之比，表明了各种空间频率下的传递情况。对于某一空间频率来说，其 MTF 值越高，说明在此空间频率时系统的成像能力越好，该系统对原始目标物的还原能力越强，所得到的像也更加接近于原始物体。

光学内镜光学调制传递函数测量主要有 CTF（contrast transfer function，CTF）法和刀口（knife-edge）法。

（一）CTF 法

光学系统对与不同空间频率的矩形光栅有如图 9-27 的响应，方波信号经过光学系统后方波频率不变，但是对比度降低，且高频信号对比度下降更为显著。光学系统对方波信号的传递能力可以用对比度传递函数 CTF 表示。CTF 的计算方法同正弦方波对比度的计算方法一样，只是当采用方波时，其对比度传递函数明显高于正弦波的对比度传递函数。当空间频率大于三分之一截止空间频率时，正弦波的对比度传递函数是方波的对比度传递函数的$\frac{\pi}{4}$倍。

a. 不同空间频率的矩形光栅　b. 矩形光栅的像

图 9-27　不同空间频率的光栅及其成像

因此 CTF 和 MTF 存在关系如下：

$$MTF(v)=\frac{\pi}{4}CTF(v) \quad (9\text{-}12)$$

因此调制传递函数测试可以通过如下方法进行测试：设计不同空间频率的矩形光栅，通过矩形波光栅影像的对比度直接求出相应空间频率的 CTF，然后算出相应空间频率的 MTF。值得注意的是，此种方法 MTF 的测量一次只能测量一个频率，MTF 曲线需要完成多个空间频率的测量，最后拟合成曲线。

CCD 摄像系统的非线性响应会使强度响应曲线 $I(z)$ 发生变形，这将影响 CCD 的灰度，从而最终光学传递函数测量精度。因此，必须对 CCD 摄像机进行非线性校正。校正 CCD 非线性响应的有两个条件，一个是稳定可靠照明均匀的光源，一个是采用有效溯源的光密度校正片。

为了实现更为均匀的照明，应采用积分球照明，其原理如图 9-28 所示。

非线性校正步骤：在积分球出口处放置 ISO 14524：99 测试靶板，生成一组表 9-11 所示的标准灰阶。

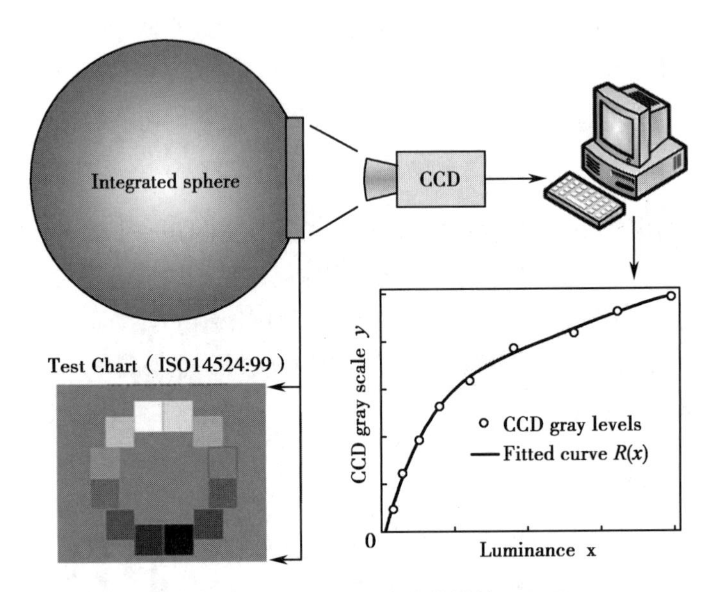

图 9-28 CCD 强度响应非线性校正原理

表 9-11 CCD 响应的非线性校正

灰阶	CCD 数据	灰阶	CCD 数据
0.001	0.000	0.200	0.535
0.005	0.000	0.302	0.646
0.017	0.000	0.457	0.774
0.041	0.103	0.661	0.850
0.072	0.249	0.813	0.935
0.132	0.393	1.000	1.000

通过被校准的 CCD 对测试靶版进行拍摄，获得一组表一所示的 CCD 灰度数据。然后对该灰度数据进行 3 阶多项式拟合，得到光强响应曲线 $y=R(x)$ 以及非线性校正函数 $R^{-1}(x)$。其中，x 是靶板灰阶的亮度，y 是 CCD 输出的灰度值。

利用 $R^{-1}(x)$ 对 CCD 拍摄的图像 $g(m, n)$ 进行非线性校正，校正前后的响应曲线 $I(z)$。然后利用实际测量的灰度，反向计算即可得到对应的光强。从而实现基于 CCD 的灰度校准。

（二）基于刀口（knife-edge）分析的光学传递函数测量法

我们知道，刀口响应函数（edge spread function，ESF）是点扩散函数（point spread function，PSF）与单位阶跃函数的卷积，对刀口响应函数微分就可以得到这个方向的线扩散函数。而线扩散函数的傅里叶变换即可获得调制传递函数。

因此刀口法测试 MTF 的主要计算过程如图 9-29 所示：

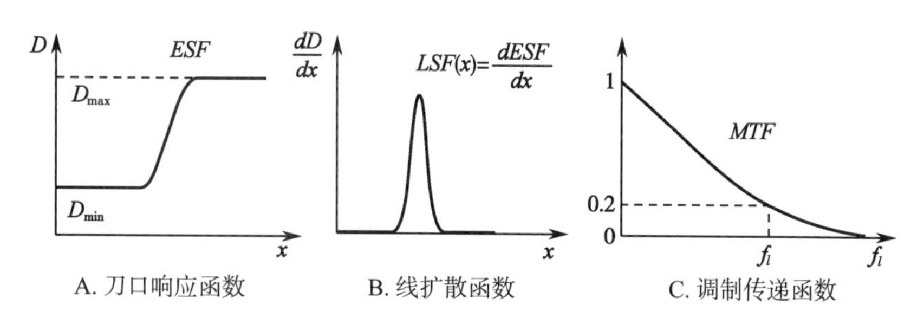

A. 刀口响应函数　B. 线扩散函数　C. 调制传递函数

图 9-29　刀口法光学传递函数计算过程

1. 根据边缘纹理的灰度分布拟合 ESF 函数。
2. 对边缘扩展函数曲线进行求导，得出线扩散函数（lline spread function，LSF）曲线。
3. 对 LSF 曲线离散化，做傅里叶变换后即可得到 MTF 曲线。

刀口靶板可采用如图 9-30A 所示的刀口图案，放在光具座上，让内镜精密调焦对刀口成像（图 9-30B）。

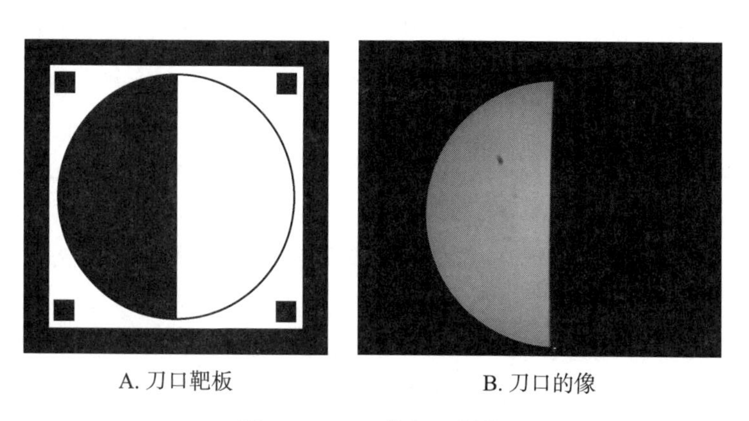

A. 刀口靶板　B. 刀口的像

图 9-30　刀口靶标及其像

测得 *ESF*（*x*）后就可以取导数求出线扩散函数，由于光学传递函数是线扩散函数的傅里叶变换，所以就可以求出系统的光学传递函数。这种方法的计算不是像一般的模拟计算，而是用数字计算，所以要分段记下读数并转换为数字。用线扩散函数计算光学传递函数时，线扩散函数要归一化。在这里，边缘扩散函数同样需要归一化。未进入光通量的 *ESF*（*x*）规格化为 0 以除去暗电流和杂光的影响。*ESF*（*x*）的最大值应规格化为 1。这种归一化和线扩散函数的归一化是对应的，因为 *ESF*（*x*）的最大值就等于线扩散函数所包围的面积。

为减少电信号噪声及刀口扫描步长的误差影响，对采集到的刀口扫描数据进行平滑处理。线扩散函数采用二阶差分计算，计算结果如图 9-31 所示。

对线扩散函数进行傅里叶变换，然后归一化处理即可得到光学传递函数曲线。

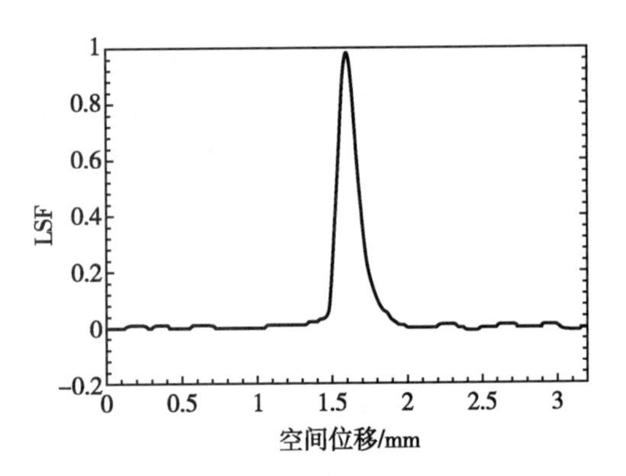

图 9-31　线扩散函数

五、色彩还原性测试方法

色彩还原性是指医用内镜对不同颜色的传输、成像和分辨能力。医用内镜的色彩还原能力主要取决于成像光路、照明光路和光源。在临床上，较好的色彩还原能力有助于医生对病理组织的观察、分析和操作，降低误诊或手术失误的可能。由于人体腔内组织颜色接近、变化细微，如果内镜的色彩还原能力不够好，导致人体腔内组织不同颜色混淆，病灶不能识别或判断错误，误诊或手术错误的风险就极大,甚至有可能发生如动脉破损大出血的立即死亡危险。且内镜会因为维护不当、腐蚀、光学系统防水不好影响光学系统的色彩还原性，因此色彩还原能力不仅应当作为内镜的首次检测的技术指标，在后续的检测和日常质控，色彩还原性也应该是值得关注的指标。

色彩还原能力可借用评价光源显色性的显色指数（color rendering index）R_a 来进行评价。显色指数以被测光源下物体的颜色和参照光源下物体的颜色的相符程度的百分比来表示。

行业标准 YY 0068-1 要求：当采用 ISO 10526：1999 CIE S 005 规定的 A 和 D65 标准光源，经照明光路和成像系统传输输出，其光谱应保持良好的显色性，制造商应随附资料给出光谱的显色指数名义值，内镜在标准照明体下的显色指数不应低于名义值。

显色指数测量原理是通过采用 8 个标准检验色样比较 CIE 标准照明体 A、标准光源 D65 经过内镜成像光路之后的偏色得到显色指数的。测量显色指数时，首先测量被测内镜的相对光谱透过率，然后通过公式换算出 CIE 标准发光体 A 和 D65 作为模拟光源通过内镜后的输出光谱的 CIE 1931_{xy} 色品坐标，最后按照 GB/T 5702 提供的方法计算出显色指数。由此可见，测得到的显色指数本质上反映的是内镜对于不同波长光的透过能力，即光谱透过率。具体的测量过程如下：

首先将光源的专用光纤输出端全部接入积分球内，测量测试用光源经专用光纤输出的光谱辐射度 $\varphi_0(\lambda)$。

按图 9-32 所示装置的光谱辐射度为 $\varphi_i(\lambda)$。

然后计算相对光谱透过率并归一化$t_R(\lambda)$。

$$t_R(\lambda)=\frac{\varphi_0(\lambda)/\varphi_i(\lambda)}{[\varphi_0(\lambda)/\varphi_i(\lambda)]_{\max}} \quad (9\text{-}13)$$

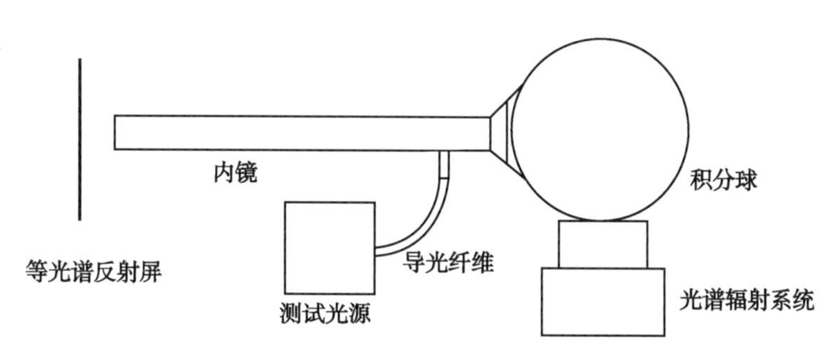

图 9-32　内镜色彩还原性测量原理示意图

计算 CIE 标准发光体 A 和 D65 做模拟光源输入，经测量系统后输出光谱色品坐标 x_k^A，y_k^A，x_k^{D65}，y_k^{D65}。然后由色品坐标按 GB/T 5702 方法分别计算 8 个检验色样的特殊显色指数 $R_1 \sim R_8$，则显色指数为：

$$R_a = \frac{\sum_{i=1}^{8} R_{i=1}}{8} \tag{9-14}$$

测量时注意事项：测量时照明光源电压稳定度应控制在 ±2% 以内。

六、光能传递效率的测量

人体内部组织反射的光在经内镜成像的过程中是不断损耗的。光能损耗程度主要取决于内镜光学镜片的透过率特性、光阑大小、光纤性能（对于纤维内镜）以及 CCD 性能（对于电子内镜）等因素。光能经内镜输出图像过程中的传递效率即为光能传递效率，它表征了传输过程中光能的损耗程度。内镜具有较高的光能传递效率，意味着仅需要使用较低能量的光源进行照明即可获得较好的观察效果。

YY 0068.1-2008 使用有效光度率（D_M）来表示硬管内镜的光能传递效率。对于目视镜，有效光度率定义为物面平均光出射度与眼底像面平均照度之比；对于非目视镜，有效光度率定义为像面显示灰阶临界可辨的最低物面亮度。显然，这种定义可以推广到电子内镜。

测量有效光度率时，采用绘有一条黑色标记细线的余弦辐射屏作为测标。屏背后封闭有可调光强的照明光源，其光谱特性应与被测光学内镜的相适应。余弦辐射屏垂直于被检内镜视轴放置，轴向移动调节内镜使屏面积大于观察视场。测试非目视内镜时，调节光强同时观察屏面上的黑色标记线，直至临界不可分辨；然后使用亮度计测量余弦辐射屏的亮度值即为非目视镜的有效光度率。测量目视内镜时，在内镜出瞳处测量光通量 Φ'；然后使用亮度计测量余弦辐射屏的亮度值 L；则有效光度率使用下式计算：

$$D_M = \frac{0.003 \times L \cdot \tan^2 W_p'}{\Phi'} \tag{9-15}$$

其中，W_p'为最大出瞳视场角；L是余弦辐射体的物面亮度，单位为 cd/m^2。

出瞳视场角可以通过测微望远镜测量实现测量。

需要的工具主要有：用于支撑内镜的光具座；屏面有一条黑色标记细线余弦辐射屏；符合 JB/T 7403-1994 规定的二级照度计；光通量计；最小格值不大于 0.5mm 的分划尺；视场角大于被测内镜出瞳视场角的测微望远镜等。

七、照明特性及综合光效测试

对于医用内镜的照明效果，应有两方面要求：①输出照度：光源发出的光经内镜照明光路传输到被照明组织，仍然要具有相当的照度，光照不能衰减过大；②照明均匀性：输出图像的亮度在整个视场范围内要均匀，所成图像的局部明暗变化不能过于明显以致影响观察。

YY 0068.1-2008 中对内镜的照明变化率规定：光学镜经灭菌或消毒试验后，其照明光路的光能积分透过率应保持稳定，用输出光通量衡量，其光通量变化率应不大于 20%。同时对照明边缘均匀性又有如下规定：在最大视场（入瞳视场）的 90% 视场处照度应均匀，在该视场带上四个正交方位的测试，其均匀性应满足表 9-12。

表 9-12　边缘均匀度的要求

标称视向角范围	均匀度，U_L	标称视向角范围	均匀度，U_L
$\theta \leqslant 30°$	≤25%	$50° \leqslant \theta$	≤45%
$30° < \theta \leqslant 50°$	≤35%		

照明变化率的测试测量装置和仪器：①配有内镜专用导光纤维、并能调节光强的测试光源 1 台；②测量重复性不大于 1% 的光通量计、照度计；③积分球，开孔面积不超过球内总面积的 10%。

光通量稳定性和均匀性可以采用照度计实现测量。

对于医用硬性内镜而言，综合光效是一个非常重要的光学参数。由于人体腔内周边组织环境复杂，对于大视场的内镜系统而言，多次余弦效应会使像方视场边缘亮度降低。再考虑到视场中心的光反射，易发生腔内边缘组织信息无法获悉；或者视场中心光亮饱和，失去医疗中心区域视觉的情况。因此，内镜系统综合光效的控制不能忽视。

YY 0068.1-2008 中 4.6 条“综合光效”中要求，“制造商在所附资料中应给出在最大视场的 90% 视场处的综合镜体光效的名义值并说明其意义。该光效的测定值应不小于名义值”。

硬性光学内镜的光效包含照明镜体光效（relative self-effect of illumination light luminosity）、成像镜体光效（relative self-effect of imaging light energy）、综合镜体光效（synthetical relative self-effect of light energy）和综合边缘光效（synthetical relative effect of edge light energy）。在这 4 个光效参量中，照明镜体光效和成像镜体光效是独立的、互不影响的光学参量，综合镜体光效是照明镜体光效和成像镜体光效的累积效应，综合边缘光效是在余弦漫射体球面 Z 同视场带位置时，照明镜体光效和成像镜体光效的累积效应。

照明镜体光效是指在余弦辐射体贴面照明条件下，内镜照明光路对边缘光效的贡献，以照度作为光度量。表达式如下：

$$IL_{eR}=\frac{L_w}{L_0} \tag{9-16}$$

照明镜体光效 IL_{eR} 的测定是通过在垂直视轴的平面上测量光强，测量的光学工作距不小于 50mm。将内镜固定于内镜检测装置中，再将照度计接入内镜检测装置的设备架，调节内镜检测装置三维调节系统，测量出最大视场（入瞳视场）的 90% 处所画圆锥的 4 个均布方位的照度值 E_1、E_2、E_3、E_4 以及视场中心的照度值 E_0（注：如果视场形状为矩形，测量的四个位置在对角线上）。计算 E_1、E_2、E_3、E_4 的算术平均值，及该算术平均值与视场中心照度值之比，再将计算的比值除以朗伯体光效值，即为照明镜体光效值 IL_{eR}。

成像镜体光效 OL_{eR} 是指光学镜成像系统对边缘光效的贡献，以光通量透过率之比表示。

$$OL_{eR}=\frac{\tau_{v-w_p}}{\tau_{v-0}} \tag{9-17}$$

式中 τ_{v-w_p} 是入瞳方向满入瞳的平均光透光率，τ_{v-0} 是视场中心的光透过率。

成像镜体光效的测定是通过在垂直视轴的平面上测量光通量，将内镜固定于内镜检测装置中，测量的光学工作距与照明镜体光效测试所选工作距一致，内镜目镜对准光谱辐射系统积分球，再将光通量测试光源接入内镜检测装置设备架，调节内镜检测装置三维调节系统，测量出的 90% 所划圆锥的 4 个均布方位的光通量值 ϕ_1、ϕ_2、ϕ_3、ϕ_4 以及视场中心的照度值 ϕ_0（注：Wp 可用 W 代替，如果视场形状为矩形，测量的四个位置在对角线上）。计算 ϕ_1、ϕ_2、ϕ_3、ϕ_4 的算术平均值，及该算术平均值与视场中心光通量值之比，将计算的比值再除以朗伯体光效值，即为照明镜体光效值。对于非目视观察的光学镜，用线性光探测器直接测量显示屏上视场中心的光通量以及对应 4 个视场位置的光通量，计算算术平均值。

综合镜体光效为光学镜照明光路和成像系统对边缘光效的贡献总合。即照明光效和成像镜体光效的乘积。综合边缘光效是在余弦漫射体球面 Z 同视场带位置，光学镜照明光路和成像系统综合的平均边缘光效。

（刘文丽）

第四节 电子内镜

随着光电子器件、计算机技术、自动化技术的迅速发展，内镜得到迅速发展，电子内镜应运而生。电子内镜是在光学内镜的基础上，采用电子耦合元件 CCD（charge coupled device，CCD）采集光学内镜的图像信号后传输到电视监视器并显示出来的内镜系统。因此，电子内镜的主要组成就是光学内镜系统、电子感光元件和电视监视器三个主要部分。除此之外还有一些辅助装置，如照明系统和诊断治疗所用的各种处置器具等。电子内镜通常放大倍数较大，分辨率高，图像清晰，对小病灶的观察尤为适合。另外电子内镜具有录像、储存功能，能将病变储存起来，便于查看及连续对照观察，还能快速照相，减少内镜检查时间。相比于光学内镜还可以多人同时观看，便于疾病会诊、教学。电子内镜手术除具有普通内镜手术创伤小、可减轻患者痛苦、术后恢复快、有利于降低医疗成本等特点外，还具有画面清晰、便于图像保存与传输，远程会诊及教学等特点，因此具有比光学内镜更为广泛的临床应用。

电子内镜视场角、视向角、分辨力、景深、相对畸变、光能传递效率等测量同光学硬性内镜在测试方法上基本相同，区别在于对于内镜的具体要求、测量范围、具体的测量装置有细微区别外，其余无本质区别。光学内镜主要依赖于外接图像采集系统实现测量，而电子内镜则配有自己的图像采集系统，测量可以依赖于自身图像的像素数、图像灰度等实现。麻烦在于被测电子内镜输出自己的图像格式统一，并且生产厂家要告知其电子成像系统的像素数和像元大小。这里所述的是电子内镜空间频率响应的测量。单就光学系统而言，空间频率响应就是光学传递函数，由于电子内镜有电子成像器件，由于电子成像器件是一个个像素阵列分布，严格说来不满足空间平移不变性和线性条件。因此只能用空间频率响应（spatial frequency response，SFR）来描述。

一、基于正弦光栅的空间频率响应测量

基于正弦光栅的测量方法可以采用正弦光栅实现测量，正弦光栅（图 9-33A）应给出正弦光栅对应的空间频率，还应给出不同空间频率的最大灰度对应的光密度，如图 9-33B 所示。

通过换算可知不同空间频率处的对应的透射比，如表 9-13 所示。

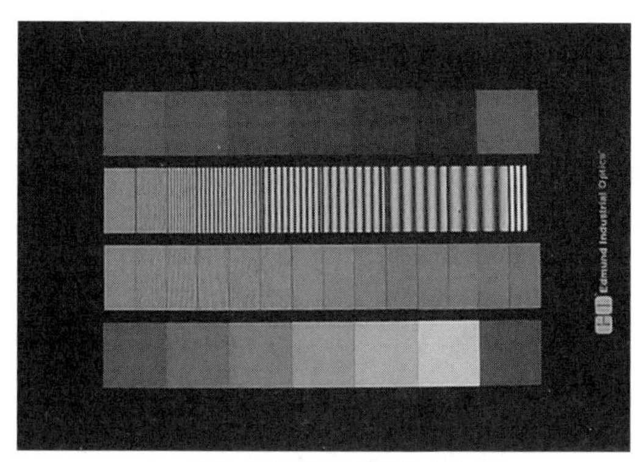

A. 正弦光栅不同区域的光密度

A	B	C	D	E	F	G
0.783	0.114	0.249	0.371	0.506	0.638	0.779

N	M	L	K	J	I	H
0.779	1.315	1.208	1.089	0.987	0.861	0.775

B. 最大灰度处对应的光密度

图 9-33　正弦光栅分划板

表 9-13　正弦光栅不同空间频率对应的透射比

空间频率	0.375	0.5	0.75	1.0	1.5	2	2.5	3
透射比	0.84	0.839	0.831	0.836	0.813	0.829	0.839	0.838
空间频率	4	5	6	8	10	12	16	20
透射比	0.815	0.825	0.819	0.814	0.814	0.815	0.824	0.829
空间频率	24	32	40	64	80			
透射比	0.810	0.823	0.8	0.822	0.738			

由此可知输入系统的物方对比度，其计算方法如公式（9-18）所示：

$$M_i=\frac{T_{max}-T_{min}}{T_{max}+T_{min}} \tag{9-18}$$

采用积分球照明将上述分划板以获得足够均匀的背景光亮度背景亮度均匀性应不小于 98%，并用电子内镜对其成像，采集图像，对某一频率的正弦光栅像的信号采集可得其光亮度分布，拟合后可得分划板像的对比度 M_o，如图 9-34 所示。

因此空间频率响应函数$SFR(\nu)=\frac{M_o}{M_i}$。

正弦光栅除了上文中的正弦光栅外，还有一种星形正弦光栅可以用来测量。

该方法测量难点在于：

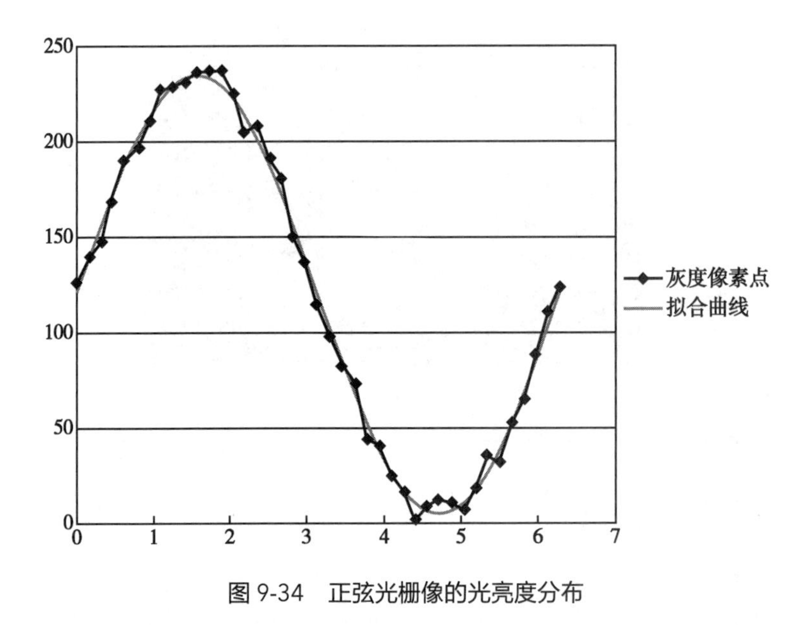

图 9-34　正弦光栅像的光亮度分布

1. 对于内镜而言，高频正弦光栅本身间隔就小，信号经过电子内镜系统的放大后，电子内镜采集到的单周期正弦图像必须具有 50 个像素，否则无法保证进一步的测量精度，因此该方法只能用来测量低频的空间频率响应函数。

2. 正弦光栅的制作难度较大，制作成本较高。

二、基于斜刀口空间频率响应测量

直刀口技术可以测量光学内镜的光学传递函数量，那么采用直刀口技术可以实现电子内镜的空间频率响应函数测量吗？答案是肯定的，但是电子内镜来说，数字成像系统的像元决定了信号采样密度，直刀口一般采样的数字扫描快递傅里叶变换（fast fourier transform，FFT）。在刀口位置，由于图像的灰阶剧烈变化，却信号数据量不足，不仅降低了测量准确性，还增加了傅里叶的变换的混频效应，使得频率响应函数高频部分的失真。

为了改善这一状况，ISO 12233-2014 给出了一种超采样的斜刀口数字扫描 FFT 技术，这种技术是将刀口倾斜，在垂直刀口的方向上采用多行数据的叠加增加了刀口采样点的密度，显著地降低了混频效应的影响，提高了测量准确度。SFR 计算步骤如下：

1. 用光电转换函数变换刀口图像数据使其线性化。

2. 按图 9-35 所示原理对刀口图像作微分处理，以得到刀口倾斜的角度值。

3. 如图 9-36，按照刀口角度，沿着楔形的边缘方向投影叠加得到线扩散函数。

4. 去除噪声以得到较为光滑的线扩展函数（LSF）。

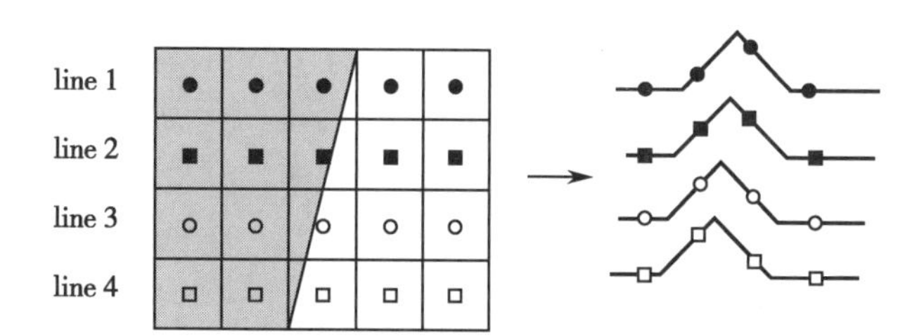

图 9-35 获取刀口倾斜的角度

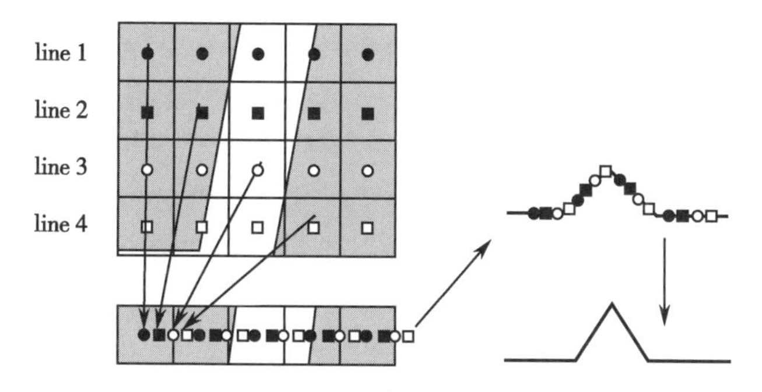

图 9-36 投影叠加得到线扩散函数

5. 对线扩展函数进行快速傅里叶变换得到频率响应函数曲线，如图 9-37 所示。

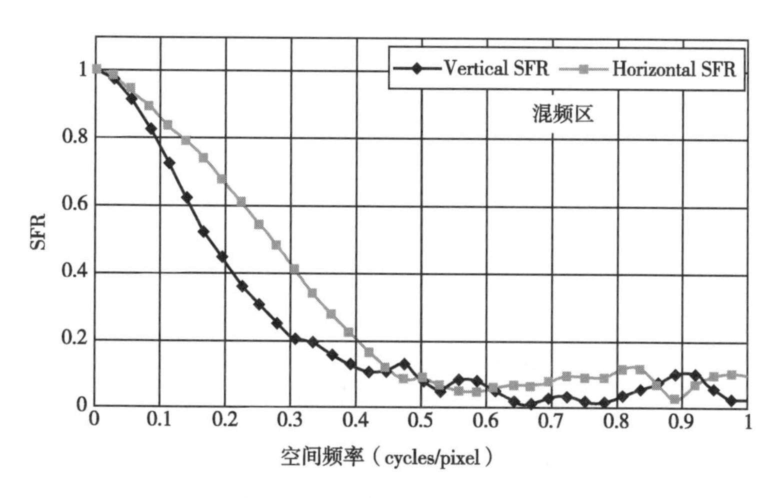

图 9-37 空间频率响应函数曲线

（刘文丽）

思考题

1. 焦度计在进行顶焦度测量时主要有哪些误差来源?

2. 校准视觉电生理仪前需要有哪些准备工作?

3. 眼压计的主要类型及其测量原理。

4. 光学传递函数测量过程中线扩散的滤波对光学传递函数曲线的影响?如何消除这一因素对光学传递函数测量准确度的影响?

第十章

生命支持与监护设备

生命支持与监护设备作为医院必备的常规设备，在临床的应用非常广泛，涉及的科室众多。在实际的临床应用过程中，为了保证产品的质量始终满足临床使用的要求，这就要求定期对该类产品的安全性与有效性进行系统、规范的检测与校准工作。

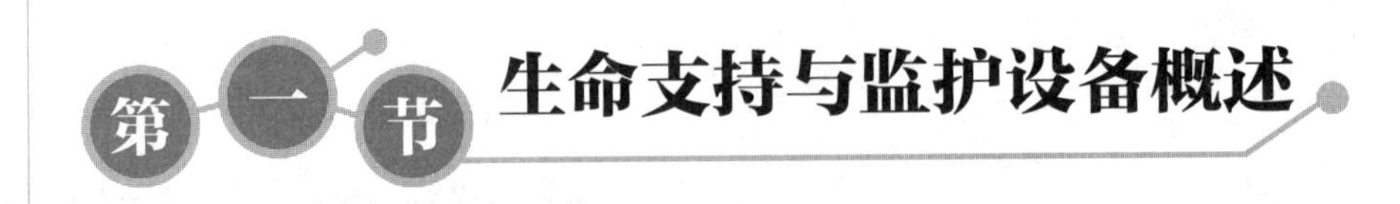

生命支持与监护设备概述

一、生命支持与监护设备分类与组成

按照临床应用的目的和所起的作用，生命支持与监护设备实际上包括两类设备：一类是用于支撑和延续人体生命的生命支持设备，一类是用于实时查看人体各项体征信息并在出现异常时及时报警的监护类设备，分类如图 10-1 所示。

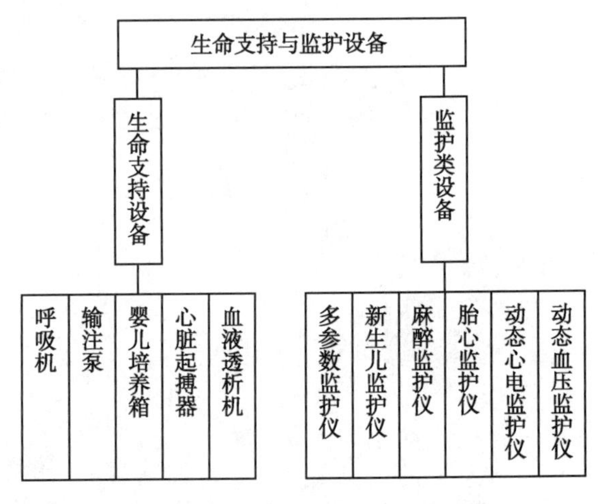

图 10-1　生命支持与监护设备分类图

1. 生命支持设备　是指支持、维持人体生命的一类医疗设备，主要产品有呼吸机、输注泵、婴儿培养箱、心脏起搏器、血液透析机等。

2. 监护类设备　是指能够连续监测病人的生理参数，检出变化趋势，指出临危情况，为医生应急处理和进一步治疗提供依据的设备。主要产品有多参数监护仪、新生儿监护仪、麻醉监护仪、胎心监护仪、动态心电分析仪、心电监护仪、动态血压监护仪、血气分析仪等。

二、生命支持与监护设备的标准体系概述

生命支持与监护设备涉及的标准化组织包括全国医用电器标准化技术委员会、医用电子仪器标准化分技术委员会和全国麻醉和呼吸设备标准化技术委员会。

前者主要负责国内医用电子仪器通用标准、专用标准、产品标准的制定和修订，后者主要负责全国麻醉和呼吸设备、吸引设备等专业领域的标准化工作。两者对口的国际标准化组织分别为 IEC/TC62 和 ISO/TC121。另外生命支持与监护设备计量检定技术法规的制修订工作主要由全国临床医学计量技术委员会、全国无线电计量技术委员会（心电）、全国压力计量技术委员会（无创血压）等组织负责。

（一）生命支持与监护设备适用的通用标准

生命支持与监护设备均属于医用电气设备，适用的通用标准除第一章第三节内容外，还涉及以下标准。

1. YY 0709-2009《医用电气设备　第1-8部分：安全通用要求　并列标准：通用要求　医用电气设备和医用电气系统中报警系统的测试和指南》 该并列标准规定了医用电气设备和医用电气系统中报警系统和报警信号的要求。并为报警系统的应用提供了指导。

2. GB/T 14710-2009《医用电气设备环境要求及试验方法》 该标准规定了医用电气设备环境试验的目的、环境分组、运输试验、对电源的适应能力、基准试验条件、特殊情况、试验程序、试验顺序、试验要求、试验方法及引用本标准时应规定的细则。该标准适用于所有符合医疗器械定义的电气设备和电气系统。该标准的目的是评定设备在各种工作环境和模拟贮存、运输环境下的适应性。

（二）生命支持与监护设备适用的专用标准

1. 呼吸机适用的专用标准

（1）GB 9706.28-2006《医用电气设备　第2部分：呼吸机安全专用要求　治疗呼吸机》：该专用标准适用于治疗呼吸机的安全，不适用于持续气道正压设备、睡眠呼吸暂停治疗设备、加强呼吸机、麻醉呼吸机、急救呼吸机、高频喷射呼吸机和高频振荡呼吸机，也不包括医院中使用的仅用作增加患者通气量的设备。

（2）YY 0601-2009《医用电气设备　呼吸气体监护仪的基本安全和主要性能专用要求》：该标准规定了预期连续运行，并应用于患者的呼吸气体监护仪的基本安全和主要性能的专用要求。该标准规定了下列要求：麻醉气体监测；二氧化碳监测；氧气监测。该标准不适用于预期与可燃性麻醉剂一起使用的呼吸气体监护仪。

（3）YY 0635.4-2009《吸入式麻醉系统　第4部分：麻醉呼吸机》：该标准规定了麻醉呼吸机基本性能的专用要求。该标准所指的麻醉呼吸机通常是一台麻醉系统的组件，并且是连续地有操作者介入的。与易燃麻醉类设备一起使用的麻醉呼吸机，在本标准的适用范围之外。

（4）YY 0042-2007《高频喷射呼吸机》：该标准规定了高频喷射呼吸机的术语和定义、要求、试验方法、检验规则、标志、使用说明书、包装标识、包装、运输、贮存等。该标准适用于呼气和吸气均呈开放状态的医用高频喷射呼吸机。

（5）YY 0600.1-2007《医用呼吸机　基本安全和主要性能专用要求　第1部分：家用呼吸支持设备》：该标准规定了家用呼吸支持设备的基本安全和主要性能的要求，该设备适用于不必使用符合YY 0600.2家用呼吸机的患者，主要用在家庭护理，也可用在其他地方（如医疗保健部分）。

（6）YY 0600.2-2007《医用呼吸机　基本安全和主要性能专用要求　第2部分：依赖呼吸机患者使用的家用呼吸机》：该标准规定了依赖呼吸机患者使用的家用呼吸机的要求，该设备适用于依赖通气支持的患者。此类设备是生命支持设备，其经常使用场所的动力源往往是不可靠的；并且通常是在受过不同程度培训的非医护人员监控下使用。该标准不适用于铁甲和“铁肺”通气机，也不适用于仅用来增加自主呼吸患者通气的呼吸机。

（7）YY 0600.3-2007《医用呼吸机　基本安全和主要性能专用要求　第3部分：急救和转运用呼吸机》：该标准规定了在紧急情况下和运送患者时所用的便携式呼吸机的要求。急救和转运用便携式呼吸机常被安装在救护车或者其他救援车辆上，但也常用于车辆之外而必须由操作人员或其他人员随身携带的场合。这些设备经常被受过不同程度训练的人员在医院外或家庭使用。该标准同样适用于被固定安装在救护车或飞机上的呼吸机。该标准不适用于人工呼吸器（如人工复苏器）。

（8）YY 0461-2003《麻醉机和呼吸机用呼吸管路》：该标准规定了抗静电和非抗静电呼吸管路和长度可以截取的呼吸管路的基本要求。这些管路用于麻醉机、呼吸机、潮化器、喷雾器配套使用。该标准还适用于呼吸管路与Y型件装配后供应或散件供应用前按照制造厂使用说明书组装的呼吸管路。呼吸管路备有带圆锥接头的装配端，或平滑端（直形或锥形）。特殊用途的呼吸管路，如那些有特殊顺应性要求的呼吸机用管路不在本标准范围内。

（9）YY 0893-2013《医用气体混合器　独立气体混合器》：该标准规定了预期连接到医用气体供应系统的医用独立气体混合器的性能和安全的要求。该标准不适用于：①每种气体流量独立控制的流量计组；②混合氧气和周围空气的气体混合器；③依赖其他医疗设备满足本标准功能要求的气体混合器。

（10）YY/T 0799-2010《医用气体低压软管组件》：该标准规定了用于下列医用气体的低压软管组件的要求：氮气；氧化亚氮（笑气）；医用空气；氦气；二氧化碳；疝气；上述气体的专用混合气；富氧空气；驱动手术器械用空气；驱动手术器械用氮气；真空。其目的是确保气体专用性，防止不同气体传输系统间的交叉连接。这些软管组件预期用于最大工作压力小于1400kPa的地方。该标准规定了对于医用气体的不可互换的螺纹接头、直径限位的安全系统接头和管接头限位系统接头的配置，并规定了不可互换的螺纹接头的尺寸。

（11）WS 392-2012《呼吸机临床应用》：该标准规定了呼吸机使用人员和单位的基本要求，临床应用流程，监测指标，呼吸机适用范围，呼吸机分类及使用方法，护理原则，呼吸机治疗过程中镇静、镇痛药和肌松药物的应用规范及呼吸机相关并发症等。该标准适用于全国各级各类医疗机构医务人员对呼吸机的临床应用。

2. 输注泵适用的专用标准　GB 9706.27-2005《医用电气设备　第2-24部分：输液泵和输液控制器安全专用要求》规定了输液泵、输液控制器、注射泵和便携式输液泵的要求。这些设备由医务人员和家庭患者根据处方和医嘱来使用。这些专用要求不适用于下列设备：专门用于诊断或类似用途（例如由操作者永久控制或管理的血管造影或其他泵）、内部输液、血液的体外循环、植入式设备或一次性使用设备、专门用于尿动力学诊断用设备、专门用于男性阳痿检测的诊断用设备。

3. 婴儿培养箱适用的专用标准　GB 11243-2008《医用电气设备　第2部分：婴儿培养箱安全专用要求》规定了培养箱的安全要求。该标准不适用于供运输婴儿用的运输用培养箱。

4. 多参数监护仪适用的专用标准

（1）GB 9706.25-2005《医用电气设备　第2-27部分：心电监护设备安全专用要求》：该标准规定了心电监护设备的专用安全要求。遥测监护设备、动态监护设备和其他记录设备不属于本专用标准的范围。

（2）YY 0667-2008《医用电气设备　第2-30部分：自动循环无创血压监护设备安全和基本性能专用要求》：该专用标准说明了关于自动循环无创血压监护设备的安全性和基本性能的要求。该专用标准不适用于采用手指传感器的血压测量设备或每次测量都需要人工启动的半自动血压测量设备。

（3）YY 0668-2008《医用电气设备　第2-49部分：多参数患者监护设备安全专用要求》：该专用标准适用于多参数患者监护设备的安全要求，该标准的范围限于有一个以上的应用部分或多于一个单项功能，且连接到单一患者的设备。该标准未对单独的监护功能做规定。

（4）YY 91079-2008《心电监护仪》：该标准对预期在该标准所规定的工作条件下使用的采用心电图方法获得心率和波形的监护仪，确立了最低性能要求。这类监护仪的下列所有部分应满足本标准：从患者身体通过无创心电检测获得心率显示、放大和传输这些信号、显示心率和（或）心电波形；以及基于可调的报警限对持续发生的与心率相关的下列现象提供报警：心脏停搏、心动过缓、和（或）心动过速。

（5）YY/T 0196-2005《一次性使用心电电极》：该标准规定了用于诊断心电图机或心电监护仪的一次性使用电极的标记、安全和性能的最低要求，任何由传感元件和电解质组成的一次性使用心电电极系统都包括在该标准范围内，活性电极、针状电极、可重复使用电极、用于传递能量的电极和主要设计用来测量心电以外的生理电信号的电极不包括在该标准范围内，关于电解质组成的要求也不在该标准范围内。

（三）生命支持与监护设备计量检定规程和校准规范

1. JJF 1234-2010《呼吸机校准规范》　本校准规范适用于治疗型呼吸机使用过程中、维修后机械通气参数的校准。设备技术验收、通气功能和安全性检查可参照本规范。本校准规范不适用于无创呼吸机、高频喷射呼吸机和高频振荡呼吸机，也不适用于医院中使用的仅用作增加患者通气量的设备。

2. JJF 1259-2010《医用注射泵和输液泵校准规范》　本规范适用于医用注射泵的校准。

3. JJF 1120-2010《婴儿培养箱检定规程》　本规范适用于使用空气温度控制方式工作的婴儿培养箱的计量性能校准。本规范不适用于利用辐射热源对婴儿保暖的开放式培养箱、使用婴儿皮肤温度控制方式工作的婴儿培养箱和转送婴儿用的转送式婴儿培养箱。

4. JJG 760-2003《心电监护仪检定规程》　本规程适用于心电监护仪及多参数监

护仪的心电监护部分的首次检定、后续检定和使用中的检验。

5. JJG 692-2010《无创自动测量血压计检定规程》 本规程适用于示波法、听诊法原理的无创自动测量血压计的型式评价、首次检定、后续检定和使用中检验。

本文中介绍的标准，因为随时间变化有可能被修订，具体请参阅适用的标准版本。

（刘洪英）

第二节 呼吸机

一、呼吸机概述

呼吸机（ventilator）又称通气机，是一种能代替、控制或改变人的正常生理呼吸，增加肺通气量，改善呼吸功能，减轻呼吸功消耗，节约心脏储备能力的装置。在 Vermont 大学开发的风险评价系统中，呼吸机被评定为 17 分，是所有医疗设备类型中临床风险最高的设备。呼吸机的质量直接关系到患者的身体健康和生命安全，因此在使用过程中需要定期对其质量控制，以保障其安全有效。

（一）呼吸机基本原理

自然呼吸过程是指在呼吸肌收缩时，胸廓容积增大，肺泡膨胀形成负压（小于大气压力），在大气压力的作用下把外界空气送入肺部；在呼吸肌放松时，肺泡收缩致使肺内压力增加，把气体呼出体外。呼吸气流主要由肺泡和大气之间的压力差形成。呼吸机的基本原理就是用机械的方法建立肺泡 - 大气压力差来模拟自然呼吸的过程。简单来说，如图 10-2 所示，在进气时，进气阀打开，出气阀关闭，气源里的高压气体进入肺部；在呼气时，进气阀关闭，出气阀打开，利用肺泡的收缩，把肺部的气体排出体外。

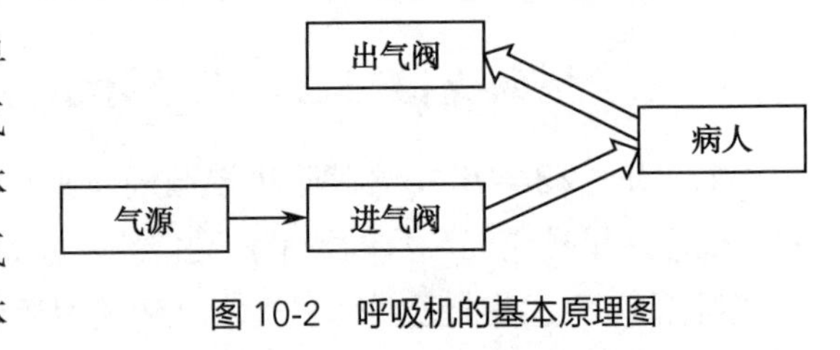

图 10-2　呼吸机的基本原理图

虽然市场上的呼吸机种类很多，但其基本结构都大致相同。呼吸机主要由动力系统、控制系统、气源、呼吸回路、辅助系统和检测报警系统组成。动力系统是指为呼吸机的运行提供动力支持的功能单元；控制系统是调节控制呼吸频率、吸呼比等参数，使呼吸机能够自动运行的功能单元；呼吸回路是呼吸机调控潮气量、流量、气道压力等参数，并实现输送气体的功能单元；呼吸回路在呼吸机与患者之间建立连接管道，在吸气相引导气流进入肺部，呼气相引导气流排出体外；检测报警系统包括安全监测和报警等单元；辅助系统包括呼吸机的参数设置、状态显示、湿化装置等。呼吸机的基本结构图如图 10-3 所示：

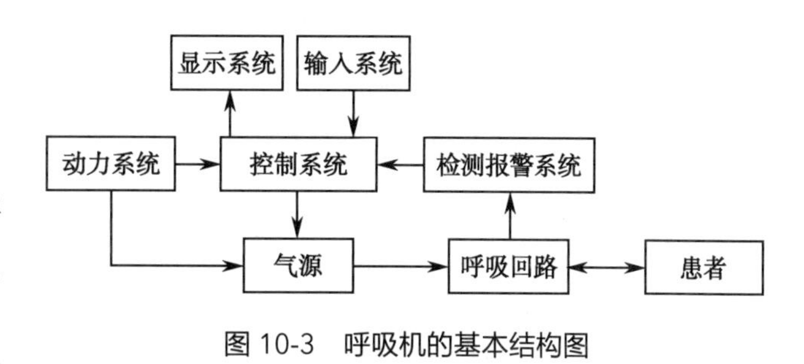

图 10-3　呼吸机的基本结构图

（二）呼吸机临床应用

通常情况下，健康人通过呼吸活动从空气中获取的氧气可以满足人体各器官的需要。但是，当呼吸系统发生功能障碍时，如溺水休克、中毒、呼吸衰竭等，均需采用人工呼吸的方式进行抢救治疗。呼吸机的主要临床应用就是替代或支持患者的呼吸运动，使其获得足够的氧气以维持生命，同时排出代谢产物 CO_2，使患者生命得到延续。具体来说，其主要用途有：①维持适当的通气量以满足各器官的生理需要；②改善气体交换功能，维持有效气体交换；③减少呼吸肌做功；④肺内雾化吸入治疗；⑤呼吸衰竭；⑥气道保护等。

二、呼吸机常用检测与校准装置

1. 呼吸机测试仪　用于检测呼吸机的主要性能参数。主要技术指标包括：流量：（10~150）L/min，最大允许误差：±3%；潮气量：（0~2000）ml，最大允许误差：±3% 或者 ±10ml；呼吸频率：（1~80）次 / 分，最大允许误差：±3%；压力：（0~10）kPa，最大允许误差：±0.1kPa；氧浓度：（21~100）%，最大允许误差：±2%（体积分数）。

2. 模拟肺　模拟患者胸肺特性（肺顺应性和气道阻力参数为固定、分档或可调）的一种机械通气负载，包括成人型模拟肺、婴幼儿模拟肺或混合型模拟肺。主要技术指标包括：模拟肺容量：（0~300）ml 和（0~1000）ml；肺顺应性：50ml/kPa，100ml/kPa，200ml/kPa，和 500ml/kPa，可根据需要进行选择；气道阻力：0.5kPa/（$L \cdot s^{-1}$），2kPa/（$L \cdot s^{-1}$）和 5kPa/（$L \cdot s^{-1}$），可根据需要进行选择。

3. 校准介质　呼吸机校准用介质应符合 GB 8982-2009《医用及航空呼吸用氧》和《中国药典》中对规定的医用氧气和医用压缩空气的要求。

三、主要参数检测与校准方法

（一）呼吸机电气安全检测

呼吸机还应该满足 GB 9706.28-2006《医用电气设备第 2 部分：呼吸机安全专用要求治疗呼吸机》，主要对电击危险的防护、对机械危险的防护、对不需要的或过量辐射危险的防护、对易燃麻醉混合气点燃危险的防护、对超温和其他安全方面危险的防护、工作数据的准确性和危险输出的防止、不正常的运行和故障状态等 7 个方面进行了特殊规定。电气安全检测一般为上市前检查项目，检查方法在标准中有详细描述，检测项目可参照标准执行。

（二）呼吸机的检测与校准

目前，国家现行的呼吸机检测与校准技术规范主要是 JJF 1234-2010《呼吸机校准规范》，此规范适用于治疗型呼吸机的校准。治疗型呼吸机指的是通气模式完善，可以让病人实现从无自主呼吸到完全自主呼吸这样一个过程的呼吸机，通俗地讲就是能让病人从没有呼吸到部分有意识呼吸直至完全可以自己呼吸的这样一个过程。此规范不适用于无创呼吸机、高频喷射呼吸机和高频振荡呼吸机的校准，也不适用于医院中使用的仅用作增加患者通气量设备的校准。

在临床工程中，为了保障呼吸机的使用安全有效，需要对其电气安全和性能参数进行质量检测。呼吸机电气安全的检测参见第一章第三节，性能检测通常参照呼吸机的校准规范和产品说明书来进行。呼吸机主要检测的性能参数有：潮气量（tidal volume，V_T）、呼吸频率（frequency，f）、吸气氧浓度（inspiration flow oxygen concentration，FiO_2）、气道峰压、呼气末正压（positive end-expiratory pressure，PEEP）。

将呼吸机与测试仪按图 10-4 所示连接。然后分别测量潮气量、呼吸频率、吸气氧浓度、吸气压力水平、呼气末正压的误差。

【注意事项】检测前，须清洁或者消毒呼吸管路；传染病人使用的呼吸机，校准前应采取必要的去污染措施。

1. 潮气量

（1）如图 10-4 所示正确连接被校准呼吸机、呼吸机测试仪和模拟肺，并按说明书要求对相关设备进行开机预热。

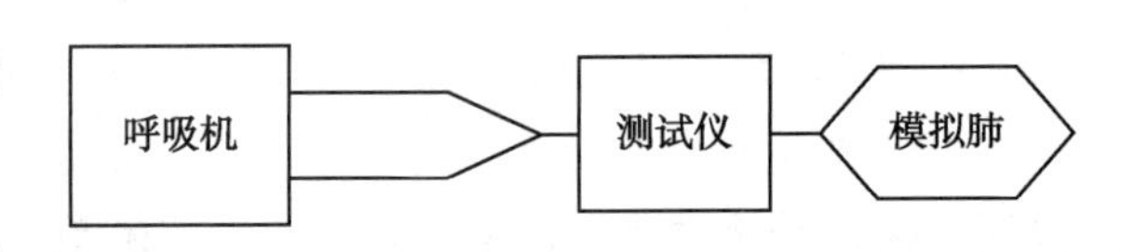

图 10-4　呼吸机校准系统连接示意图

（2）根据呼吸机类型不同，分别连接模拟肺和成人或婴幼儿呼吸管路，并按表 10-1 中的条件和参数对潮气量进行校准。

1）成人型呼吸机（adult ventilator）：在 VCV 模式和 f=20 次 / 分，I∶E=1∶2，PEEP=0.2kPa 或最小非零值，FiO_2=40% 的条件下，分别对 400ml、500ml、600ml 和 800ml 潮气量值进行校准，并记录呼吸机潮气量监测值和测试仪潮气量测量值，见表 10-1。

表 10-1　成人型呼吸机潮气量校准表

	模拟肺（0~1000）ml			
	VCV 模式，f=20 次 / 分，I∶E=1∶2，PEEP=0.2kPa 或最小非零值，FiO_2=40%			
设定值（ml）	400	500	600	800
顺应性（ml/kPa）	200	200	200	500
气道阻力［kPa/（L·s^{-1}）］	2	2	2	0.5

2）婴幼儿型呼吸机（pediatric ventilator）：在VCV模式和f=30次/分，I：E=1：1，PEEP=0.2kPa或最小非零值，F_iO_2=40%的条件下，分别对50ml、100ml、150ml、200ml和300ml等潮气量值进行校准，并记录呼吸机潮气量监测值和测试仪潮气量测量值，见表10-2。

表10-2 婴幼儿型呼吸机潮气量校准表

	模拟肺（0~300）ml				
	VCV模式，f=30次/分，I：E=1：1.5，PEEP=0.2kPa或最小非零值，FiO_2=40%				
设定值（ml）	50	100	150	200	300
顺应性（ml/kPa）	50	50	100	100	100
气道阻力［kPa/（L·s^{-1}）］	5	5	2	2	2

3）通用型呼吸机：按此节1）和2）的方法进行校准。

（3）潮气量相对误差按公式（10-1）计算：

$$\delta=\frac{\overline{V}_0-\overline{V}_m}{\overline{V}_m}\times100\% \tag{10-1}$$

式中：δ——被校准呼吸机潮气量相对示值误差；

$\overline{V}_0$——被校准呼吸机潮气量3次监测值的算术平均值，ml；

$\overline{V}_m$——测试仪潮气量3次测量值的算术平均值，ml。

如被校准仪器不具备潮气量监测功能时，公式（10-1）中$\overline{V}_0$指被校准呼吸机潮气量的设定值。对于输送潮气量大于100ml或者分钟通气量大于3L/min的呼吸机，最大相对示值误差不超过±15%。对于输送潮气量小于100ml或分钟通气量小于3L/min的呼吸机，应满足使用说明书的相关要求。

【注意事项】影响潮气量输出或监测的常见因素有：①空氧混合阀发生故障；②主控电路发生故障；③流量检测传感器出现故障；④呼吸回路漏气。

2. 呼吸频率

（1）按图10-4连接好被校准呼吸机、呼吸机测试仪和模拟肺后，在VCV模式和V_T=400ml，I：E=1：2，PEEP=0.2kPa，F_iO_2=40%的条件下，分别对40次/分、30次/分、20次/分、15次/分和10次/分等呼吸频率值进行校准，并记录呼吸机呼吸频率监测值和测试仪呼吸频率测量值。

（2）呼吸频率相对示值误差按公式（10-2）计算：

$$\delta=\frac{\overline{f}_o-\overline{f}_m}{\overline{f}_m}\times100\% \tag{10-2}$$

式中：δ——被校准呼吸机呼吸频率相对示值误差；

$\overline{f}_o$——被校准呼吸机呼吸频率3次监测值的算术平均值，次/分；

$\bar{f}_m$——测试仪 3 次测量值的算术平均值，次 / 分。

如被校准仪器不具备呼吸频率监测功能时，公式（10-2）中 $\bar{f}_o$ 指被校准呼吸机呼吸频率的设定值。呼吸频率最大允许误差不超过 ±10%。

3. 吸气氧浓度

（1）按照图 10-4 连接好被校准呼吸机、呼吸机测试仪和模拟肺后，在 VCV 模式和 V_T=400ml，f=15 次 / 分，I∶E=1∶2，PEEP=0.2kPa，的条件下，分别对 40%、60%、80% 和 100% 等吸气氧浓度值进行校准，并记录呼吸机吸气氧浓度监测值和测试仪吸气氧浓度测量值。

（2）吸气氧浓度示值误差按公式（10-3）计算：

$$\delta=\bar{m}_0-\bar{m}_m \qquad (10\text{-}3)$$

式中：δ——被校准呼吸机吸气氧浓度示值误差；

$\bar{m}_0$——被校准呼吸机吸气氧浓度 3 次监测值算术平均值；

$\bar{m}_m$——测试仪 3 次测量值的算术平均值。

如被校准仪器不具备吸气氧浓度监测功能时，公式（10-3）中 $\bar{m}_0$ 指被校准呼吸机吸气氧浓度的设定值。婴幼儿型呼吸机呼吸频率、气道峰压和吸气氧浓度的校准方法与成人型呼吸机的校准方法相同，校准条件可选用婴幼儿模拟肺、潮气量设为 150ml、吸呼比设为 1∶1.5，其他条件可不变。吸气氧浓度体积分数需在 21%~100% 范围，最大允许误差不超过 ±10%（体积分数）。

【注意事项】影响 FiO_2 输出或监测的主要因素有：①空氧混合阀发生故障；②主控电路发生故障；③氧电池出现故障。

4. 气道峰压

（1）按照图 10-4 连接好被校准呼吸机、呼吸机测试仪和模拟肺后，在压力控制通气模式（PCV 模式）和 f=15 次 / 分，I∶E=1∶2，PEEP=0，FiO_2=40% 的条件下，分别对呼吸机 1.0kPa、1.5kPa、2.0kPa、2.5kPa 和 3.0kPa 等气道峰压值进行校准，并记录呼吸机气道峰压监测值和测试仪气道峰压测量值。

（2）气道峰压示值误差按公式（10-4）计算：

$$\delta=\bar{p}_0-\bar{p}_m \qquad (10\text{-}4)$$

式中：δ——被校准呼吸机气道峰压示值误差；

$\bar{p}_0$——被校准呼吸机气道峰压 3 次监测值的算术平均值，kPa；

$\bar{p}_m$——测试仪 3 次测量值的算术平均值，kPa。

如被校准仪器不具备气道峰压监测功能时，公式（10-4）中 $\bar{p}_0$ 指被校准呼吸机气道峰压的设定值。气道峰压最大允许误差不超过 ±（2%FS+4%× 实际读数）。

5. 呼气末正压

（1）按照图 10-4 连接好被校准呼吸机、呼吸机测试仪和模拟肺后，在 PCV/VCV 模式和 IPL=2.0kPa，V_T=400ml，f=15 次 / 分，I∶E=1∶2，FiO_2=40% 的条件下，分别对呼吸机 0.2kPa、0.5kPa 和 1.0kPa 等呼气末正压进行校准，并记录呼吸机呼气末正压监测值和测试仪呼气末正压测量值。

（2）呼气末正压示值误差计算参照公式（10-4）中的内容。呼气末正压最大允许误差不超过 ±（2%FS+4%× 实际读数）。

【注意事项】影响 PEEP 的主要因素有：①呼气阀故障；②呼吸回路漏气；③压力传感器损坏；④流量传感器损坏等。

（梁 振　许照乾）

第三节 输注泵

一、输注泵概述

输注泵是医用输液泵（infusion pump）和注射泵（syringe pump）的合称。顾名思义，它是一种输液或注射用的医疗器械。输液是治疗过程中至关重要的一个环节，也是最普通、最常见的治疗方式。用医用输注泵代替重力输液和人工注射是医疗技术的一个发展和突破，它可以把少量液体和药物精确、恒量、恒速、持续泵入病人体内。由于使用输注泵的患者多处于病情多变的高危期，稍有不慎就将对患者的病情造成不良影响。若输液过快，可能会导致中毒，更严重时会导致水肿和心力衰竭；输液过慢则可能发生药量不够或无谓地延长输液时间，使治疗受影响并给患者和护理工作增加不必要的负担。因此，在临床使用时需要对其检测校准，以保证其性能在合格范围之内，保障输液安全。

（一）输液泵

最常见的输液方法是重力式输液，是把装在瓶中或输液袋中的液体悬挂在高处，利用重力的作用使液体通过输液皮管流入静脉内，流量的大小由安放在皮管上的夹子来进行手工调节，调节的指标是看滴管中的滴速（滴 / 分）。由于重力式输液具有不能准确控制输液速度等缺点，无法满足临床精确用药的需求。输液泵是用来取代重力式输液的新型仪器，能够准确控制输液滴数或输液流量，保证药物能够匀速、药量准确并且安全地进入病人体内。常见输液泵的主要种类有：指状蠕动泵、盘状蠕动泵、弹性输液泵等。

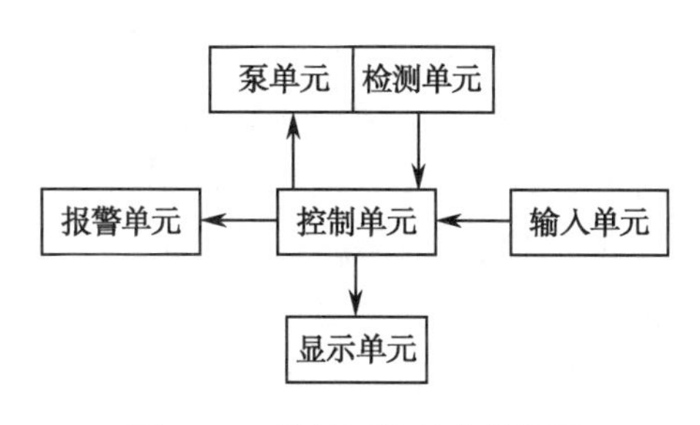

图 10-5　输液泵的基本结构图

1. 输液泵工作原理　如图 10-5 所示，输液泵主要由控制单元、泵单元、检测单元、报警单元、输入单元和显示单元组成。控制单元是输液泵的核心，对整个系统进行智能控制和管理。泵单元是输送药液的动力源。泵单元在控制单元的指挥下把药物按照预设的速度均匀地输入到病患体内。常见的泵单元有：指状蠕动泵、盘状蠕动泵、弹性输液泵。检测单元主要包括各种传感器及信号调理电路，能检测液体流量、流速、压力、气泡等信息，并送给控制系统，形成闭环反馈。报警装置主要有光电报警和声音报警，能及时地发出异常警报。输入单元用来设定输液的各种参数，如输液量和输液速度等。显示单元用来显示各参数及系统运行状态，多采用LED数码管和LCD显示。输液泵在工作时，泵单元在控制单元的作用下，按照一定顺序和规律进行往复运动，像波一样依次挤压输液管，使得药液以一定的速度定向流动。

2. 输液泵临床应用 输液泵的临床用途有：①控制输液速度；②静脉营养；③持续性鼻胃饲；④输注半衰期短的强烈血管活性药物，如儿茶酚胺、硝普盐等；⑤输注具有潜在毒性的药物，如抗心律失常药物、化疗药物、肝素、胰岛素及血管加压素等；⑥保留血管内监护用导管（特别是动脉内导管）。

（二）注射泵

又称微量注射泵，是一种定容型的输注泵，它在单位时间内把药物溶液均匀地注入静脉内，可以严格控制输液速度以保证血液中药物的有效浓度。注射泵具有操作简单、定时精度高、流速稳定、易于调节、小巧便携的优点，已成为医院急救、治疗及护理方面的常用设备。

1. 注射泵工作原理 注射泵通常由电机及其驱动器、丝杆和支架等构成，具有往复移动的丝杆、连接器，因此也称为丝杆泵。连接器与注射器的活塞相连，注射器里装有药液。工作时，控制系统发出控制脉冲使电机旋转，而电机带动丝杆将旋转运动转换成直线运动，推动注射器的活塞进行注射输液，把注射器中的药液注入人体。通过设定丝杆的旋转速度，就可调整其对注射器活塞的推进速度，从而调整所给药物的量。其原理结构图如图10-6所示。

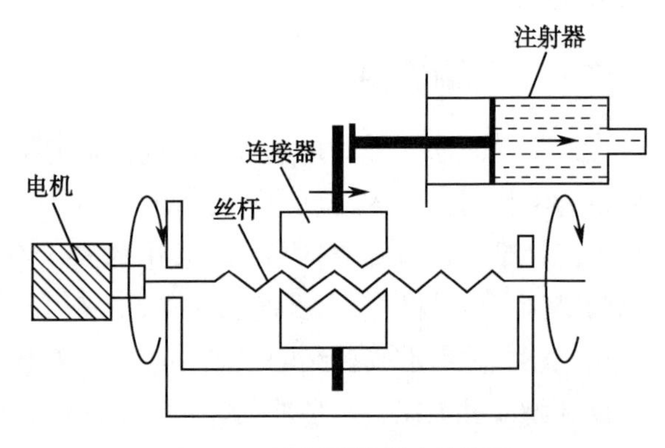

图10-6　注射泵的基本结构图

2. 注射泵临床应用 当输液量较少时，常由护士使用一次性注射器手动完成。但是，当临床所用的药物必须经由静脉注入体内，而且给药量必须非常准确、总量很小、给药速度需缓慢或长时间恒定的情况下，则应当使用注射泵来实现。注射泵在临床上广泛应用于重症监护室或手术室内，用于注射升压药、降压药、化疗药、抗癌药、缩宫药、麻醉药以及营养和输入血液等。常用注射泵注入的药物有：多巴胺、肾上腺素、利多卡因、硝酸甘油等。

二、输注泵常用检测与校准装置

输注泵的常用检测与校准工具为：输液泵（注射泵）检测仪、注射器等。可以用来分析输液泵、微量注射泵的流量、累计流量、压力等参数。

1. 输液泵（注射泵）检测仪 输液泵（注射泵）检测仪用于检测输液泵（注射泵）的流量各参数。该检测仪主要参数包括：流量测量范围：（5~1000）ml/h，分辨力，0.01ml/h，最大允许误差：±1%；累计流量测量范围：0.06~9999ml；阻塞压力：0~200kPa，最大允许误差：±1%。

2. 校准介质 校准介质为符合 GB/T 6682-2008《分析实验室用水规格和试验方法》要求的蒸馏水或去离子水。

三、主要参数检测与校准方法

（一）输注泵电气安全监测

输液泵（注射泵）还应该满足 GB 9706.27-2005《医用电气设备第 2-24 部分：输液泵和输液控制器安全专用要求》，主要对电击危险的防护、对机械危险的防护、对不需要的或过量辐射危险的防护、对超温和其他安全方面危险的防护、工作数据的准确性和危险输出的防止等 5 个方面进行了特殊规定。电气安全检测一般为上市前检查项目，检查方法在标准中有详细描述。

（二）输注泵的检测与校准

输注泵主要检测参数有流量和阻塞报警误差。检测方法及最大允许误差范围参照 JJF 1259-2010《医用注射泵和输液泵校准规范》校准规范实施。主要的计量指标流量与阻塞报警误差两个方面的测试如下：

1. 流量相对示值误差 流量的校准点应根据被校仪器的实际使用范围，按需要确定校准点数，一般不少于 3 点，且尽可能分布不同的流量范围段中。流量的校准采用医用注射泵和输液泵检测仪（以下简称检测仪）进行。校准时，必须待流量稳定后方可记录。对于同时具有瞬时流量和平均流量测量功能的检测仪，记录平均流量读数。

流量相对示值误差按公式（10-5）计算：

$$\delta_i = \frac{Q_i - \bar{Q}_i}{\bar{Q}_i} \times 100\% \qquad (10\text{-}5)$$

式中：δ_i——被校仪器第 i 校准点的流量相对示值误差；

Q_i——被校仪器第 i 校准点的流量设定值，ml/h；

$\bar{Q}_i$——检测仪在第 i 校准点 3 次测量值的算术平均值，ml/h。

2. 流量示值重复性 按公式（10-6）计算：

$$b_i = \frac{R}{1.69\bar{Q}_i} \times 100\% \tag{10-6}$$

式中：b_i——被校仪器第 i 校准点的流量示值重复性。

R——检测仪在第 i 校准点 3 次测量值的极差，ml/h。

取上述各校准点的最大示值重复性作为校准结果。

流量注射泵和输液泵流量相对示值误差和示值重复性应符合表 10-3 的规定。

表 10-3 流量相对示值误差和示值重复性

器具名称	流量范围（ml/h）	相对示值误差	示值重复性
注射泵	[5，20）	±6%	2%
	[20，200]	±5%	
	（200，1000]	±6%	
输液泵	[5，20）	±8%	3%
	[20，200]	±6%	
	（200，1000]	±8%	

3. 阻塞报警误差 阻塞报警压力的校准采用检测仪进行。将被校仪器设置为输液状态，流量设定为中速，检测仪设置为测试阻塞报警状态。当被校仪器输液受阻后，必须产生相应的声光报警并停机，记录此时检测仪测得的阻塞报警阈值，同时检查被校仪器是否出现漏液及管道破损等现象。对于具有多级阻塞报警设定值的被校仪器，根据用户的实际需要进行校准。

阻塞报警误差按公式（10-7）或（10-8）计算：

$$\Delta p = p_s - p_c \tag{10-7}$$

$$\Delta p_r = \frac{p_s - p_c}{p_c} \times 100\% \tag{10-8}$$

式中：Δp——被校仪器阻塞报警绝对误差，kPa；

Δp_r——被校仪器阻塞报警相对误差；

p_s——被校仪器阻塞报警设定值，kPa；

p_c——检测仪测得的阻塞报警阈值，kPa。

阻塞报警设定值与阻塞报警阈值之差的最大允许误差：±13.33kPa（±100mmHg）或阻塞报警设定值的 ±20%（两者取大者）。

【注意事项】

1. 影响流量输出或监测的主要因素有：①应检查输液管路是否通畅，必须排空气泡；②注射器要安装到位，否则会被默认为其他流速，影响检测精度或造成液体“虹吸”

现象，如果连接管变色，应及时更换，因其会影响检测数据的准确性；③输注管道破损或泄漏；④泵管与输注泵不配套；⑤挤压条和凸轮长期使用产生的机械磨损导致输液精度下降。

2. 影响阻塞报警的主要因素有：①输注管道破损或泄漏；②泵管与输注泵不配套；③不同型号的注射器，更大的注射器延迟阻塞后报警时间，阻塞解除后注入体内药物的剂量增加。

（梁 振 许照乾）

第四节 婴儿培养箱

一、婴儿培养箱概述

婴儿培养箱（infant incubator）是一种用于婴儿培养和护理的医疗设备。它模拟母体内环境为早产婴儿或需要保温的新生儿提供一个空气清洁，温湿度适宜的生活环境。现在的婴儿培养箱已从早期的仅有保温功能发展至全面模拟子宫环境的功能。目前最先进的婴儿培养箱不仅能对温度、湿度按设定值进行自动控制，对氧浓度实时监测，还可以提供各种附加功能，如拍X线片、称重等。在培养箱里护理培养的婴儿抵抗力往往很弱，对培养箱的环境要求很高，稍有不慎就会给婴儿带来生命危险。因此，必须关注婴儿培养箱的质量安全，严格执行预防性维护，并进行检测和校准。

（一）婴儿培养箱基本原理

目前市场上培养箱的品牌很多，但其基本结构和工作原理大同小异。通常，婴儿培养箱主要由婴儿舱、控制系统和机架组成。婴儿舱是一个保持温度恒定，可直接观察婴儿、与周围环境隔离的半密闭空间。控制系统负责婴儿培养箱整体功能实现。机架用来支撑和存放控制系统和婴儿舱。此外，婴儿培养箱还配备报警系统，实时检测箱温、肤温、湿度、氧浓度等参数，一旦超出允许范围就会发出声光警报。

大多培养箱是采用“对流热调节”方式，采用加热片或加热管对箱内的循环空气进行加热，以补充箱体散发的热量，维持箱内温度恒定。采用风扇驱动箱内热空气循环流动，并利用微机技术对温度实施伺服控制。在空气循环过程中，还可以补充空气中的水分，来维持箱内的湿度。

（二）婴儿培养箱临床应用

婴儿培养箱的基本功能是通过控制箱内的空气温度和湿度为新生儿提供温度适宜的环境，减少婴儿能量损耗，促进婴儿发育成长。通常具有以下指征的婴儿应给予培养箱保温：①需要裸体观察或进行医疗、输液、处置的婴儿；②早产儿、低体重儿、病弱婴儿。特别是出生体重低于 1.5kg 的极低体重儿，这些婴儿要求较高的环境温度，在一般室温下可发生低体温。培养箱除了可以维持婴儿体温外，可以隔离环境，甚至还能提供蓝光辐照进行黄疸治疗。

二、婴儿培养箱设备常用检测与校准装置

1. 温度测量标准器 用于婴儿培养箱温度指标的检测，要求其测量范围：（20~50）℃，最大允许误差 ±0.2℃；分辨力不超过 0.01℃；时间常数：小于 15 秒。

2. 湿度计 测量范围：（0~100）%RH，最大允许误差：±3%RH；分辨力不超过 0.1%RH。

3. 声级计 测量范围：（30~100）dB 的二级声级计。

4. 气体标准物质 氮气中氧标准气体，扩展不确定度不超过 1.5%（k=3）。

三、主要参数检测与校准方法

（一）婴儿培养箱检测与校准

1. 平均培养箱温度 培养箱温度是指婴儿舱内垫子表面中心上方 10cm 处的空气温度。平均培养箱温度是指在稳定温度状态时，均匀间隔读取培养箱温度的平均值。检测目的在于测试培养箱温度随时间变化的稳定性。测试时选取培养箱常用温度范围中 32℃和 36℃两个点进行测试。测试开始前，应使培养箱处于稳定温度状态，即 1 小时内，培养箱温度变化不超过 1℃。随后至少测试 1 小时，以验证是否符合要求。

指定点平均温度与平均培养箱温度之差不大于 0.8℃。指定点平均温度与平均培养箱温度之差的检测目的在于测试培养箱温度的空间均匀性。测试时，使用校准过的温度传感器放在床垫上方 10cm 并与垫子平行的平面上的五个点处。点 M 在垫子中心上方 10cm 处。其余各点应在长度和宽度的二等分线形成的四块面积的中心，如图 10-7 所示，测量这五个点的每一点的平均温度。5 个测得值与平均培养箱温度的差应不大于 0.8℃。测试时选取培养箱常用温度范围中 32℃和 36℃两个点进行测试。如果培养箱床垫托盘可以倾斜，则应在两个倾斜角为极限值时的位置下分别进行试验。其结果不应大于 1℃。

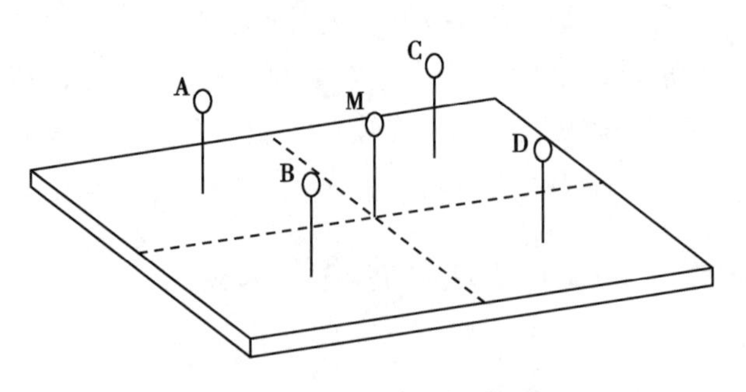

图 10-7　培养箱温度测量点

2. 皮肤温度传感器显示温度范围和精度 皮肤温度传感器显示范围应至少从 33℃至 38℃，精度应在

±0.3℃内。检测目的在于确保皮肤温度传感器满足控制温度需要。测试时，将皮肤温度传感器浸入36℃水浴中，使用标准温度计的温度传感器靠近皮肤温度传感器，皮肤温度传感器的读数与水浴温度的差异应不大于 ±0.3℃。

3. 婴儿温度控制的培养箱方式控温准确性 是测量皮肤温度传感器测得的温度与控制温度之间的差异不应大于0.7℃。检测目的在于检验婴儿温度控制培养箱的控温有效性。婴儿温度控制的培养箱工作方式通常与空气温度控制的培养箱不同，由于婴儿恒温系统发育不全，既不能认为其接近于婴儿本身的核心温度，也不一定与环境温度成正比，因此其控制温度有效性的验证较为复杂。此测试方法是基于目前经验较为合理的测试方法，也可采用经过证明的更合适的检测方法。

4. 空气温度控制的培养箱方式控温准确性 是培养箱以空气温度控制的培养箱方式工作时，平均培养箱温度与控制温度之间的差异不应大于1.5℃。此测试在控制温度为36℃时进行。

5. 升温时间 设备的升温时间应不大于使用说明书规定的升温时间的20%。测试时，将培养箱工作在空气温度控制的培养箱方式，供电电压等于额定电压，如果有不止一个额定电压，应考虑最恶劣情况，一般为最低额定电压。控制温度设定高于环境温度12℃，从冷态开始将培养箱通电，测量培养箱温度上升11℃的时间，应不大于使用说明书规定的升温时间的20%。如果有湿度控制器，应将控制器设定在最大，并将湿化器的水容器加入环境温度水温的水，并设置为正常水位。

6. 温度超调 测试目的是防止在升温过程中，因控制器采样频率不足、加热装置热容比过大等原因导致的培养箱温度明显超出设定温度的风险。测试时将控制温度设定为32℃，直到稳定温度状态，然后将温度控制器调到36℃，测量培养箱温度的超调量和重新回到新的稳定温度状态的时间。

7. 报警功能检查 婴儿培养箱应具有电源中断报警，当电源中断时报警器应发出相应的声光报警。在婴儿培养箱启动状态下，中断电源，报警器应发出相应的声光报警。婴儿培养箱应具有风机报警，当风机停转或风道堵塞时，应自动切断加热器电源，同时发出相应的声光报警。将出风口与进风口分别用人为方式（如密织的布）阻塞，培养箱应能发出相应的声光报警。婴儿培养箱应具有过热切断装置，其动作必须独立于所有恒温器。它必须能使婴儿培养箱显示温度上升到38℃时启动过热切断装置，并发出相应的声光报警，超温报警应是手动复位。对于控制温度可超过37℃并达到39℃的培养箱，应另配备在培养箱为40℃时动作的第二过热切断装置。在此情况下，38℃的过热切断作用应能自动地或通过操作者的特别操作而停止。可使用电加热等设备，对箱内或对超温监控传感器加热，当温度达到报警温度后，培养箱应发出相应的声光报警。对于控制温度可越过37℃并达到39℃的培养箱，38℃及40℃两个超温监控传感器均须检查。

（二）婴儿培养箱使用安全检测

1. 培养箱机械紧闭性 为保证培养箱的机械禁闭性，同时防止门关闭不紧或锁闭不牢的情况，设计本试验。测试前，应注意将各个出入口的门设置为看上去已经关好，尽可能地不关牢靠。随后使用推力计，在各个门的中央施加推力，在（5~10）秒内将力逐渐增加至20N，并在最大值保持5秒，各出入口和门应保持紧闭而不会被打开。测试中应注意，不应施加瞬间的冲力，保持推力变化的连续性。

2. 附件用支架和托架强度 本测试目的在于确认附件用支架和托架强度。测试前应考虑各个设备的部件和附件组合成最不利的状态。例如打开到最大，或打开至最高。对于托盘或床垫托盘，应在完全伸展的情况下，对托盘外缘中央施加向下的力，其倾斜不应超过5°，检查结构不应有裂纹、不可恢复的变形等可见的损伤迹象。

3. 正常使用时的稳定性 设备在正常使用中，应考虑其保持稳定性的能力。测试时，应将设备装上所有附件，将设备的轮子置于锁住位置，并放在与水平面成10° 的斜面上。设备应能保持稳定。最后将设备放在5°的斜面上，将轮子固定在最不利位置，门抽屉及类似装置放在最不利位置，床垫托片应伸出箱罩外。设备应能保持稳定。最后还应考虑意外撞击的可能。在水平地面上将轮子锁住，门抽屉及类似装置放在最不利位置，在培养箱最高处施加一个不大于100N的水平侧向力，培养箱不应翻倒。

4. 超温 培养箱与婴儿接触的表面温度更改为不超过40℃，可能会接触到婴儿的表面温度，金属不应超过40℃，其他材料应不超过43℃。考虑单一故障时，还应考虑以下一些情况：空气循环发生故障，通常考虑循环风扇被卡住，或婴儿舱的出风口被织物堵住等情况；恒温器发生故障，通常需要同时考虑短路或开路故障。即使是带自动故障检测的恒温器，也要考虑芯片实效等故障状态；皮肤温度传感器断开，通常考虑电路开路的情况。

5. 液体倒翻和泄漏 液体倒翻试验通常考虑输液袋等液体倒翻的风险。因此此试验通常用200ml水从设备顶部匀速倒下模拟故障，或在箱内均匀喷水，再用200ml水倒在托盘上。随后检查是否可能会影响设备的安全性。

6. 声压级 为保护婴儿听力，通常要求培养箱内声压级不超过60dB的A加权声压级。但同时为保证操作者可以听到报警声，要求培养箱控制器正前方3m处，至少应能达到65dB的A加权声压级。此两项要求相互制约，应考虑在各自最不利的设置下达到要求。

7. 箱罩内最大空气速率 正常使用时，床垫上方的空气流速不应超过0.35m/s。应注意风速仪传感器的方向性对测试结果的影响。

8. 二氧化碳浓度 培养箱的婴儿舱结构和风扇速度等因素决定了培养箱使用中二氧化碳的积聚速度，由于二氧化碳浓度不可见，因此需要通过本试验进行评估。测试时，将4%的二氧化碳与空气的混合气以750ml/min输入婴儿舱。输入管直径约8mm，管口垂直于床垫放置于床垫中心上方10cm处。达到稳定后，在管口周围15cm处测量二氧化碳浓度。应不高于说明书中的规定。

（卓 越　许照乾）

第五节 监护类产品

一、监护设备概述

临床上需要长时间持续检测病人的生理参数以判断病情的发展及治疗效果。最早这种检测均由人工完成，这不仅加重了医护人员的负担，而且难以保证检测的可靠性。随着传感器技术、电子技术和计算机技术的发展，出现了用于持续检测病人生理参数并进行自动分析的电子仪器，即监护仪。监护仪是一种用以测量和控制病人生理参数，并可与已知设定值进行比较，如果出现超差可发出报警的装置或系统。

二、监护仪的原理结构

监护仪由各种传感器、信号处理模块等构成。各种生理信号由传感器转换成电信号，经前置放大、处理后送入计算机进行结果的显示、存储和管理，其结构如图 10-8 所示。

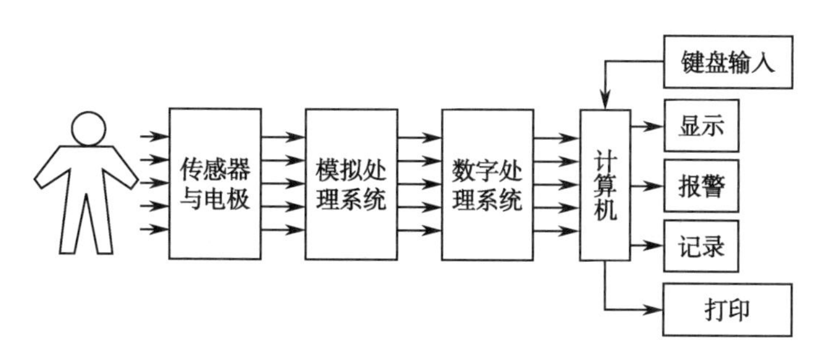

图 10-8　监护仪原理结构框图

三、监护仪的临床应用

根据临床护理对象和监护目的不同，医用监护仪主要用于：重危病人的监护、手术中和术后的监护、产妇生产的分娩监护和胎儿监护、恢复期病人的监护、治疗中病人（如肾透析、高压氧舱、放射线治疗、精神病等）的监护、为确诊进行的长期监护等。

随着现代医学技术和生物工程技术的不断发展，监护仪在监测的生理参数上，从传统的心电、心率、无创/有创血压、体温、呼吸、脉搏、血氧饱和度等，进一步增加和细化了多种生理参数。如：脑电、心排量、连续心排量、熵指数、脑电双频指数、内脏血流动力学监测、肌松监测、血气分析、电解质分析、麻醉气体等。利用计算机控制还能进行多种数据的分析和处理，如心电图/心律失常检测、心律失常分析回顾，ST段分析等。

监护仪除监护功能外，还有疾病诊断和治疗的功能，同时还有抢救功能，如动态心电图（HOLTER）和血压监测仪、心脏除颤监护仪等。

随着科学技术的发展，监护仪监测参数不断增加，监护功能和其他功能不断增强，它将更多更广地被临床所应用。

四、监护仪的分类

目前临床上使用的监护仪多种多样，结构和功能各不相同，很难用一个统一的标准对其进行分类。从不同的角度可以对监护仪器进行不同的分类，具体如表10-4所示。

表10-4 监护仪的分类表

分类标准	分类	特征
仪器构造	一体式监护仪	监护参数固定，不可变
	插件式监护仪	每个或每组监护参数有独立插件、监护参数随插件配置可调
仪器接收方式	有线监护仪	病人所监测的数据通过导线与主机连接传输
	遥测监护仪	通过无线的方式发射和接收监测数据
功能分类	通用监护仪	包括最常用的监测参数如心电、无创血压、血氧饱和度等
	专用监护仪	针对某些疾病或场所设计及使用，如手术监护仪、冠心病监护仪、胎心监护仪、呼吸率监护仪、麻醉监护仪、脑电监护仪、颅内压监护仪、心脏除颤监护仪等
使用范围	床边监护仪	设置在病床边与病人连接在一起的监护仪
	中央监护仪	由主监护仪和若干床边监护仪组成，通过主监护仪控制各床边监护仪实现多个被监护对象情况的同时监护
	离院监护仪	病人可以随身携带的小型电子监护仪
监护仪的作用	纯监护仪	单一监护功能
	抢救、治疗用监护仪	既有监护功能，又有抢救和治疗功能，如心脏除颤监护仪
检测参数	单参数监护仪	只能监护一种生理参数
	多参数监护仪	可以同时监护多个生理参数

五、监护仪常用检测与校准装置

监护仪临床应用广泛，技术参数众多，在临床环境下如对其全部参数进行检测是不切实际的。临床使用最多的监测参数是心电、呼吸、血压和血氧饱和度，如对这四类参数进行质量检测，即可恰当地判断设备的质量状况。对这些参数的检测多采用模拟器检验方法。该方法的计量测试标准器主要包括心电模拟器、无创血压模拟器和血氧饱和度模拟器。

（一）心电模拟器

心电信号的测量是针对心脏心肌细胞的电活动在体表各方向上的投影分量，通过心电电极和连接电缆、信号放大电路、滤波电路、数字处理电路和相应的软件等进行测量并显示，是一种直接的电信号测量方法。测量的准确与否主要取决于电路增益设计的准确性、信道的通频带宽度及特征波形识别算法。在检验方法上若能按规定的连接形式输入准确的标准信号，如一定频率 / 幅度的三角波、正弦波、方波或模拟心电信号等，就可以通过对输入信号的测量来检验上述心电信号处理通路的状态和设置的准确与否。

基于阻抗法的呼吸信号的监测主要利用心电电极、电缆及呼吸信号监测电路和相关的波形识别算法来完成呼吸监测。若通过数字方式设置一定的基础阻抗、产生特定的电阻大小变化和电阻大小变化的节律来模拟人体胸部阻抗变化及变化节律，即可模拟人体的呼吸状态及其变化。

心电模拟器可产生各种电信号，用于模拟心电、呼吸（阻抗法）、有创血压、体温等信号。

（二）无创血压模拟器

无创血压模拟器和多数监护仪的血压测量原理一样，采用振荡法来模拟人体的血压产生过程。当设置某组血压值后（收缩压、平均压和舒张压），无创血压模拟器会根据这组血压值来产生振荡波和相应的袖带压力，最大振荡波的幅度值处的袖带压力对应于平均压，根据这个平均压和相应的比例系数来确定收缩压和舒张压，即无创血压模拟器会根据内部的程序设置来固定地给出每组血压值和相应的振荡波。

值得注意的是采用模拟器评价检测血压测量模块实际上就是用模拟器的若干个标准曲线（基于经验公式所得的不同包络线的振荡波和相应的袖带压力）去评价血压测量模块的经验公式。若采用不同模拟器评价同一血压测量模块的血压测量特性，可能会得到不同的结果。因此，无创血压模拟器不是评定无创血压测量准确性的主要依据，但是可以作为检测无创血压的测量范围、血压测量的重复性、脉率变化、静态袖带压力测量范围及准确度、漏气率、过压保护、单次血压测量时间的有效手段。

（三）血氧饱和度模拟器

大多数监护仪脉搏血氧饱和度的测量是基于红光和红外光吸收的脉搏波交、直流比的方法来测量人体的功能氧饱和度。血氧饱和度模拟器是根据红光和红外光的交直流比，由计算机通过数模转换器件向发光器件发出相应的驱动，得到上述具有红光和红外光的交、直流比特征的脉搏波信号，监护仪的血氧测量模块借助于血氧探头来检测这些脉搏波，并通过红光和红外光的交直流比及 R-SpO_2 转换表来计算出血氧饱和度。不同的血样模块设计会有不同的 R-SpO_2 转换表，如 BCI、HP、Nellcor，Ohmeda、Datex 和 Masimo 等。

六、主要参数检测方法

（一）监护仪电气安全检测

目前临床使用中开展电气安全检测的医用监护仪有除颤监护仪和多参数监护仪。根据 GB 9706.1-2007，多数监护仪的安全分类应为Ⅱ类设备、B、BF、CF 混合型，便携式监护仪的安全分类应为内部电源设备、B、BF、CF 混合型。监护仪的电气安全级别较高，并且应用广泛，因此定期对监护仪进行电气安全检测可有效地防止安全事故的发生。具体电气安全检测见第一章第三节内容。

（二）监护仪的检测与校准

目前对于心电监护和无创自动血压测量设备的检定，主要依据 JJG 760-2003《心电监护仪检定规程》和 JJG 692-2010《无创自动测量血压计检定规程》的规定实施。对于多参数监护设备的检定暂时还没有国家级的检定规程出台，多参数监护设备的检定除依据上述检定规程对心电和无创血压部分进行检定外，针对其他监测参数的检定各省市出台有相应的检定规程供检定参考实施。涉及的主要检测项目与检测方法如下：

1. 心电　心电部分的检测可用心电模拟器来进行。把心电导联线正确地接上模拟器后，经模拟器输出相应的检验信号，检查设备的显示并根据相关标准计算参数的准确度。主要检查的参数包括：电压测量误差、幅频特性、心率示值误差及报警响应等。心电参数校准在电路板上可调节心电放大增益，其他均为软件控制，一般无法调节。

（1）电压测量误差：一般在监护仪的第Ⅱ导联进行测量。对于具有打印输出的监护仪，可在监护仪显示屏幕上对波形进行测量，也可在打印纸上对输出的波形进行测量。

1）步进增益转换式：将监护仪增益设置为 10mm/mV，使心电模拟器输出电压为 1.0mV、周期为 0.1 秒的正弦波信号到监护仪（如果心电模拟器不能输出周期为 0.1 秒的正弦波信号，可用相近周期的信号代替）。按公式（10-9）计算电压测量误差，最大允许误差为 ±10%。

$$\delta_u = \frac{u-u_0}{u_0} \times 100\% \tag{10-9}$$

式中：δ_u 为电压测量误差，%；u 为监护仪测得电压值，mV；u_0 为心电模拟器输出电压值，mV。

按上述方法分别检定监护仪的 5mm/mV、20mm/mV 增益档（心电模拟器对应输出

电压 u_0 在 5mm/mV 档时为 2.0mV、在 20mm/mV 档时为 0.5mV）。按式（10-9）计算各档电压测量误差 δ_u，最大允许误差为 ±10%。

2）连续可调增益转换式：用监护仪的内部电压校准源（如定标电压或标尺）将增益校准设置为 20mm/mV。心电模拟器分别输出电压 u_0 为 1.0mV、0.5mV，周期为 0.1 秒的正弦波信号到监护仪（如果模拟器不能输出周期为 0.1 秒的正弦波信号，可用相近周期的信号代替），监护仪测得的电压值为 u，按公式（10-9）计算电压测量误差 δ_u，最大允许误差为 ±10%。

（2）幅频特性：为了测量并显示人体的心电信号，监护仪内部均有放大电路。放大电路对不同频率信号的放大能力是不相同的，电压放大倍数的大小和频率之间的关系，称为幅频特性。将监护仪增益设置为 10mm/mV，使心电模拟器输出频率为 10Hz、电压幅值为 1.0mV 的正弦波信号到监护仪，测量监护仪屏幕显示的波形幅度 H_{10}。

1）监护模式幅频特性：将监护仪设置为监护模式，保持心电模拟器输出的正弦波信号电压幅值不变，仅改变频率进行测量。在（1~25）Hz 频率范围内，选取不少于 5 个测量点进行测量，包含幅频特性的频率下限 1Hz 和上限 25Hz，并保证测量点的频率分布较均匀。测量监护仪显示的波形幅度，取偏离 H_{10} 最大者为 H_x，按公式（10-10）计算幅频特性相对误差 δ_f，幅度变化应在 +5%~−30% 之间。

$$\delta_f = \frac{H_x - H_{10}}{H_{10}} \times 100\% \tag{10-10}$$

2）诊断模式幅频特性：将监护仪设置为诊断模式，保持心电模拟器输出的正弦波信号电压幅值不变，仅改变频率进行测量。在（1~60）Hz 频率范围内，选取不少于 5 个测量点进行测量，包含幅频特性的频率下限 1Hz 和上限 60Hz，并保证测量点的频率分布较均匀。测量监护仪显示的波形幅度，取偏离 H_{10} 最大者为 H_x，按公式（10-10）计算幅频特性相对误差 δ_f，幅度变化应在 −10%~+5% 之间。

（3）心率示值误差：将监护仪增益设置为 10mm/mV，使心电模拟器输出信号幅值分别设置为 0.5mV、2.0mV。在（30~200）次 / 分范围内设置心电模拟器输出模拟窦性心律信号（或标准心律信号）的心率，首次检定测量间隔应不大于 10 次 / 分，后续检定测量点应较均匀且不少于 4 个。用公式（10-11）计算监护仪心率示值误差，最大允许误差为 ±（示值的 5%+1）次 / 分。

$$\Delta B = B_{max} - B_0 \tag{10-11}$$

式中：ΔB 为心率示值误差，次 / 分；B_{max} 为 0.5mV、2.0mV 测量点心率测得值偏离标准值较大者，次 / 分；B_0 为心电模拟器输出心率值，次 / 分。

（4）心率报警发生时间：心电模拟器输出幅值为 1.0mV、心率为 80 次 / 分的心率信号。将监护仪的报警上限预置值设定在 120 次 / 分，下限预置值设定在 60 次 / 分。用秒表分别测量心电模拟器输出的心率从 80 次 / 分转换到 150 次 / 分和从 80 次 / 分转换到 30 次 / 分时，从心率越限发生至监护仪报警发生的时间应不大于 12 秒。

2. 血氧饱和度 可用血氧饱和度模拟器产生手指血流的光谱信号来对血氧饱和度进

行检测。通常情况下，任何一款脉搏血氧传感器探头对应有一条脉搏血氧参数的经验定标曲线，即R曲线。因此，在检测监护仪的脉搏血氧探头时，首先需要从血氧饱和度模拟器中预存的R曲线数据库里选择相对应的R曲线。

检测指标包括血氧饱和度示值误差及重复性、脉率示值误差及重复性、血氧饱和度报警预置值及报警发生时间等。血氧饱和度中无可校准部件，如有不准确，可更换指套传感器或维修机器。

（1）血氧饱和度示值重复性：血氧饱和度模拟器设定脉率为75次/分，设定血氧饱和度测量点分别为70%、80%、90%、95%和100%。上述每点至少进行6次测量，按公式（10-12）计算血氧饱和度示值重复性，在70%~84%测量范围内，示值重复性不大于3%；在85%~100%测量范围内，示值重复性不大于2%。

$$\Delta S=\sqrt{\frac{\sum_{i=1}^{n}(s_i-s_0)^2}{n-1}} \tag{10-12}$$

式中：ΔS为血氧饱和度示值重复性，%；S_i为第i次血氧饱和度测得值，%；S_0为血氧饱和度模拟器输出值，%；n为测量次数。

（2）脉率示值误差：血氧饱和度模拟器设定血氧饱和度值为95%，在（30~200）次/分的测量范围内，测量点较均匀且不少于5个，按公式（10-13）计算脉率示值误差，最大允许误差为±（示值的5%+1）次/分。

$$\Delta b=b-b_0 \tag{10-13}$$

式中：Δb为脉率示值误差，次/分；b为监护仪测得脉率值，次/分；b_0为血氧饱和度模拟器输出脉率值，次/分。

3. 无创血压 由于每个厂家各型号机器振荡法算法不同，单独静态压力准确性不能保证实际动态测试中的压力测量准确性，因而必须用无创血压模拟器来测试动态压力测试的准确性。将监护仪的袖带卷扎在一圆柱体上，圆柱体直径为（70~102）mm，其松紧程度以能刚好插入一指为宜。用医用橡胶管和三通把监护仪、袖带及无创血压模拟器连接起来，并置于同一水平面上组成无创血压检定系统，如图10-9所示。

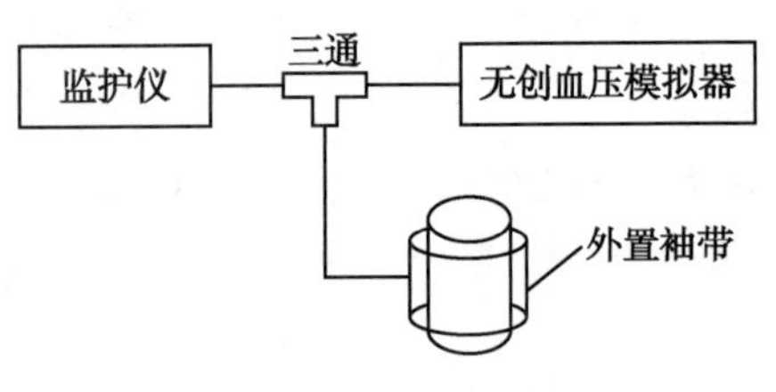

图10-9 无创血压检定系统示意图

通过无创血压模拟器，可以检测气密性、压力示值误差、示值重复性、血压超限报警及报警发生时间、过压保护以及单次血压最长测量时间等。无创压力的校准也需要进入维修程序，和标准压力计对比，把机器显示的值调到标准压力计的值，通常只需校1点或2点压力。

（1）气密性：通常在检定气密性时，被测监护仪设备应处于“维修或校准”模式下，此时监护仪血压模块的排气阀应处于闭合状态。将监护仪加压至测量上限的50%~100%之间的任意值，切断气源并稳压1分钟，从第2分钟开始记录监护仪压力示值，过5分钟后再次记录监护仪压力示值，以前后两个压力示值之差除以5分钟得到气密性值，压力泄漏率不大于0.8kPa/min（或6mmHg/min）。

（2）静态压力测量误差：静态压力反映的是充气加压并稳定之后的监护仪内部压力传感器测量性能参数。按图10-9的方法连接检定系统，在（0~260）mmHg范围内选择至少一个测量点（不含零点）进行静态压力测试。按公式（10-14）计算静态压力示值误差。

$$\Delta P = P - P_0 \tag{10-14}$$

式中：ΔP为静态压力示值误差，kPa（mmHg）；P为监护仪静态压力示值，kPa（mmHg）；P_0为无创血压模拟器输出压力值，kPa（mmHg）。

（3）动态压力测量重复性：动态压力反映的是模拟测量人体血压的监护仪性能参数，一次测量结束后提供两个压力值，包括收缩压和舒张压。按图10-9的方法连接检定系统，将无创血压模拟器的心率参数设置为80次/分。根据被测监护仪的收缩压与舒张压测量范围，遵守分布较均匀的原则，设置至少3组收缩压与舒张压组合值，由模拟器输出到被测监护仪进行测量。启动监护仪加压按钮执行动态压力测量，每个测量组进行5次测量，按公式（10-15）计算收缩压和舒张压测量重复性。

$$S_D = \frac{R_{Pi}}{C} = \frac{R_{Pi}}{2.33} \tag{10-15}$$

式中：S_D为收缩压/舒张压测量重复性，kPa（mmHg）；R_{Pi}为收缩压/舒张压5次测量结果中最大值和最小值之差，称为极差，kPa（mmHg）；C为极差系数，C=2.33。

4. 呼气末二氧化碳 呼气末二氧化碳浓度可监测呼吸通气及肺血流状况。呼气末二氧化碳浓度示值误差可用标准气体和图10-10的连接方式进行检测。

（1）呼气末二氧化碳浓度示值误差：搭建好检测系统，如图10-10所示。

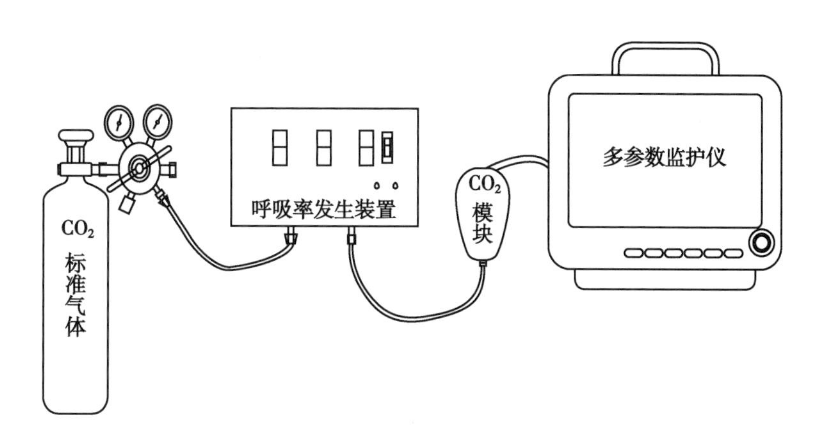

图10-10 呼气末二氧化碳参数检测示意图

采用CO_2浓度为5.0%的标准气体（对应38mmHg，大气压为760mmHg的条件下），呼吸率设为15次/分，等监护仪预热结束并清零后，进入正常测量状态，连续读取3次呼吸的测量结果，按公式（10-16）计算呼气末二氧化碳浓度示值误差。

$$\Delta C=\bar{C}-C_0 \tag{10-16}$$

式中：ΔC 为 CO_2 浓度示值误差，mmHg；$\bar{C}$ 为 CO_2 每点 3 次测量的平均值，mmHg；C_0 为 CO_2 浓度标准值，mmHg。

（2）呼吸率示值误差：采用 CO_2 浓度为 5.0% 的标准气体，在规定的呼吸率测量范围内设定测量点，设置至少 5 个测量点，测量点的分布较均匀（建议设置呼吸率测量点为 3 次 / 分、15 次 / 分、30 次 / 分、60 次 / 分、90 次 / 分、120 次 / 分）。每个测量点重复进行 2 次测量，取 2 次测量结果的算术平均值，按公式（10-17）计算呼吸率示值误差。

$$\Delta R=\bar{R}-R_0 \tag{10-17}$$

式中：ΔR 为呼吸率示值误差，次 / 分；$\bar{R}$ 为呼吸率每点 2 次测量的平均值，次 / 分；R_0 为呼吸率标准值，次 / 分。

【注意事项】检定前按被检监护仪说明书要求进行预热以及日常使用前的质控校准（如：监护仪内部定标电压、校准电压测量增益等），检定中不得再进行调校工作。多参数监护仪的检定周期一般不超过 1 年。调试修理后的多参数监护仪依照首次检定项目检定后方可使用。

（刘洪英　许照乾）

思考题

1. 简述对在用呼吸机进行检测校准的意义。
2. 分别用于婴幼儿型呼吸机和成人型呼吸机的校准方法有什么区别？
3. 检测仪与注射泵的启动先后顺序对所测流量有什么影响？
4. 借助于无创血压模拟器，是否可以评定电子血压计在临床应用过程中无创血压测量的准确性？为什么？
5. 电子血压计动态血压测量重复性如何计算？

第十一章

临床检验分析设备

临床检验医学是一门多学科、多专业交叉融合形成的综合性学科，是基础医学与临床医学的桥梁学科，在临床诊断、鉴别诊断、疗效监测、预后判断和健康状态评价等方面发挥着日益重要的作用。目前，临床检验医学主要依靠临床检验分析设备对人体标本进行检测，为确保检验质量，需要对临床检验分析设备进行系统规范的检测和校准。本章首先对临床检验分析设备的分类以及标准体系进行简要的介绍，然后选择全自动生化分析仪、全自动化学发光免疫分析仪、全自动医用PCR分析系统、酶免分析仪、血液分析仪和尿液分析仪等六种常用的临床检验分析设备，并从基本原理、临床应用、性能检测与校准等几个方面对这几种设备分别进行讲解。

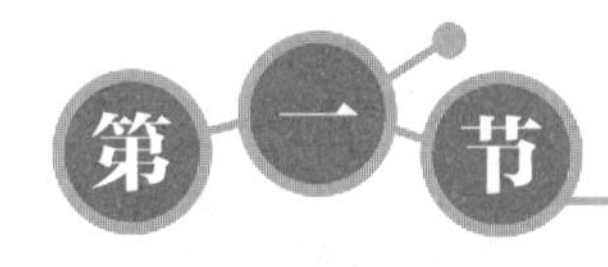

第一节 临床检验分析设备概述

关于临床检验最早的记载是西方“医学之父”古希腊的希波克拉底用感官直视法对病人尿液的观察，1673 年荷兰人列文虎克（Leeuwenhoek）发明了显微镜，极大地推动了检验医学的发展，使临床检验医学逐步成为临床医学中一门重要的独立学科。随着科学技术的发展，物理学、化学、生物学、计算机科学等自然科学基础学科与免疫学、遗传学、生物化学、细胞生物学、分子生物学等生物医学基础学科交叉融合，使临床检验医学取得了巨大的进步。目前，临床检验医学已经成为发展最迅速、应用高精尖技术最集中的学科之一，并逐步形成了检验技术自动化、检验方法标准化和质量管理全程化等特点。

一、临床检验分析设备的分类

临床检验分析设备的常规分类方法有两种，分别是以临床检验的方法为主或以检验设备的工作原理为主对其进行分类。本教材把设备的检验分析项目类别作为一个分类参考因素，以国家食品药品监督管理总局 2016 年 9 月发布的医疗器械分类目录（修订稿）作为主要参照，对临床检验分析设备进行分类，见表 11-1。

表 11-1　临床检验分析设备的分类

序号	一级类别	二级类别
1	血液学分析设备	血型分析仪器、血细胞分析仪器、血细胞形态分析仪器、凝血分析仪器、血小板分析仪器、血流变分析仪器、红细胞沉降仪器、流式细胞分析仪器
2	生化分析设备	生化分析仪器、血糖及血糖相关参数分析仪器
3	电解质及血气分析设备	电解质分析仪器、血气分析仪器、电解质血气分析仪器、电解质血气检测电极
4	免疫分析设备	酶联免疫分析仪器、化学发光免疫分析仪器、荧光免疫分析仪器、免疫层析分析仪器、免疫印迹仪器、免疫散射浊度分析仪器、免疫分析一体机、间接免疫荧光分析仪器、生化免疫分析仪器
5	分子生物学分析设备	基因测序仪器、sanger 测序仪器、核酸扩增分析仪器、核酸扩增仪器、核酸分子杂交仪器
6	微生物分析设备	微生物比浊仪器、微生物培养监测仪器、微生物药敏培养监测仪器、微生物鉴定仪器（非质谱）、微生物质谱鉴定仪器、微生物鉴定药敏分析仪器、细菌内毒素 / 真菌葡聚糖检测仪器、幽门螺杆菌分析仪器

续表

序号	一级类别	二级类别
7	扫描影像分析系统	医用显微镜、显微影像扫描仪器、显微影像分析仪器
8	尿液及其他样本分析设备	干化学尿液分析仪器、尿液有形成分分析仪器、尿液分析系统、粪便分析仪器、精子分析仪器、生殖道分泌物分析仪器、其他体液分析仪器、其他体液形态学分析仪器
9	其他医用分析设备	流式点阵仪器、微量元素分析仪器、质谱检测系统、液相色谱分析仪器、渗透压测定仪器、循环肿瘤细胞分析仪器、生物芯片分析仪器、电泳仪器

在分类列表中，每个二级类别设备还包含一个或多个设备品名，例如化学发光免疫分析仪器还包含全自动化学发光免疫分析仪和全自动电化学发光免疫分析仪等多个品名，由于篇幅所限，这里不再对各类别设备的品名进行举例。另外，根据国家食品药品监督管理总局的医疗器械分类目录（修订稿），临床检验设备还包括样本分离设备、培养与孵育设备、检验辅助设备、医用生物防护设备、形态学分析前样本处理设备以及采样设备和器具，由于上述设备和器具并不直接用于对样本进行检验分析，因此未纳入上面的分类列表，本章将不对其做进一步的详细介绍。

二、临床检验分析设备的标准体系概述

我国的医疗器械标准体系分为国家标准、行业标准、地方标准和企业标准共四级，由于地方标准和企业标准的适用范围较窄，本章仅对临床检验分析设备所涉及的国家标准和行业标准分别加以介绍。

（一）国家标准

临床检验分析设备的国家标准多为涉及设备安全性、可靠性的标准，涉及产品有效性的标准较少。具体包括以下系列标准：

1. 电气安全标准 主要为 GB 4793 系列标准，其对应的国际标准为 IEC 61010 系列标准。目前已有 9 个部分，编号为 GB 4793.1~GB 4793.9，主要涉及内容为“测量、控制和实验室用电气设备的安全要求”中的通用要求和特殊要求。

2. 电磁兼容标准 主要为 GB/T 18268 系列标准，其对应的国际标准为 IEC 61326 系列标准。目前已有 8 个部分，编号为 GB/T 18268.1、GB/T 18268.21~GB/T 18268.26 以及 GB/T 18268.31，主要涉及内容为“测量、控制和实验室用的电气设备 电磁兼容性要求”中的通用要求和特殊要求。

3. 环境试验标准 主要为 GB/T 14710-2009。此标准为我国独有，尚无对应的国际标准，主要涉及内容为医用电器设备环境分组、运输试验、电源适应能力等内容，主要考察临床检验分析设备对环境的适应能力。

4. 其他 如 GB/T 19634-2005《体外诊断检验系统自测用血糖监测系统通用技术条件》。这是为数不多的涉及具体临床检验分析设备的国家标准，主要涉及内容为体外监测人体毛细血管全血和（或）静脉全血中葡萄糖浓度的自测用血糖监测系统（通常包括便携式血糖仪、一次性试条和质控物质）。

（二）行业标准

行业标准主要针对具体设备的有效性指标进行要求和规范，通常会引用前述的通用安全性国家标准，但不进行内容展开。

截至目前，已发布实施的涉及临床检验分析设备的医药行业标准（YY）有 50 余项，其中绝大多数为涉及具体设备的专用标准，如 YY/T 0654-2008《全自动生化分析仪》、YY/T 1155-2009《全自动发光免疫分析仪》等，也有少数为适用于大部分临床检验分析设备的标准，如 YY 0648-2008《测量、控制和试验室用电气设备的安全要求 第 2-101 部分：体外诊断（IVD）医用设备的专用要求》、YY/T 0316-2008《医疗器械 风险管理对医疗器械的应用》等。除 YY 0648-2008 为强制性标准外，其余均为推荐性标准。

（三）计量检定规程和校准规范

国家计量检定规程（JJG），是作为检定依据的具有国家法定性的技术文件，用于评定计量器具的计量性能，是计量检定工作的技术依据；国家计量校准规范（JJF），作为校准工作的技术依据文件。目前，涉及临床检验分析设备的计量技术法规共 10 项，检定规程和校准规范各 5 项，其中检定规程包括：JJG 1051-2009《电解质分析仪》、JJG 861-2007《酶标分析仪》、JJG 464-2011《半自动生化分析仪》、JJG 714-2012《血细胞分析仪》和 JJG 1089-2013《渗透压摩尔浓度测定仪》；校准规范包括：JJF 1129-2005《尿液分析仪校准规范》、JJF 1316-2011《血液粘度计校准规范》、JJF 1383-2012《便携式血糖分析仪校准规范》、JJF 1527-2015《聚合酶链反应分析仪校准规范》和 JJF 1529-2015《细菌内毒素分析仪校准规范》。

（刘 刚）

第二节 全自动生化分析仪

一、全自动生化分析仪概述

全自动生化分析仪是临床诊断、生命科学、生化研究的重要仪器，它根据光电比色原理测量体液中的特定化学成分，可以准确、快速地为医生和检验人员提供检验数据。早在 19 世纪初，临床医师就开始使用最原始的手工方法对样本完成少量生化项目检测，这一阶段，主要使用移液管等工具进行手工加样、反应，工作效率低且误差较大。20世纪50年代随着微处理器应用技术的进步，逐步实现了通过微处理器完成信号采集、测量及数据处理，进入了生化检验仪器的初级阶段，即半自动化生化分析时代。随着技术的发展，目前能够进行自动加注样品和试剂，完成化学反应并计算检测结果的全自动生化分析仪已经广泛应用于临床。全自动生化分析仪减少了人工干预及人为误差、检测精密度大大提高，为临床疾病的诊断提供了重要依据。

（一）全自动生化分析仪基本原理

全自动生化分析仪是基于物质对光的选择性吸收原理建立的分析方法即分光光度法。分光光度法的理论基础是朗伯 - 比尔定律。朗伯 - 比尔定律：特定波长的单色光通过盛有样品溶液的比色杯，吸光度与样品溶液浓度和样品溶液层厚度乘积成正比。

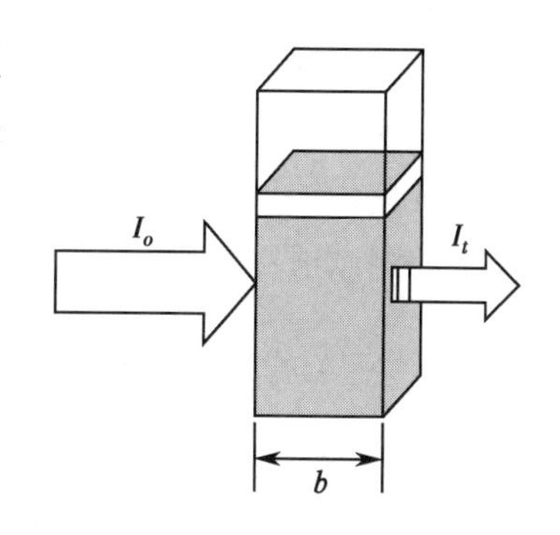

图 11-1　朗伯 - 比尔定律

朗伯 - 比尔定律如图 11-1 所示：

在系统设计中，光程距离大小（b）是固定而且已知的。溶液摩尔吸光系数（ε）是与波长、溶液和溶液温度相关的系数，当保证溶液温度的稳定时，在其单一波长下，溶液浓度与该溶液吸光度成线性关系。

光学系统是数据测量的核心部分，通常采用卤钨灯或氙灯作为光源，为避免红外波长光谱对测试的影响，卤钨灯发出的光首先经隔热玻璃去除红外波段光谱，然后经过聚光镜汇聚到比色杯的中心，通过比色杯的光再经过后聚光镜会聚到入射狭缝进行分光处理。全自动分析仪的分光部分多采用凹面平像场光栅作为分光元件，以硅光电二极管阵列作为光电探测器。凹面光栅具有分光、准直和聚焦的作用，光路结构简单，并且凹面全息光栅具有色散率大、分辨率高、工作光谱范围广等优点。通过选择合适的参数减小像差而在一定波长范围内获得近似的平像场，并在光电二极管阵列的前面增加一组有色光学镜片，进一步消除各个波长的杂散光。光学系统工作原理如图 11-2 所示。

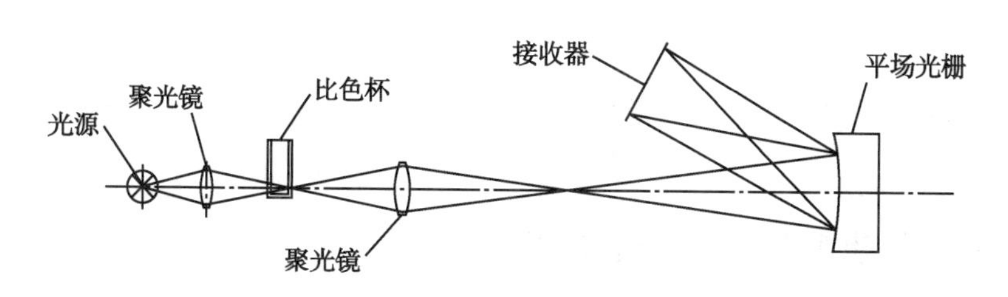

图 11-2　光学系统示意图

（二）全自动生化分析仪分析方法

分析仪所使用的分析方法根据检测项目所使用的试剂及试剂的化学反应特性而决定。主要的分析方法可分为：

1. 终点法 样本与试剂在恒温下，经过一定时间（时间与样本和试剂反应的速度有关），反应达到平衡，吸光度不再发生变化，以此时吸光度值参与计算待测样本浓度的方法称为终点法。采用终点法测试的项目如 ALB、GLU 等。

2. 速率法 按固定周期连续测量反应物吸光度，对测量值用最小二乘法线性拟合计算斜率，通过斜率计算样本浓度的方法称为速率法。采用速率法测试的项目如 ALT、AST 等。

3. 两点速率法 按固定时间周期测量反应物反应前期及后期吸光度，两点斜率等于吸光度差值除以时间差值，通过斜率计算样本浓度的方法称为两点速率法。采用两点速率法的测试项目如 UREA、TBA 等。

（三）全自动生化分析仪结构组成

全自动生化分析仪主要由样品/试剂供给系统、加注系统、孵育反应系统、清洗系统、光学检测系统及控制系统组成。

1. 样品/试剂供给系统 样本供给系统主要分为盘式结构及轨道式结构两种，用来放置待测样品、质控品、校准品，在测试过程中与样品加注系统配合，完成样品加样动作。试剂供给系统多采用盘式结构，完成试剂的供给及低温储存。

2. 加注系统 由加样臂、加样针、注射泵组成。加样臂在水平、垂直电机的带动下完成吸样针的水平和垂直方向移动，通过注射泵实现精准的吸样/加样功能。

3. 孵育反应系统 包括反应盘、温控装置。反应盘用于装载若干反应杯。生化分析仪通过温控装置来持续控制孵育的温度并保持恒定。目前生化分析仪主要采用直接加热空气浴、恒温液间接加热空气浴、恒温水浴三种温控方式。

4. 清洗系统 一般由吸液针、吐液针和擦拭块组成。使用仪器配套的清洗液和纯水，对反应杯及探针的内壁和外壁进行清洗，防止交叉污染。

5. 光学检测系统包括光学单元、信号检测装置 光经过比色杯后，由光电转换器将光信号转换为电信号后传输给信号采集装置，信号采集装置将采集到的数值发送给计算机进行结果计算。

6. 控制系统 由多个微处理器构成，控制整个仪器内部通信、机械动作、数据处理等功能。

（四）全自动生化分析仪临床应用

临床生物化学是研究人体器官、组织、体液的化学组成和进行着的生物化学反应过程以及环境、食物、疾病、药物对这些过程的影响，经过半个多世纪的发展，利用糖、脂类、蛋白质、酶、电解质、激素和维生素等相关理论建立起来的生化检验项目迄今已有300余项，生化分析常见检测项目组合有血糖、血脂、肝功能、肾功能、心肌酶、离子、血气分析等。

1. 糖代谢检测 糖的主要生理功能是为机体提供能量、提供糖源构成细胞的主要成分。糖的代谢主要受人体胰岛素调节，代谢紊乱会导致糖尿病或低血糖症。糖代谢检测项目主要包括血糖、糖化血清蛋白、糖化血红蛋白、胰岛素、胰高血糖素、皮质激素等，用于对糖尿病诊断、分型、判断血糖控制水平、选择用药及疗效评估等。

2. 血脂检测 血脂是血浆中的中性脂肪（甘油三酯）和类脂（磷脂、糖脂、固醇、类固醇）的总称，是生命细胞基础代谢的必需物质。血脂类检测项目主要包括总胆固醇、胆固醇酯、甘油三酯、脂蛋白、载脂蛋白、游离脂肪酸、总胆汁酸、类固醇激素和脂溶性维生素等。

3. 肝功能检测 是对反映肝脏生理状态的生化指标进行测定，包括代谢功能、免疫功能、合成功能。检测数据用于判断肝脏有无疾病、肝脏损害程度以及查明肝病原因、判断预后和鉴别发生黄疸的病因等。肝功能检测项目主要包括胆红素、白蛋白、球蛋白、丙氨酸氨基转移酶、血氨、凝血酶时间等。

4. 肾功能检测 包括肾小球滤过功能、肾小管重吸收和排泄功能。肾功能检测对于了解有无肾脏疾病以及肾脏疾病的严重程度、治疗方案的选择和预后的评估等有重要的临床意义。检测项目常选用肌酐、尿素、尿酸、内生肌酐清除率、尿β_2-微球蛋白、溶菌酶等。

5. 血气分析 是指对人体血液中存在气体的分析。正常机体通过吸入氧气和排出二氧化碳，保持气体的通畅交换，并通过肾脏、肠道排泄代谢的酸碱废物以维持机体酸碱平衡。如果肺、肾功能受损或体内酸碱失衡，会发生酸中毒或碱中毒，使患者处于危急状况。血气分析项目包括血液酸碱度、氧气分压、二氧化碳分压、氧含量、氧饱和度等。

6. 电解质分析 正常情况下人体细胞内液和外液间阴、阳离子相等，与水共同保持平衡的渗透压和稳定的内环境，并且各种离子（如钾、钠、钙、镁、氯等）还具有各自特殊的生理功能，如钙磷维持骨的生长。这些离子过高或过低会引起多种疾病，如：高钾血症会引起心律失常、肌肉无力、神志不清以及恶心呕吐等消化系统症状。电解质分析主要是对血液中的钾、钠、钙、镁、氯等离子进行检测。

目前的生化分析仪检测项目不断扩展，很多生化分析仪不仅能进行常规项目的检测，还可以进行药物浓度检测及对多种特种蛋白进行分析等，为临床疾病的诊断、病情监测、药物疗效评价、预后判断和疾病预防等提供判断依据。

二、主要参数检测方法及其影响因素

（一）检测与校准设备及参考试剂或溶液

1. 检测与校准设备 测温仪，要求精度不低于0.1℃，进行温度准确度与波动度的检测。分度值为 0.01mg 的电子天平，用于加样准确度与重复性的称量法检测。分光光度计，用于配制标准溶液的标定。

2. 参考试剂或溶液 50g/L 的亚硝酸钠标准溶液，指定波长及吸光度的重铬酸钾溶液、橘红 G 色素原液、硫酸铜溶液，临床生化试剂及正常值质控血清或新鲜病人血清。临床生化试剂需使用仪器制造商指定的试剂。

（二）产品性能检测方法及影响因素

依据国家医药行业标准 YY/T 0654-2008《全自动生化分析仪》的规定，本节对杂散光、吸光度线性范围、吸光度准确度、吸光度重复性、温度准确度与波动度、样品携带污染率、加样准确度与重复性、临床项目的批内精密度这几项主要性能指标的检测方法进行讲解。

1. 杂散光 指测定波长以外的、偏离正常光路而到达检测器的光，是生化分析仪的关键技术指标，与光学系统设计相关。以吸光度表示，杂散光吸光度应不小于 2.3。杂散光超出允许限值会影响仪器的吸光度线性范围，高浓度样本反应后吸光度可能超过仪器线性测量范围导致测量结果小于真实值。

（1）检测方法：用蒸馏水作参比，在 340nm 处测定 50g/L 的亚硝酸钠标准溶液；或以空气作参比，在 340nm 处测定 JB400 型截止型滤光片的吸光度。

（2）影响因素：产生杂散光的原因很多，主要的原因大致有以下几个方面：①灰尘沾污光学元件（如光栅、棱镜、透镜、反射镜、滤光片等）；②光学元件被损伤，或光学元件产生的其他缺陷（如光栅、透镜、反射镜、棱镜材料中的气泡等）；③准直系统内部或有关隔板边缘的反射；④光学系统屏蔽不好；⑤热辐射或荧光引起的二次电子发射；⑥光阑的缺陷；⑦光束孔径不匹配；⑧光学系统的像差；⑨单色器内壁黑化处理不当。以上 9 个方面中，分光系统是杂散光的主要来源。它产生的杂散光占总杂散光的 80% 以上。

2. 吸光度线性范围 标准要求满足相对偏倚小于 ±5% 范围内的最大吸光度不小于 2.0。吸光度从 0Abs 到相对偏倚范围内的最大吸光度值即为仪器吸光度线性范围，吸光度线性范围为测量结果可接受的范围。

（1）检测方法：对分析仪 340nm 和（450~520）nm 范围内任一波长进行线性范围测定，色素原液的吸光度应比分析仪规定的吸光度的上限高 5% 左右。用相应的稀释液将色素原液按 0/10，1/10，2/10……10/10 的比例稀释，共获得 11 个浓度梯度。在分析仪上，测定上述溶液的吸光度。每个浓度测定 5 次，计算平均值。以相对浓度为横坐标，吸光度平均值为纵坐标，用最小二乘法对 0/10，1/10，2/10 和 3/10 这 4 个点进行线性拟合，按照公式（11-1）~（11-3）计算后 5~11 点的相对偏倚 D_i。

$$D_i=\frac{A_i-(a+b\times c_i)}{a+b\times c_i}\times 100\% \tag{11-1}$$

式中：A_i 为某浓度点实际测定的吸光度的平均值；a 为线性拟合的截距；b 为线性拟合的

斜率；c_i 为相对浓度；i 为浓度序号，范围 5~11。

$$b=\frac{n\sum_{i=1}^{n}A_ic_i-\sum_{i=1}^{n}A_i\sum_{i=1}^{n}c_i}{n\sum_{i=1}^{n}c_i^z-(\sum_{i=1}^{n}c_i)^2} \quad (11\text{-}2)$$

$$a=\frac{\sum_{i=1}^{n}A_i}{n}-b\times\frac{\sum_{i=1}^{n}c_i}{n} \quad (11\text{-}3)$$

式中：A_i 为某浓度点实际测定的吸光度的平均值；c_i 为相对浓度；n 为选定的浓度个数；i 为浓度序号，范围 1~4。

（2）影响因素：①光学系统结构设计及光学器件的选型；②电路采集系统放大倍数设置及 AD 芯片的选型会对分析仪吸光度线性范围有一定影响。

3. 吸光度准确度 吸光度测量值与标称值之间的一致程度。吸光度值为 0.5 时，允许误差应在 ±0.025 范围内；吸光度值为 1.0 时，允许误差应在 ±0.07 范围内。

（1）检测方法：以蒸馏水作参比，在分析仪上测定 340nm 处吸光度，分别约为 0.5 和 1.0 的重铬酸钾标准溶液的吸光度。重复测定三次，计算三次测量值的算术平均值，与标称值之差应不大于允许范围。

（2）影响因素：①反应杯的加工误差，使吸光度计算公式中的 b 值与实际值不一致，导致吸光度测量偏差；②在测量过程中，由于清洗等原因导致被测重铬酸钾溶液被稀释，使测量吸光度值变小，影响分析仪准确度。

4. 吸光度重复性 用变异系数表示，应不大于 1.5%。重复性如果超出范围要求，说明分析仪对同一样本测量的复现性差。

（1）检测方法：对分析仪的 340nm 波长进行吸光度重复性测定。340nm 的测定溶液为吸光度为 1.0 的重铬酸钾标准溶液。按下面的设定条件①、②，在分析仪上测定上述溶液的吸光度，重复测定 20 次，按公式（11-4）、（11-5）计算变异系数 CV。①溶液的加入量为分析仪标称的最小反应体积；②反应时间为分析仪标称的最长反应时间或 10 分钟。

$$CV=\frac{S}{\bar{X}}\times100\% \quad (11\text{-}4)$$

$$S=\sqrt{\frac{\sum_{i=1}^{n}(X_i-\bar{X})^2}{n-1}} \quad (11\text{-}5)$$

式中：$\bar{X}$ 为 1~20 次的算术平均值；X_i 为每次的实测值；n 为测定的次数；i 为测定的序号，范围 1~20。

（2）影响因素：①试剂针对试剂稀释的一致性；②比色杯一致程度；③分析仪测量系统的测量误差。

5. 温度准确度与波动度 温度对样本与试剂的反应速度有影响，尤其对酶促反应影响更为显著。标准要求测量结果的平均值应在制造商设定值的 ±0.3℃内，波动度不

大于 ±0.2℃。

（1）检测方法：使用精度不低于 0.1℃的温度计探头或经标定的专用测温工装，对制造商指定的测温部位进行测量，每隔一个分析仪的读数间隔或 30 秒测定一次温度值，测定时间为分析仪标称的最长反应时间或 10 分钟。计算所有温度的平均值和最大最小值之差。平均值与设定温度值之差为温度准确度，最大值与最小值之差的一半为温度波动度。

（2）影响因素：①温度传感器受到干扰导致读取温度值出现偏差；②测量环境及测量方法对测量结果的影响；③加热装置与测温传感器热交换不顺畅会导致控温波动较大。

6. 样品携带污染率 应不大于 0.5%。临床使用中如出现携带污染现象，将会影响检测结果的准确性，导致结果偏高，误导临床的诊断和治疗。

（1）检测方法：以蒸馏水为试剂，以橘红 G 原液（使用人源血清溶解适量橘红 G，配制 340nm 吸光度约为 200 的橘红 G 原液）和蒸馏水作为样品，样品的加入量为分析仪标称的最大样品量，按照原液、原液、原液、蒸馏水、蒸馏水、蒸馏水的顺序为一组，在分析仪上测定上述样品反应结束时的吸光度，共进行 5 组测定。每一组的测定中，第 4 个样品的吸光度为 A_{i4}，第 6 个样品的吸光度为 A_{i6}，i 为该测定组的序号。按照公式（11-6）、（11-7）计算携带污染率，结果应不大于 0.5%。

$$K_i=\frac{(A_{i4}-A_{i6})}{\left[A_{原}\times\frac{V_s}{V_r+V_s}-A_{i6}\right]} \tag{11-6}$$

$$携带污染率=\frac{\sum_{i=1}^{5}K_i}{5} \tag{11-7}$$

式中：V_s 为样品的加入体积；V_r 为试剂的加入体积。

（2）影响因素：①样本清洗时间及清洗压力；②样本针内表面光洁度；③样本针结构。

7. 加样准确度与重复性 试剂及样品的加样准确度、重复性对分析仪测量结果有直接影响。对分析仪标称的样品及试剂的最小、最大加样量，以及样品在 5μl 附近的一个加样量进行检测，加样准确度误差不超过 ±5%，变异系数不超过 2%。

（1）检测方法：测量分为比色法和称量法两种，样本加样准确度与重复性试验可任意两种方法之一，试剂加样准确度与重复性试验采用称量法。以称量法为例，主要使用的检测仪器为分度值 0.01mg 的电子天平。试验前需要将分析仪、除气蒸馏水等置于恒温、恒湿的实验室内平衡数小时。使用除气蒸馏水进行加样，然后在电子天平上称量其质量，每种规定的加入量重复加样、称量 20 次，每次的实际加入量等于加入除气蒸馏水的质量除以当时温度下纯水的密度。按公式（11-4）计算变异系数，按公式（11-8）计算加样误差。

$$加样误差=\frac{实际加样量均值-规定加入量}{规定加入量}\times 100\% \quad (11\text{-}8)$$

（2）影响因素：①液路结构设计及液路系统的稳定性；②加样机构运行平稳性及加样流程控制；③由于样本加样量很小，最小加样量通常只有（2~3）μl，在称量过程中，环境、温湿度、读取结果的时间等对测量结果的影响非常大。

8. 临床项目的批内精密度 是反映仪器整体性能的重要指标之一，精密度越高，仪器在工作过程中的随机误差就越小。分析仪对规定项目及浓度范围内的样品进行检测，结果使用变异系数（*CV*）表示，丙氨酸氨基转移酶（ALT）测量结果 CV 应不大于 5%；尿素（UREA）及总蛋白（TP）测量结果 *CV* 应不大于 2.5%

（1）检测方法：用分析仪配套的试剂、校准品及相应的测定程序，对规定的项目和浓度范围，使用正常值质控血清或新鲜人血清进行重复性检测，每个项目重复测定 20 次，按式（11-4）计算变异系数。

（2）影响因素：①液路结构设计及液路系统的稳定性；②加样机构运行平稳性及加样流程控制；③采集系统分辨率及稳定性。

（朱　睿）

第三节　全自动化学发光免疫分析仪

一、全自动化学发光免疫分析仪概述

全自动化学发光免疫分析仪主要基于化学发光免疫分析（chemi luminescence immunoassay，CLIA）原理，化学发光免疫分析是将具有高特异性特点的免疫反应与具有高灵敏度特点的化学发光检测技术相结合的分析技术，可对来源于人体的血清、血浆、尿液、脑脊液等样本中的激素、肿瘤相关抗原、感染性疾病、变态反应原等进行定性检测或定量分析。在化学发光免疫分析技术出现之前，临床免疫检测主要依赖于酶联免疫分析技术、放射免疫分析技术，相比这些技术，化学发光免疫分析技术具有灵敏度高、测量范围宽、环境污染小等优势。

（一）全自动化学发光免疫分析仪基本原理及组成

1. 化学发光免疫分析的原理 化学发光免疫分析技术中，首先需要将待检测样本与检测试剂进行免疫反应，形成“包被有抗原 / 抗体的反应载体 - 待检测抗原 / 抗体 - 发光剂”形式的免疫复合物，根据反应载体的物理特性选择适当的方法将免疫复合物与未反应试剂进行分离，通过施加化学发光反应条件，使发光剂发光，化学发光强度与待检测抗原 / 抗体物质的浓度成正比例或反比例关系，光电倍增管（PMT）将光强度信号转变为电信号，再利用后端的分析软件即可计算出待检测抗原 / 抗体物质的浓度。这就是化学发光免疫分析技术的基本原理。

在化学发光免疫分析技术中，主要包括三个要素：化学发光物质、免疫复合物分离方法、免疫反应类型，下面将分别进行介绍。

（1）化学发光物质：目前，按照化学发光物质的不同，可将化学发光免疫分析技术分为电化学发光免疫分析和化学发光免疫分析两大类，其中化学发光免疫分析还可细分为直接化学发光免疫分析、酶促化学发光免疫分析和光激化学发光免疫分析。

1）电化学发光免疫分析：利用的化学发光物质为三联吡啶钌（$[Ru(bpy)_3]^{2+}$），以之标记抗原或抗体，以三丙胺（TPA）为电子供体，在施加电压启动电化学反应过程。在反应过程中，三联吡啶钌与三丙胺在阳极表面进行电子转移，使二价钌被氧化为三价，成为一种氧化剂，同时三丙胺被氧化成另一种还原剂，在此过程中，三价的钌由于得到电子变为激发态，激发态的三联吡啶钌可发射出一个波长为 620nm 的光子，重新回归基态。

相比于其他化学发光免疫分析法，电化学发光免疫分析法的最大特点是可循环多次发光，最终的检测信号是持续光信号的累积，其他化学发光免疫分析则是单次瞬间发光的信号检测。

2）直接化学发光免疫分析：利用化学发光剂（常见的为吖啶酯类）直接标记抗原或抗体，通过与待测样本中相应的抗体或抗原进行反应后，形成免疫复合物，再通过加入发光试剂（一般为 NaOH 和 H_2O_2）作用而发光。直接化学发光免疫分析的发光过程很短暂，基本在 1 秒之内完成，是典型的瞬时发光反应，这就要求采用此种方法的设备的光电倍增管有很高的灵敏度。

3）酶促化学发光免疫分析：使用参与催化某一化学发光反应的酶来标记抗体或抗原，与待测样本中相应的抗原或抗体进行反应后，形成免疫复合物，经洗涤后加入发光剂，酶催化并分解底物形成发光反应的过程，通过光电倍增管读取发光信号，最终得到待测物质浓度。

典型的酶促化学发光免疫分析的酶和发光剂的组合有两组，一组是辣根过氧化物酶（HRP）和鲁米诺（Luminol），另一组是碱性磷酸酶（ALP）和 3-（2′- 螺旋金刚烷）-4- 甲氧基 -4-（3″- 磷酰氧基）苯 -1，2- 二氧杂环丁烷（AMPPD）。酶促化学发光免疫分析与直接化学发光免疫分析相比，发光持续时间长，光强度稳定，对设备光电倍增管灵敏度的要求稍低。

4）光激化学发光免疫分析：主要是利用发光氧通道免疫分析技术（luminol oxygen channel immunoassay，LOCI），其原理是用抗体包被感光微球，抗原包被发光微球，抗原抗体反应形成免疫反应，感光微球在 680nm 激发光照射下，使周围的氧分子激发变为单线态氧，单线态氧可扩散至发光微球并传递能量，发光微球发射（520~620）nm 荧光信号并被探测。在此过程中，只有结合态发光微球能够获得单线态氧的能量并发光，非结合态发光微球无法获得能量而不发光。

（2）免疫复合物分离方法：目前，除了光激化学发光免疫分析技术属于均相免疫反应之外，其余大多数化学发光免疫分析技术均属于非均相免疫反应。均相免疫分析由其反应特点决定，在反应过程中，无需进行免疫复合物与游离的未结合的标记物分离。

而对于非均相免疫反应来说，则必须是在通过免疫反应形成免疫复合物的同时，通过不同的分离手段，去除游离的未结合的标记物，再使用含标记物的免疫复合物完成化学发光反应，目前常见的分离方法主要采用固相分离、过滤分离、珠式分离以及顺磁性颗粒分离。其中，顺磁性颗粒分离方法由于具有成本相对较低，包被面积大，更适用于自动化的特点，目前是基于非均相化学发光免疫分析的全自动化学发光免疫分析仪的首选分离方法。

（3）非均相免疫反应的主要反应模式：主要包含夹心法、竞争法、捕获法三种模式，其中，夹心法和捕获法模式的化学发光强度与待检测抗原/抗体物质的浓度成正比，竞争法模式的化学发光强度与待检测抗原/抗体物质的浓度成反比例关系。

2. 全自动化学发光免疫分析仪的组成 全自动化学发光免疫分析仪一般由主机和计算机两部分组成。其中主机为仪器的运行反应测定部分，主要由材料配备模块、液路模块、温度控制模块、机械传动模块、光路检测模块、电路控制模块等组成。材料配备模块包括反应杯、样品盘、试剂盘、清洗液、废液等在仪器上的贮存和处理装置；液路模块包括过滤器、密封圈、真空泵、管道、样本探针及试剂探针等；温度控制模块包括孵育器等；机械传动模块包括传感器、运输轨道、机械臂等；光路检测模块包括光电倍增管（photomultiplier，PMT）；电路控制模块包括电源和线路控制板。计算机为仪器的核心部分和控制中心，主要包括计算机和随机软件，主要用于仪器的程控操作、检测结果的数据处理和指示判定。

（二）全自动化学发光免疫分析仪临床应用

时至今日，全自动化学发光免疫分析仪以其在灵敏度、特异性、线性、自动化程度等方面的优势，已被广泛应用于临床各类疾病的辅助诊断或治疗监测。与时间分辨荧光免疫分析、酶免分析等免疫技术相比，在临床应用方面主要有以下特点：

1. 灵敏度高 可实现ng级至pg级微量待检物质的定量检测，可对各种激素、病原体抗原抗体等进行准确定量。

2. 特异性强 随着单克隆、多克隆技术的不断运用和完善，化学发光免疫分析的特异性日渐增强。

3. 线性范围宽 可实现10^2~10^6数量级范围内的绝对定量检测，减少了其他免疫检测技术中高浓度样本稀释后检测对最终结果的影响，减少了误差，简化了操作步骤。

4. 自动化程度高，菜单可设计 可实现由临床检验操作人员自由编程，对某一种疾病的相关指标进行组合检测，使检测结果与患者病症具有更好的对应关系。

基于以上特点，化学发光免疫分析目前在临床基本覆盖了常规的免疫检测项目，主要包括：激素（甲状腺相关激素、生殖内分泌激素）、肿瘤相关抗原、感染性疾病、自身抗体、药物浓度监测、变态反应原、心肌标志物、骨代谢标志物、蛋白质等。

二、主要参数检测方法

（一）检测与校准设备及参考试剂或溶液

1. 检测与校准设备 温度检测仪，要求精度不低于0.1℃，进行反应区温度控制的准确性和波动度的检测。

2. 试剂 目前还缺乏用于评价全自动化学发光免疫分析仪性能的标准发光物质，考虑到全自动化学发光免疫分析仪均为封闭系统，在实际操作中，通常采用配套试剂来完成对设备的检测工作。

（二）产品性能检测方法及影响因素

全自动化学发光免疫分析仪的检测依据YY/T 1155-2009《全自动发光免疫分析仪》进行，尚无适用的校准规范发布实施。

1. 反应区温度控制的准确性和波动度 主要用于评估全自动化学发光免疫分析仪温控模块的准确度和误差范围，反应区温度的稳定对免疫反应的充分与否有着重要影响。

（1）检测方法：将精度不低于0.1℃的温度检测仪的探头，或分析仪生产企业提供的相同精度，且经过标定的专用测温工装，放置于生产企业指定的位置，在温度显示稳定后，每隔30秒测定一次温度值，测定时间为10分钟，计算所有次温度值的平均值和最大值与最小值之差。平均值与设定温度值之差为温度准确度，最大值与最小值之差为温度波动，温度准确性应在设定值的±0.5℃内，波动度不超过1.0℃。

（2）影响因素：①温度传感器受到干扰导致读取温度值出现偏差；②测量环境及测量方法对测量结果的影响；③加热装置与测温传感器热交换不顺畅会导致控温波动较大。

2. 分析仪稳定性 主要用于评估分析仪在长时间开机状态下检测结果的偏倚程度。

（1）检测方法：待分析仪开机处于稳定工作状态后，用生产企业指定的临床测试项目的校准品、试剂，上机测试相应正常值质控品或新鲜病人样品，重复测试3次，计算测定结果的平均值，过4小时、8小时后分别再上机重复测试3次，计算测定结果的平均值，以第1次的测定结果作为基准值，按公式（11-9）计算相对偏倚（a，%），应不超过±10%。

$$a=\frac{(\bar{x}_n-\bar{x}_1)}{\bar{x}_1}\times 100\% \tag{11-9}$$

式中：$\bar{x}_n$为第4小时、第8小时测定值的均值，$\bar{x}_1$为初始测定值的均值。

（2）影响因素：①测量环境及测量方法对测量结果的影响；②安装不当对测量结果的影响。

3. 批内测量重复性　主要用于评估分析仪配套试剂检测相应临床项目的精密程度。重复性越好，分析仪在工作过程中的随机误差就越小。

（1）检测方法：用生产企业指定的临床测试项目的校准品、试剂，上机测试相应正常值质控品或新鲜患者样品，重复测试20次，按公式（11-10）计算变异系数（CV，%），$CV \leqslant 8\%$。

$$CV = \frac{s}{\bar{x}} \times 100\% \tag{11-10}$$

式中：s为样品测试值的标准差，$\bar{x}$为样品测试值的平均值。

（2）影响因素：①液路结构设计及液路系统的稳定性；②加样模块运行平稳性及加样流程控制；③配套试剂的批内重复性。

4. 线性相关性　主要用于评估分析仪输入与输出成正比例的范围，也就是反应曲线呈直线的那一段所对应的物质含量范围。

（1）检测方法：用生产企业指定的临床测试项目的试剂，并准备浓度比不小于2个数量级的线性上限样品和线性下限样品，用线性下限样品将线性上限样品按比例稀释成至少5个不同浓度的样品，混合均匀后将各个浓度的样品分别重复测定3次。记录各样品的测量结果，并计算各样品3次测量值的平均值（y_i）。以稀释浓度（x_i）为自变量，以测定结果均值（y_i）为因变量求出线性回归方程。按公式（11-11）计算线性回归的相关系数（r），$r \geqslant 0.99$。

$$r = \frac{\sum(x_i - \bar{x})(y_i - \bar{y})}{\sqrt{\sum(x_i - \bar{x})^2 \sum(y_i - \bar{y})^2}} \tag{11-11}$$

（2）影响因素：①光电倍增管（PMT）质量；②电路采集系统放大倍数设置及AD芯片的选型。

5. 携带污染率　主要用于评估分析仪在检测不同项目或者不同类型样本时，检测结果受前一检测过程影响的能力。

（1）检测方法：携带污染率的测定应按如下方法进行：

1）生产企业应指定临床测试项目。

2）准备该临床测试项目的高浓度样品（$A_{原}$）。

注1：高浓度样品的浓度应至少为分析仪最低检出限的10^5倍。

注2：若因分析仪或试剂测量范围的限制而使得系统无法准确检测高浓度样品，可采用稀释推算法获得。

3）使用生产企业指定的临床测试项目的试剂，以高浓度样品和零浓度样品作为样品，按照高浓度样品、高浓度样品、高浓度样品、零浓度样品、零浓度样品、零浓度样品的顺序为一组，在分析仪上进行测定，共进行5组测定。

4）每一组的测定中，第4个样品的测定值为A_4，第6个样品的测定值为A_6。

5）按照公式（11-12）计算每组的携带污染率。

6）5 组携带污染率中的最大值应≤10^{-5}。

$$K=\frac{A_4-A_6}{A_{原}-A_6} \quad (11\text{-}12)$$

式中：A_4 为每组中第 4 个样品的测定值，A_6 为每组中第 6 个样品的测定值，$A_{原}$为高浓度样品的测定值。

（2）影响因素：①加样系统中加样针结构；②加样针内表面光洁度；③加样针清洗压力及清洗时间。

（吴　琨）

第四节 全自动医用 PCR 分析系统

一、全自动医用 PCR 分析系统概述

全自动医用 PCR 分析系统主要是由 PCR 核酸扩增仪和计算机系统组合而成，其核心部分是 PCR 核酸扩增仪。PCR 是聚合酶链反应（polymerase chain reaction，PCR）的简称，起源于 20 世纪 80 年代，目前已经成为分子生物学研究中不可缺少的技术，并应用于分子生物学的各个领域。

（一）全自动医用 PCR 分析系统基本原理

1. PCR 核酸扩增仪的基本原理　PCR 核酸扩增仪的核心是 PCR 技术，其基本原理与 DNA 的天然复制过程相类似，依赖于同靶序列两端互补的寡核苷酸引物（primer），其基本反应是由“变性 - 退火 - 延伸”这三个步骤组成的。

PCR 核酸扩增仪是利用 PCR 技术对特定靶序列的大量体外合成，用于检测来源于人体样本的 DNA/RNA。按照 PCR 反应的特点，温度控制是整个反应成败的关键，PCR 核酸扩增仪的整个反应过程可以说是由多个基本反应的循环升降温度过程组成。

2. PCR 核酸扩增仪的分类

（1）按扩增目的和检测标准，可分为普通定性 PCR 扩增仪和实时荧光 PCR 扩增仪。

（2）普通定性 PCR 扩增仪按照控温方式，可分为水浴式 PCR 扩增仪、变温金属块式 PCR 扩增仪和变温气流式 PCR 仪；按照功能用途可分为梯度 PCR 仪和原位 PCR 仪。

（3）实时荧光 PCR 仪按照结构，可分为金属板式实时荧光 PCR 仪、离心式实时荧光 PCR 仪和各孔独立控温的荧光 PCR 仪。

目前，实时荧光 PCR 仪是分子诊断领域应用最为广泛的设备，它通常由 PCR 系统和荧光检测系统组成，荧光检测系统主要包括激发光源和检测器，当前市场的主流设备是多色多通道的产品，激发通道多，适用的荧光素种类多。实时荧光 PCR 仪是在 PCR

反应体系中加入特异性的荧光染料或探针，荧光信号与反应体系中模板的量成正比，通过检测荧光信号，可以实时监测整个 PCR 反应过程，最后通过相应的标准曲线对待检模板进行定量 / 定性分析。

3. 结果分析 主要针对的是实时荧光 PCR 仪，通过将实时荧光 PCR 仪检测的荧光信号输入至计算机系统，利用与待检测模板相适应的软件程序对荧光信号进行分析处理，从而得到待检测模板的定性 / 定量结果。

（二）全自动医用 PCR 分析系统临床应用

目前，全自动医用 PCR 分析系统在临床上的主要用途有两个方面，一方面是检测来源于人体的致病性病原体核酸，另一方面是检测人类基因。

1. 对于利用全自动医用 PCR 分析系统检测来源于人体的致病性病原体核酸而言，主要是通过定性或定量检测致病性病原体核酸，为临床感染性疾病的诊断、疗效判断和预后提供客观依据。目前，临床应用最广泛的是乙型肝炎病毒核酸（HBV DNA）、丙型肝炎病毒核酸（HCV RNA）、人类免疫缺陷病毒核酸（HIV RNA）的定量检测，用于监测乙肝、丙肝、艾滋病患者的抗病毒治疗过程。此外，如乙肝、丙肝、艾滋等慢性感染性疾病患者在抗病毒治疗的过程中，由于自身免疫或者抗病毒药物的压力，会导致病原体基因发生变异，此时，应用全自动医用 PCR 分析系统可对病毒基因变异进行检测，为临床诊疗提供重要的依据。

同时，在突发公共卫生事件中，依靠灵敏度高的特点，基于 PCR 原理开发的病原体核酸检测往往成为发现“元凶”的第一利器。典型的例子包括 2003 年的“非典（SARS）”疫情、2009 年的新型甲型 H1N1 流感疫情、2013 年的人感染 H7N9 禽流感病毒疫情、2014 年的埃博拉病毒疫情、2015 年的中东呼吸综合征疫情（MERS）、2016 年的寨卡病毒疫情，核酸检测试剂均先于抗原检测试剂面世。在上述疫情防控的过程中，核酸检测方法在世界卫生组织（WHO）和各国卫生主管部门、疾控部门发布的防控指南中均被认定为“金标准”方法。

2. 对于利用全自动医用 PCR 分析系统检测人类基因而言，主要应用领域包括遗传性疾病、恶性肿瘤、器官移植、组织配型等，可以依据检测结果对人群进行的特定基因进行检测，有助于临床医生根据检测结果制订有针对性的个体化治疗方案。

（1）遗传性疾病方面：遗传性疾病的发病基础是核酸分子结构变异导致其表达的蛋白质或酶等产物的分子结构发生改变，与传统的临床患者表型诊断方法相比，PCR 技术能够较好地检测单基因遗传病的目标物质，如地中海贫血、亨廷顿舞蹈病、苯丙酮尿症、血友病等遗传病的基因。

（2）恶性肿瘤方面：恶性肿瘤常伴有特异性基因的易位，包括基因的扩增、缺失、突变、融合等，这种易位可以作为临床诊断肿瘤的一种标志物，对考核治疗效果、调整治疗方案都有着非常重要的作用。目前常见的应用有可用于非小细胞肺癌、直肠癌诊疗的 *EGFR* 基因检测，用于乳腺癌诊疗的 *HER2* 基因检测等。

（3）器官移植和组织配型方面：最常见的应用为人类白细胞抗原（HLA）分型，在PCR问世之前，经典的HLA分型是通过血清学或者混合淋巴细胞培养的方法进行分析。随着PCR技术于20世纪80年代被引入HLA分型领域，目前已可采用PCR-SSP法对HLA-Ⅰ类（A、B、C）、Ⅱ类（DR、DQ）进行低分辨的基因分型。而伴随着测序技术的进展，基于PCR直接测序技术（sequencing based typing，SBT）的新一代分子生物学方法已可对HLA进行高分辨的基因分型。临床常见的肾脏移植、肝脏移植、骨髓移植前，均要进行受体与供体之间的组织配型试验。

二、主要参数检测方法及其影响因素

（一）检测与校准设备及参考试剂或溶液

1. 检测与校准设备 带温度传感器的数据采集仪，要求精度不低于0.01℃，进行试验过程中温度的检测。

2. 试剂 标准荧光染料，用于评价设备荧光线性。

（二）产品性能检测与校准方法

全自动医用PCR分析系统的性能检测依据YY/T 1173-2010《聚合酶链反应分析仪》进行，主要对系统的升温速率、降温速率、模块控温精度、温度准确度、模块温度均匀性、温度持续时间准确度、荧光强度检测重复性、荧光强度检测精密度、不同通道荧光干扰、样本检测重复性、样本线性、荧光线性等性能进行检测。全自动医用PCR分析系统的校准主要依据JJF 1527-2015《聚合酶链反应（PCR）分析仪校准规范》进行，需要对温度示值误差、温度均匀度、平均升温速率、平均降温速率、样本线性等计量参数进行校准。

1. 温度示值误差 开机预热稳定后，将PCR仪及温度传感器连接好，在温度传感器表面上涂抹适量导热介质（例：矿物油或导热硅脂等），将温度传感器置于PCR仪加热模块中，参照PCR仪产品的使用说明书设定温度控制程序。记录整个数据采集过程并保存。

温度示值误差的计算公式如下（单位：℃）：

$$\Delta T_d = T_s - \overline{T}_c \tag{11-13}$$

$$\overline{T}_c = \frac{1}{n}\sum_{i=1}^{n} T_i \tag{11-14}$$

式中：ΔT_d——温控装置工作区域内温度示值误差；

T_s——温控装置工作区域内设定温度值；

$\overline{T}_c$——所有测温传感器测定值的平均值；

$\overline{T}_i$——第i个温度传感器测定值。

2. 升温速率 主要用于评估设备温控模块温度的提升效率。根据生产企业提供的操作方法，编辑并运行一个在45℃（恒温2分钟）和95℃（恒温2分钟）之间循环的文件。将温度传感器的感温头外涂上适量导热介质，放入模块的测试孔（该孔应尽量靠近仪器内部传感器）中，另一端连接数据采集仪。开启数据采集仪，确认仪器工作正常，运行编辑的文件，用数据采集仪记录仪器显示温度到达设定温度，恒温10秒后至恒温结束这段时间内的温度变化。

（1）平均升温速率：按照公式（11-15）计算平均升温速率，平均升温速率应不小于1.5℃/s。

$$平均升温速率 = (T_B - T_A)/t \quad (11\text{-}15)$$

式中：T_B——90℃ ±0.5℃范围内任一温度点；

T_A——50℃ ±0.5℃范围内任一温度点；

t——从 T_A 到达 T_B 的时间。

（2）最大升温速率：按照公式（11-16）计算最大升温速率，应不小于2.5℃/s。

$$最大升温速率 = \Delta T_{max}/\Delta t \quad (11\text{-}16)$$

式中：ΔT_{max}——温度从（50±0.5）℃升至（90±0.5）℃过程中的瞬时最大温度变化；

Δt——温度采集时间间隔。

3. 降温速率 主要用于评估设备温控模块温度的降低效率。根据生产企业提供的操作方法，编辑并运行一个在45℃（恒温2分钟）和95℃（恒温2分钟）之间循环的文件。将温度传感器的感温头外涂上适量导热介质，放入模块的测试孔（该孔应尽量靠近仪器内部传感器）中，另一端连接数据采集仪。开启数据采集仪，确认仪器工作正常，运行编辑的文件，用数据采集仪记录仪器显示温度到达设定温度，恒温10秒后至恒温结束这段时间内的温度变化。

（1）平均降温速率：按照公式（11-17）计算平均降温速率，应不小于1.5℃/s。

$$平均降温速率 = (T_B - T_A)/t \quad (11\text{-}17)$$

式中：T_B——50℃ ±0.5℃范围内任一温度点；

T_A——90℃ ±0.5℃范围内任一温度点；

t——从 T_A 到达 T_B 的时间。

（2）最大降温速率：按照公式（11-18）计算最大降温速率，应不小于2.0℃/s。

$$最大降温速率 = \Delta T_{max}/\Delta t \quad (11\text{-}18)$$

式中：ΔT_{max}——温度从（90±0.5）℃降至（50±0.5）℃过程中的瞬时最大温度变化；

Δt——温度采集时间间隔。

4. 模块控温精度 主要用于评估设备温控模块温度的精密性。根据生产企业提供的操作方法，在（55±5）℃、（72±5）℃、（95±5）℃范围内各取一个温度点，编辑恒温2分钟，设置循环次数5次。将温度传感器的感温头外涂上适量导热介质，放入模块的测试孔（该孔应尽量靠近仪器内部传感器）中，另一端连接数据采集仪。开启数据采集仪，确认仪器工作正常，运行编辑的文件，显示温度到达设定温度，恒温10秒后，计时30秒，记录最高温度和最低温度，二者差值的一半为ΔT_i。连续记录5个循环，ΔT_i（i=1、2……5）的最大值应不大于0.5℃。

5. 温度准确度 主要用于评估设备温控模块温度的准确性。根据生产企业提供的操作方法，在（55±5）℃、（72±5）℃、（95±5）℃范围内各取一个温度点，编辑恒温2分钟。将温度传感器的感温头外涂上适量导热介质，放入模块的测试孔（该孔应尽量靠近仪器内部传感器）中，另一端连接数据采集仪。开启数据采集仪，确认仪器工作正常，运行编辑的文件，显示温度到达设定温度恒温10秒后，计时60秒，每10秒记录一次温度为T_i（i=1、2……6），其平均值T_m与设定温度的差值绝对值应不大于0.5℃。

6. 模块温度均匀性 主要用于评估设备温控模块为各反应孔提供的反应温度是否一致。根据生产企业提供的操作方法，在（55±5）℃、（72±5）℃、（95±5）℃范围内各取一个温度点，编辑恒温2分钟，设置循环次数5次。将温度传感器的感温头外涂上适量导热介质，放入模块的测试孔（该孔应尽量靠近仪器内部传感器）中，另一端连接数据采集仪。开启数据采集仪，确认仪器工作正常，运行编辑的文件，显示温度到达设定温度恒温10秒后，计时60秒，记录温度为T_i（i=1、2……n），在模块上随机或均匀选取n（$n \geqslant 6$）个孔位，取T_i最大值与最小值，计算各孔位的温度差值ΔT，结果应在±1℃范围内。

7. 温度持续时间准确度 主要用于评估设备温控模块在某一特定温度条件下持续至规定时间的准确性。根据生产企业提供的操作方法，编辑并运行一个在45℃（恒温时间记为t，$t \geqslant 60$秒）和95℃（恒温时间记为t，$t \geqslant 60$秒）之间循环的文件。将温度传感器的感温头外涂上适量导热介质，放入模块的测试孔（该孔应尽量靠近仪器内部传感器）中，另一端连接数据采集仪。开启数据采集仪，确认仪器工作正常，运行编辑的文件，以（95±0.5）℃为计时参考点，自显示温度首次到达计时参考点，计时开始，至末次到达计时参考点结束，记录时间为t_i（i=1、2……5），连续记录5个循环，按公式（11-19）计算相对偏差，应在±5%范围内。

$$相对偏差 = (t_m - t)/t \times 100\% \qquad (11\text{-}19)$$

式中：t_m——5个循环记录时间的平均值；

t——编制的恒温时间。

温度控制是PCR反应最重要的环节，上述涉及温度的参数一旦超出规定范围，意味着PCR反应过程处于不正常状态，会出现如非特异性扩增增加、特异性扩增反应不充分等情形，易导致出现检测结果假阳性、假阴性、检测值高于或低于真实值的情况。

8. 荧光强度检测重复性 主要用于评估设备光学系统检测信号的重复性。在仪器测定范围内，随机选取n（$n \geqslant 1$）个通道，分别配制各通道的校准荧光染料溶液进行检测，高、中、低浓度每种校准染料各随机选择1个检测孔，重复检测10次，光学系统收集目标通道的数据。分别计算各浓度校准染料测量结果的平均值M和标准差SD，根据公式（11-20）得出变异系数CV，应不大于3%。

$$CV = SD/M \times 100\% \qquad (11\text{-}20)$$

9. 荧光强度检测精密度 主要用于评估设备光学系统检测信号的精密性。在仪器测定范围内，随机选取 n（$n \geqslant 1$）个通道，随机选取 m（$m \geqslant 10$）个检测孔。分别配制各通道的校准荧光染料溶液进行检测，高、中、低浓度每种校准染料检测 1 次，光学系统收集目标通道的数据。分别计算各浓度校准染料测量结果的平均值 M 和标准差 SD，根据公式（11-20）得出变异系数 CV，应不大于 5%。

10. 不同通道荧光干扰 主要用于评估具有两个以上多通道的设备，每一通道的抗干扰能力。

（1）随机选取 n（$n \geqslant 2$）个通道进行检测，分别配制非目标通道的荧光染料溶液，光学系统收集所有通道的数据，其他通道荧光检测强度不高于目标通道荧光阈值。

（2）软件具有通道荧光串扰修正功能或颜色补偿功能的，在修正后或补偿后，其他通道荧光检测强度不高于目标通道荧光阈值。

11. 样本检测重复性 主要用于评估设备对同一份样本检测结果的一致性。选用生产企业规定的试剂盒对高、中、低浓度核酸样本进行检测，每一浓度重复检测 10 孔，计算其 Ct 值（或浓度对数值）的平均值 M 和标准差 SD，根据公式（11-20）得出变异系数 CV，应不大于 3%。

12. 样本线性 主要用于评估设备输入与输出成正比例的范围，也就是反应曲线呈直线的那一段所对应的物质含量范围。将已知浓度核酸样本按照 10 倍或 5 倍数梯度稀释后（至少稀释 5 个梯度），按测试项目选用对应的试剂进行检测，每一浓度梯度平行测试 3 孔，各浓度 Ct 值与浓度对数值的线性回归系数 r 绝对值应不低于 0.980。

13. 荧光线性 主要用于评估设备输入与输出成正比例的范围，也就是反应曲线呈直线的那一段所对应的荧光值范围。将已知浓度标准荧光染料梯度稀释后（至少稀释 5 个梯度），每一浓度梯度平行测试 3 孔，取稀释比例与荧光测定均值计算线性相关系数 r，应不低于 0.990。

荧光信号是 PCR 反应另一重要环节，上述涉及荧光信号的指标超出规定要求，意味着设备内部不同通道的检测结果互相干扰，不能准确转化为待测样本待测项目的浓度值，设备与配套试剂的检测结果重复性较差，易导致出现多次测量同一样本的检测结果存在较大差异，检测结果假阳性、假阴性、检测值高于或低于真实值的情况。

（吴 琨 夏勋荣）

第五节 酶免分析仪

一、酶免分析仪概述

酶免分析仪主要基于酶免疫分析（enzyme immunoassay，EIA）技术，该技术是 20

世纪 70 年代科学家利用酶标记抗体或抗原与人体待检样本中抗原或抗体反应的特异性，以及在反应过程中酶催化反应的高效性发明的一种免疫分析技术。在化学发光免疫分析技术大规模运用于临床之前，酶免疫分析是我国 20 世纪 80 年代末至 21 世纪初临床最为常用的免疫分析技术，且目前仍广泛用于我国的各级采供血机构及基层医疗卫生机构。

（一）酶免分析仪基本原理

1. 酶免疫分析的原理 酶免疫分析通过采用酶标记抗体或抗原与待检样本中的抗原或抗体进行特异性反应后，加入与酶对应的反应底物，通过酶催化底物产生显色反应，对抗原或者抗体进行定性或者定量分析。按照酶免疫分析的载体不同，可将酶免疫分析分为均相酶免疫分析和非均相酶免疫分析，前者与目前临床已基本淘汰的放射免疫分析技术类似，后者在反应过程中需要对游离酶标记物和结合酶标记物进行分离后再根据加入底物的显色情况对待测抗原或抗体浓度进行测定。

目前，临床应用最广泛的酶免疫分析技术是以固相载体作为反应基础的酶联免疫吸附试验（enzyme linked immunosorbent assay，ELISA）。该试验是瑞典学者 Peter Perlmann 和 Eva Engvall、荷兰学者 Anton Schuurs 和 Bauke Van Weemen 于 1971 年发明的，应用于临床后迅速被用于对人体样本中各种具有生物活性物质及标志物的检测，并逐步取代了放射免疫分析技术。

酶联免疫吸附试验可用于测定抗原，也可用于测定抗体。该试验过程有三个必要的组分：固相化的抗原或者抗体、酶标记的抗原或者抗体、与酶对应的底物。检测抗原的主要方法有双抗体夹心法、双位点一步法、竞争法，其中双抗体夹心法主要用于大分子抗原的检测，而分子量较小的抗原或半抗原则主要运用后两种方法进行测定。检测抗体的主要方法有间接法、双抗原夹心法、竞争法、捕获法，其中竞争法主要适用于乙型肝炎病毒 e 抗体（HBeAb）和乙型肝炎病毒核心抗体（HBcAb）的检测，捕获法主要用于特异性 IgM 抗体的检测，前两种方法则用于其他类型抗体的检测。

2. 酶免分析仪的基本原理 同其他的免疫分析技术类似，酶免疫分析技术的操作过程也可分为加样、清洗、孵育、读板等步骤，按照设备的类型，可分为半自动和全自动两种。半自动酶免疫分析仪就是临床常用的酶标仪，酶免疫反应的过程基本依赖于人工操作，在过程中会采用加样枪、洗板机、孵育器等设备，最终使用酶标仪来读取最终的检测结果。全自动酶免分析仪则是将上述步骤整合到一台设备中，可自动化地完成各种酶免疫试验。但无论是哪种自动化程度的设备，其核心都是酶标仪。

酶标仪是一台变相的分光光度计，光源（卤素灯或者钨光源）发出的光经过滤光片或者单色器变成一束单色光，进入微孔板中经过反应形成的免疫复合物，该单色光一部分被免疫复合物吸收，另一部分则透过免疫复合物照射到光电检测器上，光电检测器将不同的光信号转换为相应的电信号，电信号经过微处理器进行数据处理和计算，最终显示吸光度值。吸光度值通过公式换算，可以得到待检样本中待测目标物的定性或者定量结果。

3. 酶免分析仪的基本组成 酶标仪一般由光源、滤光片、微孔板、光电检测器、模拟信号处理单元、计算机单元、机械及电路单元组成。

全自动酶免分析仪一般由加样模块、温度控制和孵育模块、清洗模块和酶标仪组成。

（二）酶免分析仪临床应用

随着全自动时间分辨荧光免疫分析仪、全自动化学发光免疫分析仪等免疫分析仪广泛应用于临床，酶免分析仪在临床中应用的范围相比之前已经有了一定的缩减，目前主要应用领域有两部分，一部分是在我国广大的基层医疗卫生机构，由于样本量不大，酶免分析仪仍然是免疫检测的主要设备。另一部分在采供血机构使用，按照我国关于献血管理的有关规定，酶联免疫吸附试验仍然是目前献血员血源筛查法定的检测方法，检测指标包括乙型肝炎病毒表面抗原（HBsAg）、丙型肝炎病毒抗体（抗 HCV）、人类免疫缺陷病毒抗体（抗 HIV）、梅毒螺旋体抗体（抗 TP）、转氨酶等，而在我国广大的基层医疗卫生机构，受样本量不大的影响，酶标仪仍然是免疫检测的主要设备。

二、主要参数检测方法及其影响因素

（一）检测设备和标准物质

1. 标准干涉滤光片有证标准物质证书中峰值波长标称值为（405，450，492 或 490，620 或 630）nm ± 2nm 的标准干涉滤光片，或者仪器使用波长范围内均匀选取的 4 块标准滤光片。

2. 光谱中性滤光片吸光度标称值分别为 0.2，0.5，1.0，1.5（不确定度≤0.01）。

3. 酶标分析仪用灵敏度溶液标准物质（不确定度≤5%）。

（二）产品性能检测与计量检定方法

考虑到酶标仪是酶免分析仪的核心设备，这里主要介绍酶标仪相关性能的检测方法，主要包括准确度、精密度、线性范围等。计量检定则参考 JJG 861-2007《酶标分析仪》检定规程实施，对示值稳定性、波长示值误差、波长重复性、吸光度示值误差、吸光度重复性、灵敏度、通道差异等计量特性进行检定。

1. 示值稳定性 选用 492nm 或仪器特有的专一波长，将放有吸光度标称值为 1.0 的酶标分析仪标准测试板（简称测试板）置于仪器中，以空气为参比，记录仪器的初始值，5 分钟和 10 分钟后各记录一次。求出最大值，按公式（11-21）计算示值稳定性：

$$r = A_{最大} - A_{初始} \qquad (11\text{-}21)$$

式中：$A_{初始}$——仪器吸光度初始值；

$A_{最大}$——仪器吸光度最大值。

2. 波长示值误差和重复性

（1）对波长连续可调式仪器，用干涉滤光片分别平放在测试板上，将波长扫描范围调至比滤光片标准值低 20nm 和高 20nm 波段内，以 1nm 的改变幅度自短波向长波逐点测量，求出相应的峰值波长，重复 3 次。按公式（11-22）计算。

$$波长示值误差：\Delta\lambda = \frac{1}{3}\sum_{i=1}^{3}\lambda_i - \lambda_s \tag{11-22}$$

式中：λ_i——第 i 次波峰测量值；

λ_s——波长标准值。

波长重复性：

$$\delta_\lambda = \lambda_{max} - \lambda_{min} \tag{11-23}$$

式中：λ_{max}——测得波长示值的最大值；

λ_{min}——测得波长示值的最小值。

（2）对单波长 / 双波长式仪器，对仪器所附的干涉滤光片，如情况许可，可用紫外可见分光光度计测定其在各标称波长 λ 下的透射比，绘制波长 - 透射比特性曲线，其最大透射比对应的波长，即为峰值波长 λ_m。波长示值误差为：

$$\Delta\lambda = \lambda_m - \lambda \tag{11-24}$$

式中：λ——滤光片波峰波长标称值；

λ_m——峰值透射比 T_m 对应的波长。

3. 吸光度示值误差 依次选用 405、450、492、620nm 波长或仪器特有的专一波长，将放有吸光度标称值为 0.2、0.5、1.0、1.5 的滤光片测试板放入仪器，以空气为参比，记录并计算平均值。吸光度示值误差：

$$\Delta A = \frac{1}{3}\sum_{i=1}^{3}A_i - A_s \tag{11-25}$$

式中：A_i——第 i 次测量的吸光度值；

A_s——吸光度标准值。

4. 吸光度重复性 选择 450nm 波长，吸光度标称值为 0.5 或 1.0 的滤光片，重复测量 6 次，计算吸光度重复性。

$$RSD = \sqrt{\frac{\sum_{i=1}^{6}(x_i - \bar{x})^2}{n-1}} \times \frac{1}{\bar{x}} \times 100\% \tag{11-26}$$

式中：x_i——第 i 次测量的结果；

$\bar{x}$——n 次测量结果的吸光度平均值；

n——测量次数。

5. 线性 准确度主要用于评估酶标仪输入与输出成正比例的范围，也就是反应曲线呈直线的那一段所对应的吸光度范围。按照酶标仪实际测定工作模式，分别将波长设置为 450nm 和 492nm，选取标准吸光度板符合标称 OD 值线性范围内的至少五个点，测定标准吸光度板在酶标仪上的读数值（OD 值），每个波长每个点测定 10 次，求测量值的均值，记为 y，各标称值记为 x，对测量均值和标称值做线性拟合，得到线性方程，线性方程中斜率用 a 表示，截距用 b 表示，按照下列公式分别计算每点测量均值与线性回归曲线计算值的相对偏差，在标称线性范围的不同 OD 值阶段内，相对偏差应在 1%~3% 之间。

$$a=\frac{\sum_{i=1}^{n}(X_i-\overline{X})(Y_i-\overline{Y})}{\sum_{i=1}^{n}(X_i-\overline{X})^2} \tag{11-27}$$

$$b=\overline{y}-a\overline{x} \tag{11-28}$$

$$\text{相对偏差}=\frac{y-(ax+b)}{ax+b}\times100\% \tag{11-29}$$

6. 灵敏度 选用 450nm 波长或仪器特有的专一波长，用 A 级加样器，在未包被抗原或抗体的微孔酶标板的某一孔中加入 350μl 浓度值为 5mg/L 的酶标分析仪用灵敏度溶液标准物质，测量得到的吸光度值即为仪器的灵敏度。

7. 通道差异 对于Ⅰ、Ⅱ类仪器，选用 450nm 波长或仪器特有的专一波长，将吸光度标称值为 1.0 的光谱中性滤光片平放在微孔酶标板的空板架上，先后置于多个通道的相应位置（例如：对于 8 通道仪器可从 A1~H1 或 A2~H2 作为起始位置），以空气为参比，测量并记录每一通道的至少 6 次吸光度值（例如 A 通道可测量 A1~A6 或 A2~A7），多个通道的差异结果报告用全部测量数据的极差值表示，按公式（11-30）计算通道差异 δ_A。

$$\delta_A=A_{max}-A_{min} \tag{11-30}$$

式中：A_{max}——多个通道测量结果的吸光度最大值；

A_{min}——多个通道测量结果的吸光度最小值；

δ_A——通道差异。

（吴 琨　夏勋荣）

血液分析仪

一、血液分析仪概述

血液分析仪（也称血细胞分析仪）是临床进行血液分析检验最常用的仪器之一，能实现血液中有形成分全血细胞计数及其相关参数的检测。血液分析仪的应用，为临床提供了有价值的参数，对疾病的诊断与治疗有着重要的意义。随着科学技术的发展，血液分析仪的检测技术不断改进，目前具有网织红细胞检测功能的血液分析仪已广泛应用于临床。

（一）血液分析仪基本原理

血液分析仪综合应用了电学和光学两大基础理论，电学检测主要应用电阻抗法及射频电导法等技术，光学检测主要应用激光散射法和分光光度法等技术，也有电学与光学理论结合应用的体积、电导和光散射法（volume，conductivity and scatter，VCS）技术等。电阻抗法可实现白细胞三分类及红细胞、血小板测量；VCS 法和激光散射法可以实现白细胞五分类测量；分光光度法用于血红蛋白的测量。

1. 电阻抗法 即库尔特原理：“当一个不良导体颗粒例如血细胞，通过两个电极之间时，电路的电阻抗会发生变化”，血细胞即是不良的导电体。当一个细胞通过计数小孔时，会导致小孔两端电阻的变化，将这种变化转换成脉冲，感应器通过检测脉冲的数量及大小，计算出通过小孔的细胞数量及体积。

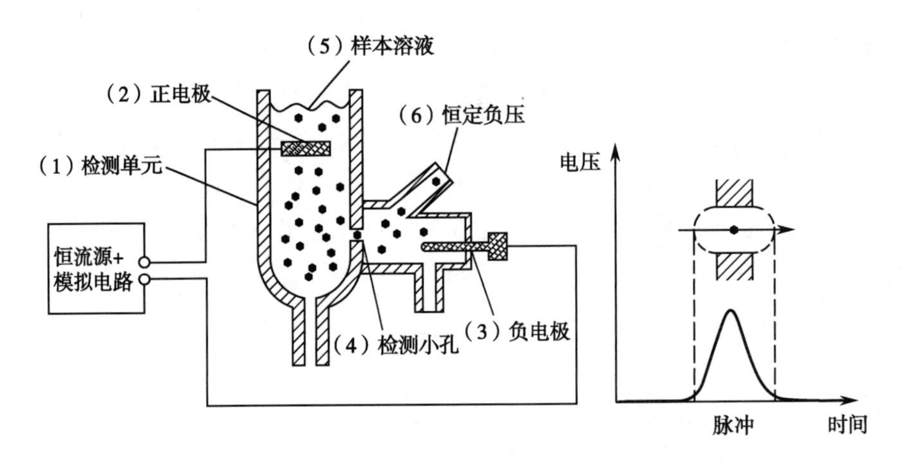

图 11-3 库尔特原理示意图

如图 11-3 所示，样本被导电溶液所稀释之后，被送到仪器的检测单元，检测单元有一个检测小孔，小孔两侧有一对正负电极，连接恒流源。稀释样本中的细胞在恒定负压的作用下通过检测小孔时，电极间的直流电阻就会发生变化，从而在电极两端形成一个同细胞体积大小成比例的脉冲。当细胞连续地通过小孔，就在电极两端产生一连串的电脉冲，脉冲的个数与通过小孔的细胞数量成正比，脉冲的幅度与细胞的体积成正比。

将采集到的电脉冲信号放大后与正常细胞体积所对应的通道电压范围相比较，通过计算得出电脉冲幅度落在细胞通道内的电脉冲个数，即为细胞的个数。依据脉冲电压范围划分的每一个通道内的细胞个数决定了细胞的体积分布。

利用库尔特原理，能够计算白细胞、红细胞及血小板总数，测量白细胞、红细胞和血小板体积分布，同时根据白细胞的体积分布对白细胞进行三分类，即小细胞群（淋巴）、中间细胞（单核）、大细胞群（粒细胞）。

2. 体积、电导和光散射（VCS）法 应用电阻抗原理，用低频电流对细胞体积（V）进行准确测量；采用高频电磁探针测量细胞内部结构的电导性（C），检测细胞核和细胞质比例、细胞内颗粒大小和密度，以此可辨认体积相同而性质不同的细胞群。光散射（S）具有对细胞颗粒的构型和颗粒质量的区别能力，激光单色光束对每个细胞进行扫描，根据粒细胞颗粒的光散射强度的不同，可将粒细胞（中性粒细胞、嗜碱性粒细胞、嗜酸性粒细胞）进行区分。光散射法对不同类型的细胞在体积、表面特征、内部结构等方面呈现明显的不同，将这些特征性信息定义到以 VCS 为三维坐标所形成的立体散点图中，白细胞可在三维空间中形成特定的细胞群，通过计算某群细胞数量占白细胞总数的百分比，即可得到白细胞五分类结果。

3. 激光散射法 当一定量的血液样本被吸入并经过试剂作用后，经喷嘴注入充满稀释液的圆锥形流动室中，在稀释液形成的鞘液包裹下，细胞单个排列穿过流动室的中央，如图 11-4 所示。当悬浮在鞘液中的血细胞经过二次加速通过激光检测区时，血细胞受到激光束的照射，产生的散射光性质与细胞大小、细胞膜和细胞内部结构的折射率有关，低角度散射光反映了细胞的大小、体积，高角度散射光则反映细胞的内部精细结构和颗粒物质。接收器接收这些散射光信号并将其转换为电脉冲，根据采集到的这些电脉冲数据，可以得到血细胞大小及细胞内部信息的二维分布图，称为散点图，横坐标反映细胞的内部结构复杂度信息，纵坐标反映细胞的体积，通过散点图可得到白细胞总数及淋巴细胞、单核细胞、嗜酸性粒细胞、中性粒细胞、嗜碱性粒细胞各自占白细胞总数的百分比。

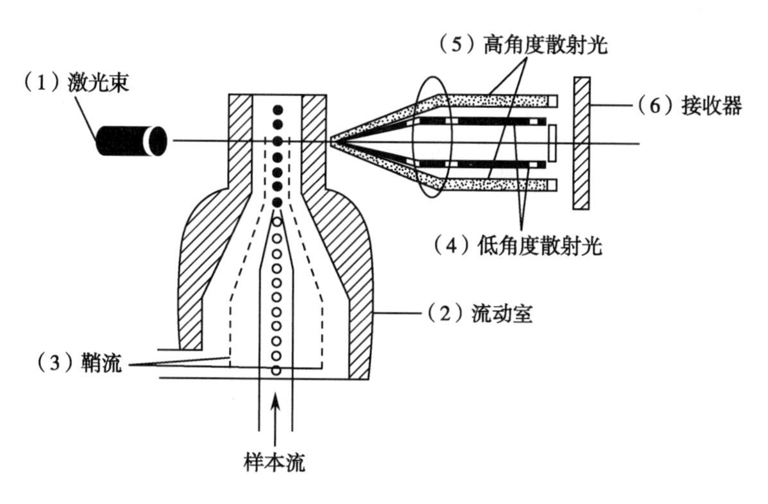

图 11-4 激光散射法原理示意图

4. 分光光度法 又称比色法，用于检测血红蛋白浓度。在比色池中，被稀释的样本加入溶血剂使红细胞溶解，释放出血红蛋白，血红蛋白与溶血剂结合后形成血红蛋白复合物。在比色池的一端使用 LED 发光管通过单色光照射血红蛋白复合物溶液，在另一端通过光电管接收透射光，并将光强信号放大后转换为电压信号，根据朗伯 - 比尔（Lambert-Beer）比色定律，得到样本的血红蛋白浓度。

上述是血液分析仪的基础检测原理，目前常用的检测原理还包括多角度偏振光激光散射技术（MAPSS）、阻抗与射频技术联合检测法、流式激光核酸荧光染色检测技术、激光散射光结合荧光染色多维分析技术等。

（二）血液分析仪临床应用

血液不断地流动与全身各个组织器官密切联系，参与各项生理活动，维持机体正常的新陈代谢。在病理情况下，除造血系统疾病外，全身其他系统和组织发生病变会直接或间接引起血液成分的变化。血液分析仪可以实现血液中白细胞计数分类，红细胞、血小板计数及血红蛋白测量等，目前已成为临床诊断中血液常规检验项目。

1. 白细胞计数 主要用于血液系统及其他炎症、感染等疾病的筛查。白细胞计数增高见于急性细菌感染、炎症、尿毒症、严重烧伤、急性出血、组织损伤、白血病、脾切除（持续轻中度增高）及某些药物影响等；降低见于艾滋病、疟疾、再生障碍性贫血、粒细胞缺乏症、脾功能亢进、伤寒、副伤寒以及X线、化疗、放疗和某些药物如抗癌症药影响等。

2. 红细胞计数 主要用于造血系统（尤其红细胞系统）疾病及其他系统疾病的筛查。红细胞计数降低常见于贫血、维生素B_{12}或叶酸缺乏、白血病、大量失血（如产后、手术、创伤后）、慢性失血（如寄生虫病）、出血性感染、慢性炎症等；增高常见于肺源性心脏病、先天性心脏病、严重脱水、大面积烧伤、慢性一氧化碳中毒、真性红细胞增多症。药物也会对红细胞计数造成影响，如雄激素及其衍生物、肾上腺皮质激素类、庆大霉素、甲基多巴等。

3. 血红蛋白检测 主要用于贫血、红细胞增多症等疾病的诊断和鉴别。血红蛋白浓度高低常与红细胞计数高低平行，两者临床意义基本相似。

4. 血小板计数 主要用于血栓性疾病或出血性疾病的筛查。血小板计数降低常见于：血小板生成障碍，如再生障碍性贫血、恶性肿瘤的骨髓浸润或化疗、放射性损伤、急性白血病及SLE；血小板破坏或消耗增多，如原发性血小板减少性紫癜（ITP）、输血后血小板较少症、弥散性血管内凝血（DIC）；血小板分布异常，如脾大、血液被稀释（输入大量库存血或大量血浆）；先天性的血小板减少，如新生儿血小板减少症、巨大血小板综合征。血小板计数增多分为原发性增多，如慢性粒细胞性白血病、真性红细胞增多症及反应性增多，如急性化脓性感染、急性大出血等。

二、主要参数检测方法及其影响因素

（一）检测与校准设备及参考试剂或溶液

1. 检测与校准设备 一台状态良好的血液分析仪，用于进行仪器可比性的检测。显微镜，用于进行白细胞分类的人工镜检。

2. 参考试剂或溶液 线性质控品、新鲜血液样本、具有溯源性的校准品及仪器制造商指定的稀释液、溶血素。

（二）产品性能检测方法及影响因素

《医疗机构临床实验室管理办法》和《医学实验室质量和能力认可准则》规定，任何新的检验设备和检测方法在应用于临床前须进行性能指标评价，达到要求后才能应用于临床常规检测。依据国家医药行业标准 YY/T 0653-2008《血液分析仪》的规定，本节对血液分析仪主要性能指标，包括空白计数、线性、重复性、仪器可比性、白细胞分类准确性、携带污染率的检测方法及影响因素进行讲解。由于全自动分析仪与半自动分析仪部分指标的允许范围略有不同，以下均以全自动分析仪为例。

1. 空白计数　使用稀释液作为样本进行测试，应符合：WBC≤0.5×10^9/L；RBC≤0.05×10^{12}/L；HGB≤2g/L；PLT≤10×10^9/L。

（1）检测方法：用稀释液作为样本在分析仪上连续测试三次，取三次测试结果中的最大值，需在空白计数允许范围内。如果检测空白计数超出要求范围，将直接影响各项目检测结果的准确性。

（2）影响因素：仪器管路不清洁及稀释液的质量会对空白计数的检测结果造成影响。

2. 线性　两组测量值的状态或两种方法所得的测量值之间成比例性相关，称为线性。线性范围和线性误差应符合表 11-2 的要求。

表 11-2　分析仪线性要求

参数	线性范围	线性误差
WBC	（1.0~10.0）$\times10^9$/L	不超过 ±0.5×10^9/L
	（10.1~99.9）$\times10^9$/L	不超过 ±5%
RBC	（0.30~1.00）$\times10^{12}$/L	不超过 ±0.05×10^{12}/L
	（1.01~7.00）$\times10^{12}$/L	不超过 ±5%
HGB	（20~70）g/L	不超过 ±2g/L
	（71~240）g/L	不超过 ±3%
PLT	（20~100）$\times10^9$/L	不超过 ±10×10^9/L
	（101~999）$\times10^9$/L	不超过 ±10%

（1）检测方法：可以选择使用线性质控品进行检测，操作方法按质控品的使用说明书进行，并计算偏差结果，或者选择使用全血样本。如果使用全血样本，按以下步骤进行：

取抗凝全血，离心去血浆，使之成浓缩的血细胞，再将浓缩的血细胞用自身的乏血小板血浆 / 稀释液进行梯度稀释，至少稀释为 5 个浓度，使高浓度值接近线性范围上限，使低浓度值接近线性范围的下限。以各浓度梯度的血液样本上机测定，每份样本测定 3 次，各取测量平均值。然后以稀释度为自变量，以各稀释度的测量平均值为因变量，列出回归方程，求出各稀释浓度点对应的理论值，并计算测量平均值与理论值的绝对误差或相对百分误差。

（2）影响因素：①要保证配比过程中各稀释浓度梯度的准确性；②在样本选择上，尽量采用无溶血、脂血的样本，否则可能出现检测结果假性增高或降低现象，对检测结果造成一定影响；③进行红细胞线性检测时，应尽量选用高值红细胞的新鲜血液样本，如果使用离心后的样本，该样本不宜过稠，防止由于样本过稠而影响稀释；④检测需使用新鲜样本，防止长时间放置出现细胞凝结现象，影响检测。

3. 重复性 在相同测量条件下，对同一被测量物进行连续多次测量所得结果之间的一致性。重复性应符合表 11-3 的要求。

表 11-3 全自动分析仪重复性要求

参数	检测范围	精密度
WBC	（4.0~10.0）$\times 10^9$/L	≤4.0%
RBC	（3.50~5.50）$\times 10^{12}$/L	≤2.0%
HGB	（110~160）g/L	≤2.0%
PLT	（100~300）$\times 10^9$/L	≤8.0%
HCT/MCV	（35~50）% /（80~100）fL	≤3.0% ≤3.0%

（1）检测方法：取规定范围内的血液样本 1 份，按常规方法重复测定 10 次，按照公式（11-4）计算变异系数（*CV*，%）。如果重复性检测结果超出允许范围，说明分析仪对同一样本的测量一致性差，可能造成在临床使用中对同一患者样本报告结果的差异较大，影响医生诊断。

（2）影响因素：测试前要将样本充分混匀，保证样本无凝集。另外，仪器本身的加样精度、测量精度等也会对重复性检测结果造成影响。

4. 仪器可比性 是指测量值与参考值之间的一致程度。在本项检测中，将另外一台状态良好的血液分析仪的检测结果作为参考值进行比较。全自动分析仪可比性应符合：WBC 不超过 ±5%；RBC 不超过 ±2.5%；HGB 不超过 ±2.5%；PLT 不超过 ±8%；HCT/MCV 不超过 ±3%。

（1）检测方法：用一个状态良好的血液分析仪测量一份新鲜血样本或具有溯源性的校准品，连续测量 5 次并计算各参数的均值。以这些均值为靶值，再用上述样本或校正品校准待检的血液分析仪。分析仪校正结束后，选择另一份新鲜血液样本在这两台仪器上分别测量 5 次，计算两台血液分析仪各检测参数均值间的偏差百分比。

（2）影响因素：两台分析仪对样本检测的时间间隔不宜过长，检测环境尽量保持一致，以保证检测样本状态的一致性。如果分析仪的重复性较差，有可能对本项目检测结果造成一定的影响。

5. 五分类分析仪白细胞分类准确性试验 五分类分析仪可将白细胞分为中性粒细胞、淋巴细胞、单核细胞、嗜酸性粒细胞、嗜碱性粒细胞。目前，虽然很多新技术应用于仪器白细胞分析，但这些仪器分类的结果仍需要判断是否需要进一步人工镜检。本项指标使用人工镜检作为参考方法，与五分类分析仪测量结果进行比较，所得结果应在99% 可信区间内。

（1）检测方法：取 20 位患者样本，每位患者取 2 份样本分别用于参考方法和分析仪法的检测。样本应统一标记，如参考方法血涂片标记为 A、B 和备用；仪器法结果标记为 C 和 D。用参考方法进行五分类计数时，每份患者样本分析 400 个细胞，由两位检验人员对每张血涂片分析 200 个细胞，其中一位检验人员使用血涂片 A，另一位使用血涂片 B。分析仪法应对 20 份样本进行双份测定，得出测量数据。按照 99% 可信区间计算方法，得到参考方法的可信范围，然后将分析仪法测量结果的平均值与可信范围进行比较，平均值在 99% 可信区间限值范围内即为合格。

（2）影响因素：①使用 ICSH 推荐的抗凝剂：由于肝素影响白细胞和血小板的测定，不能使用肝素抗凝剂；②特殊标本：例如肝病患者和新生儿的红细胞对溶血剂有很强的抵抗作用，可导致白细胞计数结果假性偏高和血红蛋白测定结果假性偏低；③临床疾病样本：临床的某些疾病会对白细胞分类计数造成一定的影响，例如白血病，白血病患者血液样本中白细胞容易被破坏，这些细胞碎片会影响分析仪分类识别；④仪器在设计过程中，异常样本数据库不完善，分类算法存在局限性等，容易造成对异常样本分析错误，影响分类准确度；⑤参考方法的镜检人员需要具备资格，准确地对血涂片进行识别及计数。

6. 携带污染率 是指由测量系统将一个检测样本反应携带到另一个检测样本反应的分析物不连续量，由此错误地影响了另一个检测样本的表现量。携带污染率超出允许范围容易造成检测值高于真实值的现象，影响临床诊断。分析仪携带污染率应符合：WBC≤3.5%；RBC≤2.0%；HGB≤2.0%；PLT≤5.0%。

（1）检测方法：取标准规定范围内的高值血液样本，混合均匀后连续测定 3 次，测定值分别为 i_1，i_2，i_3；再取一份标准规定范围内低值血液样本，连续测定 3 次，测定值分别为 j_1，j_2，j_3。按公式（11-31）计算携带污染率。

$$\text{携带污染率} = (j_1 - j_3) / (i_3 - j_3) \times 100\% \qquad (11\text{-}31)$$

（2）影响因素：血液分析仪未按要求清洗及保养，管路堵塞等原因使清洗不充分造成交叉污染，会直接影响携带污染率的检测结果。

（朱　睿）

第七节 干化学尿液分析仪

一、干化学尿液分析仪概述

干化学尿液分析仪是根据光电比色原理测定尿液中某些化学成分及理化指标、并提供定性或半定量结果的分析仪器。它是尿液化学成分自动化检查的重要工具，为临床疾病的初步筛查提供重要的依据。仪器具有操作简便、测试速度快等优点，可对尿液中的尿蛋白、葡萄糖、酮体、白细胞、胆红素、尿胆原、亚硝酸盐、pH、潜血、VC、肌酐、尿钙、微白蛋白、比重等项目进行检测。

（一）分析仪基本原理

分析仪生产厂家不同，仪器组成各有不同，但采用的测试原理基本一致，多采用球面积分仪接受双波长反射光的方式，测定试剂带上各测试块颜色的反射率，并通过公式计算处理，得出各测试项目的浓度范围。首先试纸条上试剂区与尿液中相应的化学成分发生反应引起试纸块颜色的变化，再通过多种单色光对反应后的试纸条进行逐项扫描，将扫描得到的光信号转换成电信号，得出反射率数值，并根据公式，计算相应化学成分的浓度范围。分析仪反射率测试原理示意图如图 11-5 所示。

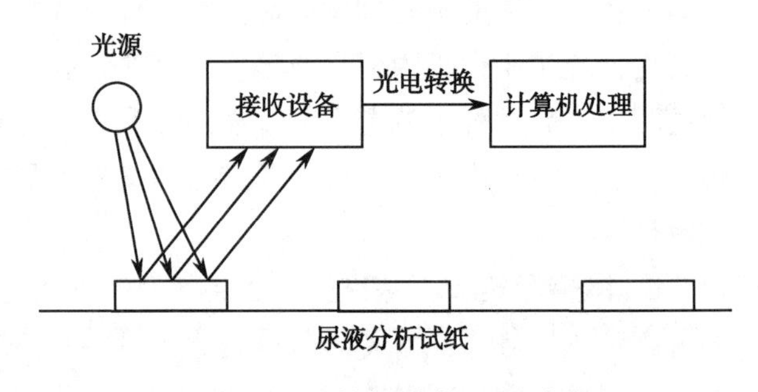

图 11-5 反射率测试原理示意图

反应后各试纸块颜色的深浅与尿液样本中相应成分的浓度成正比，反射率通过公式（11-32）进行计算：

$$T_m=\frac{K_m-N}{B-N} \quad (11\text{-}32)$$

式中：R 为反射率；T_m 为试纸块对测定波长的反射率；T_r 为试纸块对参考光的反射率；K 为系数（制造商通过大量临床样本测试结果确定）。其中：

$$T_m=\frac{K_m-N}{B-N} \quad (11\text{-}33)$$

$$T_r=\frac{K_r-N}{B-N} \quad (11\text{-}34)$$

式中：K_m 为试纸块对测定光的光强；K_r 为试纸块对参考光的光强；N 为仪器发光管熄灭

状态下的光强；B 为仪器测试白基准时的光强。

白基准是仪器上安装的一个对比块，通常为白色，用于校准发光管的光强值。测定波长的反射光强都需要和白基准的反射光强进行对比，用于排除环境光对测试的干扰，保证参与计算的反射率更接近真实值。测试干化学项目时，一般使用4个波段的发光管，分别为黄绿色、橙色、红色及绿色，根据各试纸块和尿液中的化学成分反应后颜色的不同，选择相应的主波长发光管作为测定波长。尿胆原和亚硝酸盐试纸块与尿液中的化学成分反应后颜色以绿色为主，选择的主波长在绿色光波段；胆红素、尿蛋白、葡萄糖、比重、VC、微白蛋白试纸块反应后颜色以橙色为主，选择的主波长在橙色光波段；酮体、白细胞反应后颜色以黄绿色为主，选择的主波长在黄绿光波段；潜血和 pH 试纸块反应后颜色以红色为主，选择的主波长在红色光波段。由于各生产商生产的试纸块化学药剂配方不同，与尿液进行化学反应后颜色也略有不同，分析仪生产商根据其配套试纸块反应后的颜色选择相适应波长的发光管，发光管的具体波长根据分析仪生产商的选择而不同。在临床使用的过程中，应使用与分析仪配套的试纸，以保证检测结果的准确。

尿液分析试纸条由各项目对应的试纸块按照一定顺序和间隔粘贴在支持体（PVC 薄片）一端而制成，每个试纸条上都有一个修正块，通过公式计算去除尿液本身的颜色对测试结果的干扰。每个试纸块从下到上分别由支持体、胶带和基片构成，支持体一般为条形，用于试纸块的粘接；胶带用于粘接支持体和基片；基片是含有化学成分的滤纸，尿液滴入后与相应化学成分进行化学反应，是试纸的技术核心。

（二）分析仪理学指标测量原理

随着技术的发展，尿液分析仪在原有化学指标检测的基础上，通过增加比重计测试单元，实现了同时对尿液的理学指标进行检测，包括比重、浊度及颜色等，使分析仪的临床应用范围进一步扩大。

1. 比重测量原理 发光二极管发出的光线通过一条缝隙和透镜装置变为一束光线，光线通过一个含有样本的三棱镜槽射向探测器，折射指数根据三棱镜槽里的样本比重大小而确定，与探测器相关的光线角度也随之变化。

折射法比重可通过公式（11-35）计算：

$$SG_X=(SG_H-SG_L)\times(K_X-K_L)/(K_H-K_L)+SG_L \qquad (11\text{-}35)$$

式中：SG_X 为样品溶液比重；SG_H 为高浓度溶液比重；SG_L 为低浓度溶液比重；K_X 为样品溶液位置系数；K_H 为高浓度溶液位置系数；K_L 为低浓度溶液位置系数。

2. 颜色测量原理 通常通过以下两种方法实现。

（1）颜色传感器法：采用 RGB 颜色传感器对样本进行检测，通过白色发光二极管照射样本，透射后通过颜色传感器分别检测其 R、G、B 值，再根据 R、G、B 值计算，得出样本颜色。

（2）反射率法：通过四个波长的反射率，按公式（11-36）进行计算：

$$Y=\sqrt{(1+\alpha-Y/r)^2+(1+\alpha-M/r)^2+(1+\alpha-C/r)^2} \quad (11\text{-}36)$$

式中：Y 为蓝紫色光的反射率；M 为红色光的反射率；C 为橙红色光的反射率；r 为深红色光的反射率；α 为校正系数。各波段光的具体波长因厂家选定而不同。

3. 浊度测量原理 分析仪上发光管发出的光线穿过样品，并在与入射光成 90° 的方向上检测透射光和折射光，按公式（11-37）进行计算：

$$\mathrm{T}=(S_S/T_S-S_W/T_W)/K \quad (11\text{-}37)$$

式中：T 为尿液样品的浊度水平；S_S 为尿液样品的折射率；S_W 为尿液样品的透光率；T_S 为清洗液的折射率；T_W 为清洗液的透光率；K 为系数值。

尿液浊度测量结果一般分为“清晰”“微浊”和“混浊”三个梯度。

（三）全自动分析仪结构组成

干化学尿液分析仪按其自动化程度分类可以分为半自动及全自动两种类型。全自动分析仪检测具有样品量小、重复性好、人为误差小、避免对操作人员的污染等优点，目前在较大规模的检验机构广泛使用。全自动分析仪的结构相对复杂，主要由探针单元、运条单元、样本输送单元、清洗池单元、选条单元、比重计单元（选配）、注射泵单元、废液泵单元、主控板单元等部分构成，结构示意图如图 11-6 所示。

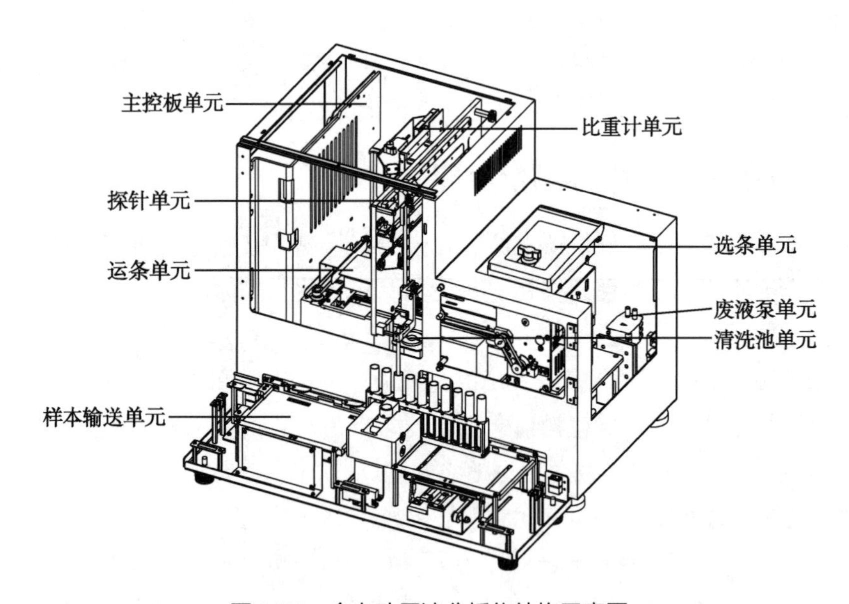

图 11-6 全自动尿液分析仪结构示意图

探针单元实现探针的上下及前后移动功能；运条单元实现试纸条运输功能；样本输送单元实现试管架的传送功能；清洗池单元实现探针外壁清洗功能；选条单元实现试纸条自动选出功能；比重计单元实现尿液比重、颜色及浊度测试功能；注射泵单元实现样本的吸取、加样及探针内壁清洗功能；废液泵单元实现废液排放功能；主控板单元实现前述各结构单元的运行及控制功能。

（四）分析仪临床应用

尿液分析对泌尿系统乃至全身各系统疾病的辅助诊断有重要的意义，是临床常规检查项目之一。尿液干化学检查项目主要用于泌尿系统疾病、代谢性疾病等方面疾病的筛查及诊断。常见检测项目临床意义如下：

1. **比重增高** 见于急性肾炎、糖尿病、高热、呕吐、腹泻及心力衰竭等；降低，见于慢性肾炎、慢性肾盂肾炎、急慢性肾功衰竭及尿崩症等。

2. **pH 增高** 见于碱中毒、输血后、严重呕吐、膀胱炎等；降低，见于酸中毒、痛风、糖尿病、发热、白血病等。尿液 pH 与饮食关系密切，波动范围较大，应结合血酸碱度进行诊断。

3. **白细胞增高** 见于急性肾炎、肾盂肾炎、膀胱炎、尿道炎、尿道结核等。

4. **亚硝酸盐阳性** 见于膀胱炎、肾盂肾炎等。

5. **微白蛋白阳性** 见于各种急慢性肾小球肾炎、急性肾盂肾炎、多发性骨髓瘤、肾移植术后等。此外，药物，汞、铺等中毒引起肾小管上皮细胞损伤也可见阳性。

6. **葡萄糖阳性** 见于糖尿病、甲状腺功能亢进、垂体前叶功能亢进、嗜铬细胞瘤、胰腺炎、胰腺癌、严重肾功能不全等。此外，颅脑外伤、脑血管意外、急性心肌梗死等，也可出现应激性糖尿。

7. **酮体阳性** 见于糖尿病酮症、妊娠呕吐、子痫、腹泻、中毒、伤寒、麻疹、猩红热、肺炎、败血症、急性风湿热、急性粟粒性肺结、惊厥等。

8. **尿胆原阳性** 见于溶血性黄疸、肝病等。

9. **胆红素阳性** 见于胆石症、胆道肿瘤、胆道蛔虫、胰头癌等引起的梗阻性黄疸和肝癌、肝硬化、急慢性肝炎、肝细胞坏死等导致的肝细胞性黄疸。

10. **潜血阳性或增多** 见于泌尿系统结石、感染、肿瘤、急慢性肾炎、血小板减少性紫癜、血友病等。

干化学尿液分析仪以其操作简便、测量快速、一次检测可以得到多个尿液分析数据等优势，在临床上得到广泛应用。但干化学检验的影响因素较多，特异性不高，检验结果仅为定性或半定量，因此，必须与临床资料分析结果、理学、显微镜检验等方法相互结合、互相印证，才能为临床诊断提供可靠的依据。

二、主要参数检测方法及其影响因素

（一）检测与校准设备及参考试剂或溶液

需使用分析仪制造商指定的干化学尿液分析试纸、分析仪配套的标准灰度条及检测项目各浓度水平的参考溶液。参考溶液的配制方法依据制造商提供的资料进行。

（二）产品性能检测方法及影响因素

依据国家医药行业标准 YY/T 0475-2011《干化学尿液分析仪》的规定，分析仪的性能检测指标包括：重复性、与适配尿液分析试纸条的准确度、稳定性及携带污染。

1. 分析仪性能检测方法

（1）重复性：主要考察分析仪多次检测结果的一致程度。分析仪反射率测试结果的变异系数应不大于 1.0%。检测时，首先进入制造商设置的程序界面下，对一定反射率的样本条进行重复测试 10 次，计算反射率的 *CV* 值。“一定反射率的样本条”可以使用分析仪厂家配套的标准灰度条，也可以使用配套的尿液分析试纸。

（2）与适配尿液分析试纸条的准确度：准确度是分析仪最基本的性能要求，考察分析仪测量值与真值的一致程度。只有检测结果准确，才能为临床诊断提供可靠依据。检测时，在分析仪上用配套的尿液分析试纸条对所有检测项目各浓度水平的参考溶液进行检测，每个浓度水平重复测定 3 次，计算检测结果与参考溶液标示浓度的量级差。要求相差同向不超过一个量级，不得出现反向相差。阳性参考溶液不得出现阴性结果，阴性参考溶液不得出现阳性结果。

（3）稳定性：在临床使用的过程中，分析仪常处于持续的开机或工作的状态，稳定性检测主要是考察分析仪持续开机状态、在不同的时间进行检测，其结果的一致性情况。要求分析仪开机 8 小时内，反射率测试结果的变异系数应不大于 1.0%。检测时，需要保持分析仪在开机状态下，取分析仪开机预热后、4 小时、8 小时这三个时间段，分别对一定反射率的样本条进行重复测试，每个时间段连续测试 10 次，计算所有反射率的变异系数。

（4）携带污染：检测时，先测试各项目最高浓度结果的阳性样本，随后检测阴性样本，阴性样本不得出现阳性结果。此项测试不包括 pH 及比重，因为这两项测试结果是以数值的形式体现，不分阴、阳性。携带污染检测不合格可能导致临床报告假阳性结果。

2. 影响因素

（1）操作的问题：试纸条放置不到位；没有使用厂家配套的标准灰度条或者厂家配套的试纸条；半自动分析仪检测时，未按仪器说明书要求的时间间隔进行测试，导致试纸反应时间偏长或偏短等。

（2）仪器的问题：工作台或齿板安装不到位；仪器运试送纸条不到位；发光管光强衰减；白基准变色；液路装置故障，导致液路清洗不充分等。

（3）试纸的问题：试纸过期或储存不当导致试纸变色；试纸型号与仪器不匹配；试纸剖层或掉片等。

（4）标准溶液的制备：配制过程中使用的容器、移液器、天平等器具需要进行校准，以保证配液准确可靠。标准溶液配制后及时进行测试，防止某些化学成分发生变化，影响检测结果。

以上对分析仪主要性能指标检测及影响因素进行了简单的分析，在实际检测过程中，由于仪器本身的光源、机械系统、反射光采集及数据处理等方面原因造成的检测结果不符合标准要求的情况，需要视实际情况进行具体分析而确定。

（朱 睿　夏勋荣）

思考题

1. 简述全自动生化分析仪杂散光检测的主要影响因素。
2. 相比其他免疫分析仪，全自动化学发光免疫分析仪在临床应用上有哪些优势?
3. 全自动医用 PCR 分析系统在临床上主要应用在哪些领域?
4. 酶免分析仪临床上主要应用在哪些方面?
5. 简述白基准在尿液分析仪中的作用。

第十二章

消毒和灭菌设备

消毒和灭菌设备是利用消毒和灭菌技术对物品进行处理，达到消毒或灭菌作用的设备，本章中所述的消毒和灭菌设备是专指对医疗器械进行处理的设备。设备所采用的消毒和灭菌技术包括物理法（电离辐射灭菌、热力灭菌、紫外线消毒等）和化学法（化学消毒剂等）。

本章对在医疗机构中使用最为广泛的清洗消毒器、压力蒸汽灭菌器、环氧乙烷灭菌器、低温蒸汽甲醛灭菌器和过氧化氢低温等离子体灭菌器的质量检测进行重点介绍。

第一节 消毒和灭菌设备概述

一、消毒和灭菌设备的基础和分类

（一）消毒和灭菌基础知识

1. 微生物（microorganism） 自然界中存在许多微生物，从定义上来说是指在显微镜下才能看到的微小实体，包括细菌、真菌、原生动物和病毒。在至今为止发现的上万种微生物中，大多数是对人类有益的，有些是我们生存和生活不可缺少的，但也有一小部分对人类是有害的。

2. 消毒和灭菌 是人类对有害微生物作斗争的一个手段，其任务是杀灭和抑制有害微生物。

消毒（disinfection）是基于预期使用目的而使活的微生物减少到规定水平的过程。在国内，消毒一般指用物理或化学方法杀灭或清除传播媒介上各种病原微生物的过程，使之达到无害化的程度。消毒保证水平为 10^{-3}，人工染菌杀灭率≥99.9% 以上，或对自然菌杀灭率≥90% 以上，可判为消毒合格。

杀灭率计算公式如下：

$$\text{杀灭率}(\%)=\frac{\text{阳性对照回收菌数}-\text{消毒后回收菌数}}{\text{阳性对照回收菌数}}\times 100\% \qquad (12\text{-}1)$$

灭菌（sterilization）是杀灭或去除特定外环境或物品中一切微生物的过程。在国内，灭菌过程必须使灭菌物品污染的微生物存活率减少到 10^{-6}，可以理解为对 100 万件物品进行灭菌处理，灭菌后只容许有一件物品中存留活的微生物。这也就是“无菌保证水平”的概念。

无菌保证水平（sterility assurance level，SAL）是灭菌后物品上存在单个活微生物的概率，用 10 的负指数来表示。对医疗器械进行灭菌的物理因子和（或）化学因子对纯种培养微生物灭活的动力学一般可用残存微生物数量与灭菌程度的指数关系进行描述。这就意味着无论灭菌程度如何，必然存在微生物存活的概率，不能保证经过灭菌加工的批量产品中任一产品是无菌（产品上无存活的微生物状态）的，经过灭菌加工的批量产品的无菌被定义为在医疗器械中存在活微生物的概率。

对于已确定的处理方法，残存微生物的存活概率取决于微生物的数量、抗力及处理过程中微生物存在的环境。

（二）消毒和灭菌设备的分类

随着医疗保健、公共卫生事业的发展，防病保健、预防传染病、防止医院感染等消毒学科越来越受到人们的关注和重视。目前临床使用的医疗器械性能千差万别（如材质、结构、用途、耐热性等方面均有差异），对无菌的要求也各有不同，所以衍生了各种不同工作原理、工作方式的消毒和灭菌设备。

关于医疗器械的消毒和灭菌，目前应用最为广泛的主要有热力消毒和灭菌、化学消毒和灭菌、辐射灭菌三种模式，这三种模式常被称为“三大灭菌”。而辐射灭菌主要用于一次性无菌医疗器械的生产过程，属于工业灭菌，在医疗机构中使用较为广泛的是热力消毒和灭菌、化学消毒和灭菌。下面是按照消毒和灭菌原理进行的设备分类。

1. 热力消毒和灭菌设备 按被处理的医疗器械预期使用要求的不同，可分为热力消毒设备和热力灭菌设备。按原理不同，又可分为干热和湿热。应用于医疗器械的干热消毒灭菌设备主要是以对流热空气为消毒灭菌因子，主要用于高温下不损坏、不变质、不蒸发的医疗器械，用于不耐湿热、蒸汽或气体不能穿透的医疗器械的消毒和灭菌。湿热消毒和灭菌设备应用比较广泛，主要有煮沸消毒器、热力消毒的清洗消毒器、压力蒸汽消毒器和压力蒸汽灭菌器等，其中应用最为广泛的是清洗消毒器和压力蒸汽灭菌器。

2. 化学消毒和灭菌设备 按被处理的医疗器械预期使用要求的不同，可分为化学消毒设备和化学灭菌设备。化学消毒和灭菌设备离不开消毒剂或灭菌剂的使用。消毒剂（disinfectant）广义上可以是能减少活微生物数量的物理或化学因子，一般指用于杀灭外环境中病原微生物的化学物质。对消毒剂的要求是杀灭细菌繁殖体和病毒，而不是要求杀灭细菌芽胞。灭菌剂（sterilizing agent）广义上可以是在特定条件下充分杀灭活的微生物而达到无菌的物理或化学实体，或两者的复合实体。一般指能够杀灭特定外环境或物品中一切微生物（包括细菌繁殖体、芽胞、真菌、病毒、立克次体、原生动物和藻类等）的化学物质或其复方制剂。

根据灭菌因子的特性，化学消毒和灭菌设备可以分为三种类型：

（1）自身产生消毒或灭菌因子：由设备自身产生作用于医疗器械的消毒或灭菌因子，如酸性氧化电位水生成器、臭氧消毒器等。

（2）消毒或灭菌因子形态改变：设备采用液态的消毒剂或灭菌剂作为供应物质，通过设备的汽化装置，将消毒剂或灭菌剂由液态转化为气态，并在设备腔体（可称为设备的消毒室或灭菌室）内与被处理物品发生作用，并严格控制腔体内的环境条件（如压力、温度、湿度等）。此类设备有环氧乙烷灭菌器、低温蒸汽甲醛灭菌器、过氧化氢灭菌器、过氧化氢低温等离子体灭菌器等。

（3）直接使用消毒剂或灭菌剂：设备需配套消毒剂或灭菌剂使用，其效果主要由消毒剂或灭菌剂产生作用，设备起到辅助作用，如具有自动添加或回收消毒剂或灭菌剂、产生液体循环使之与被处理物品充分接触、记录关键过程变量（例如时间、温度、处理次数）等功能。此类设备有过氧乙酸消毒器、戊二醛消毒器等，较多应用于对软式内镜进行处理。

3. 辐射灭菌设备 也称为电离辐射灭菌，是利用 γ 射线、电子束或 X 线的辐射处理物品，杀死其中微生物的低温灭菌方法，目前在国内医疗器械灭菌应用的辐射设备，一般是指由放射性核素钴 60 发出 γ 射线的医用伽马射线灭菌器和发出电子束的医用电子加速器。

二、消毒和灭菌设备的标准体系概述

全国消毒技术与设备标准化技术委员会（SAC/TC200）和全国卫生标准委员会下设的消毒标准专业委员会发布了一系列消毒和灭菌设备的标准，基本上覆盖了各类型的消毒和灭菌设备产品，有效地保障了消毒和灭菌设备的安全有效。

（一）消毒和灭菌设备主要基础标准和安全标准

1. 基础标准 GB/T 19971-2015《医疗保健产品灭菌 术语》定义了在灭菌技术领域内使用的术语，为理解、使用和制定消毒灭菌技术领域内的标准提供基础参考。

2. 安全标准 消毒和灭菌设备作为一种电气设备，首先应当符合电气设备的安全要求。由于消毒和灭菌设备的处理对象是医疗器械，而不同于一般医疗器械的处理对象是人（患者），因此灭菌器和消毒器符合 GB 4793.1-2007《测量、控制和实验室用电气设备安全 通用要求》、GB 4793.4《测量、控制和实验室用电气设备的安全要求 第 4 部分：用于处理医用材料的灭菌器和清洗消毒器的特殊要求》和 GB 18268.1-2010《测量、控制和实验室用电设备电磁兼容性要求 第 1 部分：通用要求》。

其中 GB 4793.4（IEC 61010-2-040：2005，IDT）代替 GB 4793.4-2001、GB 4793.8-2008 和 YY 0602-2007，是关于清洗消毒器和灭菌器的专用安全要求，与 GB 4793.1 通用安全要求一同使用。

（二）消毒和灭菌设备主要产品标准

1. GB 8599-2008《大型蒸汽灭菌器技术要求 自动控制型》 该标准规定了自动控制型大型蒸汽灭菌器的术语和定义、型式与基本参数、要求和试验方法。该标准适用于可以装载一个或者多个灭菌单元（300mm × 300mm × 600mm）、容积大于或等于 60L 的大型蒸汽灭菌器（以下简称灭菌器）。

2. GB 27955-2011《过氧化氢气体等离子体低温灭菌装置的通用要求》 该标准规定了过氧化氢气体等离子体低温灭菌装置的技术要求、检验方法、使用范围、标签、标识、包装和使用说明。该标准适用于医疗器械灭菌的过氧化氢气体等离子体低温灭菌装置。

3. GB 28234-2011《酸性氧化电位水生成器安全与卫生标准》 该标准规定了酸性氧化电位水生成器和酸性氧化电位水的技术要求、应用范围、使用方法、检验方法、标志与包装、运输和贮存、标签和使用说明书与注意事项。该标准适用于连续发生型生成器及其生成的酸性氧化电位水，不适用于其他无隔膜式电解槽的生成器和饮用型弱碱性还原电位水生成器及其产生的酸性电解水和弱碱性还原电位水。

4. GB 30689-2014《内镜自动清洗消毒机卫生要求》 该标准规定了内镜清洗消毒机的命名分类原则、性能要求、机械和程序要求、电器安全要求和包装、运输和贮存的要求。该标准适用于评价内镜清洗消毒机的清洗消毒效果和安全性。

5. GB 18281（所有部分）《医疗保健产品灭菌 生物指示物》 该标准第 1 部分规定了拟用于确认和监测灭菌周期的生物指示物（包括染菌载体、试验菌悬液）及其他组成部分在生产、标识、检测方法和性能方面的通用要求。用于特殊灭菌过程中的生物指示物的要求在该标准其他部分中规定。

6. GB 18282（所有部分）《医疗保健产品灭菌 化学指示物》 该标准的第 1 部分规定了指示物一般要求和测试方法，这些指示物是通过物理和（或）化学的物质变化来显示其暴露于灭菌过程，并用于监测获得规定的单个或多个灭菌过程参数，它们不依赖于对微生物的存活或失活反应。该标准的其他部分修改或增加了特定要求。

7. YY/T 0215-2016《医用臭氧消毒设备》 该标准规定了医用臭氧消毒设备的术语和定义、规格和分类、要求、试验方法、标志、使用说明书和包装、运输、贮存。该标准适用于利用臭氧气体或臭氧水对耐臭氧腐蚀的医疗器械内表面和（或）外表面进行消毒的医用臭氧消毒设备。该标准不适用于消毒设备中可能含有的除臭氧以外的其他消毒因子（如紫外线、化学消毒剂等）。

8. YY 0503-2016《环氧乙烷灭菌器》 该标准规定了环氧乙烷灭菌器的术语和定义、分类与标记、要求、试验方法、检验规则、标志、使用说明书和包装、运输、贮存。该标准适用于最高工作压力低于 100kPa、采用环氧乙烷液化气体灭菌的环氧乙烷灭菌器，用于工业生产灭菌和医用灭菌。该本标准的内容包括使灭菌器工作于大气压之上或大气压之下的最低性能和结构等要求，确保灭菌过程能够用来对灭菌物品进行灭菌、进行灭菌过程的实施和监测所必需的设备与控制装置。

9. YY 0504-2016《手提式蒸汽灭菌器》 该标准规定了手提式蒸汽灭菌器的术语与定义、分类、结构和基本参数、要求、试验方法、检验规则、标志与使用说明书以及包装、运输和贮存。该标准适用于灭菌温度不大于 132℃的手提式蒸汽灭菌器。

10. YY/T 0646-2015《小型蒸汽灭菌器 自动控制型》 该标准规定了小型蒸汽灭菌器自动控制型的分类与基本参数、要求、试验方法和检验规则等。该标准适用于由电加热产生蒸汽或外接蒸汽，其灭菌室容积不超过 60L，且不能装载一个灭菌单元（300mm × 300mm × 600mm）的自动控制型小型蒸汽灭菌器。该标准不适用密闭性液体的灭菌，不适用于立式蒸汽灭菌器和手提式蒸汽灭菌器。

11. YY/T 0679-2016《医用低温蒸汽甲醛灭菌器》 该标准规定了医用低温蒸汽甲醛灭菌器的术语和定义、型式与标记、要求、试验方法、标志和使用说明书、包装、运输、贮存。该标准规定的灭菌器主要利用低温蒸汽和甲醛混合气体对不耐热医疗物品进行灭菌。该标准未涉及低温蒸汽甲醛灭菌过程的有效性确认和日常质量控制要求，但规定的试验方法和设备可参考用于灭菌器的验证和日常控制。

12. YY/T 0734（所有部分）《清洗消毒器》 该标准第1部分规定了自动控制的清洗消毒器及其附件的通用要求、术语定义和试验方法，适用于对可重复使用的医疗器械和对医疗领域的物品进行清洁和消毒的清洗消毒器。该标准的其他部分或其他标准规定了处理特殊负载的清洗消毒器的要求和试验。

13. YY 0992-2016《内镜清洗工作站》 该标准规定了内镜清洗工作站的术语和定义、分类与型式、要求、试验方法和标志、使用说明书、包装、运输、储存。内镜工作站主要用于医疗机构对软式或硬式内镜进行手动清洗，并可以使用化学消毒剂进行消毒。该标准未规定内镜清洗、消毒过程的有效性确认和日常质量控制要求，未涉及化学消毒剂的要求，也未规定涉及使用风险范围的安全要求。

14. YY 1275-2016《热空气型干热灭菌器》 该标准规定了热空气型干热灭菌器的术语和定义、要求、试验方法、检验规则和标志、包装、使用说明书、运输和储存等。该标准适用于以对流热空气为灭菌介质的干热灭菌器，主要用于医疗器械及其附件的灭菌。该标准不适用于传导型或辐射型干热灭菌器，未规定涉及使用风险范围的安全要求，未规定干热（热空气）灭菌的确认和常规控制及除热原的要求。

（黄鸿新）

第二节 清洗消毒设备

一、清洗消毒设备概述

清洗消毒设备是预期用来清洁和消毒医疗器械及其他医用物品的设备，一般采用物理或化学的方法清除污染物品上的有机物、无机物和微生物等，尽可能使之达到安全水平。

在医疗机构中，剪刀、手术刀柄、止血钳、镊子等可重复使用的医疗器械在临床使用后会残留血块、脓液、黏液或油污等有机物，并可能附有较多数量的致病微生物，如果不对此进行清洁，污物会形成对致病微生物的生物保护膜，阻碍微生物与灭菌因子的接触而影响灭菌效果；血液中的血红蛋白、氯化钠等物质也会侵蚀不锈钢器械，对器械本身造成损坏。因此清洗消毒是可重复使用医疗器械处理过程中的一个必要步骤，一方面去除医疗器械上的污物，降低危害，保护医疗器械、操作人员和环境的安全，另一方面使得被处理的医疗器械达到预期用途或后续处理（如进行灭菌）的要求。

在医疗机构中，对可重复使用医疗器械进行清洗、消毒和（或）灭菌是再处理的必要步骤。由于各个医疗机构的规模和水平不同，再处理过程中的清洗消毒过程也包括使用喷枪、毛刷等简单的工具进行人工清洗，或使用医用清洗机（包括水冲洗和超声清洗）进行机洗，或两者结合的方法进行清洗；再使用化学剂浸泡的方法或使用煮沸消毒器、化学消毒设备等机器进行消毒。本节讨论的清洗消毒设备主要是指全自动的清洗消毒器，但同时，从质量检测的角度而言，医用清洗机、煮沸消毒器、化学消毒设备等具备清洗或消毒一个功能的设备，或者需要人工处理的内镜清洗消毒系统等都可以看做是简化的清洗消毒器。

（一）工作原理

清洗消毒器主要由清洗腔体、管路系统、控制系统等组成，包括微机控制装置、加热循环装置、水循环装置、化学剂的添加与剂量控制装置、显示装置、空气过滤装置、负载运送和支撑装置等。清洗消毒器通过自动控制器控制，运行一个完整的工作周期来达到规定的性能要求，完整工作周期一般包括以下各个阶段：清洁、消毒、漂洗、干燥，其中一个阶段又可以分为几个阶段，或者几个阶段合并为一个阶段。例如清洁阶段可以包括冲洗、清洗、漂洗；使用热水进行热力消毒的阶段可将消毒和漂洗合为一个阶段。

清洗消毒器的一个典型工作周期包括：首先通过水的机械冲力去除物品上较大的污物，如污垢、血块、体液等，再通过加入清洗剂的清水进行一次或多次清洗，然后利用清水进行漂洗（去除清洗剂的残留），再利用热力进行消毒，或使用化学消毒剂进行消毒并用无菌水进行漂洗（去除化学消毒剂的残留），最后通过压缩空气或热空气对物品进行干燥处理。

冲洗阶段要求注入水的温度应足够低，以防止蛋白质发生凝固；清洗阶段则是在冲洗阶段的基础上对器械进一步除污处理，需要添加清洗剂，包括酸性清洗剂、碱性清洗剂、多酶清洗剂等，往往需要对水溶液进行温度控制，以保证清洗剂发挥最大功效，去除较为顽固的污物；消毒阶段是清洗消毒器重要的一个环节，对负载上的微生物进行杀灭处理；漂洗阶段是对负载表面的化学剂（清洗剂、消毒剂等）进行去除，还可加入有利于器械保养的润滑剂；干燥阶段是处理过程的最后一步，该阶段对器械表面的水分进行去除，形成不利于病菌滋生的干燥环境，干燥处理所用空气的质量不能降低器械的清洁度，一般采用高效微粒过滤器对空气进行过滤以获得不含细菌或微粒污染的空气。

清洗消毒器按照消毒原理，可分为湿热消毒和化学消毒两种。湿热消毒一般使用热水、水蒸气或两者的混合物，化学消毒主要使用能与被处理负载相兼容的化学消毒剂。

根据腔体数量可以分为单腔体清洗消毒器和多腔体清洗消毒器。单腔体清洗消毒器只有一个独立腔体，清洁、消毒、漂洗和干燥阶段都在该腔体内进行；多腔体清洗消毒器有多个腔体，不同腔体实施不同阶段的处理，各阶段之间可自动传送负载，由于处理的各阶段可同时进行，大大提高了处理效率。

（二）临床应用

清洗消毒器适用于对可重复使用的医疗器械和对医用物品进行清洁和消毒，按照所处理的负载不同，还可以分为以下几种：

1. 对外科器械、麻醉管路、碗、盘、盛器、玻璃器皿等进行清洗和湿热消毒的清洗消毒器。

2. 对便盆、尿瓶等人体废弃物容器进行清洗和湿热消毒的清洗消毒器。

3. 对畏热内镜进行清洗和化学消毒的清洗消毒器。

4. 对非介入式、非关键的医疗器械和医疗器具进行清洗和湿热消毒的清洗消毒器。

5. 对非介入式、非关键的医疗器械和医疗器具进行清洗和化学消毒的清洗消毒器。

二、清洗消毒器常用检测装置

（一）温度检测装置

1. 温度传感器 采用符合 GB/T 30121-2013《工业铂热电阻及铂感温元件》中 A 类铂电阻传感器，即允差为 ±（0.15+0.002 ｜t｜）℃（｜t｜为温度的绝对值）；或采用符合 GB/T 16839.2-1997《热电偶　第 2 部分：允差》规定的 1 级允差热电偶，如 T 型热电偶在（–40~+125）℃温度范围内的允差为 ±0.5℃，K 型热电偶在（–40~+375）℃温度范围内的允差为 ±1.5℃；还可以采用经验证等效或更优的其他温度传感器。温度传感器的性能应不受环境（如：压力、热的清洗剂溶液等）的影响。

2. 温度记录仪 温度传感器需和一个或多个温度记录仪连接使用，以便记录在试验中规定位置测得的温度。温度记录仪应至少能记录 12 个温度传感器的温度值。通道数可有多个，也可彼此独立，每个通道的数据记录时间间隔不应超过 2.5 秒。

温度记录仪的量程范围应不小于（0~100）℃，在环境温度为（20±3）℃时，温度记录仪在（0~100）℃范围内误差不应超过 ±0.25℃，环境温度变化引起的误差不应超过 0.04℃/℃。

3. 温度检测装置验证 将温度传感器与温度记录仪相连，并将温度传感器浸没于温度设在消毒温度范围内的热源中，热源温度波动 ±0.1℃。完成校准和调校后，温度检测装置的温度指示误差不应大于 0.5℃。

（二）专用测试负载

1. 实心器械测试负载 使用若干奥氏体不锈钢六角头全螺纹螺栓，规格为 M12×100（公称直径为 12mm，公称长度为 100mm）。应均匀分布在清洗消毒器腔体的装载空间内，加载到清洗消毒器制造商规定的最大容量，使用之前应进行清洗、脱脂和干燥。

2. 碗、盘和容器测试负载 由满载的碗、盘和容器组成，含聚丙烯材质或金属材质，至少包括：

（1）一个器械托盘：200mm × 150mm。

（2）一个器械托盘：300mm × 250mm。

（3）一个肾形盘：150mm × 350mm。

（4）一个换药碗：100mm × 45mm。

（5）一个换药碗：250mm × 110mm。

（6）一个换药杯：直径为 4mm，容量为（30~60）ml。

（7）一个换药杯：直径为 80mm，容量为（250~280）ml。

3. 麻醉和呼吸附件测试负载 由满载的麻醉和呼吸附件组成，至少包括：

（1）管路：一根麻醉机和呼吸机用的呼吸管路。

（2）储气囊：一个装有 15mm 连接器、容量为 1.5L 的麻醉储气囊，一个装有 22mm 连接器、容量为 1.5L 的麻醉储气囊。

（3）圆锥接头：两个长度为 15mm、麻醉和呼吸设备用圆锥接头，两个长度为 30mm，麻醉和呼吸设备用圆锥接头。

（4）气管插管：一套气管切开手术使用的管路和连接器，若清洗消毒器待处理的物品较大，应采用大于公称内径 11mm 或更大的规格。

（5）面罩：4 个呼吸面罩。

4. 内镜测试负载 用聚四氟乙烯（PTFE）材料的管路模拟代替内镜需清洗的管道，根据测试目的的不同，管路需配不同的连接口或流量控制阀，模拟管路的内径和长度也需与内镜清洗消毒器所处理的内镜管道相似。

三、主要参数检测方法

（一）温度的检测

1. 温度控制的意义 清洗消毒器在清洁和消毒过程中需要加入清洗剂、消毒剂等化学剂，大部分化学剂在某温度下或某温度范围内使用效果为最佳，因此为保证清洁和消毒效果，清洗消毒器应具备温度控制功能，且控制精确度达到一定的要求。而采用热力消毒的清洗消毒器，其控制的温度更是保证消毒效果的关键过程变量。

2. 温度的要求 在清洗消毒器运行过程中，应检测腔体内放置的负载、负载架以及腔体内壁的温度，温度的要求随处理负载的种类、清洗消毒过程的阶段等不同而变化。例如，处理外科器械、麻醉器械等医疗器械的清洗消毒器在清洗阶段测得负载、负载架以及腔体内壁的温度应在设定清洗温度值（0~10）℃之间，测得各点的温差应不大于 5℃；在消毒维持阶段内测得负载、负载架以及腔体内壁的温度在设定的消毒温度值（0~5）℃之间，负载之间的温差不超过 4℃。

3. 温度检测布点 在清洗消毒器温度检测中，应放置测试负载至满载状态（制造商宣称的能处理的最大负载量），且放置温度传感器如下：

（1）在负载架的对角处和几何中心。

（2）在负载架每层的负载上至少布置一个传感器（如果负载架不止一层，最多布置三个）。

（3）已知最迟达到消毒温度范围的负载上。

（4）已知最快达到消毒温度范围的负载上。

（5）清洗消毒器温度控制传感器的附近。

（6）每个腔体的过程记录仪或指示传感器（若安装）的附近。

（7）在腔体的每个角上布置一个传感器。

（8）分别在腔体两个侧板的中心布置一个传感器。

（9）在腔体的顶部中心布置一个传感器。

（10）若其他位置可测得更低的温度（例如：当腔体外表面部分不隔热时），应增加传感器的布点。

（二）清洁效果检测

从清洗消毒器的功效来说，清洁效果无疑是最为关键的指标。影响清洁效果检测的要点包括采用什么测试负载和测试污染物、如何将污染物接种至测试负载以及如何判定污染物已经被去除。

目前国际上并没有被广泛认可并接受的统一的清洁效果检测方法，各国采用不同的测试污染物和测试负载。测试污染物包括有羊血、马血清、牛血清等动物血液，也包括四甲基联苯胺、苯胺黑等化学物质，还有全麦面粉、鸡蛋黄等食品原料；测试负载可以用被处理的医疗器械，也可以使用模拟负载。

可重复使用的医疗器械上出现的许多污染物，实质上大部分或全部都含有蛋白质。清洁效果的判定，首先采用目视检查处理后的医疗器械有无可见污染物，必要时可进行蛋白质残留检测。

这里介绍一种简单的高灵敏度的蛋白质和氨基酸检测法——（水合）茚三酮法：用无菌蒸馏水湿润棉签，并用棉签擦拭待测器械表面，擦拭区域的面积在(5~50)cm^2范围内。擦拭器械以后，检查棉签：只要棉签存在斑渍则认为该器械未被清洁干净，无须再进行其他试验。在棉签上滴0.05ml（水合）茚三酮试剂，风干约5分钟，若颜色变成紫色，则证明检测出残留蛋白质或氨基酸，无须再进行其他试验；若未变色，将棉签放入烘箱在（100~110）℃温度条件下加热30分钟后，重新检查棉签是否变成紫色。

（黄鸿新）

第三节 压力蒸汽灭菌器

一、压力蒸汽灭菌器概述

压力蒸汽灭菌是目前使用较为广泛，最为安全可靠的灭菌方式之一，压力蒸汽灭菌器是利用高于大气压力条件下产生的湿热蒸汽作为灭菌因子，对灭菌室内的医疗器械进行灭菌处理的设备。压力蒸汽也被称作高压蒸汽。

1880年，法国微生物学家Charles Chamberland研制成了高压蒸汽灭菌器；德国细菌学家Koch对湿热和干热灭菌作用进行了比较，发现细菌的耐热性在有无水蒸气存在条件下差别很大。1881年研究发现当灭菌室内残留空气时，可以延缓温度上升，并形成不饱和蒸汽，使得灭菌室内温度分布不均匀从而延长灭菌时间。1888年，美国细菌学家Joseph Kinyoun提出先抽出灭菌室内和灭菌负载内的空气，使灭菌室内接近真空再通入蒸汽，将大大提高灭菌效果，成为制造预真空式压力蒸汽灭菌器的理论基础，他还于1897年研制了带夹套的压力蒸汽灭菌器。1933年，Underwood经过各种改革，完成了现在结构的压力蒸汽灭菌器。进入20世纪50年代以来，除了对热力灭菌器进行改进之外，主要是对热力消毒的动力学、影响因素和主动控制方面进行研究。1973年以后，美国的Pflug致力于热灭菌动力学研究，在热力灭菌的理论和方法改进上作出了重要贡献。

（一）灭菌原理

压力蒸汽灭菌的原理是细菌的蛋白质分子在湿热介质（饱和蒸汽）作用下，其蛋白质分子运动加速，导致连接肽键的氢键断裂，影响分子结构的空间排列，使蛋白质凝固，导致细菌繁殖体或芽胞等微生物死亡。压力蒸汽灭菌器通过增加灭菌室内的压力，产生温度不断升高的饱和蒸汽，蒸汽向灭菌室内的负载内部渗透，达到灭菌目的。

从灭菌原理来区分，压力蒸汽灭菌器可以分为下排气式和预真空式。下排气式是利用重力置换原理，灭菌室内不断增多的湿热蒸汽从上而下将灭菌室内的冷空气由下方的排气孔排出，利用蒸汽释放的潜伏热使物品达到灭菌；预真空式利用机械抽真空（例如使用真空泵）的方法使得灭菌室内形成真空（负压），彻底排除冷空气后，使得湿热蒸汽能迅速充满灭菌室并穿透到灭菌负载的内部进行灭菌。根据抽真空的次数，还可以细分为预真空（抽真空一次）和脉动真空（抽真空多次）。医院中负载处理可重复使用医疗器械的消毒供应中心较多地会使用脉动真空式压力蒸汽灭菌器。

（二）临床应用

压力蒸汽灭菌器适用于耐高温、耐高湿、能够被蒸汽渗透物品的灭菌处理，在医疗机构中被广泛应用：手术室内用于手术的各类耐湿热器械，如手术刀、手术剪、止血钳、麻醉穿刺器具、敷料、孔巾等组成的各类手术包、麻醉包和产包等；各科室用于人体诊断、穿刺、介入性治疗的各类耐湿热器械、导管的灭菌，如脑镜、腹腔镜、输液输血器、玻璃注射器、血管导管等。

二、压力蒸汽灭菌器常用检测装置

（一）温度检测装置

压力蒸汽灭菌器的温度检测装置也是由温度传感器和温度记录仪组成，和清洗消毒器的温度检测装置要求类似，区别是：

1. 温度传感器 布置在灭菌室可用空间内的温度传感器及其连线任一部分的截面积均不应超过 3.1mm^2，且温度传感器和测试接口需做好密封处理，防止灭菌室内高温高压的蒸汽通过传感器或测试接口发生泄漏。

2. 温度记录仪 温度范围应达到（0~150）℃，且在环境温度为（20 ± 3）℃时，测试误差不超过 ± 0.25%。

3. 温度检测装置验证 应在灭菌温度（如 134℃、121℃等）下校验温度检测装置，即校验用的热源温度应可设定在灭菌温度，如使用恒温油槽。

（二）压力检测装置

压力检测装置可以是精密压力表，也可以由压力传感器和压力记录仪组成，用于测试灭菌周期中灭菌室绝对压力，测试范围应包含绝对压力（0~400）kPa，在环境温度为（20 ± 3）℃时测量，压力测试误差应不超过 ± 0.5%。压力传感器的温度系数应不超过 0.01%/℃，检测装置因环境温度改变而产生的额外误差应不大于 0.02%/℃。传感器和连接管的自然频率应不少于 10Hz，升压的时间常数（0%~63%）应不大于 0.04 秒。

（三）专用测试负载

1. 大型灭菌器用标准测试包 由漂白纯棉布单组成，尺寸约为 900mm × 1200mm，经纱应为（30 ± 6）线 /cm^2，纬纱的数量为（27 ± 5）线 /cm^2，单位面积质量（185 ± 5）g/cm^2，无折边，无论新的或脏的棉布单，都应进行清洗，并应避免加任何织物清洗剂。标准测试包应按照如图 12-1 所示的规定进行折叠，叠成大约 220mm × 300mm，用手压好之后，堆成高度大约 250mm，然后采用相似的包布进行包裹，并用宽度不超过 25mm 的扎带进行紧固。标准测试包的总重量约为 7kg，在温度为（20~30）℃、相对湿度为 40%~60% 的环境中进行干燥稳定后才能使用。

只能装载一个灭菌单元（体积尺寸为长 600mm × 宽 300mm × 高 300mm）的大型灭菌器也可以采用简化测试包，用同样的布单叠成大约 220mm × 300mm，高度 150mm，

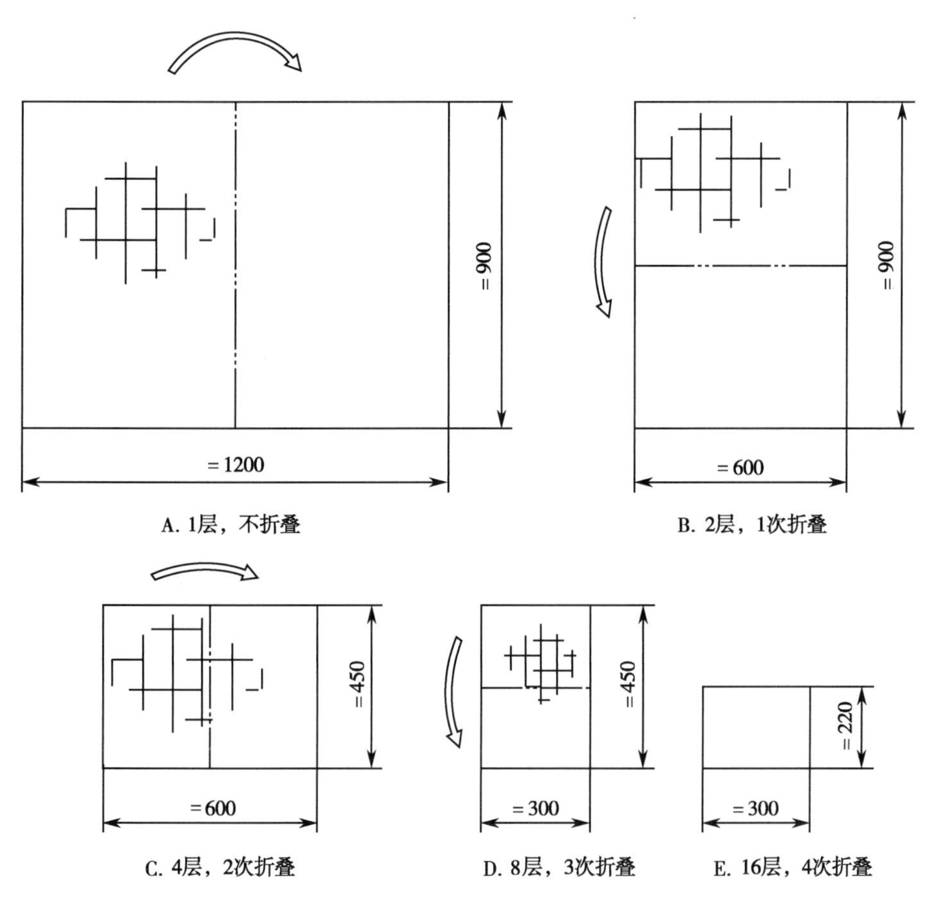

图 12-1　标准测试包折叠示意

总重量约为 4kg。该简化测试包也可用于小型灭菌器的检测。

2. 小型灭菌器用标准测试包　由漂白纯棉布单组成，尺寸约为 450mm × 300mm，经纱应为（30 ± 6）线 /cm^2，纬纱的数量为（27 ± 5）线 /cm^2，单位面积质量为（185 ± 5）g/m^2。棉布应折叠为 110mm × 150mm，并堆成高度 120mm，通过手工压实，再用类似材质包布进行包裹，使用宽度不超过 19mm 包装带密封，整个包装约重（900 ± 30）g。

3. 金属负载　检测预真空或脉动真空灭菌周期所用的金属负载由装有不锈钢篮筐的测试盒和一定量的由纺织材料包裹的金属螺栓组成。

（1）测试盒：如图 12-2 所示，材料为 1mm 厚度不锈钢。在两个侧面各钻 10 个 Φ4mm 的孔，采用硅密封圈 Φ6mm，长 1550mm 粘到顶盖内；顶盖盖好以后，将其压紧直径缩小为 90%。

（2）不锈钢篮筐：由不锈钢构成，外部尺寸长（475~485）mm × 宽（250~254）mm × 高（50~55）mm，底部和侧面的网格尺寸为 5mm × 5mm，质量为（1.3 ± 0.1）kg，负载接触面与篮筐承重支撑面大约相隔 6mm。

（3）金属螺栓：不锈钢的六角螺栓，总质量为（8.6 ± 0.1）kg，清洁干燥、无油污。

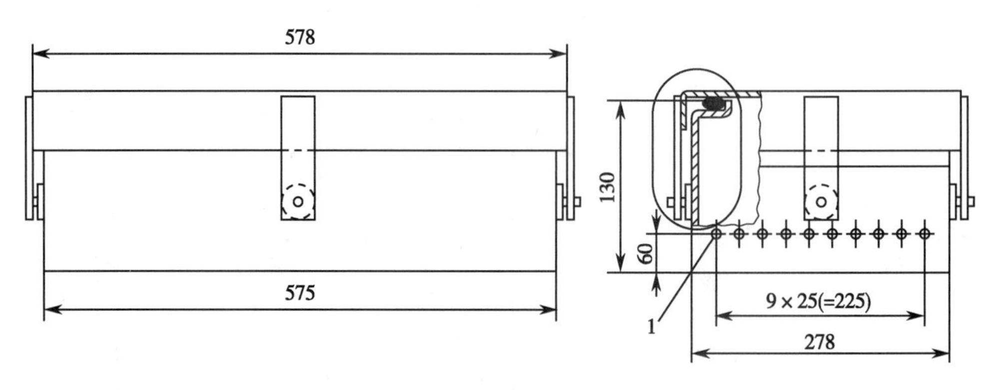

图 12-2　测试盒

（4）纺织材料：采用标准测试包中所用的棉布单。

将不锈钢篮筐放在布单上，将螺栓均匀地放在不锈钢篮筐上，再用布单包好装有螺栓的不锈钢篮筐放入测试盒内。

4. 空腔负载的过程挑战装置　由管盖、连接器、指示物固定器、软管组成，如图 12-3 所示。聚四氟乙烯（PTFE）材料，管壁厚度（0.5±0.025）mm，管内直径（2.0±0.1）mm，软管长度（1500±15）mm，指示物固定器重量（10.0±0.1）g，并应配有符合要求的化学指示物。

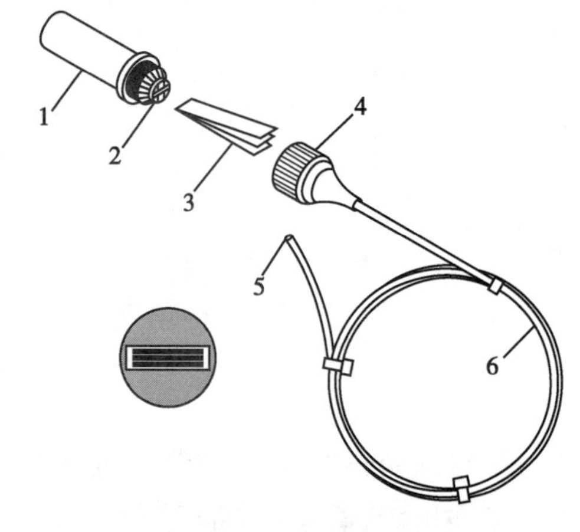

图 12-3　空腔负载过程挑战装置

1. 管盖；2. 指示物固定器；3. 指示物；4. 连接器；5. 开口端；6. 软管

5. BD 测试包　BD 测试是检测对已包装的和多孔的负载（如手术衣、布单、敷料等）灭菌的灭菌器排除空气是否成功的测试，因为最早由 Bowie 和 Dick 二人进行了该项检测而得名，而测试所用的负载包则被称为 BD 测试包。

6. 化学指示物　根据暴露于某个灭菌过程所产生的化学或物理变化来显示一个或多个预定义的过程变量变化的测试系统。

BD 测试包及化学指示物的要求见表 12-1。

表 12-1　BD 测试包及化学指示物要求

依据标准	GB 18282.3-2009（ISO 11140-3：2007）	GB 18282.4-2009（ISO 11140-4：2007）	GB 18282.5-2015（ISO 11140-5：2007）
测试包参考标准	EN 285 GB 8599-2008	EN 285 GB 8599-2008	ANSI/AAMI ST46
测试包重量	（7±0.2）kg	（7±0.2）kg	（4±0.5）kg

续表

测试包密度	0.42kg/dm³	0.42kg/dm³	0.20kg/dm³
测试包尺寸	220mm×300mm×250mm	220mm×300mm×250mm	250mm×300mm×（250~280）mm
通过测试条件	测试包内温度不低于灭菌维持阶段排气口温度0.5℃	测试包内温度不低于灭菌设定温度（排气口测得）1℃	测试包内温度不低于灭菌维持时间排气口温度0.5℃
测试不合格条件	在维持阶段开始时，测试包内温度低于排气口（2~3）℃	在维持阶段开始时，测试包内温度低于排气口（2~7）℃；维持时间内低于排气口温度（2~4）℃；维持时间结束时低于排气口温度不大于1℃	在134℃，3.5分钟的灭菌维持时间结束前1分钟，排气口与测试包中心温度相差2℃

三、压力蒸汽灭菌器主要参数检测方法

（一）空气排除和蒸汽渗透

在湿热蒸汽灭菌过程中，饱和蒸汽的有效渗透是保证被处理的物品达到预期灭菌效果及无菌保证水平的关键因素，而排除灭菌室内空气是饱和蒸汽有效渗透的前提条件。BD类测试和空腔负载测试是两种最为广泛地用于评价蒸汽灭菌器有效排除空气、蒸汽成功渗透的测试方法。

1. BD测试 选择BD测试专用灭菌周期，将标准测试包的包装打开并将测试用化学指示物放在标准测试包大致中心位置的层上，重新打包后将其放置于灭菌室水平面的几何中心，且离灭菌室底面高度为（100~200）mm之间。对只能装载一个灭菌单元的灭菌器，标准测试包放置在灭菌室底面上。灭菌周期结束后，检查包内化学指示物的变色情况，按化学指示物的使用说明做出是否合格的判定。

2. 空腔负载测试 用于检测针对处理管腔类负载（如管腔器械等）的灭菌器。将合格的化学指示物装入空腔负载的过程挑战装置的指示物固定器，盖上管盖，保证密封，用专用的纸塑灭菌包装将空腔负载的过程挑战装置包装并封口，然后放在灭菌室可用空间的几何中心轴线上，距离灭菌室底部平面（100~200）mm的高度，运行一个灭菌周期后，检查化学指示物的变色情况，按化学指示物的使用说明做出是否合格的判定。

（二）灭菌温度

压力蒸汽灭菌器工作原理的实质是让一定温度的饱和蒸汽与灭菌室内的负载进行充分接触并维持一定时间，因此灭菌温度控制是设备的重要性能要求之一。

灭菌器一般预设不同的灭菌程序（灭菌周期）用于处理不同种类的医疗器械，如实心负载（金属等）、多孔负载（织物等）等，应对每个灭菌周期都进行温度测试，测试负载也应随灭菌周期的不同而变化。

例如脉动真空式大型蒸汽灭菌器，灭菌温度范围的下限为设定的灭菌温度，上限为灭菌温度 +3℃；在灭菌维持时间，灭菌室参考测量点测得的温度、标准测试包中任一测试点的温度以及根据灭菌室压力查出的饱和蒸汽温度满足各点之间的差值不应超过 2℃。温度检测应分小负载和满负载两种状态，小负载测试是将测试包放置在灭菌室水平面的几何中心，离灭菌室底水平面高度为（100~200）mm 之间（对于只能处理一个灭菌单元的灭菌器将测试包放置灭菌室底水平面上），将 7 个温度传感器通过灭菌器的测试接口引入灭菌室，其中 6 个探头位置如图 12-4 所示，还有 1 个放置在灭菌器的控制温度传感器附近。满负载测试的区别是将图 12-4 所示最上方（标记为 1）的温度探头改为放置于包内最上方棉布单之下。

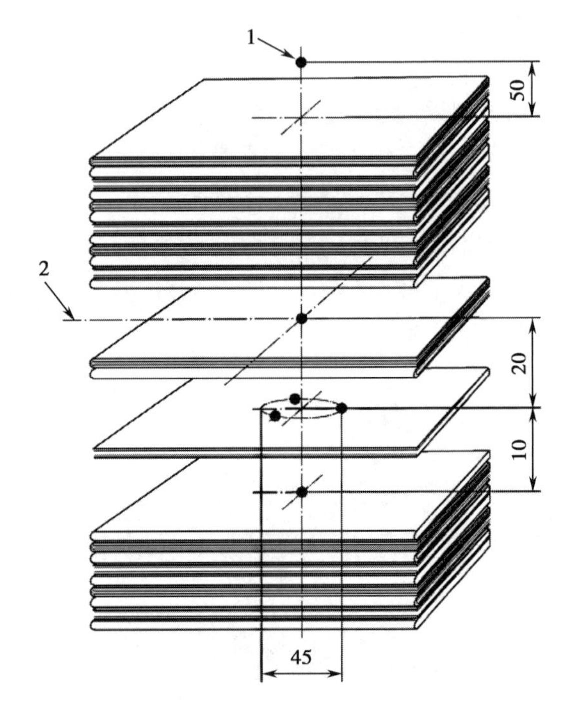

图 12-4　温度传感器布点

（三）负载干燥度

压力蒸汽灭菌器处理的物品容易发生“湿包”，即打包后放入灭菌室处理的负载包裹在灭菌后比灭菌前增重。湿包容易发生污染，包内的潮气可吸附出一条向外的通道为外界微生物进入已经灭菌的包提供途径，而包外潮气又使外包装所具有的防止微生物污染的屏障被穿透，因此湿包的医疗器械不能使用。因此，负载干燥度也是衡量压力蒸汽灭菌器的重要参数，一般要求实心负载增加质量不超过 0.2%，织物负载增加质量不超过 1%。

检测时，首先要确认测试负载状态应与周围的环境相同，用量程和精确度适宜的电子天平测量测试负载重量，将测试负载放置在灭菌室内能够获得最大潮湿度的位置，运行一个完整灭菌周期后从灭菌室中取出测试负载。在灭菌周期结束 2 分钟内称量检验负载的重量，通过灭菌前后两个重量数值的比较，计算出干燥度。

（黄鸿新）

第四节 化学灭菌设备

一、化学灭菌设备概述

在医疗机构临床使用中，还有大量医疗器械不耐热、不耐湿，因此不能使用压力蒸汽灭菌器来处理，而需要低温灭菌技术。环氧乙烷灭菌器、低温蒸汽甲醛灭菌器和过氧化氢等离子灭菌器是目前应用较为广泛的低温灭菌设备。

（一）环氧乙烷灭菌器

1. 灭菌原理 环氧乙烷是一种具有广谱、高效、穿透力强、对消毒物品损害轻微的灭菌剂。环氧乙烷杀灭各种微生物的作用机制主要是烷基化作用，它可以与蛋白质上的游离羧基（—COOH）、氨基（$—NH_2$）、硫氢基（—SH）和羟基（—OH）发生烷基作用，造成蛋白质失去反应基团，阻碍细菌蛋白质的正常化学反应和新陈代谢，从而导致微生物死亡。环氧乙烷也可以抑制生物酶的活性（包括磷酸致活酶、肽酶、胆碱化酶和胆碱酯酶）。环氧乙烷灭菌器采用纯环氧乙烷气体或采用环氧乙烷与其他气体的混合气体作为灭菌剂。

2. 临床应用 环氧乙烷不仅具有强大的灭菌效果，而且由于其在常温下即有良好的穿透作用、对物品无损坏而被广泛应用于怕热怕湿的医疗器械，如一次性输液器具、人工瓣膜、麻醉器材、各类导管、内镜及其附件、节育器材等医疗器械，但由于环氧乙烷气体有毒、潜在易燃和易爆，还有环氧乙烷残留的问题，并且对医疗器械的灭菌前预处理、灭菌后处理，设备和场地等均有较高要求，在应用方面受到一定限制。

（二）低温蒸汽甲醛灭菌器

1. 灭菌原理 甲醛是饱和脂肪醛类中最简单的化合物，在使用中，常用其水溶液（福尔马林）或固体聚合物（多聚甲醛）产生甲醛。甲醛可将菌体蛋白质、酶以及核酸的主要活性基团，例如氨基、亚氨基、巯基、羟基、羧基等基团烷基化，阻碍水对蛋白质的穿透和膨润，使其变性硬化，从而达到杀灭细菌的作用。

低温蒸汽甲醛灭菌器是在灭菌室真空条件下利用混合蒸汽甲醛气体渗透到负载内并维持一定时间进行灭菌，混合蒸汽甲醛是指在蒸汽中混入少量甲醛，形成到达某个温度点的混合气体，例如 80℃或 55℃。

2. 临床应用 低温蒸汽甲醛灭菌器的临床应用始于 20 世纪 60 年代，并逐步淘汰了传统的甲醛气体熏蒸消毒。我国于 20 世纪 90 年代开始引进此类设备，但由于宣传推广不够，蒸汽甲醛灭菌的观念并未深入人心，加之环氧乙烷灭菌器的广泛使用和过氧化氢低温等离子体灭菌器的兴起，低温蒸汽甲醛灭菌器虽然在欧洲的医院得到了较为广泛的使用，但在我国医院的使用率并不高。

低温蒸汽甲醛灭菌器可处理畏热耐甲醛的医疗器械，如各种内镜（刚性和软式内镜，如关节镜、囊肿镜、腹腔镜、支气管镜、结肠镜、胃镜、胆镜、喉镜和肾镜等）、医用塑料制品（注射器、导管等）、所有眼科手术用的畏热医疗器械等。

（三）过氧化氢低温等离子灭菌器

1. 灭菌原理 过氧化氢低温等离子体灭菌器采用过氧化氢气体作为基础气体在高频电场激发下产生低温过氧化氢等离子体，其灭菌原理一般认为是：过氧化氢汽化后均匀扩散到灭菌室整个空间，并穿透至灭菌负载内，强氧化性破坏组成细菌的蛋白质，使之死亡。与此同时，过氧化氢气体扩散穿透阶段启动高频电压产生高频电场，激发灭菌室内过氧化氢气体发生电离反应，形成等离子体，提高了过氧化氢杀菌作用，与过氧化氢及其他因子形成协同杀菌作用，同时可以快速解离灭菌负载表面的过氧化氢，使之变成水和氧气，消除残留。

2. 临床应用 过氧化氢低温等离子体灭菌器能对患者端连接电线电缆、光学镜片、玻璃镜头、硬式内镜、导管、手术器械、诊疗器械等畏热畏湿医疗器械进行灭菌处理，不适用植物纤维制品（如棉制品、木制品或任何含有木浆材质的物品）、液体、膏剂、油剂和粉剂的灭菌，对以下医疗器械的灭菌应用也受到限制：内径小于 1mm、长度大于 500mm 的不锈钢管状器械或一端封闭的内腔；一次性器械（一次性防水织物、一次性手术服等）；不完全干燥的物品；植入物；器械具有复杂的内部部件，难以清洁，例如密封轴承等。

二、化学灭菌设备常用检测装置

（一）温度和压力检测装置

温度检测装置和压力检测装置和其他灭菌器的测试装置类似，前文中已经做了介绍。检测装置的量程应覆盖灭菌设备的工作范围，精确度应优于灭菌设备上的测量装置至少两倍。

（二）专用测试负载

1. 环氧乙烷灭菌过程挑战装置 由不锈钢管和装载环氧乙烷灭菌用生物指示物的半封闭性舱体组成。不锈钢管和舱体用 O 形密封圈和螺纹连接，密封良好确保进入舱体内部的唯一通道是通过管子开口端。不锈钢管长约 4.55m，内径约为 3.0mm，使之长度和内径比值为 1500：1。整体内部总容积约为 32ml，其中 0.85ml 为舱体体积。

2. 生物指示物（biological indicator） 是含有对特定灭菌过程有确定的抗力活的

微生物的测试系统。生物指示物提供了直接评估灭菌过程的微生物致死性的方法。生物指示物用于验证某个灭菌过程能否灭活那些对于参照灭菌过程具有确定抗力的微生物，所采用的试验微生物对灭菌具有的抗力，往往超过通常的生物负载微生物的抗力。

环氧乙烷灭菌用生物指示物一般用萎缩芽胞杆菌芽胞、枯草芽胞杆菌芽胞作为试验菌；低温蒸汽甲醛灭菌用生物指示物一般用嗜热脂肪杆菌芽胞作为试验菌；过氧化氢低温等离子体灭菌用生物指示物一般用嗜热脂肪杆菌芽胞和枯草杆菌黑色变种芽胞。

3. 甲醛灭菌用解吸附指示物（滤纸） 目前已知病人吸入或接触医疗器械上残留的甲醛会损害健康，因此蒸汽甲醛灭菌器的程序设置中有解吸附阶段，将甲醛从灭菌器内和灭菌物品上去除。为评估解吸附效果，应当模拟各种不同材料吸附甲醛的情况，考虑到材料对甲醛吸收和保留的特性，诸如纺织品和纸张这类的多孔材料被认为是“最坏的情况”，因此采用特定规格的滤纸可作为甲醛解吸附指示物。解吸附滤纸规格要求包括克重（g/m^2）、厚度（mm）、密度（kg/m^3）、滤过速度（ml/min）、耐破指数（$kPam^2/g$）、灰分含量（%）等。

4. 甲醛灭菌的满负载 满负载应达到最大负载量的90%，并由若干个以下单元组成：

（1）1500mm长的PVC管，内径4mm，外径6mm，双层包装，总重量（40±5）g。

（2）1000mm长的PVC管，内径8mm，外径12mm，一个不锈钢螺栓M8×60mm，该螺栓嵌入PVC管的一个末端，双层包装，总重量（120±10）g。

（3）聚酰胺（PA11或PA12）的棒，长度80mm，直径15mm，一个不锈钢螺栓M8×60mm，这两个物品双层包装，总重量（45±5）g。

（4）一根不锈钢管，长度230mm，内径6mm，外径8mm，钢管用双层包装，总重量（45±5）g。

（5）过程挑战装置：可以使用压力蒸汽灭菌中使用的空腔负载过程挑战装置，双层包装。

5. 过氧化氢低温等离子体灭菌用染菌载体 将芽胞悬液均匀涂布在直径为0.4mm，长度为（20~30）mm的不锈钢管内部，以染菌后不堵塞管腔为限。嗜热脂肪杆菌芽胞阳性回收菌量应为（1×10^6~5×10^6）CFU/载体；枯草杆菌黑色变种芽胞阳性回收菌量应为（1×10^6~5×10^6）CFU/载体。分别在56℃的条件下恒温干燥嗜热脂肪杆菌芽胞72小时；在37℃的条件下恒温干燥枯草杆菌黑色变种芽胞72小时，制成实验用染菌载体。

三、化学灭菌设备主要参数检测方法

（一）泄漏

本节所述的化学灭菌设备都需要先将灭菌室内空气抽出，便于气态的灭菌剂在真空条件下更有利于渗透至灭菌负载的内部，因此设备应当密封良好，不得泄漏。检测一般在空载的灭菌室内进行，连接一个真空压力计至真空测试接口来测量压力，若设备自带高精度的真空压力测试装置，也可以直接读取设备上的压力读数。运行自动泄漏测试周期或抽真空至达到预设压力后，所有与灭菌室相连的阀应关闭，同时真空泵应停止工作，稳定（2~5）分钟后记录压力值，10 分钟后再次记录压力值，两次压力值的差值即为泄漏产生的压力变化值。

设备应能将空灭菌室抽至最低工作压力，环氧乙烷灭菌器和低温蒸汽甲醛灭菌器压力上升不超过 0.1kPa/min；过氧化氢低温等离子体灭菌器压力上升的速度不应超过 15Pa/min。

（二）灭菌效果检测

1. 环氧乙烷灭菌效果 准备 4 个环氧乙烷灭菌用过程挑战装置，在每个装置的舱体内放入一个环氧乙烷灭菌用生物指示物，将舱体和不锈钢管连接密封良好，再将过程挑战装置用两个环氧乙烷灭菌用纸塑包装袋进行双层包裹，每个纸塑袋分别都要使用封口机密封，并在测试前至少一小时内保持在（20 ± 5）℃。

将 4 个包裹好的过程挑战装置放入灭菌室，在装载后 15 分钟内开始测试周期，测试周期的灭菌剂暴露时间改为正常灭菌周期规定时间的一半。在测试周期结束后，将过程挑战装置从灭菌器移出，把生物指示物从舱体中取出，按生物指示物的使用说明进行培养，观察是否有菌生长；同时将一个未经灭菌暴露的同一批次的生物指示物进行培养，应能显示有活性微生物存在，否则视为测试无效，应重新进行测试。该测试需再重复测试两次，三次结果都通过视为灭菌合格。

2. 低温蒸汽甲醛灭菌效果 灭菌效果需在灭菌室小负载和满负载条件下进行检测，低温蒸汽甲醛生物指示物的数量应能有效评估灭菌效果，小负载条件下使用数量至少为 6 个（灭菌室有效容积小于 60L）、10 个〔灭菌室有效容积（60~100）L，若超过 100L，就每增加 100L 就相应增加 1 个〕；满负载条件下使用数量与组成满负载的单元数量相同。需使用同批次生物指示物做阳性比对。

将低温蒸汽甲醛用生物指示物放入过程挑战装置的固定器内，盖上管盖并密封良好，用合适的灭菌包装进行双层包装，并用封口机进行封口。将双层包装的过程挑战装置平均放置在灭菌室的可用空间中，记录分布情况。

运行一个完整灭菌周期之后，取出生物指示物，按照使用说明，和阳性比对用生物指示物一同培养，放置在负载中的生物指示物应全部失活，阳性比对用生物指示物应显示有菌。试验共重复进行 3 次。

3. 过氧化氢低温等离子体灭菌效果 以常见的硬式镜不锈钢材料管腔、软式镜聚四氟乙烯材料管腔为模拟管腔，以嗜热脂肪杆菌芽胞和枯草杆菌黑色变种芽胞为试验菌。不锈钢管腔和聚四氟乙烯管腔各 10 根，将染菌载体放入管腔正中央，再将管腔均匀摆放于器械盒内，并用双层无纺布包裹后放入灭菌室内，分别通过半周期灭菌程序进行测试，试验菌都应杀灭。以两种试验菌分别在两种材质上各重复进行 5 次试验。

（三）甲醛解吸附有效性

解吸附有效性测试在小负载条件下进行。指示物的数量应足以评估灭菌周期中的解吸附程度，使用解吸附指示物（滤纸）的数量取决于灭菌器可用空间的大小，使用数量至少为 4 个（灭菌室有效容积小于 60L）、6 个〔灭菌室有效容积（60~100）L，若超过 100L，就每增加 100L 就相应增加 1 个〕。将一个指示物和一个过程挑战装置同时用灭菌纸袋进行双层包装，每层包装都应封口。对比用的解吸附指示物应单独放置，不能暴露在灭菌周期下。

1. 放置 将双层包装的指示物和过程挑战装置均匀地分布在灭菌室的可用空间内，并记录分布情况，立刻开始灭菌周期。

2. 提取 周期完成后，取出解吸附指示物（滤纸），5 分钟内将经灭菌处理的过滤纸浸入装有 50ml 0.2mol/L NaOH 提取试剂的带玻璃塞的 250ml 锥形瓶，时间至少 8 小时；向一个小玻璃烧瓶中加入上述 NaOH 提取液 1.0ml 和 10.0ml 变色酸，用玻璃塞封口。在 100℃水浴上避光加热烧瓶 45 分钟，在冷水浴中冷却烧杯，用分光光度计在 560nm 波长测量稀释液的吸收值。

3. 制作图表 浓度为 n% 的甲醛溶液相当于 $10 \times n$ mg/ml，稀释 1000 倍后得到 $10 \times n$ μg/ml，通过按比例稀释得到 $n \times 10$、$n \times 10/2$、$n \times 10/4$、$n \times 10/8$ 和 $n \times 10/16$ μg 的甲醛溶液，再加上空白液可以制备 6 种已知不同浓度的甲醛溶液。可以用分光光度计测量 50ml 溶液中含有 $n \times 10$、$n \times 10/2$、$n \times 10/4$、$n \times 10/8$ 和 $n \times 10/16$ μg 的甲醛的读数，采用最小二乘法，可在 x 轴代表每 50ml 溶液中含有甲醛的 μg 数，y 轴代表分光光度计的读数的图表上画出一条直线。相同方法再画出一条直线。

4. 计算 用分光光度计获得了过滤纸提取液的分光光度值，依据上一步骤制作好的图表，从分光光度值查得过滤纸上的甲醛残留量（μg）。将此数值减去对比用的解吸附指示物的甲醛量，即可获得甲醛残留量。对于直径为 70mm 的解吸附滤纸，平均计算值不得超过 200μg，任一滤纸的残留量不得超过 400μg。

（黄鸿新）

思考题

1. 消毒和灭菌的异同是什么？请按照消毒和灭菌的原理将本章中列出的产品标准进行分类。

2. 清洗消毒器和压力蒸汽灭菌器的测温装置以及温度测量点位置有何差别？

3. 举例介绍低温灭菌器的种类，并阐述各自的优缺点。

1. 刘毅，李悦菱，廖晓曼，等.ISO 与国内医疗器械标准化机构设置比较研究.首都医药，2013（16）：10-13.
2. 国家标准化管理委员会.国际标准化教程.第2版.北京：中国标准出版社，2009.
3. 吴凌云.解读欧盟“协调标准”.企业标准化，2004（9）：14-16.
4. 梁晓婷，池慧，杨国忠.欧洲、美国、日本医疗器械标准管理及对我国的启示.中国医疗器械信息，2008，14（8）：37-52.
5. 白殿一.标准化基础知识问答.北京：中国标准化出版社，2006.
6. 国家质量监督检验检疫总局.新中国计量史.北京：中国质检出版社，2016.
7. 石明国.医学影像设备学.北京：高等教育出版社，2008.
8. 徐桓，孙钢.医用诊断X射线机质量控制检测技术.北京：中国质检出版社，2012.
9. 姚邵卫，夏勋荣.医用X射线诊断设备计量与检测技术.北京：中国质检出版社，2015.
10. 李萌，余建明.医学影像技术学 X线摄影技术卷.北京：人民卫生出版社，2011.
11. 俎栋林，高家红.核磁共振成像——物理原理和方法.北京：北京大学出版社，2014.
12. 凯瑟琳·韦斯特布鲁克，著.王骏，译.磁共振成像技术手册.第4版.天津：天津科技翻译出版公司，2016.
13. 倪萍，孙钢.医疗设备质量控制检测技术丛书十二：医用磁共振成像设备质量控制检测技术.北京：中国质检出版社，中国标准出版社，2016.
14. 王世真.分子核医学.北京：中国协和医科大学出版社，2004.
15. 金永杰.核医学仪器与方法.哈尔滨：哈尔滨工程大学出版社，2010.
16. National Electrical Manufacturers Association. NEMA NU 2-2012：Performance measurements of positron emission tomography. Rosslyn，VA：NEMA，2012.
17. 胡逸民.肿瘤放射物理学.北京：原子能出版社，1999.
18. 冯宁远，谢虎臣.实用放射治疗物理学.北京：北京医科大学中国协和医科大学联合出版社，1998.
19. Faiz M.Khan，著.刘宜敏，石俊田，译.放疗物理学.第4版.北京：人民卫生出版社出版，2011.
20. 涂彧.放射治疗物理学.北京：原子能出版社，2010.
21. IAEA. Techicalreports series No.381：1997，The Use of Plane-Parallel Ionization Chambers in High-Energy Electron and photon beams. An International Code of Practice for Dosimetry. Vienna：IAEA，1997.
22. 冯若.超声手册.南京：南京大学出版社，2001.
23. 姜玉波.超声技术与诊断基础.第3版.北京：人民卫生出版社，2016.
24. 冯若，汪荫棠.超声治疗学.北京：中国医药科技出版社，1994.
25. 吕维富.现代介入影像与治疗学.合肥：安徽科学技术出版社，2009.
26. 张孟增.介入放射学基础与临床.北京：中国科学技术出版社，2001.
27. 杨瑞民，狄镇海，李天晓.介入医学.郑州：河南科学技术出版社，2007.
28. 严红剑.有源医疗器械检测技术.北京：科学出版社，2007.
29. 徐秀林.无源医疗器械检测技术.北京：科学出版社，2007.

30. 苏大图．光学测量．北京：机械工业出版社，1988.
31. 吴德正，刘妍．罗兰视觉电生理仪测试方法和临床应用图谱学．北京：北京科学技术出版社，2006.
32. 刘文丽，王莉茹，马振亚，等．一级标准焦度计的测量原理及误差分析．现代计量测试，1999，6：50-53.
33. 谢莹莹，何文胜，张晓斌，等．呼吸机性能参数合格率调查研究．中国医疗设备，2016，31（5）：109-112.
34. 陈新年．医用输液泵、注射泵质量控制检测技术．北京：中国计量出版社，2010.
35. 刘文，李咏雪．婴儿培养箱质量控制检测技术．北京：中国计量出版社，2010.
36. 武文君．多参数监护仪质量控制检测技术．北京：中国计量出版社，2010.
37. 丛玉隆，黄柏兴，霍子陵．临床检验装备大全—仪器与设备．北京：科学出版社，2015.
38. 曾照芳，贺志安．临床检验仪器学．第 2 版．北京：人民卫生出版社，2012.
39. 罗春丽．临床检验基础．第 3 版．北京：人民卫生出版社，2010.
40. 丛玉隆，王前．实用临床实验室管理学．北京：人民卫生出版社，2011.
41. 薛广波．灭菌・消毒・防腐・保藏．第 2 版．北京：人民卫生出版社，2008.
42. 朱南康，王传祯．医疗保健产品和食品的辐射加工．北京：中国原子能出版社，2013.
43. 张文福．现代消毒学新技术与应用．北京：军事医学科学出版社，2013.

中英文名词
对照索引